复杂网络化系统故障检测与状态估计

万雄波　吴　敏　王子栋　著

科学出版社
北　京

内 容 简 介

本书结合作者多年来的研究成果，系统阐述了复杂网络化系统建模、故障检测与状态估计的理论和方法。主要内容包括：绪论、随机丢包的网络化分布时滞系统故障检测、具有丢包和时滞的网络化系统故障检测、具有多种诱导现象的全局 Lipschitz 非线性系统故障检测、动态事件触发的奇异摄动系统故障检测、Round-Robin 协议下的离散时间奇异摄动复杂网络 H_∞ 状态估计、马尔可夫跳变时滞型基因调控网络鲁棒非脆弱 H_∞ 状态估计、Round-Robin 协议下的基因调控网络最终有界状态估计、随机通信协议下的基因调控网络状态估计。

本书可作为高等学校自动化及相关专业研究生和高年级本科生的参考书，也可为控制科学与工程等领域相关工程技术人员提供参考。

图书在版编目(CIP)数据

复杂网络化系统故障检测与状态估计/万雄波，吴敏，王子栋著. —北京：科学出版社, 2019.11

ISBN 978-7-03-062887-9

Ⅰ. ①复… Ⅱ. ①万… ②吴… ③王… Ⅲ. ①计算机网络-自动控制系统-研究 Ⅳ. TP273

中国版本图书馆 CIP 数据核字 (2019) 第 242296 号

责任编辑：朱英彪 王 苏／责任校对：王萌萌
责任印制：吴兆东／封面设计：蓝正设计

科学出版社 出版
北京东黄城根北街 16 号
邮政编码：100717
http://www.sciencep.com

北京中石油彩色印刷有限责任公司 印刷
科学出版社发行 各地新华书店经销
*
2019 年 11 月第 一 版 开本: 720 × 1000 B5
2023 年 2 月第四次印刷 印张: 14 1/2
字数: 292 000

定价:108.00元

(如有印装质量问题，我社负责调换)

前　言

网络化系统是指用数字通信网络实现分布在不同区域的传感器、控制器和执行器等部件之间信息传递与交换的系统，具有低成本、低能耗、安装和维护简单且方便等诸多优点，在遥操作机器人、智能交通、远程医疗诊断等多个领域获得了广泛应用。然而，由于网络带宽有限，数据包在传输过程中容易出现丢失、延迟、量化、乱序等各种网络诱导现象。这些现象都可能降低系统性能甚至导致系统失稳。因此，网络化系统的分析和综合问题研究备受关注。

随着科学技术的不断进步和生产、生活水平的不断提高，人们对系统安全性和可靠性的要求越来越高。尤其是近年来飞机失事、火车相撞、轮船倾翻等事故频发，更促使人们密切关注故障检测问题。由于实际网络化系统的规模日益庞大、结构日趋复杂，任何微小的故障都可能导致整个系统瘫痪，甚至引发不可估量的后果，因此对网络化系统故障检测问题的研究显得十分迫切。网络化系统中存在的各种网络诱导现象，使得传统的故障检测方法不再适用于网络化系统，需要提出针对网络化系统的故障检测理论和方法。

在实践和科学研究中，往往需要准确了解系统的状态信息。例如，在生物制药和医学诊断中，了解患者的某些指标可针对性地开展疾病排查和药物治疗；在系统控制中，了解系统的状态便于设计控制律以实现系统的有效控制等。然而，对于许多复杂网络化系统，通常只能获得其测量输出，而不能直接获得状态信息。复杂网络化系统的测量输出受外界噪声、测量时滞、测量信息丢失等多种因素的影响，与系统的真实状态可能相去甚远。如何基于系统的测量信息获得系统状态信息，就涉及系统状态估计问题。因此，复杂网络化系统状态估计也是迫切需要研究的重要问题。

本书共 9 章。第 1 章是绪论。第 2~5 章讨论不完整量测网络化系统故障检测问题，其中第 2 章讨论随机丢包的网络化分布时滞系统故障检测问题，第 3 章讨论具有丢包和时滞的网络化系统故障检测问题，第 4 章讨论具有多种诱导现象的全局 Lipschitz 非线性系统故障检测问题，同时考虑网络诱导时滞、丢包、介质访问受限、量化等现象的影响，第 5 章讨论基于动态事件触发的奇异摄动系统故障检测问题。第 6~9 章讨论复杂网络化系统 (含离散时间奇异摄动复杂网络和基因调控网络) 的状态估计问题，其中第 6 章讨论 Round-Robin 协议下的离散时间奇异摄动复杂网络 H_∞ 状态估计问题，第 7 章讨论马尔可夫跳变时滞型基因调控网络鲁棒非脆弱 H_∞ 状态估计问题，第 8 章讨论 Round-Robin 协议下的基因调控网络最终有界状态估计问题，第 9 章讨论随机通信协议下的基因调控网络状态估计问题。

本书内容主要源于国家自然科学基金面上项目“调度时间和通信状态相关事件混合驱动的网络化系统故障检测”(61673356) 和重点项目“复杂地质钻进过程智能控制”(61733016)、湖北省自然科学基金创新群体项目 (2015CFA010) 以及教育部高等学校学科创新引智计划项目 (B17040) 的研究成果。作者由衷感谢日本秋田县立大学 (Akita Prefectural University) 徐粒教授在研究工作中给予的大力支持。同时，非常感谢中国地质大学 (武汉) 先进控制与智能自动化研究所赖旭芝教授、何勇教授、佘锦华教授、曹卫华教授、陈鑫教授、熊永华教授、张传科教授、安剑奇副教授、陈略峰副教授、刘振焘副教授等在本书写作过程中给予的大力帮助。任传玉、李健康、韩体壮、方泽林、李勇志、鲁黎等研究生承担了本书的部分文字整理、录入工作，在此深表谢意。

由于作者水平有限，书中难免存在不妥之处，敬请广大读者批评指正。

作　者

2019 年 4 月

目　　录

主要符号表

$\mathbb{R}^n$	n 维欧几里得空间
$\mathbb{R}^{n\times m}$	$n\times m$ 阶实矩阵集合
I	单位矩阵
$*$	矩阵中对称元素
$\mathrm{E}\{\cdot\}$	数学期望
$\mathrm{Var}\{\cdot\}$	方差
$\mathbb{Z}^+$	非负整数集合
$\mathbb{Z}^-$	非正整数集合
$l_2[0,\infty)$	区间 $[0,\infty)$ 上平方可求和序列空间
$l_2([0,N];\mathbb{R}^r)$	区间 $[0,N)$ 上平方可求和的 r 维向量函数空间
$\mathrm{Prob}\{\cdot\}$	事件概率
$\bigotimes$	Kronecker积
$\bigcup$	并集
$\lvert\cdot\rvert$	绝对值
$\lVert\cdot\rVert$	欧几里得范数
$\lVert\cdot\rVert_{\mathrm{F}}$	Frobenius 范数
$P>0\ (P\geqslant 0)$	P 为正定 (半正定) 矩阵
$A^{\dagger}$	矩阵 A 的 Moore-Penrose 广义逆
$\sup\{\cdot\}$	上确界
$\mathrm{diag}\{\cdots\}$	对角矩阵
$\exp(\cdot)$	以自然常数 e 为底的指数函数
$\lambda(A)$	矩阵 A 的特征值
$\mathrm{tr}\{A\}$	矩阵 A 的迹
A^{T}	矩阵 A 的转置
A^{-1}	矩阵 A 的逆

第1章 绪　　论

1.1 引　　言

复杂网络化系统是指分布在不同区域的节点或部件 (如传感器、控制器和执行器等) 通过网络实现信息交换与传递的系统，不仅包括采用数字通信网络进行数据传递的典型网络化系统，也包括具有强耦合性和复杂动力学行为的复杂动态网络。与传统系统的点对点的连接方式相比，典型网络化系统由于采用数字通信网络实现数据包传输，带来了诸多优点，如布线成本降低、电缆重量减轻、能耗降低、安装和维护方便、可靠性提高[1,2] 等。复杂动态网络通常具有复杂的拓扑结构，可以描述许多典型的人工系统和自然系统，如交通运输网络、信息网络、社会网络、生物网络等。研究这类复杂动态网络可以揭示其呈现的复杂动力学行为的内在机理，便于对其进行进一步的分析和设计。伴随着网络技术的飞速发展，复杂网络化系统在工业自动化、移动传感器网络、无人飞行器、机器人、交通运输、自动公路系统、远程外科手术等领域得到了广泛的应用[3,4]，大量相关研究成果也见诸报道。

复杂网络化系统中，当采用带宽有限的数字通信网络传输系统测量输出数据包时，将产生各种不完整量测现象。由于网络带宽有限，某时刻可能只允许部分节点获得网络通信权限，这就需要考虑介质访问受限的问题；网络拥塞、数据碰撞、节点故障等可能导致数据包传输过程中信息延迟甚至丢失；有限的带宽会导致数据率约束，因此系统的测量数据需经过量化才能通过网络传输，这又导致量化误差的产生。这些不完整量测现象不仅会降低系统性能，甚至导致系统失稳，同时增加了网络化系统分析和设计的复杂性[5]。不考虑这些不完整量测现象，直接采用传统控制理论和方法得出的系统分析和设计的结论显然并不适用于复杂网络化系统。随着科学技术的不断发展和网络技术的广泛应用，迫切需要在充分考虑各种不完整量测现象的前提下开展复杂网络化系统的研究。

作为提高系统安全性和可靠性的一项重要技术，故障检测是复杂网络化系统研究的重要方向。复杂网络化系统规模日益庞大、结构日趋复杂，一旦发生故障就可能导致巨大的危害。特别是近年来，火车追尾、飞机失事、厂矿爆炸等事故频发，故障检测问题受到了更多的关注[6-10]。在实践中，各种复杂因素的制约致使需要对系统进行远程故障检测。例如，对于一些高辐射系统，人为近距离地获取系统的测量输出十分困难而且非常危险。通过网络传输传感器采集的数据包进行远程故障检测不失为一种好的方法，这就涉及复杂网络化系统故障检测问题。随着复杂网络化系统的广泛应用以及人们对系统安全性与可靠性要求的提高，其故障检测问题逐渐成为研究的热点。

状态估计是复杂网络化系统研究的另一个重要方向。在实践和科学研究中，往往需要了解复杂网络化系统的状态信息。例如，在生物制药和医学诊断中，了解基因调控网络 (genetic regulatory networks, GRN) 这一复杂网络化系统的状态信息是十分必要的，不仅有利于揭示 GRN 复杂的调控机理，而且有利于针对性地对某些基因异常导致的疾病开展药物治疗。此外，了解复杂网络化系统的状态便于设计控制律实现系统的有效控制。然而，对于许多复杂网络化系统，往往只能获得其测量输出，而不能直接获得状态信息。由于受外界噪声、测量时滞、测量丢失等因素的影响，复杂网络化系统的测量输出往往与系统的真实状态差别很大。如何基于这些测量信息获得复杂网络化系统的状态信息，就涉及状态估计的问题。因此，复杂网络化系统状态估计也是迫切需要研究的重要问题。

综上所述，本书将基于各种不完整量测现象的分析，探讨复杂网络化系统故障检测与状态估计问题。

1.2　网络诱导现象及其建模

网络化系统中，有限的网络带宽会导致各种网络诱导现象，这些现象往往不仅使系统性能下降甚至失稳，而且增加了网络化系统分析和设计的复杂度。为了对网络化系统进行有效的分析和综合，通常需要建立描述各种网络诱导现象的模型。典型的网络诱导现象及其建模方法概述如下。

1.2.1　丢包

丢包是复杂网络化系统中的常见现象，通常分为被动丢包和主动丢包。网络拥塞、节点故障、连接中断等原因导致的丢包称为被动丢包，而由于数据实时性的要求，在接收到新的数据包后主动放弃过时的数据包，这种丢包称为主动丢包。十几年中，提出的描述丢包现象的模型有随机模型、切换模型、时滞模型等，相关研究已取得了丰硕的成果[11-16]。

伯努利随机变量模型是一类被广泛采用的描述丢包现象的模型。基于该模型，文献 [12] 研究了具有范数有界不确定性的随机丢包的系统鲁棒 H_∞ 控制问题；文献 [13] 和文献 [14] 分别研究了测量丢失情形下具有范数有界不确定性的常时滞系统的鲁棒 H_∞ 滤波和鲁棒 H_∞ 控制问题；文献 [15] 研究了随机测量丢失的范数有界不确定性系统的协方差约束控制问题。此外，基于伯努利随机变量模型，并考虑对象自身的非线性、模态切换等特性以及传输的方式 (如单包或多包)，又得到了很多扩展的结论。例如，考虑到测量丢失情形下的几类非线性系统，文献 [16]~文

献 [18] 分别研究了网络化系统的 H_∞ 滤波、鲁棒协方差约束滤波及 H_∞ 输出反馈控制问题；考虑到丢包导致的被控对象输入和观测器输入的差异，文献 [19] 讨论了一类网络化全局 Lipschitz 非线性系统基于观测器的 H_∞ 控制问题；文献 [20] 研究了随机测量丢失的离散时间切换系统的鲁棒 H_∞ 滤波问题；文献 [21] 研究了多包传输情形下随机丢包的一类随机非线性系统的鲁棒滤波问题。

当丢包发生时，通常可采用两种补偿方式，第一种为 0 输入补偿，第二种为用最近一次到达的数据包补偿当前丢失的数据包，其中第一种补偿方式使用较多。第二种补偿方式是由 Sahebsara 等[22,23] 提出的。在文献 [22] 和文献 [23] 中，采用伯努利随机变量模型并考虑第二种补偿方式，分别研究了具有丢包的网络化系统的最优 H_∞ 滤波和最优 H_2 滤波问题。采用具有第二种补偿方式的丢包模型，获得了很多扩展的结果。例如，文献 [24] 研究了具有丢包的网络化系统的 H_∞ 控制问题；文献 [25] 研究了丢包和静态量化下网络化系统的输出反馈控制问题；文献 [26] 研究了多包传输情形下随机丢包的网络化系统的 H_∞ 滤波问题。此外，有学者专门致力于网络化系统丢包补偿的研究。例如，文献 [27] 充分利用闲置的传输信道来补偿当前信道的数据包丢失；文献 [28] 提出三种方法 (比例微分方法、比例二阶微分方法、比例三阶微分方法) 补偿网络化系统控制包丢失。

除了上述随机方法外，还可采用切换方法描述丢包。例如，文献 [29] 采用切换序列描述从传感器到滤波器通道的丢包，进而研究了网络化系统的 H_∞ 滤波问题；文献 [30] 假定传感器到控制器以及控制器到执行器两个通道都存在丢包，采用切换系统方法研究了网络化系统的输出反馈镇定问题。时滞系统方法是处理网络化系统丢包问题的另一类重要方法。例如，文献 [31] 将丢包描述成时变时滞，进而研究了离散时间网络化系统的稳定性问题。

1.2.2 通信时滞

通信时滞是导致复杂网络化系统性能下降甚至失稳的重要原因之一，因而一直是研究的热点。处理通信时滞通常需要采用时滞系统相关方法，主要包括早期的伴随使用特殊不等式的模型转换方法[32-34](这些不等式包括 Park 不等式[35]、Moon 不等式[36]、Jensen 不等式[37-39] 等)、自由权矩阵方法[40-42]、时滞分解方法[43,44]，以及近年来提出的基于一些新的积分不等式[45-47]、有限项和不等式[48-50] 的转换方法等。

具有通信时滞，尤其是随机通信时滞的复杂网络化系统的研究历来受到高度关注。描述随机通信时滞的常用方法之一是伯努利随机变量方法。例如，采用伯努利随机序列，Yang 等[51] 研究了从传感器到控制器以及控制器到执行器通道均存在随机 1 步通信时滞的情况下网络化系统的 H_∞ 控制问题；进一步地，文献 [52] 研究了具有随机 1 步通信时滞的网络化系统的故障检测问题；文献 [53] 讨论了从传感器到滤波器存在随机 1 步通信时滞时网络化离散时间系统的 H_∞ 滤波问题；文献 [54] 讨论了具有随机 1 步通信时滞的非线性随机系统的 H_∞ 滤波问题。上述文献研究了具有随机 1 步通信时滞的网络化系统的相关问题，而在实际的网络化系统中，由于各种因素的影响，数据包随机发生的时滞往往不限于 1 步时滞。为此，文献 [55] 研究了具有随机传感变时滞的连续时间系统的 H_∞ 输出反馈控制问题。

描述随机通信时滞的另一类重要方法是马尔可夫链方法。例如，Ma 等[56] 基于一种执行器时间分段驱动的方法，采用马尔可夫链描述时滞，讨论了网络化系统的均方指数稳定问题；霍志红等[57] 采用马尔可夫链方法研究了一类具有随机时滞的网络化系统的容错控制问题；文献 [58] 采用马尔可夫链描述传感器到控制器以及控制器到执行器的通信时滞，在此基础上研究了网络化系统的输出反馈镇定问题；Yang 等[59-61]也采用马尔可夫链方法，获得了网络化系统的一些重要研究成果。

除了上述伯努利随机变量方法和马尔可夫链方法外，具有非一致分布特征的随机时滞方法也得到了广泛的研究。Gao 等[62] 假定时滞依据给定的概率取值于一个有限的集合，基于离散时间系统的该非一致分布模型，研究了网络化系统的镇定问题。对于连续型时滞非一致分布情形，Peng 等[63] 研究了网络化连续时间系统的稳定性分析和控制器设计问题。

上述网络化系统的研究针对的大多是离散时间系统 (文献 [55]、文献 [56] 和文献 [63] 除外)。在研究连续时间网络化系统时，文献 [55] 和文献 [63] 也是直接采用连续时间系统的形式展开讨论。但在实际网络化系统中，通信网络传输的是数字信号，因而需要将连续时间系统进行离散化。由于时滞的影响，如果不采取特殊的驱动方法 (如文献 [56] 采用执行器时间分段驱动)，离散化后的闭环系统的系统矩阵往往是含有时滞的时变矩阵。常用的处理技巧是将该时变矩阵分离成范数有界不确定性或多面体不确定性的形式，进而采用鲁棒控制的方法进行研究。例如，采用范数有界不确定性方法，文献 [64] 讨论了具有长时滞的一类网络化非线性系统的非脆弱控制问题，文献 [65] 研究了具有短时滞的网络化线性系统的镇定问题，文献 [66] 研究了具有短时滞的网络化系统的鲁棒 H_∞ 观测器和控制器设计问题；基于多面体不确定性方法，文献 [67] 研究了具有长时滞或短时滞的网络化系统的故障检测问题。

除上述随机时滞方法和鲁棒控制方法外，通信时滞的另一类重要研究方法是切换系统方法。例如，Zhang 等[68, 69] 将具有短时滞的网络化系统建模成切换系统，并采用平均驻留时间法，分别研究了网络化系统的镇定和 H_∞ 控制问题。

1.2.3　介质访问受限

当多个节点共享网络时，由于网络资源有限，为了缓解多个节点同时访问网络造成的数据冲突，需要采用一定的通信协议合理分配网络资源，使节点遵循既定的规律依次获得通信权限。换言之，每时刻只有部分或唯一节点可以访问网络，即介质访问受限。网络化系统介质访问受限现象十分普遍。早期，通常采用周期性通信序列或切换序列描述介质访问受限。例如，Wang 等[6,7] 采用周期通信序列调度节点对网络的访问，进而研究了具有介质访问受限的网络化系统故障检测问题；宗群等[70] 采用切换系统方法研究介质访问受限下网络化系统的稳定性和控制器设计问题。此外，在研究介质访问受限时，还可同时考虑其他网络诱导现象的影响。例如，文献 [71] 采用切换系统方法描述介质访问受限，并同时研究了具有介质访问受限、量化以及丢包的网络化系统的 H_∞ 滤波问题。

近年来，针对实际网络化系统中三类典型通信协议，即轮转 (Round-Robin) 协议[72-74]、试一次丢弃 (try-once-discard, TOD) 协议 (或称最大误差优先协议)[75-77] 以及随机通信协议 (stochastic communication protocol, SCP)[78-80]，从通信协议的数学建模以及通信协议下网络化系统的分析与综合等方面，开展了大量的研究工作。Round-Robin 协议是一种周期性通信协议。在 Round-Robin 协议下，任意周期内每个节点均获得一次通信权限，因此，Round-Robin 协议是一种资源平均分配的协议。TOD 协议是一种二次型协议，在该协议下，如果某节点的最近一次传输值和当前值的误差绝对值最大，则该节点获得通信权限。不同于前两种确定性协议，在 SCP 下，每时刻允许部分或唯一节点根据给定的概率分布随机地获得通信权限。关于 Round-Robin 协议和 SCP，本书后续部分章节将进行详细讨论。关于 TOD 协议，读者可查阅相关文献。

1.2.4 量化

网络化系统中，传输的数字信号往往假定具有足够的精度。事实上，由于网络带宽、通信设备及计算精度的影响，在实际的网络化系统中，数据需要经过量化才能通过网络传输。因此，为了更准确地对系统进行分析与设计，必须考虑量化效应。

通常使用的量化器有两种类型，即静态量化器和动态量化器。Fu 等[81] 针对一类称为对数量化器的静态量化器，提出了一种扇形界方法描述量化误差，进而采用鲁棒控制的方法解决量化问题。在此基础上，Gao 等[82] 进一步研究了静态量化，提出了一种量化相关的 Lyapunov 函数，从而获得了保守性更小的结论。基于上述扇形界方法，网络化系统量化问题获得了广泛的研究。文献 [25] 讨论了在静态量化和丢包情形下离散时间网络化系统的输出反馈控制问题；文献 [83] 采用时滞系统方法，综合考虑了具有丢包、时滞和量化输入的网络化系统的稳定性和镇定问题。此外，其他静态量化问题也得到了很多研究。例如，王志文等[84] 研究了均匀量化下基于模型的网络化系统的稳定性问题；Liu 等[77] 研究了在 TOD 协议和均匀量化下的集员状态估计问题。常用的动态量化器是由可调缩放参数和静态量化器构成的。采用该动态量化器且同时考虑量化范围的影响，文献 [85]~文献 [87] 分别研究了离散时间线性系统的动态输出反馈 H_∞ 控制、状态反馈 H_∞ 控制以及 H_∞ 滤波问题。

1.2.5 多种不完整量测

在复杂网络化系统方面，上述网络诱导丢包、时滞、介质访问受限、量化等不完整量测现象大多是单独研究的。但是，在实际网络化系统中，由于带宽有限，上述各种现象都可能发生。因此，需要研究同时描述多种不完整量测现象的方法，并建立这些现象的统一模型，进而研究网络化系统的分析与综合问题。具有多种不完整量测现象的网络化系统的几种典型建模方法概述如下。

1) 时滞系统方法

Yue 等[88] 同时考虑丢包、时滞和乱序等不完整量测现象，基于几个假设将网络化系统建模成时滞界已知的时变时滞系统，进而采用时滞系统方法研究网络化系统。基于该时滞系统模型，得到了许多推广结论[89-96]。此外，其他学者也提出过类似的思想，将具有丢包和时滞等现象的网络化系统建模成时滞系统，进而采用时滞系统的观点研究网络化系统[97-102]。

2) 马尔可夫链方法

He 等[8,9] 采用马尔可夫链和 Kronecker-δ 函数，建立了同时描述丢包和时滞现象的统一模型。该模型假设数据包通过网络传输到接收端过程中，根据转移概率已知的马尔可夫链，随机发生如下 $q+2$ 种情形：无时滞、具有 1 步时滞、具有 2 步时滞、$\cdots$、具有 q 步时滞、丢包。类似地，文献 [10]、文献 [11] 和文献 [103] 假设随机发生上述 $q+2$ 种情形的概率已知，提出了另一种描述随机丢包和时滞的统一模型，并分别研究了网络化系统故障检测和滤波问题。

3) 切换系统方法

文献 [104] 假设网络产生的时滞为短时滞，控制器为事件驱动，传感器为时间驱动，执行器为时间分段驱动，并将闭环状态反馈控制系统建模成切换系统，进而采用平均驻留时间法研究了具有丢包和时滞的网络化系统的 H_∞ 控制问题。

本书第 3 章提出同时描述丢包和时滞现象的两种新模型，第 4 章介绍描述三种及以上不完整量测现象的新模型，并基于这些模型研究网络化系统的故障检测问题。

1.3 复杂网络化系统故障检测

随着网络技术的不断发展及其在生产、生活等各领域深入广泛的应用，复杂网络化系统的性能、安全性和可靠性受到极大关注，其故障检测问题也成为研究热点之一。系统故障检测的基本思路是：首先，构造残差向量，根据该残差向量确定一个残差评估函数。其次，将残差评估函数值与给定阈值进行比较，如果残差评估函数值大于阈值，则检测到故障并报警。目前故障检测方法可分为基于解析模型的方法、基于知识的方法以及基于信号处理的方法。其中，基于解析模型的故障检测方法较为成熟，获得了较多的关注[105-111]。其通常做法是，引入一些性能指标描述残差对故障的敏感性以及残差对扰动的鲁棒性，进而将故障检测问题转化成相关最优化问题[108-111]，从而利用现有的 H_∞ 滤波等方法解决。

在采用 1.2 节的方法建立描述丢包、时滞、介质访问受限以及量化等一种或多种网络诱导现象的模型后，通常可采用基于解析模型的方法开展网络化系统故障检测。尽管网络化系统镇定和状态估计等问题的研究成果丰硕，但故障检测的研究成果相对较少。Fang 等[112-114] 开展了网络化系统故障诊断研究，并总结了早期成果。随着研究的深入，网络化系统故障检测有了很大的研究进展，主要成果包括介质访问受限的网络化系统故障检测[6,7]、具有时滞的网络化系统故障检测[52,67,115,116] 以及具有丢包的网络化系统故障检测[117-121]。在故障检测方法方面，有等价空间方法[6,7,113,122]、基于观测器或滤波器的方法[8-10,115,123,124] 等。在上述研究基础上，王永强等[125] 综述了网络化系统故障检测问题新的研究进展。

过去的十余年间，许多学者致力于研究具有丢包、时滞、介质访问受限和量化误差等多种诱导现象的网络化系统故障检测问题[8-10,123,124,126,127]。例如，He 等[10] 利用 Kronecker-δ 函数建立了新的网络传输模型，进而研究了具有丢包、时滞和量化的网络化系统故障检测问题；文献 [123] 采用时滞系统方法研究了具有丢包、时滞等现象的网络化系统故障检测问题；Zhang 等[126] 研究了具有丢包和非一致分布随机时滞的网络化系统故障检测问题；文献 [127] 综合采用切换和随机方法描述网络诱导现象，进而研究了具有丢包和介质访问受限的网络化系统故障检测问题。针对具有更多诱导现象的网络化系统，如何提出更合理更实用的模型，进而研究其故障检测问题，值得进一步探讨。

近年来，事件触发通信机制下的网络化系统故障检测问题受到了广泛关注。事件触发通信机制的引入是为了节省有限的网络资源，提高网络资源的利用效率。目前，已取得了大量基于静态事件触发通信机制的网络化系统故障检测研究成果[128-133]。但是，基于动态事件触发通信机制的网络化系统故障检测研究成果十分少见 (文献 [134] 和文献 [135] 除外)。文献 [134] 和文献 [135] 分别研究了多智能体系统和正马尔可夫跳变系统。但是，在文献 [135] 中，动态事件触发通信机制的动态特性主要体现在马尔可夫系统的模态切换上。当考虑不具有模态切换的系统故障检测问题时，文献 [135] 中的动态事件触发通信机制将退化为静态事件触发通信机制；作为文献 [136] 中连续时间动态事件触发通信机制对应的一种离散形式，文

献 [134] 中的动态事件触发通信机制对自身参数有一定的要求，这降低了其参数的灵活性，因而在某种意义上可能造成网络资源的浪费。如何提出一般性和更多参数灵活度的动态事件触发通信机制，以及如何在这样一种新的动态事件触发通信机制下研究网络化系统故障检测问题，都值得深入研究。

综上所述，网络化系统故障检测的研究已取得较大的进展，但还不很充分，有很多问题值得进一步探讨。首先，具有多种不完整量测现象的网络化系统故障检测研究成果相对较少。其次，相对于现有的模型，需要提出更合理、更适用的模型，进而继续研究网络化系统的故障检测问题。此外，具有动态事件触发通信机制的网络化系统故障检测研究尚有待深入。针对这些问题，本书第 2~5 章根据提出的描述网络诱导现象和事件触发机制的新模型，依次介绍具有丢包的、具有多种诱导现象的以及具有动态事件触发通信机制的网络化系统故障检测研究成果。

1.4　复杂网络化系统状态估计

了解复杂网络化系统的状态信息，有利于对系统运行实施必要的监控和调节，也有利于其他实际工程应用。本书主要探讨不完整量测的两类复杂网络化系统状态估计问题：第一类是复杂动态网络；第二类是 GRN 这一特殊的复杂网络。下面分别概述这两类复杂网络化系统状态估计问题的研究现状。

1.4.1　复杂动态网络状态估计

复杂动态网络是由大量节点和边组成的动态网络，其中节点表示网络中的个体，边表示个体之间的相互连接[137-140]。许多自然和人工系统都是复杂动态网络的典型例子，如基因网络、社交网络、交通网络、计算机网络和电力网络[74,78,141-145]等。过去的十年间，已提出各种复杂动态网络模型，包括随机复杂网络[146,147]、时滞复杂网络[148-150] 和不完整量测复杂网络[151,152]。在这些模型的基础上，已报道了牵引控制[139]、稳定性[148,149]、同步[146,148,150,153-155]、状态估计[147,151-153,156,157]等动力学分析问题的研究成果。

在复杂动态网络动力学分析和综合问题 (如同步控制和牵引控制) 研究中，获取有关网络状态的确切信息至关重要。然而，由于不可避免的复杂性，如结构变化、建模误差以及外在或内在噪声，复杂动态网络的可利用的测量输出可能与真实状态显著不同。近年来，复杂动态网络的状态估计问题已成为研究的热点，其中网络拓扑和单个节点行为均得到了深入的研究[147,151-153,156,158]。在现有文献中，几乎都隐含地假设复杂动态网络的状态根据相同的时间尺度演化，而某些复杂动态网络具有时间尺度差异这一重要特征，因此，这种假设并非完全正确。例如，在一些实际的复杂动态网络中，如电力网络[141,142,159]，确实存在两个及以上不同的时间尺度，这就导致了这类复杂动态网络分析与综合的困难性。

研究多时间尺度问题的一种传统方法是采用奇异摄动参数反映时间尺度的差异，由此产生的奇异摄动系统获得了广泛的关注，并且取得了丰硕的研究成果[165-168]，但涉及多时间尺度复杂动态网络的成果非常少 (一些开创性成果[165-168] 除外)。这些开创性成果讨论了奇异摄动复杂网络 (singularly perturbed complex network) 的状态估计或同步问题，但仅研究了连续时间奇异摄动复杂网络。然而，当进行网络通信或计算机仿真时，需要将连续时间奇异摄动复杂网络进行离散化。在这种情况下，研究离散时间奇异摄动网络及其状态估计问题具有重要的理论和实践意义。尽管离散时间奇异摄动复杂系统的状态估计问题研究已取得了一定的进展[169-171]，但尚未引起足够的重视，这可能是由于存在奇异摄动复杂网络的数学建模以及奇异摄动参数的影响分析等方面的困难。本书第 6 章将探讨 Round-Robin 协议下离散时间奇异摄动网络的状态估计问题。

1.4.2 基因调控网络状态估计

在过去几十年间，尽管基因组测序和基因辨识研究取得了显著的进展，但有机体全基因组序列与其功能理解之间仍然存在较大差距。为进一步了解复杂生物学机理，由脱氧核糖核酸 (deoxyribonucleic acid, DNA)、核糖核酸 (ribonucleic acid，RNA)、蛋白质、小分子及其相互作用构成的 GRN 获得了广泛的研究[172-178]，并已成为生物学和生物医学领域的重要研究方向。针对 GRN，目前已提出很多模型，包括 Boolean 模型[179,180]、微分方程模型[181,182]、Petri 网模型[183] 和离散时间分段仿射模型[184] 等。其中，基于微分方程模型发表了大量 GRN 研究成果[173,175,185-187]。

在基因辨识、医学诊断与治疗[186] 等实际应用中，GRN 的状态信息发挥着重要的作用。然而，由于受内在的时滞和外界噪声的影响，GRN 的测量输出可能与其真实状态之间存在巨大的差异，所以需要研究 GRN 的状态估计问题。此外，一方面，由于 GRN 维数高、结构复杂，其测量输出可能产生大量的数据，这使得现场分析这种“大数据”极其困难。另一方面，在生物学研究中，为满足存储数据、分享数据、验证实验可重复性等实际需要[188]，通常利用通信网络远程传输生物学数据。因此，随着网络和通信技术的进步，通过通信网络远程传输 GRN 测量输出数据，并实现状态估计十分必要，也变得逐渐可行。尽管 GRN 状态估计问题研究已取得了丰硕成果[189-195]，但其远程状态估计问题尚未得到充分解决。本书第 7~9 章将探讨 GRN 及其在两种通信协议下的状态估计问题。

1.5 本书主要内容

本书以不完整量测复杂网络化系统为研究对象，从故障检测和状态估计两个层面，介绍作者近年来在复杂网络化系统建模、分析和设计等方面取得的研究成果。本书分 9 章进行介绍。

第 1 章是绪论，介绍复杂网络化系统的特点、网络诱导现象与建模方法、故障检测和状态估计等内容，阐述复杂网络化系统研究的现状和存在的主要问题。

第 2 章讨论随机丢包的网络化分布时滞系统故障检测问题。针对具有随机丢包的网络化离散时间无限分布时滞系统，采用两个伯努利随机变量分别描述传感器到控制器以及控制器到执行器之间网络的丢包现象，并构造观测器形式的故障检测滤波器 (fault detection filter, FDF) 作为残差产生器。由于控制信号通过控制器到执行器之间的网络传输过程中存在丢包现象，考虑被控对象的输入和 FDF 输入的差异，建立含状态估计误差的闭环系统。采用随机和时滞系统方法，得到该闭环系统均方指数稳定且满足指定的 H_∞ 性能指标的线性矩阵不等式 (linear matrix inequalities, LMI) 形式的充分条件，并给出 FDF 设计方法。

第 3 章讨论具有丢包和时滞的网络化系统故障检测问题。首先，针对网络化离散时间全局 Lipschitz 非线性系统，采用转移概率已知的齐次马尔可夫链，建立描述网络诱导时滞和丢包的统一模型；构造传输模态相关的 FDF，并将故障检测问题转化为具有多个区间时变时滞的马尔可夫跳变系统的 H_∞ 滤波问题。利用 Lyapunov-Krasovskii 方法和 Jensen 不等式，得到滤波误差系统均方渐近稳定的充分条件，给出 FDF 设计方法。其次，针对一类网络化离散时间快采样奇异摄动系统，考虑上述统一模型中马尔可夫链的转移概率部分未知以及马尔可夫模态与 FDF 模态的差异，构造基于隐马尔可夫模型的 FDF。利用 Wirtinger 型离散不等式 (discrete Wirtinger-based inequality)[48] 和逆凸方法[196]，得到滤波误差系统均方渐近稳定且满足指定的 H_∞ 性能指标的充分条件，给出 FDF 设计方法，并估计奇异摄动参数容许的上下界。

第 4 章讨论具有多种诱导现象的网络化系统故障检测问题。针对一类网络化离散时间全局 Lipschitz 非线性系统，首先，利用伯努利随机变量和切换方法，建立描述介质访问受限、时滞和丢包的统一模型。构造切换模态相关的 FDF，并将故障检测问题转化为具有多个区间时变时滞、伯努利随机变量和切换参数的非线性混杂系统。利用 Lyapunov-Krasovskii 方法、Jensen 不等式和切换系统方法，得到滤波误差系统均方渐近稳定且满足指定的 H_∞ 性能指标的充分条件，并给出 FDF 设计方法。其次，利用离散时间齐次马尔可夫链，在连续丢包次数不超过给定上限的假设下，提出考虑丢包补偿的描述网络诱导时滞、丢包和信号量化的另一个统一模型。构造马尔可夫模态相关的 FDF，并将故障检测问题转化为具有相继区间时变时滞的非线性马尔可夫跳变系统的 H_∞ 滤波问题。采用随机系统方法，建立滤波误差系统均方渐近稳定且满足指定的 H_∞ 性能指标的充分条件，并给出 FDF 设计方法。

第 5 章讨论基于动态事件触发的奇异摄动系统故障检测问题。为提高网络资源利用效率，提出更具一般性的、参数更灵活的离散时间动态事件触发通信机制，其将常见的事件触发通信机制作为特例。同时，提出使得事件触发通信机制中柔性变量非负的相关参数选择方法。通过构造与奇异摄动参数和柔性变量相关的 Lyapunov 函数，得到滤波误差系统渐近稳定且满足指定的 H_∞ 性能指标的充分条件，给出 FDF 参数设计方法，并估计奇异摄动参数容许的上下界。

第 6 章讨论 Round-Robin 协议下的离散时间奇异摄动复杂网络的 H_∞ 状态估计问题。针对具有两个时间尺度的一类离散时间非线性复杂网络，通过引入奇异摄动参数反映不同时间尺度的差异，建立离散时间非线性奇异摄动复杂网络模型。为缓解由通信网络带宽有限引起的数据冲突，引入 Round-Robin 协议调度数据包传输。构造与奇异摄动参数和传输顺序相关的 Lyapunov 函数，并建立处理奇异摄动参数的关键引理，得到估计误差系统渐近稳定且满足指定的 H_∞ 性能指标的充分条件，给出状态估计器参数设计方法，并估计奇异摄动参数容许的上界。对于离散时间线性奇异摄动复杂网络，也给出状态估计器设计方法。

第 7 章介绍马尔可夫跳变时滞型基因调控网络鲁棒非脆弱 H_∞ 状态估计。针对具有外部扰动、参数不确定性和随机时滞的离散时间 GRN，为估计 mRNA 和蛋白质的浓度，寻求鲁棒非脆弱 H_∞ 状态估计器使得包含估计误差的增广系统随机稳定且状态估计误差满足指定的 H_∞ 性能指标。采用两个不同且转移概率具有范数有界不确定性的马尔可夫链分别描述转录时滞和翻译时滞，建立具有参数不确定性、外部扰动和马尔可夫跳变时滞的离散时间 GRN 模型。构造非脆弱状态估计器，并建立包含状态估计误差的增广系统。通过构造模态相关的 Lyapunov-Krasovskii 泛函并采用随机系统方法，得到非脆弱状态估计器存在的充分条件并给出其设计方法。

第 8 章介绍 Round-Robin 协议下的基因调控网络最终有界状态估计。由于通信资源有限，采用两个 Round-Robin 协议分别调度两组传感器获得的 GRN 测量数据的传输。通过构造与传输顺序相关的 Lyapunov-like 泛函，并采用 Wirtinger 型离散不等式和逆凸方法，得到在指定衰减率上限下估计误差系统均方指数最终有界的充分条件，导出均方意义下输出估计误差的一致渐近上界。通过最小化该上界，得到状态估计器的参数。

第 9 章介绍随机通信协议下的基因调控网络状态估计。首先，讨论 SCP 下离散时滞 GRN 的有限时间 H_∞ 状态估计问题。对于两组传感器获得的 GRN 测量数据，采用两个 SCP 调度其通过带宽有限的两条信道的传输，并将估计误差系统建模为具有两个切换信号的马尔可夫跳变系统。通过构造与传输顺序相关的 Lyapunov-Krasovskii 泛函，并采用 Wirtinger 型离散不等式和逆凸方法，得到使估计误差系统随机 H_∞ 有限时间有界的充分条件，并通过求解约束凸优化问题得到状态估计器参数。其次，讨论 SCP 下的离散时变 GRN 的递归量化 H_∞ 状态估计问题。假设 GRN 的测量输出先经过量化，然后在两个 SCP 调度下通过两条信道传输到远程状态估计器。设计时变状态估计器，使得在非线性、量化效应和 SCP 下，估计误差系统满足指定的有限时域 H_∞ 性能指标。采用完全平方法，给出基于耦合倒向递归 Riccati 差分方程的状态估计器设计方法。

参考文献

[1] Wang L C, Wang Z D, Han Q L, et al. Synchronization control for a class of discrete-time dynamical networks with packet dropouts: A coding-decoding-based approach[J]. IEEE Transactions on Cybernetics, 2018, 48(8): 2437-2448.

[2] Zhang J H, Lam J. A probabilistic approach to stability and stabilization of networked control systems[J]. International Journal of Adaptive Control and Signal Processing, 2015, 29(7): 925-938.

[3] Zhang W, Branicky M S, Philips S M. Stability of networked control systems[J]. IEEE Control Systems Magazine, 2001, 21(1): 85-99.

[4] Hespanha J P, Naghshtabrizi P, Xu Y. A survey of recent results in networked control systems[J]. Proceedings of the IEEE, 2007, 95: 138-162.

[5] Wan X B, Fang H J, Fu S. Observer-based fault detection for networked discrete-time infinite-distributed delay systems with packet dropouts[J]. Applied Mathematical Modelling, 2012, 36(1): 270-278.

[6] Wang Y Q, Ding S X, Ye H, et al. Fault detection of networked control systems with packet based periodic communication[J]. International Journal of Adaptive Control Signal Process, 2009, 23(8): 682-698.

[7] Wang Y Q, Ye H, Ding S X, et al. Fault detection of networked control systems with limited communication[J]. International Journal of Control, 2009, 82(7): 1344-1356.

[8] He X, Wang Z D, Ji Y D, et al. Network-based fault detection for discrete-time state-delay systems: A new measurement model[J]. International Journal of Adaptive Control and Signal Processing, 2008, 22(5): 510-528.

[9] He X, Wang Z D, Ji Y D, et al. Fault detection for discrete-time systems in a networked environment[J]. International Journal of Systems Science, 2010, 41(8): 937-945.

[10] He X, Wang Z D, Zhou D H. Network-based robust fault detection with incomplete

measurements[J]. International Journal of Adaptive Control and Signal Processing, 2009, 23(8): 737-756.

[11] He X, Wang Z D, Zhou D H. Robust H_∞ filtering for networked systems with multiple state delays[J]. International Journal of Control, 2007, 80(8): 1217-1232.

[12] Wang Z D, Yang F W, Ho D W C, et al. Robust H_∞ control for networked systems with random packet losses[J]. IEEE Transactions on Systems, Man, and Cybernetics—Part B: Cybernetics, 2007, 37(4): 916-924.

[13] Wang Z D, Yang F W, Ho D W C, et al. Robust H_∞ filtering for stochastic time-delay systems with missing measurements[J]. IEEE Transactions on Signal Processing, 2006, 54(7): 2579-2587.

[14] Yang F W, Wang Z D, Ho D W C, et al. Robust H_∞ control with missing measurements and time delays[J]. IEEE Transactions on Automatic Control, 2007, 52(9): 1666-1672.

[15] Wang Z D, Ho D W C, Liu X H. Variance-constrained control for uncertain stochastic systems with missing measurements[J]. IEEE Transactions on Systems, Man, and Cybernetics—Part A: Systems and Humans, 2005, 35(5): 746-753.

[16] Shen B, Wang Z D, Shu H S, et al. On nonlinear H_∞ filtering for discrete-time stochastic systems with missing measurements[J]. IEEE Transactions on Automatic Control, 2008, 53(9): 2170-2180.

[17] Ma L F, Wang Z D, Hu J, et al. Robust variance-constrained filtering for a class of nonlinear stochastic systems with missing measurements[J]. Signal Processing, 2010, 90: 2060-2071.

[18] Wang Z D, Ho D W C, Liu Y R, et al. Robust H_∞ control for a class of nonlinear discrete time-delay stochastic systems with missing measurements[J]. Automatica, 2009, 45: 684-691.

[19] Li J G, Yuan J Q, Lu J G. Observer-based H_∞ control for networked nonlinear systems with random packet losses[J]. ISA Transactions, 2010, 49: 39-46.

[20] Zhang H, Chen Q J, Yan H C, et al. Robust H_∞ filtering for switched stochastic system with missing measurements[J]. IEEE Transactions on Signal Processing, 2009, 57(9): 3466-3474.

[21] Wei G L, Wang Z D, Shu H S. Robust filtering with stochastic nonlinearities and multiple missing measurements[J]. Automatica, 2009, 45: 836-841.

[22] Sahebsara M, Chen T W, Shah S L. Optimal H_∞ filtering in networked control systems with multiple packet dropouts[J]. Systems and Control Letters, 2008, 57(9): 696-702.

[23] Sahebsara M, Chen T W, Shah S L. Optimal H_2 filtering in networked control systems with multiple packet dropout[J]. IEEE Transactions on Automatic Control, 2007, 52(8): 1508-1513.

[24] Jia T G, Niu Y G, Wang X Y. H_∞ control for networked systems with data packet dropout[J]. International Journal of Control, Automation, and Systems, 2010, 8(2): 198-203.

[25] Niu Y G, Jia T G, Wang X Y, et al. Output-feedback control design for NCSs subject to quantization and packet dropout[J]. Information Sciences, 2009, 179: 3804-3813.

[26] Zhang W A, Yu L, Song H B. H_∞ filtering of networked discrete-time systems with random packet losses[J]. Information Sciences, 2009, 179: 3944-3955.

[27] Wang Y L, Yang G H. Packet dropout compensation for networked control systems: A multiple communication channels method[C]. American Control Conference, Seattle, 2008: 1973-1978.

[28] Tian Y C, Levy D. Compensation for control packet dropout in networked control systems[J]. Information Science, 2008, 178: 1263-1278.

[29] Yin S, Yu L, Zhang W A. A switched system approach to networked H_∞ filtering with packet losses[J]. Circuits, System and Signal Processing, 2011, 30: 1341-1354.

[30] Zhang W A, Yu L. Output feedback stabilization of networked control systems with packet dropouts[J]. IEEE Transactions on Automatic Control, 2007, 52(9): 1705-1710.

[31] Yu M, Wang L, Chu T G. Stability analysis of networked systems with packet dropouts and time transmission delays: Discrete-time case[J]. Asian Journal of Control, 2005, 7(4): 433-439.

[32] Fridman E, Shaked U. Delay-dependent stability and H_∞ control: Constant and time-varying delays[J]. International Journal of Control, 2003, 76: 48-60.

[33] Yue D, Won S, Kwon O. Delay dependent stability of neutral systems with time delay: An LMI approach[J]. IEE Proceedings—Control Theory and Applications, 2003, 150: 23-27.

[34] Han Q L. On robust stability of neutral systems with time-varying discrete delay and norm bounded uncertainty[J]. Automatica, 2004, 40: 1087-1092.

[35] Park P G. A delay-dependent stability criterion for systems with uncertain time-invariant delays[J]. IEEE Transactions on Automatic Control, 1999, 44(4): 876-877.

[36] Moon Y S, Park P G, Kwon W H, et al. Delay-dependent robust stabilization of uncertain state-delayed systems[J]. International Journal of Control, 2001, 74: 1447-1455.

[37] Gu K. An integral inequality in the stability problem of time-delay systems[C]. Proceedings of the 39th IEEE Conference on Decision and Control, Sydney, 2000: 2805-2810.

[38] Gu K. Discretized LMI set in the stability problem of linear uncertain time-delay systems[J]. International Journal of Control, 1997, 68: 923-934.

[39] Wan X B, Fang H J. New results on delay-dependent bounded real lemma for uncer-

tain time-varying delay systems[C]. Proceedings of the 29th Chinese Control Conference, Beijing, 2010: 4340-4345.

[40] He Y, Wu M, She J H, et al. Parameter-dependent Lyapunov functional for stability of time-delay systems with polytopic-type uncertainties[J]. IEEE Transactions on Automatic Control, 2004, 49: 828-832.

[41] Wu M, He Y, She J H, et al. Delay-dependent criteria for robust stability of time-varying delay systems[J]. Automatica, 2004, 40: 1435-1439.

[42] 吴敏, 何勇. 时滞系统鲁棒控制 —— 自由权矩阵方法[M]. 北京: 科学出版社, 2008.

[43] Han Q L. Improved stability criteria and controller design for linear neutral systems[J]. Automatica, 2009, 45: 1948-1952.

[44] Han Q L. A discrete delay decomposition approach to stability of linear retarded and neutral systems[J]. Automatica, 2009, 45: 517-524.

[45] Seuret A, Gouaisbaut F. Wirtinger-based integral inequality: Application to time-delay systems[J]. Automatica, 2013, 49(9): 2860-2866.

[46] Zhang X M, Han Q L, Seuret A, et al. An improved reciprocally convex inequality and an augmented Lyapunov-Krasovskii functional for stability of linear systems with time-varying delay[J]. Automatica, 2017, 84: 221-226.

[47] Park P, Lee W I, Lee S Y. Auxiliary function-based integral inequalities for quadratic functions and their applications to time-delay systems[J]. Journal of the Franklin Institute, 2015, 352(4): 1378-1396.

[48] Nam P T, Pathirana P N, Trinh H. Discrete Wirtinger-based inequality and its application[J]. Journal of the Franklin Institute, 2015, 352(5): 1893-1905.

[49] Wan X B, Wu M, He Y, et al. Stability analysis for discrete time-delay systems based on new finite-sum inequalities[J]. Information Sciences, 2016, 369: 119-127.

[50] Zhang C K, He Y, Jiang L, et al. An improved summation inequality to discrete-time systems with time-varying delay[J]. Automatica, 2016, 74: 10-15.

[51] Yang F W, Wang Z D, Hung Y S, et al. H_∞ control for networked systems with random communication delays[J]. IEEE Transactions on Automatic Control, 2006, 51(3): 511-518.

[52] Cheng Y, Ruan Y B, Cui F J, et al. Fault detection for networked control systems with random communication delays[C]. Chinese Control and Decision Conference, Yantai, 2008: 496-499.

[53] Zhou S S, Feng G. H_∞ filtering for discrete-time systems with randomly varying sensor delays[J]. Automatica, 2008, 44: 1918-1922.

[54] Shen B, Wang Z D, Shu H S, et al. H_∞ filtering for nonlinear discrete-time stochastic systems with randomly varying sensor delays[J]. Automatica, 2009, 45: 1032-1037.

[55] Lin C, Wang Z D, Yang F W. Observer-based networked control for continuous-time systems with random sensor delays[J]. Automatica, 2009, 45: 578-584.

[56] Ma C L, Fang H J. Research on mean square exponentially stability of networked control systems with multi-step delay[J]. Applied Mathematical Modelling, 2006, 30: 941-950.

[57] 霍志红, 方华京. 一类随机时延网络化控制系统的容错控制研究[J]. 信息与控制, 2006, 35(5): 584-587.

[58] Shi Y, Yu B. Output feedback stabilization of networked control systems with random delays modeled by Markov chains[J]. IEEE Transactions on Automatic Control, 2009, 54(7): 1668-1674.

[59] Yang C X, Guan Z H, Huang J. Stochastic fault tolerant control of networked control systems[J]. Journal of the Franklin Institute, 2009, 346: 1006-1020.

[60] Yang C X, Guan Z H, Huang J, et al. Design of stochastic switching controller of networked control systems based on greedy algorithm[J]. IET Control Theory and Applications, 2010, 4(1): 164-172.

[61] Guan Z H, Yang C X, Huang J. Stabilization of networked control systems with short or long random delays: A new multirate method[J]. International Journal of Robust and Nonlinear Control, 2010, 20: 1802-1816.

[62] Gao H J, Meng X Y, Chen T W. Stabilization of networked control systems with a new delay characterization[J]. IEEE Transactions on Automatic Control, 2008, 53(9): 2142-2148.

[63] Peng C, Yue D, Tian E G, et al. A delay distribution based stability analysis and synthesis approach for networked control systems[J]. Journal of the Franklin Institute, 2009, 346(4): 349-365.

[64] Zhang Y, Tang G Y, Hu N P. Non-fragile control for nonlinear networked control systems with long time-delay[J]. Computers and Mathematics with Applications, 2009, 57: 1630-1637.

[65] Zhang W A, Yu L. A robust control approach to stabilization of networked control systems with short time-varying delays[J]. Acta Automatica Sinica, 2010, 36(1): 87-91.

[66] 孔德明, 方华京. 网络化控制系统鲁棒 H_∞ 观测器-控制器设计[J]. 系统工程与电子技术, 2007, 29(9): 1500-1504.

[67] Wang Y Q, Ding S X, Ye H, et al. A new fault detection scheme for networked control systems subject to uncertain time-varying delay[J]. IEEE Transactions on Signal Processing, 2008, 56(10): 5258-5268.

[68] Zhang W A, Yu L, Song H B. A switched system approach to networked control systems with time-varying delays[C]. Proceedings of the 27th Chinese Control Conference, Kunming, 2008: 424-427.

[69] Zhang W A, Yu L, Yin S. A switched system approach to H_∞ control of networked control systems with time-varying delays[J]. Journal of the Franklin Institute, 2011,

348(2): 165-178.

[70] 宗群, 薄云览, 孙连坤. 一类介质访问约束下的网络控制系统设计[J]. 系统工程与电子技术, 2007, 29(5): 778-781.

[71] Song H B, Yu L, Zhang W A. Networked H_∞ filtering for linear discrete-time systems[J]. Information Sciences, 2011, 181: 686-696.

[72] Wan X B, Wang Z D, Wu M, et al. H_∞ state estimation for discrete-time nonlinear singularly perturbed complex networks under the Round-Robin protocol[J]. IEEE Transactions on Neural Networks and Learning Systems, 2019, 30(2): 415-426.

[73] Luo Y Q, Wang Z D, Wei G L, et al. State estimation for a class of artificial neural networks with stochastically corrupted measurements under Round-Robin protocol[J]. Neural Networks, 2016, 77: 70-79.

[74] Wan X B, Wang Z D, Wu M, et al. State estimation for discrete time-delayed genetic regulatory networks with stochastic noises under the Round-Robin protocols[J]. IEEE Transactions on Nanobioscience, 2018, 17(2): 145-154.

[75] Wang D, Wang Z D, Shen B, et al. H_∞ finite-horizon filtering for complex networks with state saturations: The weighted try-once-discard protocol[J]. International Journal of Robust and Nonlinear Control, 2019, DOI: 10.1002/rnc.4479.

[76] Zou L, Wang Z D, Gao H J. Set-membership filtering for time-varying systems with mixed time-delays under Round-Robin and weighted try-once-discard protocols[J]. Automatica, 2016, 74: 341-348.

[77] Liu S, Wei G L, Song Y, et al. Set-membership state estimation subject to uniform quantization effects and communication constraints[J]. Journal of the Franklin Institute, 2017, 354: 7012-7027.

[78] Wan X B, Wang Z D, Han Q L, et al. Finite-time H_∞ state estimation for discrete time-delayed genetic regulatory networks under stochastic communication protocols[J]. IEEE Transactions on Circuits and Systems I: Regular Papers, 2018, 65(10): 3481-3491.

[79] Zou L, Wang Z D, Gao H J, et al. Finite-horizon H_∞ consensus control of time-varying multiagent systems with stochastic communication protocol[J]. IEEE Transactions on Cybernetics, 2017, 47(8): 1830-1840.

[80] Zou L, Wang Z D, Hu J, et al. On H_∞ finite-horizon filtering under stochastic protocol: Dealing with high-rate communication networks[J]. IEEE Transactions on Automatic Control, 2017, 62(9): 4884-4890.

[81] Fu M Y, Xie L H. The sector bound approach to quantized feedback control[J]. IEEE Transactions on Automatic Control, 2005, 50(11): 1698-1711.

[82] Gao H J, Chen T W. A new approach to quantized feedback control systems[J]. Automatica, 2008, 44: 534-542.

[83] Guo Y F, Li S Y. Stability and stabilization of discrete-time linear systems over

networks with control input quantization[C]. Proceedings of the 27th Chinese Control Conference, Zhangjiajie, 2007: 137-140.

[84] 王志文, 郭戈, 骆东松. 量化状态反馈网络化系统的稳定性分析[J]. 控制工程, 2009, 16(4): 495-497.

[85] Che W W, Yang G H. Quantized dynamic output feedback H_∞ control for discrete-time systems with quantizer ranges consideration[J]. Acta Automatica Sinica, 2008, 34(6): 652-658.

[86] Che W W, Yang G H. Quantized H_∞ control for discrete-time systems[C]. 16th IEEE International Conference on Control Applications, Part of IEEE Multi-Conference on Systems and Control, Singapore, 2007: 1313-1317.

[87] Che W W, Yang G H. Discrete-time quantized H_∞ filtering with quantizer ranges consideration[C]. American Control Conference, Saint Louis, 2009: 5659-5664.

[88] Yue D, Han Q L, Lam J. Network-based robust H_∞ control of systems with uncertainty[J]. Automatica, 2005, 41: 999-1007.

[89] Yue D, Lam J, Wang Z D. Persistent disturbance rejection via state feedback for networked control systems[J]. Chaos, Solitons and Fractals, 2009, 40: 382-391.

[90] Chu H Y, Fei S M, Yue D, et al. H_∞ quantized control for nonlinear networked control systems[J]. Fuzzy Sets and Systems, 2011, 174(1): 99-113.

[91] Peng C, Tian Y C, Moses O T. State feedback controller design of networked control systems with interval time-varying delay and nonlinearity[J]. International Journal of Robust and Nonlinear Control, 2008, 18: 1285-1301.

[92] Peng C, Yue D. State feedback controller design of networked control systems with parameter uncertainty and state-delay[J]. Asian Journal of Control, 2006, 8(4): 385-392.

[93] Tian E G, Yue D, Peng C. Reliable control for networked control systems with probabilistic actuator fault and random delays[J]. Journal of the Franklin Institute, 2010, 347: 1907-1926.

[94] Tian E G, Yue D, Gu Z. Robust H_∞ control for nonlinear systems over network: A piecewise analysis method[J]. Fuzzy Sets and Systems, 2010, 161: 2731-2745.

[95] Tian E G, Yue D, Peng C. Quantized output feedback control for networked control systems[J]. Information Sciences, 2008, 178: 2734-2749.

[96] Yue D, Han Q L, Peng C. State feedback controller design of networked control systems[J]. IEEE Transactions on Circuits and Systems II: Express Briefs, 2004, 51(11): 640-644.

[97] Yu M, Wang L, Chu T G, et al. An LMI approach to networked control systems with data packet dropout and transmission delays[C]. Proceedings of the 43rd IEEE Conference on Decision and Control, Nassau, 2004: 3545-3550.

[98] Yu M, Wang L, Chu T G, et al. Stabilization of networked control systems with data

packet dropout and transmission delays: Continuous-time case[J]. European Journal of Control, 2005, 11: 40-49.

[99] Dai J G. A delay system approach to networked control systems with limited communication capacity[J]. Journal of the Franklin Institute, 2010, 347: 1334-1352.

[100] Wu L G, Lam J, Yao X M, et al. Robust guaranteed cost control of discrete-time networked control systems[J]. Optimal Control Applications and Methods, 2011, 32: 95-112.

[101] Gao H J, Chen T W. H_∞ estimation for uncertain systems with limited communication capacity[J]. IEEE Transactions on Automatic Control, 2007, 52(11): 2070-2084.

[102] Gao H J, Chen T W, Lam J. A new delay system approach to network-based control[J]. Automatica, 2008, 44: 39-52.

[103] Wei G L, Wang Z D, He X, et al. Filtering for networked stochastic time-delay systems with sector nonlinearity[J]. IEEE Transactions on Circuits and Systems II: Express Briefs, 2009, 56(1): 71-75.

[104] Wang J F, Yang H Z. H_∞ control of a class of networked control systems with time delay and packet dropout[J]. Applied Mathematics and Computation, 2011, 217(18): 7469-7477.

[105] Chen J, Patton R J. Robust Model-Based Fault Diagnosis for Dynamic Systems[M]. Boston: Kluwer Academic Publishers, 1999.

[106] Ding S X. Model-based Fault Diagnosis Techniques: Design Schemes, Algorithms, and Tools[M]. Berlin: Springer, 2008.

[107] Zhong M Y, Ding S X, Lam J, et al. An LMI approach to design robust fault detection filter for uncertain LTI systems[J]. Automatica, 2003, 39(3): 543-550.

[108] Zhong M Y, Ye H, Ding S X, et al. Fault detection filter for linear time-delay systems[J]. Nonlinear Dynamics and Systems Theory, 2005, 5(3): 273-284.

[109] Zhong M Y, Lam J, Ding S X, et al. Robust fault detection of Markovian jump systems[J]. Circuits System and Signal Processing, 2004, 23(5): 387-407.

[110] Zhong M Y, Ye H, Shi P, et al. Fault detection for Markovian jump systems[J]. IEE Proceedings—Control Theory and Applications, 2005, 152(4): 397-402.

[111] Zhang P, Ding S X. An integrated trade-off design of observer based fault detection systems[J]. Automatica, 2008, 44: 1886-1894.

[112] Zheng Y, Fang H J, Xie L B, et al. An observer-based fault detection approach for networked control system[J]. Dynamics of Continuous Discrete and Impulsive System, Series B—Applications and Algorithms, 2003, Suppl: 416-421.

[113] Zheng Y, Fang H J, Wang H O. Takagi-Sugeno fuzzy-model-based fault detection for networked control systems[J]. IEEE Transactions on System, Man, and Cybernetics—Part B: Cybernetics, 2006, 36(4): 924-929.

[114] Fang H J, Ye H, Zhong M Y. Fault diagnosis of networked control systems[J]. Annual

Reviews in Control, 2007, 31: 55-68.

[115] Zhang Y, Fang H J, Jiang T Y. Fault detection for nonlinear networked control systems with stochastic interval delay characterization[J]. International Journal of Systems Science, 2012, 43(5): 952-960.

[116] Wang Y Q, Ye H, Ding X S, et al. Fault detection of networked control systems based on optimal robust fault detection filter[J]. Acta Automatica Sinica, 2008, 34(12): 1534-1539.

[117] Cui L, Yang Y, Xu S Y. Fuzzy model based fault detection for nonlinear NCS with packet dropout[C]. 8th IEEE International Conference on Control and Automation, Xiamen, 2010: 2189-2194.

[118] 黄鹤, 谢德晓, 韩笑冬, 等. 具有随机丢包的一类网络控制系统的故障检测[J]. 控制理论与应用, 2011, 28(1): 79-86.

[119] Gao H J, Chen T W, Wang L. Robust fault detection with missing measurements[J]. International Journal of Control, 2008, 81(5): 804-819.

[120] Wang Y Q, Ding X S, Ye H, et al. Residual generation and evaluation of networked control systems subject to random packet dropout[J]. Automatica, 2009, 45(10): 2427-2434.

[121] Zhao Y, Lam J, Gao H J. Fault detection for fuzzy systems with intermittent measurements[J]. IEEE Transactions on Fuzzy Systems, 2009, 17(2): 398-410.

[122] 郑英, 方华京, 谢林伯. 具有随机时延的网络化控制系统基于等价空间的故障诊断[J]. 信息与控制, 2003, 32(2): 155-159.

[123] Zhao Y, Zhang Z X, Zhao Y B, et al. Fault detection with network communication[J]. International Journal of Systems Science, 2010, 41(8): 947-956.

[124] Li X, Wu X B, Xu Z L, et al. Fault detection observer design for networked control system with long time-delays and data packet dropout[J]. Journal of Systems Engineering and Electronics, 2010, 21(5): 877-882.

[125] 王永强, 叶昊, 王桂增. 网络化控制系统故障检测技术的最新进展[J]. 控制理论与应用, 2009, 26(4): 400-409.

[126] Zhang Y, Fang H J. Fault detection for nonlinear networked systems with random packet dropout and probabilistic interval delay[J]. International Journal of Adaptive Control and Signal Processing, 2011, 25(12): 1074-1086.

[127] Zhang D, Yu L, Wang Q G. Fault detection for a class of network-based nonlinear systems with communication constraints and random packet dropouts[J]. International Journal of Adaptive Control and Signal Processing, 2011, 25: 876-898.

[128] Li H Y, Chen Z R, Wu L G, et al. Event-triggered fault detection of nonlinear networked systems[J]. IEEE Transactions on Cybernetics, 2017, 47(4): 1041-1052.

[129] Wang Y L, Shi P, Lim C C, et al. Event-triggered fault detection filter design for a continuous-time networked control system[J]. IEEE Transactions on Cybernetics,

2016, 46(12): 3414-3426.

[130] Qiu A B, Al-Dabbagh A W, Chen T W. A trade-off approach for optimal event-triggered fault detection[J]. IEEE Transactions on Industrial Electronics, 2019, 66(3): 2111-2121.

[131] Hajshirmohamadi S, Davoodi M, Meskin N, et al. Event-triggered fault detection and isolation for discrete-time linear systems[J]. IET Control Theory and Applications, 2016, 10(5): 526-533.

[132] Liu Y, He X, Wang Z D, et al. Fault detection and diagnosis for a class of nonlinear systems with decentralized event-triggered transmissions[J]. IFAC-Papers OnLine, 2015, 48(21): 1134-1139.

[133] Ren W J, Sun S B, Hou N, et al. Event-triggered non-fragile H_∞ fault detection for discrete time-delayed nonlinear systems with channel fadings[J]. Journal of the Franklin Institute, 2018, 355: 436-457.

[134] Hajshirmohamadi S, Sheikholeslam F, Davoodi M, et al. Event-triggered simultaneous fault detection and tracking control for multi-agent systems[J]. International Journal of Control, 2019, 92(8): 1928-1944.

[135] Xiao S Y, Zhang Y J, Zhang B Y. Event-triggered networked fault detection for positive Markovian systems[J]. Signal Processing, 2019, 157: 161-169.

[136] Girard A. Dynamic triggering mechanisms for event-triggered control[J]. IEEE Transactions on Automatic Control, 2015, 60(7): 1992-1997.

[137] Li Q, Shen B, Wang Z D, et al. Synchronization control for a class of discrete time-delay complex dynamical networks: A dynamic event-triggered approach[J]. IEEE Transactions on Cybernetics, 2019, 49(5): 1979-1986.

[138] He W L, Qian F, Lam J, et al. Quasi-synchronization of heterogeneous dynamic networks via distributed impulsive control: Error estimation, optimization and design[J]. Automatica, 2015, 62: 249-262.

[139] Li B, Wang Z D, Ma L F. An event-triggered pinning control approach to synchronization of discrete-time stochastic complex dynamical networks[J]. IEEE Transactions on Neural Networks and Learning Systems, 2018, 29(12): 5812-5822.

[140] Liu Y R, Wang Z D, Yuan Y, et al. Partial-nodes-based state estimation for complex networks with unbounded distributed delays[J]. IEEE Transactions on Neural Networks and Learning Systems, 2018, 29(8): 3906-3912.

[141] Romeres D, Dörfler F, Bullo F. Novel results on slow coherency in consensus and power networks[C]. Proceedings of the 12th European Control Conference, Zurich, 2013: 742-747.

[142] Barany E, Schaffer S, Wedeward K, et al. Nonlinear controllability of singularly perturbed models of power flow networks[C]. 43rd IEEE Conference on Decision and Control, Nassau, 2004: 4826-4832.

[143] Liu Y R, Liu W, Obaid M A, et al. Exponential stability of Markovian jumping Cohen-Grossberg neural networks with mixed mode-dependent time-delays[J]. Neurocomputing, 2016, 177: 409-415.

[144] Wang L C, Wang Z D, Han Q L, et al. Event-based variance-constrained H_∞ filtering for stochastic parameter systems over sensor networks with successive missing measurements[J]. IEEE Transactions on Cybernetics, 2018, 48(3): 1007-1017.

[145] Yang X S, Ho D W. Synchronization of delayed memristive neural networks: Robust analysis approach[J]. IEEE Transactions on Cybernetics, 2016, 46(12): 3377-3387.

[146] Tang Y, Gao H J, Kurths J. Distributed robust synchronization of dynamical networks with stochastic coupling[J]. IEEE Transactions on Circuits and Systems I: Regular Papers, 2014, 61(5): 1508-1519.

[147] Xu Y, Lu R Q, Peng H, et al. Asynchronous dissipative state estimation for stochastic complex networks with quantized jumping coupling and uncertain measurements[J]. IEEE Transactions on Neural Networks and Learning Systems, 2017, 28(2): 268-277.

[148] Cheng R R, Peng M S, Yu W B, et al. Stability analysis and synchronization in discrete-time complex networks with delayed coupling[J]. Chaos, 2013, 23(4): 043108.

[149] Guan Z H, Yang S H, Yao J. Stability analysis and H_∞ control for hybrid complex dynamical networks with coupling delays[J]. International Journal of Robust and Nonlinear Control, 2012, 22(2): 205-222.

[150] Karimi H R, Gao H J. New delay-dependent exponential H_∞ synchronization for uncertain neural networks with mixed time delays[J]. IEEE Transactions on Systems, Man, and Cybernetics—Part B: Cybernetics, 2010, 40(1): 173-185.

[151] Shen B, Wang Z D, Ding D R, et al. H_∞ state estimation for complex networks with uncertain inner coupling and incomplete measurements[J]. IEEE Transactions on Neural Networks and Learning Systems, 2013, 24(12): 2027-2037.

[152] Zhang D, Wang Q G, Srinivasan D, et al. Asynchronous state estimation for discrete-time switched complex networks with communication constraints[J]. IEEE Transactions on Neural Networks and Learning Systems, 2018, 29(5): 1732-1746.

[153] Han F, Wei G L, Ding D R, et al. Finite-horizon bounded H_∞ synchronisation and state estimation for discrete-time complex networks: Local performance analysis[J]. IET Control Theory and Applications, 2017, 11(6): 827-837.

[154] Lu J Q, Ho D W C. Globally exponential synchronization and synchronizability for general dynamical networks[J]. IEEE Transactions on Systems, Man, and Cybernetics—Part B: Cybernetics, 2010, 40(2): 350-361.

[155] Yu W W, DeLellis P, Chen G R, et al. Distributed adaptive control of synchronization in complex networks[J]. IEEE Transactions on Automatic Control, 2012, 57(8): 2153-2158.

[156] Li W L, Jia Y M, Du J P. State estimation for stochastic complex networks with

switching topology[J]. IEEE Transactions on Automatic Control, 2017, 62(12): 6377-6384.

[157] Zhang X M, Han Q L. State estimation for static neural networks with time-varying delays based on an improved reciprocally convex inequality[J]. IEEE Transactions on Neural Networks and Learning Systems, 2018, 29(4): 1376-1381.

[158] Zou L, Wang Z D, Gao H J, et al. State estimation for discrete-time dynamical networks with time-varying delays and stochastic disturbances under the round-robin protocol[J]. IEEE Transactions on Neural Networks and Learning Systems, 2017, 28(5): 1139-1151.

[159] Chow J, Kokotovic P. Time scale modeling of sparse dynamic networks[J]. IEEE Transactions on Automatic Control, 1985, 30(8): 714-722.

[160] Lian J, Wang X N. Exponential stabilization of singularly perturbed switched systems subject to actuator saturation[J]. Information Sciences, 2015, 320: 235-243.

[161] Yang G H, Dong J X. H_∞ filtering for fuzzy singularly perturbed systems[J]. IEEE Transactions on Systems, Man, and Cybernetics—Part B: Cybernetics, 2008, 38(5): 1371-1389.

[162] Yang C Y, Sun J, Ma X P. Stabilization bound of singularly perturbed systems subject to actuator saturation[J]. Automatica, 2013, 49(2): 457-462.

[163] Yang C Y, Zhang Q L. Multiobjective control for T-S fuzzy singularly perturbed systems[J]. IEEE Transactions on Fuzzy Systems, 2009, 17(1): 104-115.

[164] Yuan Y, Sun F C, Liu H P, et al. Low-frequency robust control for singularly perturbed system[J]. IET Control Theory and Applications, 2015, 9(2): 203-210.

[165] Cai C X, Wang Z D, Xu J, et al. Decomposition approach to exponential synchronisation for a class of non-linear singularly perturbed complex networks[J]. IET Control Theory and Applications, 2014, 8(16): 1639-1647.

[166] Cai C X, Wang Z D, Xu J, et al. An integrated approach to global synchronization and state estimation for nonlinear singularly perturbed complex networks[J]. IEEE Transactions on Cybernetics, 2015, 45(8): 1597-1609.

[167] Cai C X, Xu J, Liu Y R. Synchronization for linear singularly perturbed complex networks with coupling delays[J]. International Journal of General Systems, 2015, 44(2): 240-253.

[168] Zhai S D, Yang X S. Bounded synchronisation of singularly perturbed complex network with an application to power systems[J]. IET Control Theory and Applications, 2014, 8(1): 61-66.

[169] Yuan Y, Wang Z D, Guo L. Distributed quantized multi-modal H_∞ fusion filtering for two-time-scale systems[J]. Information Sciences, 2018, 432: 572-583.

[170] Aliyu M D S, Boukas E K. H_2 filtering for discrete-time nonlinear singularly perturbed systems[J]. IEEE Transactions on Circuits and Systems I: Regular Papers,

2011, 58(8): 1854-1864.

[171] Kando H, Iwazumi T. Design of observers and stabilising feedback controllers for singularly perturbed discrete systems[J]. IEE Proceedings—Control Theory and Applications, 1985, 132(1): 1-10.

[172] Elowitz M B, Leibler S. A synthetic oscillatory network of transcriptional regulators[J]. Nature, 2000, 403: 335-338.

[173] Li C G, Chen L N, Aihara K. Stability of genetic networks with sum regulatory logic: Lur'e system and LMI approach[J]. IEEE Transactions on Circuits and Systems I: Regular Papers, 2006, 53(11): 2451-2458.

[174] Ivanov I, Dougherty E R. Modelling genetic regulatory networks: Continuous or discrete[J]. Journal of Biological Systems, 2006, 14(2): 219-229.

[175] Chesi G, Hung Y S. Stability analysis of uncertain genetic sum regulatory networks[J]. Automatica, 2008, 44(9): 2298-2305.

[176] Liang J L, Lam J. Robust state estimation for stochastic genetic regulatory networks[J]. International Journal of Systems Science, 2010, 41(1): 47-63.

[177] Li F F, Sun J T. Asymptotic stability of a genetic network under impulsive control[J]. Physics Letters A, 2010, 374(31-32): 3177-3184.

[178] Wu C H, Zhang W H, Chen B S. Multiobjective H_2/H_∞ synthetic gene network design based on promoter libraries[J]. Mathematical Biosciences, 2011, 233(2): 111-125.

[179] Shmulevich I, Dougherty E R, Zhang W. Gene perturbation and intervention in probabilistic Boolean networks[J]. Bioinformatics, 2002, 18: 1319-1331.

[180] Chen H W, Liang J L, Lu J Q. Partial synchronization of interconnected Boolean networks[J]. IEEE Transactions on Cybernetics, 2017, 47(1): 258-266.

[181] Smolen P, Baxter D A, Byrne J H. Mathematical modeling of gene networks[J]. Neuron, 2000, 26(3): 567-580.

[182] Jong H D. Modeling and simulation of genetic regulatory systems: A literature review[J]. Journal of Computational Biology, 2002, 9(1): 67-103.

[183] Chaouiya C. Petri net modelling of biological networks[J]. Briefings in Bioinformatics, 2007, 8(4): 210-219.

[184] Coutinho R, Fernandez B, Lima R, et al. Discrete-time piecewise affine models of genetic regulatory networks[J]. Journal of Mathematical Biology, 2006, 52(4): 524-570.

[185] Shen B, Wang Z D, Liang J L, et al. Sampled-data H_∞ filtering for stochastic genetic regulatory networks[J]. International Journal of Robust and Nonlinear Control, 2011, 21(15): 1759-1777.

[186] Wang Z D, Lam J, Wei G L, et al. Filtering for nonlinear genetic regualatory networks with stochastic disturbances[J]. IEEE Transactions on Automatic Control,

2008, 53(10): 2448-2457.

[187] Zhang X, Han Y Y, Wu L G, et al. State estimation for delayed genetic regulatory networks with reaction-diffusion terms[J]. IEEE Transactions on Neural Networks and Learning Systems, 2018, 29(2): 299-309.

[188] Bolouri H. Modeling genomic regulatory networks with big data[J]. Trends in Genetics, 2014, 30(5): 182-191.

[189] Zhang D, Song H Y, Yu L, et al. Set-values filtering for discrete time-delay genetic regulatory networks with time-varying parameters[J]. Nonlinear Dynamics, 2012, 69(1-2): 693-703.

[190] Balasubramaniam P, Jarina Banu L. Robust state estimation for discrete-time genetic regulatory network with random delays[J]. Neurocomputing, 2013, 122: 349-369.

[191] Wang T, Ding Y S, Zhang L, et al. Robust state estimation for discrete-time stochastic genetic regulatory networks with probabilistic measurement delays[J]. Neurocomputing, 2013, 111: 1-12.

[192] Liu A D, Yu L, Zhang W A, et al. H_∞ filtering for discrete-time genetic regulatory networks with random delays[J]. Mathematical Biosciences, 2012, 239(1): 97-105.

[193] Li Q, Shen B, Liu Y R, et al. Event-triggered H_∞ state estimation for discrete-time stochastic genetic regulatory networks with Markovian jumping parameters and time-varying delays[J]. Neurocomputing, 2016, 174: 912-920.

[194] Sakthivel R, Mathiyalagan K, Lakshmanan S, et al. Robust state estimation for discrete-time genetic regulatory networks with randomly occurring uncertainties[J]. Nonlinear Dynamics, 2013, 74(4): 1297-1315.

[195] Lakshmanan S, Park J H, Jung H Y, et al. Design of state estimator for genetic regulatory networks with time-varying delays and randomly occurring uncertainties[J]. Biosystems, 2013, 111(1): 51-70.

[196] Park P, Ko J W, Jeong C. Reciprocally convex approach to stability of systems with time-varying delays[J]. Automatica, 2011, 47(1): 235-238.

第 2 章　随机丢包的网络化分布时滞系统故障检测

2.1　引　　言

在过去的几十年中，由于人们对系统安全性和可靠性的标准及要求不断提高，故障检测和故障隔离逐渐成为重要的研究课题[1-4]。故障检测的主要思想是构造残差信号，基于此确定残差评估函数，以便与设定的阈值作比较。当残差评估函数值大于阈值时，产生故障警报[5]。作为最流行的故障检测方法之一，基于模型的故障检测方法得到了广泛的关注。通过引入一些性能指标来评估残差对故障的敏感性和对干扰的鲁棒性，故障检测问题可转化为相关优化问题[5-7]，从而通过一些现有的方法 (如 H_∞ 滤波方法) 解决。另外，伴随着网络技术的快速发展，网络化系统已大量应用于实际，且规模日益庞大，结构日趋复杂，这使得其发生故障的可能性越来越大，不及时检测故障，将造成不必要的损失。因此，网络化系统的故障检测问题获得了深入、广泛的研究，并且产生了丰硕的研究成果[8-16]。

对于网络化控制系统而言，数据丢包往往是传感器至控制器以及控制器至执行器通道中不可避免的现象。在过去几年中，已经报道了很多关于具有丢包的网络化控制系统的状态估计和控制问题的研究成果[17-20]。然而，对于故障检测问题，许多研究人员只考虑了传感器到控制器通道的丢包，而完全忽略了控制器到执行器通道的丢包[21, 22]。此外，当采用基于观测器的 FDF 作为残差产生器时，通信过程中控制器到执行器之间的网络存在丢包现象，因此观测器的控制输入和待检测系统的控制输入有较大的差异。然而，现有研究很少考虑这种差异[23]。

时滞是实际系统中普遍存在的现象，通常导致系统性能下降甚至失稳，因此各种类型的时滞系统研究受到了广泛关注，取得了一系列研究成果[24-26]。分布式时滞作为一种特殊的时滞，经常发生在许多实际系统中，也受到了一定程度的关注[27-33]。然而，只有极少数文献研究了离散时间无限分布时滞系统[31-33]。

本章探讨随机丢包的网络化离散时间无限分布时滞系统的故障检测问题。考虑传感器到控制器以及控制器到执行器通道的丢包，旨在设计基于观测器的 FDF，使得闭环系统随机稳定，并且残差和故障之间的误差在 H_∞ 意义下尽可能小。与大多数具有丢包的网络化控制系统的故障检测研究不同，本章充分考虑观测器的控制输入与待检测系统的控制输入的差异。随后，以 LMI 的形式给出 FDF 存在的充分条件。当这些 LMI 有可行解时，给出 FDF 增益矩阵的显式表达式。最后，通过仿真说明故障检测方法和所得结果的有效性。

2.2 具有随机丢包的网络化系统建模

2.2.1 系统模型

考虑如下离散时间无限分布时滞系统:

$$\begin{cases} x(k+1) = Ax(k) + A_t \sum_{d=1}^{\infty} \mu(d)x(k-d) + Bw(k) + Du(k) + Gf(k) \\ x(k) = \phi(k), \quad \forall k \in \mathbb{Z}^- \end{cases} \tag{2.1}$$

式中，$x(k) \in \mathbb{R}^n$ 是系统状态；$u(k) \in \mathbb{R}^m$ 是控制输入；$w(k) \in \mathbb{R}^q$ 是外部扰动输入且属于 $l_2[0,\infty)$；$f(k) \in \mathbb{R}^l$ 是待检测故障；A、A_t、B、D、G 是适维常数矩阵；$\phi(k)$ 是给定的初始条件。

常数 $\mu(d) \geqslant 0$ $(d = 1, 2, \cdots)$ 满足如下收敛条件:

$$\bar{\mu} := \sum_{d=1}^{\infty} \mu(d) \leqslant \sum_{d=1}^{\infty} d\mu(d) < +\infty \tag{2.2}$$

注释 2.1 系统(2.1)中的时滞项 $\sum_{d=1}^{\infty} \mu(d)x(k-d)$ 即离散时间无限分布时滞，它可以视为连续时间系统中的无限积分形式 $\int_{-\infty}^{t} k(t-s)x(s)\mathrm{d}s$ 的离散化[33]。分布时滞激发了人们越来越多的研究兴趣，并得到了深入探讨。但目前关于离散时间无限分布时滞系统的研究成果较少，关于故障检测问题的研究成果更少。

2.2.2 丢包现象与闭环系统建模

具有随机丢包的测量输出描述为

$$\hat{y}(k) = \alpha(k)C_1x(k) + C_2w(k) \tag{2.3}$$

式中，$\hat{y}(k) \in \mathbb{R}^p$ 是测量输出；C_1 和 C_2 是已知的常数矩阵；随机变量 $\alpha(k) \in \mathbb{R}$ 是伯努利分布的白噪声序列，且

$$\mathrm{Prob}\{\alpha(k) = 1\} = \mathrm{E}\{\alpha(k)\} = \alpha \tag{2.4}$$

$$\mathrm{Prob}\{\alpha(k) = 0\} = 1 - \mathrm{E}\{\alpha(k)\} = 1 - \alpha \tag{2.5}$$

$$\mathrm{Var}\{\alpha(k)\} = \mathrm{E}\{(\alpha(k) - \alpha)^2\} = (1-\alpha)\alpha = \rho_1^2 \tag{2.6}$$

构造如下基于观测器的 FDF:

$$\begin{cases} \hat{x}(k+1) = A\hat{x}(k) + A_t \sum_{d=1}^{\infty} \mu(d)\hat{x}(k-d) + D\tilde{u}(k) + L(\hat{y}(k) - \alpha C_1\hat{x}(k)) \\ \tilde{u}(k) = \beta\hat{u}(k) \\ r(k) = S(\hat{y}(k) - \alpha C_1\hat{x}(k)) \end{cases} \tag{2.7}$$

和控制器：

$$\begin{cases} \hat{u}(k) = K\hat{x}(k) \\ u(k) = \beta(k)\hat{u}(k) \end{cases} \tag{2.8}$$

式中，$\hat{x}(k) \in \mathbb{R}^n$ 是对系统 (2.1) 状态的估计；$\tilde{u}(k) \in \mathbb{R}^m$ 是观测器的控制输入；$\hat{u}(k) \in \mathbb{R}^m$ 是未丢包的控制输入；$u(k) \in \mathbb{R}^m$ 是系统的控制输入；$r(k) \in \mathbb{R}^l$ 是残差信号；$K \in \mathbb{R}^{m\times n}$ 是给定的控制器增益；$L \in \mathbb{R}^{n\times p}$ 和 $S \in \mathbb{R}^{l\times p}$ 是待设计的 FDF 的参数；随机变量 $\beta(k) \in \mathbb{R}$ 是伯努利分布的白噪声序列，且

$$\mathrm{Prob}\{\beta(k) = 1\} = \mathrm{E}\{\beta(k)\} = \beta \tag{2.9}$$

$$\mathrm{Prob}\{\beta(k) = 0\} = 1 - \mathrm{E}\{\beta(k)\} = 1 - \beta \tag{2.10}$$

$$\mathrm{Var}\{\beta(k)\} = \mathrm{E}\{(\beta(k) - \beta)^2\} = (1-\beta)\beta = \rho_2^2 \tag{2.11}$$

注释 2.2 本节采用两个伯努利分布的白噪声序列同时描述传感器到控制器和控制器到执行器两条信道的丢包现象[17,34]。与大多数现有文献 (文献[23]除外) 不同的是，注意到了控制器到执行器的数据包在传输过程中存在的丢包现象，进而考虑观测器的控制输入与系统的控制输入应有所不同。基于这种新型观测器，本章探讨随机丢包的网络化控制系统的故障检测问题。

定义如下向量：

$$e(k) = x(k) - \hat{x}(k), \quad \tilde{r}(k) = r(k) - f(k) \tag{2.12}$$

从式 (2.1)、式 (2.3)、式 (2.7) 和式 (2.8) 可得如下闭环系统：

$$\begin{cases} \eta(k+1) = \bar{A}\eta(k) + (\alpha - \alpha(k))\bar{A}_1\eta(k) + (\beta - \beta(k))\bar{A}_2\eta(k) \\ \qquad\qquad + \bar{A}_t\sum\limits_{d=1}^{\infty}\mu_d\eta(k-d) + \bar{D}_1v(k) \\ \tilde{r}(k) = \bar{C}\eta(k) + (\alpha - \alpha(k))\bar{C}_1\eta(k) + \bar{D}_2v(k) \end{cases} \tag{2.13}$$

式中

$$\eta(k) = \begin{bmatrix} x(k) \\ e(k) \end{bmatrix}, \quad v(k) = \begin{bmatrix} w(k) \\ f(k) \end{bmatrix}, \quad \bar{A} = \begin{bmatrix} A + \beta DK & -\beta DK \\ 0 & A - \alpha LC_1 \end{bmatrix}$$

$$\bar{A}_1 = \begin{bmatrix} 0 & 0 \\ LC_1 & 0 \end{bmatrix}, \quad \bar{A}_2 = \begin{bmatrix} -DK & DK \\ -DK & DK \end{bmatrix}, \quad \bar{A}_t = \begin{bmatrix} A_t & 0 \\ 0 & A_t \end{bmatrix}$$

$$\bar{D}_1 = \begin{bmatrix} B & G \\ B - LC_2 & G \end{bmatrix}, \quad \bar{D}_2 = \begin{bmatrix} SC_2 & -I \end{bmatrix}$$

$$\bar{C} = \begin{bmatrix} 0 & \alpha SC_1 \end{bmatrix}, \quad \bar{C}_1 = \begin{bmatrix} -SC_1 & 0 \end{bmatrix}$$

2.3　残差评估函数与阈值

为了降低故障的误报率，选择如下的残差评估函数和阈值：

$$J(k)=\mathrm{E}\left\{\left(\sum_{s=l_0}^{l_0+k} r^{\mathrm{T}}(s)r(s)\right)^{1/2}\right\} \tag{2.14}$$

$$J_{\mathrm{th}}=\sup_{w\in l_2,f=0}\mathrm{E}\left\{\left(\sum_{s=l_0}^{l_0+L} r^{\mathrm{T}}(s)r(s)\right)^{1/2}\right\} \tag{2.15}$$

式中，l_0 是初始评估时刻；L 是评估函数的最大评估步数。

于是，故障发生与否可按如下准则判定：

$$\begin{cases} J(k)>J_{\mathrm{th}}\Rightarrow \text{检测到故障} \\ J(k)\leqslant J_{\mathrm{th}}\Rightarrow \text{无故障} \end{cases} \tag{2.16}$$

2.4　相 关 引 理

引理 2.1[31]　令 $M\in\mathbb{R}^{n\times n}$ 是半正定矩阵，$x(i)\in\mathbb{R}^n$，常数 $\alpha(i)>0$ $(i=1,2,\cdots)$。如果相关级数收敛，则有

$$\left(\sum_{i=1}^{\infty}\alpha(i)x(i)\right)^{\mathrm{T}} M\left(\sum_{i=1}^{\infty}\alpha(i)x(i)\right)\leqslant\left(\sum_{i=1}^{\infty}\alpha(i)\right)\sum_{i=1}^{\infty}\alpha(i)x^{\mathrm{T}}(i)Mx(i) \tag{2.17}$$

引理 2.2[35] (Schur补引理)　对于给定的矩阵 Ω_1、Ω_2 和 Ω_3，其中 $\Omega_1=\Omega_1^{\mathrm{T}}$ 和 $\Omega_2=\Omega_2^{\mathrm{T}}>0$，则 $\Omega_1+\Omega_3^{\mathrm{T}}\Omega_2^{-1}\Omega_3<0$ 当且仅当

$$\begin{bmatrix} \Omega_1 & \Omega_3^{\mathrm{T}} \\ \Omega_3 & -\Omega_2 \end{bmatrix}<0 \quad \text{或} \quad \begin{bmatrix} -\Omega_2 & \Omega_3 \\ \Omega_3^{\mathrm{T}} & \Omega_1 \end{bmatrix}<0$$

2.5　H_∞ 性能分析与故障检测滤波器设计

本节将建立使如下约束条件成立的充分条件。

(1) 系统 (2.13) 在 $v(k)=0$ 时是均方指数稳定的，即在任意初始条件下，存在常数 $\rho>0$ 和 $\tau\in(0,1)$ 使得

$$\mathrm{E}\left\{\|\eta(k)\|^2\right\}\leqslant\rho\tau^k\sup_{i\in\mathbb{Z}^-}\mathrm{E}\left\{\|\eta(i)\|^2\right\} \tag{2.18}$$

(2) 对于指定的 $\gamma > 0$，在零初始条件下以下不等式成立：

$$\mathrm{E}\left\{\sum_{k=0}^{\infty} \tilde{r}^{\mathrm{T}}(k)\tilde{r}(k)\right\} \leqslant \gamma^2 \mathrm{E}\left\{\sum_{k=0}^{\infty} v^{\mathrm{T}}(k)v(k)\right\} \tag{2.19}$$

2.5.1 H_∞ 性能分析

现在给出使约束条件 (1) 和 (2) 成立的如下充分条件。

定理 2.1 对于给定的控制器增益 K 和标量 $\gamma>0$，如果存在矩阵 $P>0$、$Q>0$、S 和 L 使得如下矩阵不等式成立：

$$\begin{bmatrix} \bar{\mu}Q-P & 0 & 0 & \bar{A}^{\mathrm{T}} & \bar{A}_1^{\mathrm{T}}\rho_1 & \bar{A}_2^{\mathrm{T}}\rho_2 & \bar{C}^{\mathrm{T}} & \bar{C}_1^{\mathrm{T}}\rho_1 \\ * & -\dfrac{1}{\bar{\mu}}Q & 0 & \bar{A}_t^{\mathrm{T}} & 0 & 0 & 0 & 0 \\ * & * & -\gamma^2 I & \bar{D}_1^{\mathrm{T}} & 0 & 0 & \bar{D}_2^{\mathrm{T}} & 0 \\ * & * & * & -P^{-1} & 0 & 0 & 0 & 0 \\ * & * & * & * & -P^{-1} & 0 & 0 & 0 \\ * & * & * & * & * & -P^{-1} & 0 & 0 \\ * & * & * & * & * & * & -I & 0 \\ * & * & * & * & * & * & * & -I \end{bmatrix} < 0 \tag{2.20}$$

式中，矩阵 $\bar{A}$、$\bar{A}_1$、$\bar{A}_2$、$\bar{C}$、$\bar{C}_1$、$\bar{A}_t$、$\bar{D}_1$ 和 $\bar{D}_2$ 如式(2.13) 所示，则系统 (2.13) 均方指数稳定且满足指定的 H_∞ 性能指标 γ。

证明 构造如下 Lyapunov-Krasovskii 泛函：

$$V(k) = \eta^{\mathrm{T}}(k)P\eta(k) + \sum_{d=1}^{\infty}\mu(d)\sum_{l=k-d}^{k-1}\eta^{\mathrm{T}}(l)Q\eta(l) \tag{2.21}$$

对 $V(k)$ 求差分并取数学期望，可得

$$\begin{aligned}
&\mathrm{E}\{\Delta V(k)\} \\
&= \mathrm{E}\{V(k+1)\} - V(k) \\
&= \eta^{\mathrm{T}}(k)(\bar{A}^{\mathrm{T}}P\bar{A} + \bar{\mu}Q - P + \rho_1^2\bar{A}_1^{\mathrm{T}}P\bar{A}_1 + \rho_2^2\bar{A}_2^{\mathrm{T}}P\bar{A}_2)\eta(k) \\
&\quad + \eta^{\mathrm{T}}(k)\bar{A}^{\mathrm{T}}P\bar{A}_t\left(\sum_{d=1}^{\infty}\mu(d)\eta(k-d)\right) + \left(\sum_{d=1}^{\infty}\mu(d)\eta(k-d)\right)^{\mathrm{T}}\bar{A}_t^{\mathrm{T}}P\bar{A}\eta(k) \\
&\quad + \eta^{\mathrm{T}}(k)\bar{A}^{\mathrm{T}}P\bar{D}_1 v(k) + v^{\mathrm{T}}(k)\bar{D}_1^{\mathrm{T}}P\bar{A}\eta(k) \\
&\quad + \left(\sum_{d=1}^{\infty}\mu(d)\eta(k-d)\right)^{\mathrm{T}}\bar{A}_t^{\mathrm{T}}P\bar{A}_t\left(\sum_{d=1}^{\infty}\mu(d)\eta(k-d)\right)
\end{aligned}$$

$$
+\left(\sum_{d=1}^{\infty}\mu(d)\eta(k-d)\right)^{\mathrm{T}}\bar{A}_t^{\mathrm{T}}P\bar{D}_1v(k)+v^{\mathrm{T}}(k)\bar{D}_1^{\mathrm{T}}P\bar{A}_t\left(\sum_{d=1}^{\infty}\mu(d)\eta(k-d)\right)
$$
$$
+v^{\mathrm{T}}(k)\bar{D}_1^{\mathrm{T}}P\bar{D}_1v(k)-\sum_{d=1}^{\infty}\mu(d)\eta^{\mathrm{T}}(k-d)Q\eta(k-d)
$$

由引理 2.1 可得

$$
-\sum_{d=1}^{\infty}\mu(d)\eta^{\mathrm{T}}(k-d)Q\eta(k-d)\leqslant-\frac{1}{\bar{\mu}}\left(\sum_{d=1}^{\infty}\mu(d)\eta(k-d)\right)^{\mathrm{T}}Q\left(\sum_{d=1}^{\infty}\mu(d)\eta(k-d)\right)
$$

为方便起见，定义

$$
\xi(k)=\left[\eta^{\mathrm{T}}(k),\ \sum_{d=1}^{\infty}\mu(d)\eta^{\mathrm{T}}(k-d),\ v^{\mathrm{T}}(k)\right]^{\mathrm{T}}
$$

于是，有

$$
\mathrm{E}\left\{\Delta V(k)\right\}\leqslant\xi^{\mathrm{T}}(k)\varPsi\xi(k) \tag{2.22}
$$

式中

$$
\varPsi=\begin{bmatrix}\varPsi_{11} & \bar{A}^{\mathrm{T}}P\bar{A}_t & \bar{A}^{\mathrm{T}}P\bar{D}_1\\ * & \bar{A}_t^{\mathrm{T}}P\bar{A}_t-\dfrac{1}{\bar{\mu}}Q & \bar{A}_t^{\mathrm{T}}P\bar{D}_1\\ * & * & \bar{D}_1^{\mathrm{T}}P\bar{D}_1\end{bmatrix}
$$
$$
\varPsi_{11}=\bar{A}^{\mathrm{T}}P\bar{A}+\bar{\mu}Q-P+\rho_1^2\bar{A}_1^{\mathrm{T}}P\bar{A}_1+\rho_2^2\bar{A}_2^{\mathrm{T}}P\bar{A}_2
$$

由系统 (2.13) 可得

$$
\begin{aligned}
\mathrm{E}\left\{\tilde{r}^{\mathrm{T}}(k)\tilde{r}(k)\right\}=&\eta^{\mathrm{T}}(k)(\bar{C}^{\mathrm{T}}\bar{C}+\rho_1^2\bar{C}_1^{\mathrm{T}}\bar{C}_1)\eta(k)+\eta^{\mathrm{T}}(k)\bar{C}^{\mathrm{T}}\bar{D}_2v(k)+v^{\mathrm{T}}(k)\bar{D}_2^{\mathrm{T}}\bar{C}\eta(k)\\
&+v^{\mathrm{T}}(k)\bar{D}_2^{\mathrm{T}}\bar{D}_2v(k)
\end{aligned} \tag{2.23}
$$

基于式 (2.22) 和式 (2.23)，并在零初始条件下考虑如下指标：

$$
\begin{aligned}
J_N=&\mathrm{E}\left\{\sum_{k=0}^{N}\left(\tilde{r}^{\mathrm{T}}(k)\tilde{r}(k)-\gamma^2v^{\mathrm{T}}(k)v(k)\right)\right\}\\
=&\mathrm{E}\left\{\sum_{k=0}^{N}\left(\tilde{r}^{\mathrm{T}}(k)\tilde{r}(k)-\gamma^2v^{\mathrm{T}}(k)v(k)+V(k+1)-V(k)\right)\right\}-V(N+1)\\
\leqslant&\mathrm{E}\left\{\sum_{k=0}^{N}\left(\tilde{r}^{\mathrm{T}}(k)\tilde{r}(k)-\gamma^2v^{\mathrm{T}}(k)v(k)+\Delta V(k)\right)\right\}\\
\leqslant&\sum_{k=0}^{N}\xi^{\mathrm{T}}(k)\varXi\xi(k)
\end{aligned} \tag{2.24}
$$

式中

$$\varXi=\begin{bmatrix}\varXi_{11} & \bar{A}^{\mathrm{T}}P\bar{A}_t & \bar{A}^{\mathrm{T}}P\bar{D}_1+\bar{C}^{\mathrm{T}}\bar{D}_2\\ * & \bar{A}_t^{\mathrm{T}}P\bar{A}_t-\dfrac{1}{\bar{\mu}}Q & \bar{A}_t^{\mathrm{T}}P\bar{D}_1\\ * & * & \bar{D}_1^{\mathrm{T}}P\bar{D}_1+\bar{D}_2^{\mathrm{T}}\bar{D}_2-\gamma^2 I\end{bmatrix}$$

这里，$\varXi_{11}=\bar{A}^{\mathrm{T}}P\bar{A}+\bar{\mu}Q-P+\rho_1^2\bar{A}_1^{\mathrm{T}}P\bar{A}_1+\rho_2^2\bar{A}_2^{\mathrm{T}}P\bar{A}_2+\bar{C}^{\mathrm{T}}\bar{C}+\rho_1^2\bar{C}_1^{\mathrm{T}}\bar{C}_1$。

由 Schur 补引理可知，式 (2.20) 成立当且仅当 $\varXi<0$。于是，由式 (2.24) 可知 $J_N<0$，进而可得式 (2.19) 成立。

当 $v(k)\equiv 0$ 时，由式 (2.20) 并运用 Schur 补引理，可得 $\mathrm{E}\{\Delta V(k)\}<0$。然后，采用与 Wang 等[36] 类似的方法，可得式 (2.18) 成立。证毕。

2.5.2 故障检测滤波器设计

定理 2.1 中的不等式不是 LMI，因为存在非线性项 P^{-1}。接下来，将采用合适的方法寻找式 (2.20) 的解，以设计 FDF 参数。

定理 2.2 对于给定的控制器增益 K 和标量 $\gamma>0$，如果存在矩阵 $P_{11}>0$、$P_{22}>0$、$Q_{11}>0$、$Q_{22}>0$、Q_{12}、S 和 $\tilde{L}$ 使得如下 LMI 成立：

$$\begin{bmatrix}\bar{\mu}Q-P & 0 & 0 & \varOmega_{14} & \varOmega_{15} & \varOmega_{16} & \bar{C}^{\mathrm{T}} & \bar{C}_1^{\mathrm{T}}\rho_1\\ * & -\dfrac{1}{\bar{\mu}}Q & 0 & \varOmega_{24} & 0 & 0 & 0 & 0\\ * & * & -\gamma^2 I & \varOmega_{34} & 0 & 0 & \bar{D}_2^{\mathrm{T}} & 0\\ * & * & * & -P & 0 & 0 & 0 & 0\\ * & * & * & * & -P & 0 & 0 & 0\\ * & * & * & * & * & -P & 0 & 0\\ * & * & * & * & * & * & -I & 0\\ * & * & * & * & * & * & * & -I\end{bmatrix}<0 \tag{2.25}$$

$$\begin{bmatrix}Q_{11} & Q_{12}\\ * & Q_{22}\end{bmatrix}>0 \tag{2.26}$$

式中

$$\varOmega_{14}=\begin{bmatrix}A^{\mathrm{T}}P_{11}+\beta K^{\mathrm{T}}D^{\mathrm{T}}P_{11} & 0\\ -\beta K^{\mathrm{T}}D^{\mathrm{T}}P_{11} & A^{\mathrm{T}}P_{22}-\alpha C_1^{\mathrm{T}}\tilde{L}\end{bmatrix},\quad \varOmega_{15}=\begin{bmatrix}0 & \rho_1 C_1^{\mathrm{T}}\tilde{L}\\ 0 & 0\end{bmatrix}$$

$$\varOmega_{16}=\begin{bmatrix}-\rho_2 K^{\mathrm{T}}D^{\mathrm{T}}P_{11} & -\rho_2 K^{\mathrm{T}}D^{\mathrm{T}}P_{22}\\ \rho_2 K^{\mathrm{T}}D^{\mathrm{T}}P_{11} & \rho_2 K^{\mathrm{T}}D^{\mathrm{T}}P_{22}\end{bmatrix},\quad \varOmega_{24}=\begin{bmatrix}A_t^{\mathrm{T}}P_{11} & 0\\ 0 & A_t^{\mathrm{T}}P_{22}\end{bmatrix}$$

$$\varOmega_{34}=\begin{bmatrix}B^{\mathrm{T}}P_{11} & B^{\mathrm{T}}P_{22}-C_2^{\mathrm{T}}\tilde{L}\\ G^{\mathrm{T}}P_{11} & G^{\mathrm{T}}P_{22}\end{bmatrix},\quad P=\begin{bmatrix}P_{11} & 0\\ 0 & P_{22}\end{bmatrix}$$

$\bar{C}$、$\bar{C}_1$、$\bar{D}_2$ 如式(2.13)中所示，则系统(2.13) 均方指数稳定且满足指定的 H_∞ 性能指标 γ。如果以上 LMI 有可行解，则 $L = P_{22}^{-1}\tilde{L}^{\mathrm{T}}$。

证明　定义 $\Lambda = \mathrm{diag}\left\{I,\ I,\ I,\ P^{-1},\ P^{-1},\ P^{-1},\ I,\ I\right\}$。对式 (2.25) 中的矩阵左右两边分别乘以 Λ^{T} 和 Λ，并考虑到 $\tilde{L} = L^{\mathrm{T}}P_{22}$，进而可直接推导出式 (2.20)。证毕。

注意，对于矩阵变量和指定 γ^2 而言，式 (2.25) 是 LMI。这就意味着 γ^2 可以作为式 (2.25) 和式 (2.26) 的优化变量。于是，最优 FDF 增益矩阵可通过求解如下优化问题得到：给定 K，最优 FDF 可通过式 (2.25) 和式 (2.26) 约束下的最小化问题

$$\min_{P_{11}>0, P_{22}>0, Q_{11}>0, Q_{22}>0, Q_{12}, S, \tilde{L}} \gamma^2$$

的求解来获取。

注释 2.3　在定理2.2 的推导过程中，正定矩阵 P 的分解显然会带来一定的保守性。可进一步开展的工作是找到具有更小保守性的方法使定理2.1中的矩阵不等式转化成 LMI，进而求取 FDF 增益矩阵。

2.6　仿真实例

本节采用一个仿真实例验证所提故障检测方法和所得结果的有效性。

考虑网络化系统 (2.1)，其测量输出如式 (2.3) 所示，且相关参数如下：

$$A = \begin{bmatrix} 0.0001 & -0.8027 \\ -1.0135 & 0.1000 \end{bmatrix},\quad A_t = \begin{bmatrix} 0.1993 & -0.1000 \\ 0.0999 & -0.1021 \end{bmatrix},\quad B = \begin{bmatrix} 0.1200 \\ -0.5950 \end{bmatrix}$$

$$D = \begin{bmatrix} 0.1000 \\ 0.1000 \end{bmatrix},\quad G = \begin{bmatrix} 2.0000 \\ 1.0007 \end{bmatrix},\quad C_1 = \begin{bmatrix} 0.0100 & -0.0100 \end{bmatrix},\quad C_2 = 0.7827$$

控制器增益矩阵设置为 $K = [0.1\quad 0.2]$。假设外部扰动信号 $w(k)$(图 2.1) 为

$$w(k) = \begin{cases} 2\exp(-0.01k)n(k), & k = 0, 1, \cdots, 200 \\ 0, & \text{其他} \end{cases}$$

式中，$n(k)$ 为 $[-0.01, 0.01]$ 上均匀分布的随机噪声；故障信号 $f(k)$ 为

$$f(k) = \begin{cases} 4\sin k, & k = 30, 31, \cdots, 60 \\ 0, & \text{其他} \end{cases}$$

选定 $\mu(d) = 3^{-3-d}$，则如下条件成立：

$$\bar{\mu} = \sum_{d=1}^{\infty} \mu(d) = \frac{1}{54} < \sum_{d=1}^{\infty} d\mu(d) = \frac{1}{36} < +\infty$$

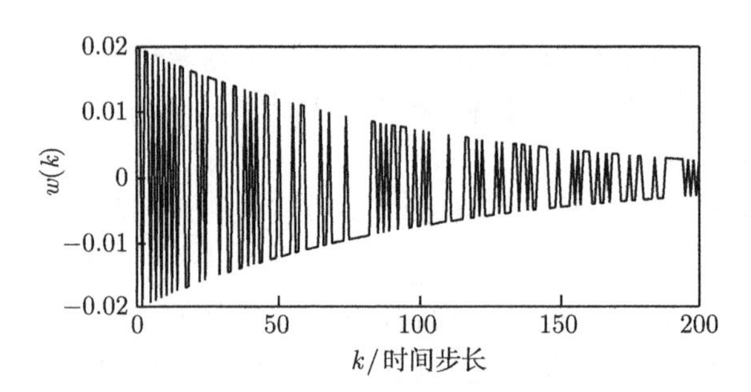

图 2.1　外部扰动信号 $w(k)$

令 $\alpha = 0.8$ 和 $\beta = 0.9$，由定理 2.2，并采用 MATLAB LMI 工具箱，可得 $\gamma_{\min} = 1.0000$、$S = 0.0023$ 和 $L = [-0.7045 \quad -9.1678]^{\mathrm{T}}$。

现在采用所设计的 FDF 进行数值仿真。系统 (2.13) 的初始条件设置为 $x(k)=0$，$e(k) = 0$，$\forall k \in \mathbb{Z}^-$。对于具有外部扰动和故障的闭环系统 (2.13)，图 2.2 和图 2.3 分别显示了状态估计误差 $e(k)$ 的曲线和状态 $x(k)$ 的曲线。

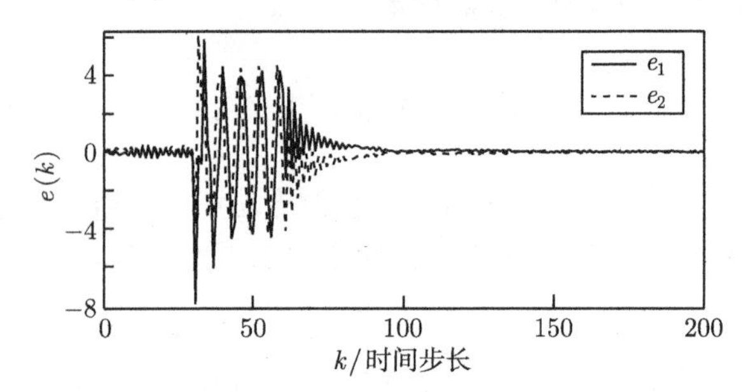

图 2.2　闭环系统的状态估计误差 $e(k)$ 的曲线

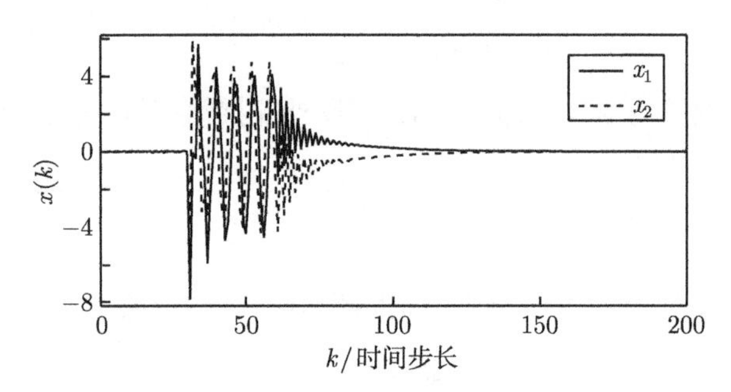

图 2.3　闭环系统状态 $x(k)$ 的曲线

选取残差评估函数为$J(k) = \sup\mathrm{E}\left\{\sum_{s=0}^{k} r^{\mathrm{T}}(s)r(s)\right\}^{1/2}$。图 2.4 和图 2.5 分别给出了残差信号 $r(k)$ 和残差评估函数 $J(k)$ 的曲线。由图 2.2~图 2.5 可知，所

设计的 FDF 具有较好的性能。在 300 次仿真并取平均值后，即得到阈值 $J_{\mathrm{th}} = \sup_{f=0} \mathrm{E}\left\{\sum_{s=0}^{200} r^{\mathrm{T}}(s)r(s)\right\}^{1/2} = 2.5584\times10^{-4}$，同时可得 $2.5313\times10^{-4} = J(35) < J_{\mathrm{th}} < J(36) = 2.6906\times10^{-4}$，这表明故障在其发生后的第 6 步被检测到。

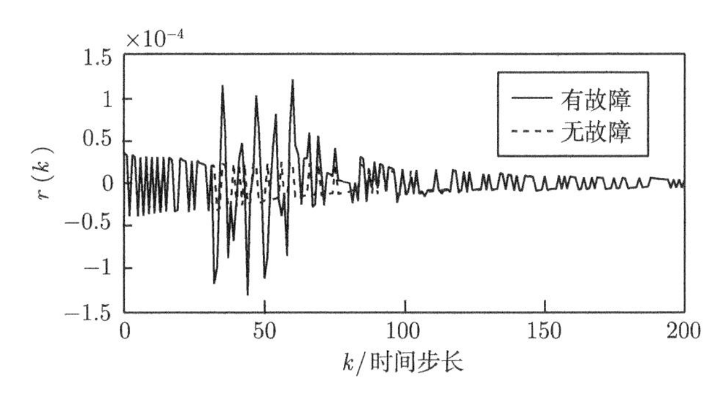

图 2.4　残差信号 $r(k)$

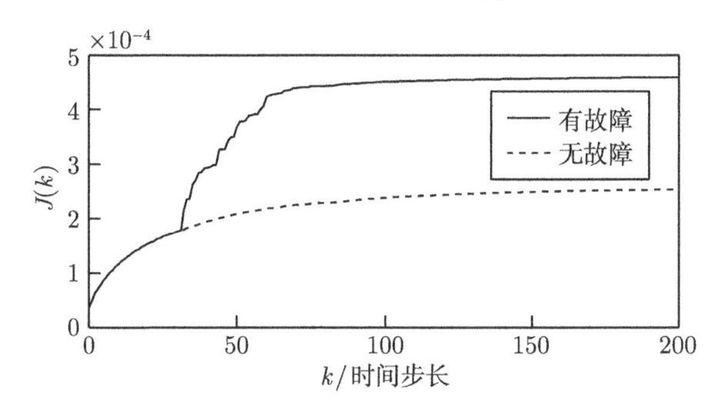

图 2.5　残差评估函数 $J(k)$ 的曲线

2.7 本章小结

本章首先讨论了随机丢包的网络化离散时间无限分布时滞系统的故障检测问题，考虑了传感器到控制器和控制器到执行器的丢包现象，以及观测器的控制输入与系统的控制输入的差异。然后以 LMI 的形式给出了 FDF 存在的充分条件，在这些 LMI 有可行解时给出了 FDF 增益矩阵的表达式。最后采用一个仿真实例说明了所提出的故障检测方法和所得结果的有效性。

参考文献

[1] Chen J, Patton R J. Robust Model-Based Fault Diagnosis for Dynamic Systems[M]. Boston: Kluwer Academic Publishers, 1999.

[2] Patton R J, Frank P M, Clark R N. Issues of Fault Diagnosis for Dynamic Systems[M]. Berlin: Springer, 2000.

[3] Ding S X. Model-based Fault Diagnosis Techniques: Design Schemes, Algorithms, and Tools[M]. Berlin: Springer, 2008.

[4] Patton R J, Hou M. Design of fault detection and isolation observers: A matrix pencil approach[J]. Automatica, 1998, 34(9): 1135-1140.

[5] Zhong M Y, Lam J, Ding S X, et al. Robust fault detection of Markovian jump systems[J]. Circuits System and Signal Processing, 2004, 23(5): 387-407.

[6] Zhong M Y, Ye H, Shi P, et al. Fault detection for Markovian jump systems[J]. IEE Proceedings—Control Theory and Applications, 2005, 152(4): 397-402.

[7] Zhang P, Ding S X. An integrated trade-off design of observer based fault detection systems[J]. Automatica, 2008, 44: 1886-1894.

[8] He X, Wang Z D, Ji Y D, et al. Network-based fault detection for discrete-time state-delay systems: A new measurement model[J]. International Journal of Adaptive Control and Signal Processing, 2008, 22(5): 510-528.

[9] Fang H J, Ye H, Zhong M Y. Fault diagnosis of networked control systems[J]. Annual Reviews in Control, 2007, 31: 55-68.

[10] Zheng Y, Fang H J, Wang H O. Takagi-Sugeno fuzzy-model-based fault detection for networked control systems[J]. IEEE Transactions on System, Man, and Cybernetics, Part B, Cybern, 2006, 36(4): 924-929.

[11] Zheng Y, Fang H J, Xie L B, et al. An observer-based fault detection approach for networked control system[J]. Dynamics of Continuous Discrete and Impulsive System, Series B—Applications and Algorithms, 2003, Suppl: 416-421.

[12] Mao Z H, Jiang B, Shi P. H_∞ fault detection filter design for networked control systems modelled by discrete Markovian jump systems[J]. IET Control Theory and Applications, 2007, 1(5): 1336-1343.

[13] Wan X B, Fang H J. Fault detection for networked nonlinear systems with time delays and packet dropouts[J]. Circuits Systems and Signal Processing, 2012, 31(1): 329-345.

[14] Wan X B, Fang H J, Fu S. Observer-based fault detection for networked discrete-time infinite-distributed delay systems with packet dropouts[J]. Applied Mathematical Modelling, 2012, 36(1): 270-278.

[15] He X, Wang Z D, Zhou D H. Robust fault detection for networked systems with communication delay and data missing[J]. Automatica, 2009, 45(11): 2634-2639.

[16] Li F W, Shi P, Wang X C. Fault detection for networked control systems with quantization and Markovian packet dropouts[J]. Signal Processing, 2015, 111: 106-112.

[17] Wang Z D, Yang F W, Ho D W C, et al. Robust H_∞ control for networked systems with

random packet losses[J]. IEEE Transactions on Systems, Man, and Cybernetics—Part B: Cybernetics, 2007, 37(4): 916-924.

[18] Sahebsara M, Chen T W, Shah S L. Optimal H_∞ filtering in networked control systems with multiple packet dropouts[J]. Systems and Control Letters, 2008, 57: 696-702.

[19] Dong H L, Wang Z D, Gao H J. H_∞ fuzzy control for systems with repeated scalar nonlinearities and random packet losses[J]. IEEE Transactions on Fuzzy Systems, 2009, 17(2): 440-450.

[20] Gao H J, Zhao Y, Lam J, et al. H_∞ fuzzy filtering of nonlinear systems with intermittent measurements[J]. IEEE Transactions on Fuzzy Systems, 2009, 17(2): 291-300.

[21] Peng C, Yue D, Tian E G, et al. Observer-based fault detection for networked control systems with network quality of services[J]. Applied Mathematical Modelling, 2010, 34(6): 1653-1661.

[22] Zhao Y, Lam J, Gao H J. Fault detection for fuzzy systems with intermittent measurements[J]. IEEE Transactions on Fuzzy Systems, 2009, 17(2): 398-410.

[23] Li J G, Yuan J Q, Lu J G. Observer-based H_∞ control for networked nonlinear systems with random packet losses[J]. ISA Transactions, 2010, 49: 39-46.

[24] Park P G. A delay-dependent stability criterion for systems with uncertain time-invariant delays[J]. IEEE Transactions on Automatic Control, 1999, 44(4): 876-877.

[25] Shao H Y. New delay-dependent stability criteria for systems with interval delay[J]. Automatica, 2009, 45(3): 744-749.

[26] Li T, Guo L, Xin X. Improved delay-dependent bounded real lemma for uncertain time-delay systems[J]. Information Sciences, 2009, 179(20): 3711-3719.

[27] Liu Y R, Wang Z D, Liu X H. Robust H_∞ control for a class of nonlinear stochastic systems with mixed time delay[J]. International Journal of Robust and Nonlinear Control, 2007, 17(16): 1525-1551.

[28] Xie L, Fridman E, Shaked U. Robust H_∞ control of distributed delay systems with application to combustion control[J]. IEEE Transactions on Automatic Control, 2001, 46(12): 1930-1935.

[29] Wu L G, Shi P, Gao H J, et al. A new approach to robust H_∞ filtering for uncertain systems with both discrete and distributed delays[J]. Circuits Systems and Signal Processing, 2007, 26(2): 229-248.

[30] Yoneyama J. Robust stability and stabilizing controller design of fuzzy systems with discrete and distributed delays[J]. Information Sciences, 2008, 178(8): 1935-1947.

[31] Liu Y R, Wang Z D, Liang J L, et al. Synchronization and state estimation for discrete-time complex networks with distributed delays[J]. IEEE Transactions on Systems, Man, and Cybernetics—Part B: Cybernetics, 2008, 38(5): 1314-1325.

[32] Wang Z D, Wei G L, Feng G. Reliable H_∞ control for discrete-time piecewise linear systems with infinite distributed delays[J]. Automatica, 2009, 45: 2991-2994.

[33] Wei G L, Feng G, Wang Z D. Robust H_∞ control for discrete-time fuzzy systems with infinite-distributed delays[J]. IEEE Transactions on Fuzzy Systems, 2009, 17(1): 224-232.

[34] Yang F W, Wang Z D, Ho D W C, et al. Robust H_∞ control with missing measurements and time delays[J]. IEEE Transactions on Automatic Control, 2007, 52(9): 1666-1672.

[35] Boyd S, Ghaoui L E, Feron E, et al. Linear Matrix Inequalities in System and Control Theory[M]. Philadelphia: SIAM, 1994.

[36] Wang Z D, Ho D W C, Liu Y R, et al. Robust H_∞ control for a class of nonlinear discrete time-delay stochastic systems with missing measurements[J]. Automatica, 2009, 45: 684-691.

第3章　具有丢包和时滞的网络化系统故障检测

3.1　引　　言

网络化系统中，由于网络带宽有限，数据包在通过网络传输过程中易发生丢包和时滞等现象，这可能导致系统性能下降甚至失稳。因此，网络化系统的建模、分析与综合问题研究受到广泛关注，其中具有丢包[1-4] 或时滞[5-9] 的网络化系统研究已取得丰硕成果。在上述文献中，丢包和时滞现象是单独进行研究的。但实际网络化系统中，由于带宽有限，丢包和时滞现象都可能发生，两者需要同时考虑。相关文献已提出了一些同时描述丢包和时滞的模型，并基于此研究了网络化系统的滤波和故障检测问题[10-13]。如何建立更合理的同时描述丢包和时滞现象的网络化系统模型，是需要深入研究的重要问题。

作为提高安全性和可靠性的重要手段，网络化系统故障检测受到高度关注[14-16]。采用马尔可夫模型这一描述网络诱导现象的重要工具，在网络化系统故障检测方面取得了大量研究成果[14,17-22]。然而，这些成果都基于一个隐含的假设，即传输模态 (马尔可夫模态) 与其通过 FDF 观测到的模态相同。事实上，由于观测误差和反应速度等因素的影响，两者之间通常存在较大差异。因此，在基于马尔可夫模型的故障检测研究中，需要同时考虑传输模态与其观测模态的差异。此外，在网络化系统故障检测研究中，通常假设系统中仅存在唯一的时间尺度。但是，一些实际系统 (如电力系统[23, 24]) 中存在多个时间尺度，这类多时间尺度系统通常可描述为奇异摄动系统。目前，奇异摄动系统的故障检测成果非常少 (文献 [25] 和文献 [26] 除外)。文献 [25] 和文献 [26] 讨论的是连续时间奇异摄动系统且没有考虑网络诱导现象的影响。当通过带宽有限的通信网络远程执行奇异摄动系统的故障检测任务时，需要将连续时间系统离散化并考虑丢包和时滞等现象的影响。尽管网络化离散时间奇异摄动系统的状态估计、控制、滤波问题研究已取得一定的进展[27-31]，但其故障检测问题尚未得到充分研究。

鉴于上述分析，本章介绍同时描述丢包和时滞的马尔可夫新模型。基于该模型，分别探讨具有丢包和时滞的全局 Lipschitz 非线性系统和离散时间奇异摄动系统的故障检测问题。在网络化奇异摄动系统的故障检测问题分析中，充分考虑传输模态和观测到的模态之间的差异，提出并设计基于隐马尔可夫模型的 FDF，使滤波误差系统随机稳定且满足指定的 H_∞ 性能指标。

3.2 具有丢包和时滞的全局 Lipschitz 非线性系统故障检测

3.2.1 丢包和时滞统一建模及问题描述

考虑如下离散时间非线性系统：

$$x(k+1) = Ax(k) + g(k, x(k)) + Bw(k) + Ff(k) \tag{3.1}$$

式中，$x(k) \in \mathbb{R}^n$ 是状态向量；$f(k) \in \mathbb{R}^{n_f}$ 是待检测的故障；$w(k) \in \mathbb{R}^{n_q}$ 是外部扰动且属于 $l_2[0,\infty)$；A、B、F 是具有合适维数的矩阵；$g(k, x(k))$ 是满足如下全局 Lipschitz 条件的非线性函数：

$$\| g(k, x(k)) \| \leqslant \| Gx(k) \| \tag{3.2}$$

$$\| g(k, x_1(k)) - g(k, x_2(k)) \| \leqslant \| G(x_1(k) - x_2(k)) \| \tag{3.3}$$

这里，G 是已知的实常数矩阵。

经过网络传输后接收到的测量输出描述如下：

$$\tilde{y}(k) = \sum_{i=1}^{m} I_{\{\sigma(k)=i\}} C_i x(k - d_i(k)) + Dw(k) \tag{3.4}$$

式中，C_i $(i = 1, 2, \cdots, m)$ 和 D 是具有合适维数的常矩阵；$\sigma(k)$ 服从离散时间齐次马尔可夫链，并取值于有限状态空间

$$\mathcal{M} = \{0, 1, \cdots, m\} \tag{3.5}$$

且转移概率矩阵为 $\Lambda = [\lambda_{ij}]$，其中

$$\lambda_{ij} = \text{Prob}\{\sigma(k+1) = j | \sigma(k) = i\}, \quad i, j \in \mathcal{M} \tag{3.6}$$

$I_{\{\sigma(k)=i\}}$ 是示性函数，且当 $\sigma(k) = i$ 时取值为 1，其他情况取值为 0；$d_i(k)$ 是在 k 时刻接收的数据包可能发生的时滞，满足 $d_i(k) \in \mathbb{Z}^+$ 且

$$0 \leqslant d_1(k) \leqslant l_1,\ l_1 + 1 \leqslant d_2(k) \leqslant l_2,\ l_2 + 1 \leqslant d_3(k) \leqslant l_3,\ \cdots,\ l_{m-1} + 1 \leqslant d_m(k) \leqslant l_m \tag{3.7}$$

这里，$l_i (i = 1, 2, \cdots, m)$ 是已知的正整数。

注释 3.1　每时刻接收端接收通过网络传输的数据包时，将发生下列之一的情形：丢包 $(\sigma(k) = 0)$，时滞且 $d(k) \in [0, l_1]$ $(\sigma(k) = 1)$，时滞且 $d(k) \in [l_1 + 1, l_2]$ $(\sigma(k) = 2)$，$\cdots$，时滞且 $d(k) \in [l_{m-1} + 1, l_m]$ $(\sigma(k) = m)$。模型 (3.4) 可看作 He

等[10,13] 提出模型的更一般情况。在他们的模型中，时滞依据确定的概率分布取值于给定的有限集合。然而，正如文献 [32] 指出的，实际系统中，尤其当时滞非常大时，很难完全获知每时刻时滞取值的具体概率分布。此时，本书提出的模型更为适用。当式 (3.7) 中的每个时滞区间仅包含一个整数时，模型 (3.4) 即变为 He 等 [10,13] 提出的模型。

为简单起见，不失一般性，假设 $m=2$。于是，FDF 所获得的通过网络传输的数据包描述为

$$\hat{y}(k)=I_{\{\sigma(k)=1\}}C_1x(k-d_1(k))+I_{\{\sigma(k)=2\}}C_2x(k-d_2(k))+Dw(k) \tag{3.8}$$

式中，$0\leqslant h_1\leqslant d_1(k)\leqslant h_2$, $0\leqslant h_3\leqslant d_2(k)\leqslant h_4$, $h_2<h_3$, $h_i\in\mathbb{Z}^+, i=1,2,3,4$。

构造如下形式模态相关的非线性 FDF：

$$\begin{cases}\hat{x}(k+1)=\hat{A}(\sigma(k))\hat{x}(k)+g(k,\hat{x}(k))+\hat{B}(\sigma(k))\hat{y}(k)\\ r(k)=\hat{C}(\sigma(k))\hat{x}(k)+\hat{D}(\sigma(k))\hat{y}(k)\end{cases} \tag{3.9}$$

式中，$\hat{x}(k)$ 为 FDF 的状态向量；$r(k)$ 为残差信号；矩阵 $\hat{A}(\sigma(k))$、$\hat{B}(\sigma(k))$、$\hat{C}(\sigma(k))$ 和 $\hat{D}(\sigma(k))$ 为 FDF 待确定的参数。

定义

$$\begin{aligned}&e(k)=r(k)-f(k),\quad \tilde{x}(k)=x(k)-\hat{x}(k)\\ &v(k)=[w^{\mathrm{T}}(k),f^{\mathrm{T}}(k)]^{\mathrm{T}},\quad \varDelta(k)=g(k,x(k))-g(k,\hat{x}(k))\end{aligned}$$

于是，系统 (3.1) 的滤波误差系统为

$$\begin{cases}x(k+1)=Ax(k)+g(k,x(k))+Ev(k)\\ \tilde{x}(k+1)=\tilde{A}(\sigma(k))x(k)+\hat{A}(\sigma(k))\tilde{x}(k)-\hat{B}(\sigma(k))I_{\{\sigma(k)=1\}}C_1x(k-d_1(k))\\ \qquad\qquad -\hat{B}(\sigma(k))I_{\{\sigma(k)=2\}}C_2x(k-d_2(k))+\varDelta(k)+L_b(\sigma(k))v(k)\\ e(k)=\hat{C}(\sigma(k))x(k)-\hat{C}(\sigma(k))\tilde{x}(k)+\hat{D}(\sigma(k))I_{\{\sigma(k)=1\}}C_1x(k-d_1(k))\\ \qquad\quad +\hat{D}(\sigma(k))I_{\{\sigma(k)=2\}}C_2x(k-d_2(k))+L_d(\sigma(k))v(k)\\ x(k)=\varphi(k),\quad k=-h_4,-h_4+1,\cdots,0\end{cases} \tag{3.10}$$

式中

$$\begin{aligned}&\tilde{A}(\sigma(k))=A-\hat{A}(\sigma(k)),\quad L_b(\sigma(k))=[\tilde{B}(\sigma(k))\ \ F],\quad E=[B\ \ F]\\ &\tilde{B}(\sigma(k))=B-\hat{B}(\sigma(k))D,\quad L_d(\sigma(k))=[\hat{D}(\sigma(k))D\quad -I]\end{aligned}$$

下面将讨论满足下述条件的形如式 (3.9) 的 FDF 存在的充分条件。

(1) 当 $v(k)\equiv 0$ 时，滤波误差系统 (3.10) 均方渐近稳定。

(2) 在零初始条件下，下述 H_∞ 性能约束条件成立：

$$\sum_{k=0}^{\infty}\mathrm{E}\{e^{\mathrm{T}}(k)e(k)\}\leqslant\gamma^2\sum_{k=0}^{\infty}v^{\mathrm{T}}(k)v(k) \tag{3.11}$$

3.2.2 H_∞ 性能分析与故障检测滤波器设计

本节将建立使滤波误差系统 (3.10) 均方渐近稳定且满足指定的 H_∞ 性能指标的 FDF 存在的充分条件。在结论推导过程中将用到下述引理。

引理 3.1[33] 设 $T_i\in\mathbb{R}^{n\times n}\ (i=0,1,\cdots,p)$ 为对称矩阵。在约束条件 $\forall\varsigma\neq 0$，$\varsigma^{\mathrm{T}}T_i\varsigma\geqslant 0\ (i=0,1,\cdots,p)$ 下，如果存在 $\tau_i\geqslant 0\ (i=0,1,\cdots,p)$ 满足 $T_0-\sum_{i=1}^{p}\tau_iT_i>0$，则 $\forall\varsigma\neq 0$，$\varsigma^{\mathrm{T}}T_0\varsigma>0$ 成立。

定理 3.1 如果存在实数 $\tau_1\geqslant 0$ 和 $\tau_2\geqslant 0$ 及矩阵 $R_1>0$、$R_2>0$、$P(i)>0$、$Q(i)>0\ (i=0,1,2)$ 使得如下不等式成立：

$$\begin{bmatrix}
\psi_i(1,1) & 0 & 0 & 0 & A^{\mathrm{T}}\tilde{P}(i) & 0 & A^{\mathrm{T}}\tilde{P}(i)E & \hat{C}^{\mathrm{T}}(i) & \tilde{A}^{\mathrm{T}}(i)\\
* & \psi_i(2,2) & 0 & 0 & 0 & 0 & 0 & -\hat{C}^{\mathrm{T}}(i) & \hat{A}^{\mathrm{T}}(i)\\
* & * & -R_1 & 0 & 0 & 0 & 0 & \psi_i(3,8) & \psi_i(3,9)\\
* & * & * & -R_2 & 0 & 0 & 0 & \psi_i(4,8) & \psi_i(4,9)\\
* & * & * & * & \psi_i(5,5) & 0 & \tilde{P}(i)E & 0 & 0\\
* & * & * & * & * & -\tau_2 I & 0 & 0 & I\\
* & * & * & * & * & * & \psi_i(7,7) & L_d^{\mathrm{T}}(i) & L_b^{\mathrm{T}}(i)\\
* & * & * & * & * & * & * & -I & 0\\
* & * & * & * & * & * & * & * & -\tilde{Q}^{-1}(i)
\end{bmatrix}<0,$$

$$i=0,1,2 \tag{3.12}$$

式中

$$\psi_i(1,1)=A^{\mathrm{T}}\tilde{P}(i)A-P(i)+(h_2-h_1+1)R_1+(h_4-h_3+1)R_2+\tau_1G^{\mathrm{T}}G$$

$$\psi_i(2,2)=-Q(i)+\tau_2G^{\mathrm{T}}G,\quad \psi_i(3,8)=C_1^{\mathrm{T}}\hat{D}^{\mathrm{T}}(i)I_{\{i=1\}}$$

$$\psi_i(3,9)=-C_1^{\mathrm{T}}\hat{B}^{\mathrm{T}}(i)I_{\{i=1\}},\quad \psi_i(4,8)=C_2^{\mathrm{T}}\hat{D}^{\mathrm{T}}(i)I_{\{i=2\}}$$

$$\psi_i(4,9)=-C_2^{\mathrm{T}}\hat{B}^{\mathrm{T}}(i)I_{\{i=2\}},\quad \psi_i(5,5)=\tilde{P}(i)-\tau_1I$$

$$\psi_i(7,7)=E^{\mathrm{T}}\tilde{P}(i)E-\gamma^2I,\quad \tilde{P}(i)=\sum_{j=0}^{2}\lambda_{ij}P(j),\quad \tilde{Q}(i)=\sum_{j=0}^{2}\lambda_{ij}Q(j)$$

则滤波误差系统 (3.10) 均方渐近稳定且满足指定的 H_∞ 性能指标 γ。

证明　选取如下 Lyapunov-Krasovskii 泛函:

$$V(k)=\sum_{\ell=1}^{6}V_{\ell}(k) \tag{3.13}$$

式中

$$V_1(k)=x^{\mathrm{T}}(k)P(\sigma(k))x(k),\quad V_2(k)=\tilde{x}^{\mathrm{T}}(k)Q(\sigma(k))\tilde{x}(k)$$

$$V_3(k)=\sum_{s=k-d_1(k)}^{k-1}x^{\mathrm{T}}(s)R_1x(s),\quad V_4(k)=\sum_{t=k-h_2+1}^{k-h_1}\sum_{s=t}^{k-1}x^{\mathrm{T}}(s)R_1x(s)$$

$$V_5(k)=\sum_{s=k-d_2(k)}^{k-1}x^{\mathrm{T}}(s)R_2x(s),\quad V_6(k)=\sum_{t=k-h_4+1}^{k-h_3}\sum_{s=t}^{k-1}x^{\mathrm{T}}(s)R_2x(s)$$

令

$$\Theta(k):=[\tilde{x}^{\mathrm{T}}(k),x^{\mathrm{T}}(k),x^{\mathrm{T}}(k-1),\cdots,x^{\mathrm{T}}(k-h_4)]^{\mathrm{T}}$$

于是，计算可得

$$\mathrm{E}\{\Delta V(k)|\Theta(k),\sigma(k)=i\}=\sum_{t=1}^{6}\mathrm{E}\{\Delta V_t(k)|\Theta(k),\sigma(k)=i\} \tag{3.14}$$

式中

$$\begin{aligned}&\mathrm{E}\{\Delta V_1(k)|\Theta(k),\sigma(k)=i\}\\&=[Ax(k)+g(k,x(k))+Ev(k)]^{\mathrm{T}}\tilde{P}(i)[Ax(k)+g(k,x(k))+Ev(k)]\\&\quad-x^{\mathrm{T}}(k)P(i)x(k)\end{aligned} \tag{3.15}$$

$$\begin{aligned}&\mathrm{E}\{\Delta V_2(k)|\Theta(k),\sigma(k)=i\}\\&=[\tilde{A}(i)x(k)-\hat{B}(i)I_{\{i=1\}}C_1x(k-d_1(k))-\hat{B}(i)I_{\{i=2\}}C_2x(k-d_2(k))\\&\quad+\hat{A}(i)\tilde{x}(k)+\Delta(k)+L_b(i)v(k)]^{\mathrm{T}}\tilde{Q}(i)[\tilde{A}(i)x(k)-\hat{B}(i)I_{\{i=1\}}C_1\\&\quad\times x(k-d_1(k))-\hat{B}(i)I_{\{i=2\}}C_2x(k-d_2(k))+\hat{A}(i)\tilde{x}(k)+\Delta(k)\\&\quad+L_b(i)v(k)]-\tilde{x}^{\mathrm{T}}(k)Q(i)\tilde{x}(k)\end{aligned} \tag{3.16}$$

$$\begin{aligned}&\mathrm{E}\{\Delta V_3(k)|\Theta(k),\sigma(k)=i\}\\&=\mathrm{E}\Bigg\{x^{\mathrm{T}}(k)R_1x(k)-x^{\mathrm{T}}(k-d_1(k))R_1x(k-d_1(k))+\sum_{s=k-h_1+1}^{k-1}x^{\mathrm{T}}(s)R_1x(s)\end{aligned}$$

$$+\sum_{s=k-d_1(k+1)+1}^{k-h_1} x^{\mathrm{T}}(s)R_1x(s)-\sum_{s=k-d_1(k)+1}^{k-1} x^{\mathrm{T}}(s)R_1x(s)\Bigg\}$$

$$\leqslant x^{\mathrm{T}}(k)R_1x(k)-x^{\mathrm{T}}(k-d_1(k))R_1x(k-d_1(k))+\sum_{s=k-h_2+1}^{k-h_1} x^{\mathrm{T}}(s)R_1x(s) \tag{3.17}$$

$$\mathrm{E}\{\Delta V_4(k)|\Theta(k),\sigma(k)=i\}=(h_2-h_1)x^{\mathrm{T}}(k)R_1x(k)-\sum_{s=k-h_2+1}^{k-h_1} x^{\mathrm{T}}(s)R_1x(s) \tag{3.18}$$

采用与式 (3.17) 和式 (3.18) 相同的处理方法，可得

$$\begin{aligned}&\mathrm{E}\{\Delta V_5(k)|\Theta(k),\sigma(k)=i\}\\ \leqslant\ & x^{\mathrm{T}}(k)R_2x(k)-x^{\mathrm{T}}(k-d_2(k))R_2x(k-d_2(k))+\sum_{s=k-h_4+1}^{k-h_3} x^{\mathrm{T}}(s)R_2x(s)\end{aligned} \tag{3.19}$$

$$\mathrm{E}\{\Delta V_6(k)|\Theta(k),\sigma(k)=i\}=(h_4-h_3)x^{\mathrm{T}}(k)R_2x(k)-\sum_{s=k-h_4+1}^{k-h_3} x^{\mathrm{T}}(s)R_2x(s) \tag{3.20}$$

因此，有

$$\mathrm{E}\{\Delta V(k)|\Theta(k),\sigma(k)=i\}\leqslant \xi^{\mathrm{T}}(k)\varOmega_i\xi(k) \tag{3.21}$$

式中

$$\xi(k)=[x^{\mathrm{T}}(k),\tilde{x}^{\mathrm{T}}(k),x^{\mathrm{T}}(k-d_1(k)),x^{\mathrm{T}}(k-d_2(k)),g^{\mathrm{T}}(k,x(k)),\varDelta^{\mathrm{T}}(k),v^{\mathrm{T}}(k)]^{\mathrm{T}}$$

$$\varOmega_i=\begin{bmatrix}\varOmega_i(1,1) & \varOmega_i(1,2) & \varOmega_i(1,3) & \varOmega_i(1,4) & A^{\mathrm{T}}\tilde{P}(i) & \tilde{A}^{\mathrm{T}}(i)\tilde{Q}(i) & \varOmega_i(1,7)\\ * & \varOmega_i(2,2) & \varOmega_i(2,3) & \varOmega_i(2,4) & 0 & \hat{A}^{\mathrm{T}}(i)\tilde{Q}(i) & \varOmega_i(2,7)\\ * & * & \varOmega_i(3,3) & 0 & 0 & \varOmega_i(3,6) & \varOmega_i(3,7)\\ * & * & * & \varOmega_i(4,4) & 0 & \varOmega_i(4,6) & \varOmega_i(4,7)\\ * & * & * & * & \tilde{P}(i) & 0 & \tilde{P}(i)E\\ * & * & * & * & * & \tilde{Q}(i) & \tilde{Q}(i)L_b(i)\\ * & * & * & * & * & * & \varOmega_i(7,7)\end{bmatrix}$$

这里

$$\varOmega_i(1,1)=A^{\mathrm{T}}\tilde{P}(i)A-P(i)+\tilde{A}^{\mathrm{T}}(i)\tilde{Q}(i)\tilde{A}(i)+(h_2-h_1+1)R_1+(h_4-h_3+1)R_2$$

$$\varOmega_i(1,2)=\tilde{A}^{\mathrm{T}}(i)\tilde{Q}(i)\hat{A}(i),\quad \varOmega_i(1,3)=\tilde{A}^{\mathrm{T}}(i)\tilde{Q}(i)(-\hat{B}(i)C_1I_{\{i=1\}})$$

$$\varOmega_i(1,4)=-\tilde{A}^{\mathrm{T}}(i)\tilde{Q}(i)\hat{B}(i)C_2I_{\{i=2\}},\quad \varOmega_i(1,7)=A^{\mathrm{T}}\tilde{P}(i)E+\tilde{A}^{\mathrm{T}}(i)\tilde{Q}(i)L_b(i)$$

$$\Omega_i(2,2) = \hat{A}^{\mathrm{T}}(i)\tilde{Q}(i)\hat{A}(i) - Q(i), \quad \Omega_i(2,3) = -\hat{A}^{\mathrm{T}}(i)\tilde{Q}(i)\hat{B}(i)C_1 I_{\{i=1\}}$$

$$\Omega_i(2,4) = -\hat{A}^{\mathrm{T}}(i)\tilde{Q}(i)\hat{B}(i)C_2 I_{\{i=2\}}, \quad \Omega_i(2,7) = \hat{A}^{\mathrm{T}}(i)\tilde{Q}(i)L_b(i)$$

$$\Omega_i(3,3) = (\hat{B}(i)C_1 I_{\{i=1\}})^{\mathrm{T}}\tilde{Q}(i)(\hat{B}(i)C_1 I_{\{i=1\}}) - R_1$$

$$\Omega_i(3,6) = -C_1^{\mathrm{T}}\hat{B}^{\mathrm{T}}(i)\tilde{Q}(i)I_{\{i=1\}}, \quad \Omega_i(3,7) = -C_1^{\mathrm{T}}\hat{B}^{\mathrm{T}}(i)\tilde{Q}(i)L_b(i)I_{\{i=1\}}$$

$$\Omega_i(4,4) = (\hat{B}(i)C_2 I_{\{i=2\}})^{\mathrm{T}}\tilde{Q}(i)(\hat{B}(i)C_2 I_{\{i=2\}}) - R_2, \ \Omega_i(4,6) = -C_2^{\mathrm{T}}\hat{B}^{\mathrm{T}}(i)\tilde{Q}(i)I_{\{i=2\}}$$

$$\Omega_i(4,7) = -C_2^{\mathrm{T}}\hat{B}^{\mathrm{T}}(i)\tilde{Q}(i)L_b(i)I_{\{i=2\}}, \quad \Omega_i(7,7) = E^{\mathrm{T}}\tilde{P}(i)E + L_b^{\mathrm{T}}(i)\tilde{Q}(i)L_b(i)$$

根据式 (3.2) 和式 (3.3) 可得

$$g^{\mathrm{T}}(k,x(k))g(k,x(k)) - x^{\mathrm{T}}(k)G^{\mathrm{T}}Gx(k) = \xi^{\mathrm{T}}(k)\Lambda_1\xi(k) \leqslant 0 \tag{3.22}$$

$$\Delta_k^{\mathrm{T}}\Delta_k - \tilde{x}^{\mathrm{T}}(k)G^{\mathrm{T}}G\tilde{x}(k) = \xi^{\mathrm{T}}(k)\Lambda_2\xi(k) \leqslant 0 \tag{3.23}$$

式中

$$\Lambda_1 = \mathrm{diag}\{-G^{\mathrm{T}}G, 0, 0, 0, I, 0, 0\}, \quad \Lambda_2 = \mathrm{diag}\{0, -G^{\mathrm{T}}G, 0, 0, 0, I, 0\}$$

由滤波误差系统 (3.10)，可得

$$\mathrm{E}\{e^{\mathrm{T}}(k)e(k)|\sigma(k) = i\} \leqslant \xi^{\mathrm{T}}(k)\Xi_i\xi(k) \tag{3.24}$$

式中

$$\Xi_i = \begin{bmatrix} \hat{C}^{\mathrm{T}}(i)\hat{C}(i) & -\hat{C}^{\mathrm{T}}(i)\hat{C}(i) & \Xi_i(1,3) & \Xi_i(1,4) & 0 & 0 & \hat{C}^{\mathrm{T}}(i)L_d(i) \\ * & \hat{C}^{\mathrm{T}}(i)\hat{C}(i) & \Xi_i(2,3) & \Xi_i(2,4) & 0 & 0 & -\hat{C}^{\mathrm{T}}(i)L_d(i) \\ * & * & \Xi_i(3,3) & 0 & 0 & 0 & \Xi_i(3,7) \\ * & * & * & \Xi_i(4,4) & 0 & 0 & \Xi_i(4,7) \\ * & * & * & * & 0 & 0 & 0 \\ * & * & * & * & * & 0 & 0 \\ * & * & * & * & * & * & L_d^{\mathrm{T}}(i)L_d(i) \end{bmatrix}$$

这里

$$\Xi_i(1,3) = \hat{C}^{\mathrm{T}}(i)\hat{D}(i)C_1 I_{\{i=1\}}, \quad \Xi_i(1,4) = \hat{C}^{\mathrm{T}}(i)\hat{D}(i)C_2 I_{\{i=2\}}$$

$$\Xi_i(2,3) = -\hat{C}^{\mathrm{T}}(i)\hat{D}(i)C_1 I_{\{i=1\}}, \quad \Xi_i(2,4) = -\hat{C}^{\mathrm{T}}(i)\hat{D}(i)C_2 I_{\{i=2\}}$$

$$\Xi_i(3,3) = (\hat{D}(i)C_1 I_{\{i=1\}})^{\mathrm{T}}(\hat{D}(i)C_1 I_{\{i=1\}}), \quad \Xi_i(3,7) = (\hat{D}(i)C_1 I_{\{i=1\}})^{\mathrm{T}}L_d(i)$$

$$\Xi_i(4,4) = (\hat{D}(i)C_2 I_{\{i=2\}})^{\mathrm{T}}(\hat{D}(i)C_2 I_{\{i=2\}}), \quad \Xi_i(4,7) = (\hat{D}(i)C_2 I_{\{i=2\}})^{\mathrm{T}}L_d(i)$$

再由式 (3.21) 和式 (3.24) 可得

$$\begin{aligned}&\mathrm{E}\{V(k+1,\sigma(k+1))|\Theta(k),\sigma(k)=i\}-V(k,\sigma(k)=i)\\&+\mathrm{E}\{e^{\mathrm{T}}(k)e(k)|\sigma(k)=i\}-\gamma^2v^{\mathrm{T}}(k)v(k)\leqslant\xi^{\mathrm{T}}(k)\Phi_i\xi(k)\end{aligned}\tag{3.25}$$

式中

$$\Phi_i=\Omega_i+\Xi_i-\gamma^2\mathrm{diag}\{0,0,0,0,0,0,I\}$$

由引理 3.1，在约束条件 (3.22) 和 (3.23) 下，如果存在实数 $\tau_1\geqslant 0$、$\tau_2\geqslant 0$ 满足：

$$\Phi_i-\tau_1\Lambda_1-\tau_2\Lambda_2<0\tag{3.26}$$

则 $\xi^{\mathrm{T}}(k)\Phi_i\xi(k)<0$ 成立。

采用 Schur 补引理，式 (3.26) 成立当且仅当式 (3.12) 成立。因此，对 $\forall i\in\{0,1,2\}$，有

$$\begin{aligned}&\mathrm{E}\{V(k+1,\sigma(k+1))|\Theta(k),\sigma(k)=i\}-V(k,\sigma(k)=i)\\&+\mathrm{E}\{e^{\mathrm{T}}(k)e(k)|\sigma(k)=i\}-\gamma^2v^{\mathrm{T}}(k)v(k)<0\end{aligned}\tag{3.27}$$

即

$$\begin{aligned}&\mathrm{E}\{V(k+1,\sigma(k+1))|\Theta(k),\sigma(k)\}-V(k,\sigma(k))\\&+\mathrm{E}\{e^{\mathrm{T}}(k)e(k)|\sigma(k)\}-\gamma^2v^{\mathrm{T}}(k)v(k)<0\end{aligned}\tag{3.28}$$

对式 (3.28) 两边取数学期望 $\mathrm{E}\{\cdot|\sigma(0)\}$，可得

$$\begin{aligned}&\mathrm{E}\{V(k+1,\sigma(k+1))|\Theta(k),\sigma(0)\}-\mathrm{E}\{V(k,\sigma(k))|\sigma(0)\}\\&+\mathrm{E}\{e^{\mathrm{T}}(k)e(k)|\sigma(0)\}-\gamma^2v^{\mathrm{T}}(k)v(k)<0\end{aligned}\tag{3.29}$$

将式 (3.29) 两边关于 k 从 0 到 ∞ 求和，可得

$$\sum_{k=0}^{\infty}\mathrm{E}\{e^{\mathrm{T}}(k)e(k)|\sigma(0)\}<\gamma^2\sum_{k=0}^{\infty}v^{\mathrm{T}}(k)v(k)-\mathrm{E}\{V(\infty,\sigma(\infty))|\sigma(0)\}+V(0,\sigma(0))\tag{3.30}$$

在零初始条件下，$V(0,\sigma(0))=0$，且 $\mathrm{E}\{V(\infty,\sigma(\infty))|\sigma(0)\}\geqslant 0$，于是可得

$$\sum_{k=0}^{\infty}\mathrm{E}\{e^{\mathrm{T}}(k)e(k)|\sigma(0)\}<\gamma^2\sum_{k=0}^{\infty}v^{\mathrm{T}}(k)v(k)\tag{3.31}$$

因此，在零初始条件下，H_∞ 性能约束条件 (3.11) 成立。

当 $v(k)\equiv 0$ 且式 (3.12) 成立时，采用类似的方法可得 $\mathrm{E}\{\Delta V(k)|\Theta(k),\sigma(k)=i\}<0$。根据 Lyapunov 稳定性理论，可知滤波误差系统 (3.10) 均方渐近稳定。证毕。

现在讨论 FDF 的设计问题，将用到下述引理。

引理 3.2[34]　对于矩阵 A、Q 和 P，其中 $Q=Q^{\mathrm{T}}$，$P>0$，矩阵不等式 $A^{\mathrm{T}}PA-Q<0$ 当且仅当存在矩阵 Y 使得下述不等式成立:

$$\begin{bmatrix} -Q & A^{\mathrm{T}}Y \\ Y^{\mathrm{T}}A & P-Y-Y^{\mathrm{T}} \end{bmatrix}<0$$

基于定理 3.1 和引理 3.2，给出定理 3.2，提出了保证满足设计要求的 FDF 存在的一个充分条件。

定理 3.2　如果存在实数 $\tau_1\geqslant 0$ 和 $\tau_2\geqslant 0$ 以及矩阵 $R_1>0$、$R_2>0$、$P(i)>0$、$Q(i)>0$、$\breve{A}(i)$、$\breve{B}(i)$、$\hat{C}(i)$、$\hat{D}(i)$ 和 $Y(i)$ $(i\in\{0,1,2\})$，使得如下 LMI 成立:

$$\begin{bmatrix} \Upsilon_{1,i} & \Upsilon_{2,i} \\ * & \Upsilon_{3,i} \end{bmatrix}<0,\quad i=0,1,2 \tag{3.32}$$

则滤波误差系统 (3.10) 均方渐近稳定且满足指定的 H_∞ 性能指标 γ。这里，

$$\Upsilon_{1,i}=\begin{bmatrix} \psi_i(1,1) & 0 & 0 & 0 & A^{\mathrm{T}}\tilde{P}(i) \\ * & \psi_i(2,2) & 0 & 0 & 0 \\ * & * & -R_1 & 0 & 0 \\ * & * & * & -R_2 & 0 \\ * & * & * & * & \psi_i(5,5) \end{bmatrix}$$

$$\Upsilon_{2,i}=\begin{bmatrix} 0 & \Gamma_i(1,7) & \Gamma_i(1,8) & \hat{C}^{\mathrm{T}}(i) & \Gamma_i(1,10) \\ 0 & 0 & 0 & -\hat{C}^{\mathrm{T}}(i) & \breve{A}(i) \\ 0 & 0 & 0 & \Gamma_i(3,9) & \Gamma_i(3,10) \\ 0 & 0 & 0 & \Gamma_i(4,9) & \Gamma_i(4,10) \\ 0 & \tilde{P}(i)B & \tilde{P}(i)F & 0 & 0 \end{bmatrix}$$

$$\Upsilon_{3,i}=\begin{bmatrix} -\tau_2 I & 0 & 0 & 0 & Y(i) \\ * & \Gamma_i(7,7) & \Gamma_i(7,8) & D^{\mathrm{T}}\hat{D}^{\mathrm{T}}(i) & \Gamma_i(7,10) \\ * & * & \Gamma_i(8,8) & -I & F^{\mathrm{T}}Y(i) \\ * & * & * & -I & 0 \\ * & * & * & * & \Gamma_i(10,10) \end{bmatrix}$$

其中，$\psi_i(1,1)$、$\psi_i(2,2)$、$\psi_i(5,5)$、$\tilde{P}(i)$ 和 $\tilde{Q}(i)$ 如定理 3.1 中所示，且

$$\Gamma_i(1,7)=A^{\mathrm{T}}\tilde{P}(i)B,\quad \Gamma_i(1,8)=A^{\mathrm{T}}\tilde{P}(i)F$$

$$\Gamma_i(1,10)=A^{\mathrm{T}}Y(i)-\breve{A}(i),\quad \Gamma_i(3,9)=C_1^{\mathrm{T}}\hat{D}^{\mathrm{T}}(i)I_{\{i=1\}}$$

$$\Gamma_i(3,10)=-C_1^{\mathrm{T}}\breve{B}(i)I_{\{i=1\}},\quad \Gamma_i(4,9)=C_2^{\mathrm{T}}\hat{D}^{\mathrm{T}}(i)I_{\{i=2\}}$$

$$\Gamma_i(4,10) = -C_2^{\mathrm{T}}\breve{B}(i)I_{\{i=2\}}, \quad \Gamma_i(7,7) = B^{\mathrm{T}}\tilde{P}(i)B - \gamma^2 I$$
$$\Gamma_i(7,8) = B^{\mathrm{T}}\tilde{P}(i)F, \quad \Gamma_i(7,10) = B^{\mathrm{T}}Y(i) - D^{\mathrm{T}}\breve{B}(i)$$
$$\Gamma_i(8,8) = F^{\mathrm{T}}\tilde{P}(i)F - \gamma^2 I, \quad \Gamma_i(10,10) = \tilde{Q}(i) - Y(i) - Y^{\mathrm{T}}(i)$$

特别地，如果 LMI (3.32) 有可行解，则 FDF 参数可如下给出：

$$\begin{bmatrix} \hat{A}(i) & \hat{B}(i) \\ \hat{C}(i) & \hat{D}(i) \end{bmatrix} = \begin{bmatrix} Y^{-\mathrm{T}}(i) & 0 \\ 0 & I \end{bmatrix} \begin{bmatrix} \breve{A}^{\mathrm{T}}(i) & \breve{B}^{\mathrm{T}}(i) \\ \hat{C}(i) & \hat{D}(i) \end{bmatrix} \tag{3.33}$$

证明 利用 Schur 补引理，对于 $\forall i \in \{0,1,2\}$，式 (3.12) 成立当且仅当

$$\begin{bmatrix}
\psi_i(1,1) & 0 & 0 & 0 & A^{\mathrm{T}}\tilde{P}(i) & 0 & A^{\mathrm{T}}\tilde{P}(i)E & \hat{C}^{\mathrm{T}}(i) \\
* & \psi_i(2,2) & 0 & 0 & 0 & 0 & 0 & -\hat{C}^{\mathrm{T}}(i) \\
* & * & -R_1 & 0 & 0 & 0 & 0 & C_1^{\mathrm{T}}\hat{D}^{\mathrm{T}}(i)I_{\{i=1\}} \\
* & * & * & -R_2 & 0 & 0 & 0 & C_2^{\mathrm{T}}\hat{D}^{\mathrm{T}}(i)I_{\{i=2\}} \\
* & * & * & * & \psi_i(5,5) & 0 & \tilde{P}(i)E & 0 \\
* & * & * & * & * & -\tau_2 I & 0 & 0 \\
* & * & * & * & * & * & \psi_i(7,7) & L_d^{\mathrm{T}}(i) \\
* & * & * & * & * & * & * & -I
\end{bmatrix}
+\Pi_i\tilde{Q}(i)\Pi_i^{\mathrm{T}} < 0 \tag{3.34}$$

式中

$$\Pi_i = [\tilde{A}(i) \;\; \hat{A}(i) \;\; -\hat{B}(i)C_1 I_{\{i=1\}} \;\; -\hat{B}(i)C_2 I_{\{i=2\}} \;\; 0 \;\; I \;\; L_b(i) \;\; 0]^{\mathrm{T}}$$

由引理 3.2 可知，式 (3.34) 成立当且仅当存在矩阵 $Y(i)$，使得对 $\forall i \in \{0,1,2\}$，下述不等式成立：

$$\begin{bmatrix}
\psi_i(1,1) & 0 & 0 & 0 & A^{\mathrm{T}}\tilde{P}(i) & 0 & A^{\mathrm{T}}\tilde{P}(i)E & \hat{C}^{\mathrm{T}}(i) & \tilde{A}^{\mathrm{T}}(i)Y(i) \\
* & \psi_i(2,2) & 0 & 0 & 0 & 0 & 0 & -\hat{C}^{\mathrm{T}}(i) & \hat{A}^{\mathrm{T}}(i)Y(i) \\
* & * & -R_1 & 0 & 0 & 0 & 0 & \Gamma_i(3,9) & \mathcal{B}_{1y}(i) \\
* & * & * & -R_2 & 0 & 0 & 0 & \Gamma_i(4,9) & \mathcal{B}_{2y}(i) \\
* & * & * & * & \psi_i(5,5) & 0 & \tilde{P}(i)E & 0 & 0 \\
* & * & * & * & * & -\tau_2 I & 0 & 0 & Y(i) \\
* & * & * & * & * & * & \psi_i(7,7) & L_d^{\mathrm{T}}(i) & L_b^{\mathrm{T}}(i)Y(i) \\
* & * & * & * & * & * & * & -I & 0 \\
* & * & * & * & * & * & * & * & \Gamma_i(10,10)
\end{bmatrix} < 0 \tag{3.35}$$

式中

$$\mathcal{B}_{1y}(i) = -C_1^{\mathrm{T}}\hat{B}^{\mathrm{T}}(i)Y(i)I_{\{i=1\}}, \quad \mathcal{B}_{2y}(i) = -C_2^{\mathrm{T}}\hat{B}^{\mathrm{T}}(i)Y(i)I_{\{i=2\}}$$

定义 $\breve{A}(i) = \hat{A}^{\mathrm{T}}(i)Y(i)$、$\breve{B}(i) = \hat{B}^{\mathrm{T}}(i)Y(i)$。由式 (3.32) 可知 $\tilde{Q}(i) - Y(i) - Y^{\mathrm{T}}(i) < 0$，因而 $Y(i)$ 非奇异。进一步地，由式 (3.10) 可知，如果式 (3.32) 和式 (3.33) 成立，则式 (3.35) 成立。证毕。

3.2.3 仿真实例

本节给出一个仿真实例以验证所提故障检测方法和所得结论的有效性。

考虑非线性系统 (3.1)，其经过网络传输之后的测量输出如式 (3.8) 所示，且相关参数给出如下：

$$A = \begin{bmatrix} 0.5 & 1.2 & 0.3 \\ 0 & -0.4 & -0.25 \\ 0.3 & -0.5 & -0.4 \end{bmatrix}, \quad g(k, x(k)) = \begin{bmatrix} 0.01\sin x_k^1 \\ 0.01\sin x_k^2 \\ 0.01\sin x_k^3 \end{bmatrix}$$

$$B = \begin{bmatrix} 0.1 \\ -0.2 \\ 0.1 \end{bmatrix}, \quad F = \begin{bmatrix} 0.5 \\ -0.2 \\ 0.5 \end{bmatrix}, \quad C_1 = [0 \quad 0.005 \quad 0.001]$$

$$C_2 = [0.01 \quad 0 \quad -0.006], \quad D = 0.1$$

式 (3.2) 和式 (3.3) 中矩阵 $G = \mathrm{diag}\{0.01, 0.01, 0.01\}$。

假定转移概率矩阵为

$$\Lambda = \begin{bmatrix} \lambda_{00} & \lambda_{01} & \lambda_{02} \\ \lambda_{10} & \lambda_{11} & \lambda_{12} \\ \lambda_{20} & \lambda_{21} & \lambda_{22} \end{bmatrix} = \begin{bmatrix} 0.3 & 0.5 & 0.2 \\ 0.2 & 0.6 & 0.2 \\ 0.1 & 0.8 & 0.1 \end{bmatrix}$$

图 3.1 给出了网络传输模态的一条实现曲线。

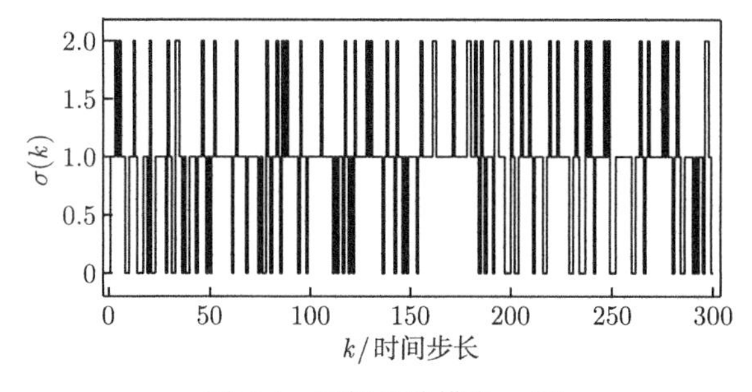

图 3.1　网络传输模态 $\sigma(k)$

假设外部扰动输入和故障信号分别为 $w(k) = 0.01\exp(-0.06k)\sin k$ 和

$$f(k) = \begin{cases} 1, & k = 100,\ 101, \cdots, 200 \\ 0, & 其他 \end{cases}$$

系统 (3.1) 的初始状态设置为 $x(0) = [0.2 \quad -0.2 \quad 0]^{\mathrm{T}}$。具有外部扰动输入和故障的系统状态曲线如图 3.2 所示。

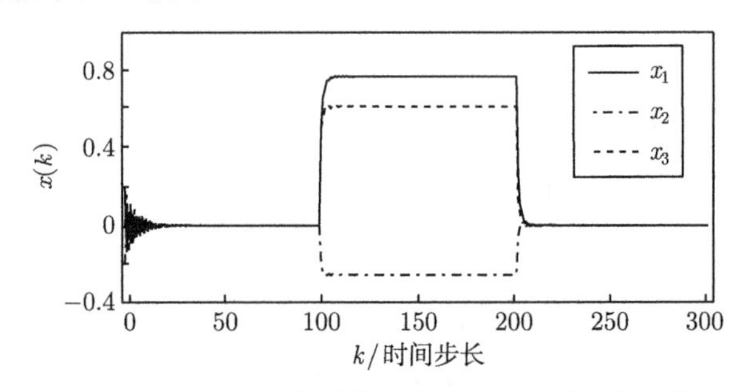

图 3.2 具有外部扰动输入和故障的系统状态曲线

假定时滞 $d_1(k)$ 和 $d_2(k)$ 分别在区间 0～5 和 6～12 中等概率随机取值，则 $h_1 = 0$、$h_2 = 5$、$h_3 = 6$、$h_4 = 12$。通过求解 LMI (3.32) 并运用式 (3.33)，可得最小 H_∞ 性能指标 $\gamma_{\min} = 1.0001$ 和相应的 FDF 参数如下：

$$\hat{A}(0) = \begin{bmatrix} 0.4255 & 1.1693 & 0.2241 \\ 0.0036 & -0.4034 & -0.2212 \\ 0.2446 & -0.5278 & -0.3904 \end{bmatrix}, \quad \hat{A}(1) = \begin{bmatrix} 0.3451 & 1.1000 & 0.1323 \\ 0.0338 & -0.3775 & -0.2035 \\ 0.2339 & -0.5376 & -0.4537 \end{bmatrix}$$

$$\hat{A}(2) = \begin{bmatrix} 0.4262 & 1.1779 & 0.2208 \\ 0.0035 & -0.4051 & -0.2199 \\ 0.2476 & -0.5254 & -0.3854 \end{bmatrix}$$

$$\hat{B}(0) = \begin{bmatrix} 0.8945 \\ -2.0630 \\ 0.6601 \end{bmatrix}, \quad \hat{B}(1) = \begin{bmatrix} -0.0393 \\ 0.0256 \\ -0.1919 \end{bmatrix}, \quad \hat{B}(2) = \begin{bmatrix} -0.1462 \\ 0.0632 \\ -0.1522 \end{bmatrix}$$

$$\hat{C}(0) = 10^{-4} \times [0.4086 \quad -0.1142 \quad -0.3798]$$

$$\hat{C}(1) = 10^{-4} \times [0.3921 \quad -0.1483 \quad -0.4466]$$

$$\hat{C}(2) = 10^{-4} \times [0.4432 \quad -0.0782 \quad -0.3969]$$

$$\hat{D}(0) = -1.3062 \times 10^{-5}, \quad \hat{D}(1) = 3.1760 \times 10^{-5}, \quad \hat{D}(2) = 1.2450 \times 10^{-5}$$

现采用所获得的 FDF 参数进行时域仿真。采用与第 2 章相同的残差评估函数和阈值。滤波误差系统 (3.10) 的初始条件设置如下：$\hat{x}(0) = [0 \quad 0 \quad 0]^{\mathrm{T}}$, $\varphi(k) =$

$[0\ \ 0\ \ 0]^{\mathrm{T}}$ $(k\in\{-h_4,-h_4+1,\cdots,-1\})$。图 3.3 和图 3.4 分别给出了残差信号 $r(k)$ 和残差评估函数 $J(k)$ 的曲线。由图 3.2~图 3.4 可知，采用获得的 FDF 易于检测故障。在 400 次蒙特卡罗仿真并取平均值之后，可得到阈值 $J_{\mathrm{th}}=\sup\limits_{f=0}\mathrm{E}\left\{\sum\limits_{s=0}^{300}r^{\mathrm{T}}(s)r(s)\right\}^{1/2}=1.6548\times10^{-7}$，同时可得 $1.6350\times10^{-7}=J(106)<J_{\mathrm{th}}<J(107)=1.6875\times10^{-7}$。因此，故障在其发生后的第 7 步被检测到。

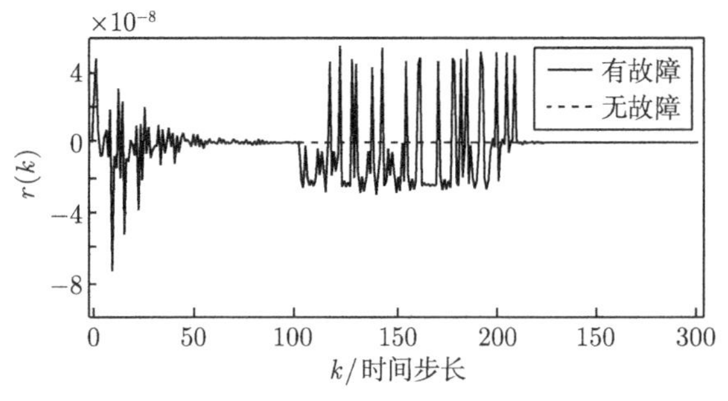

图 3.3　残差信号 $r(k)$

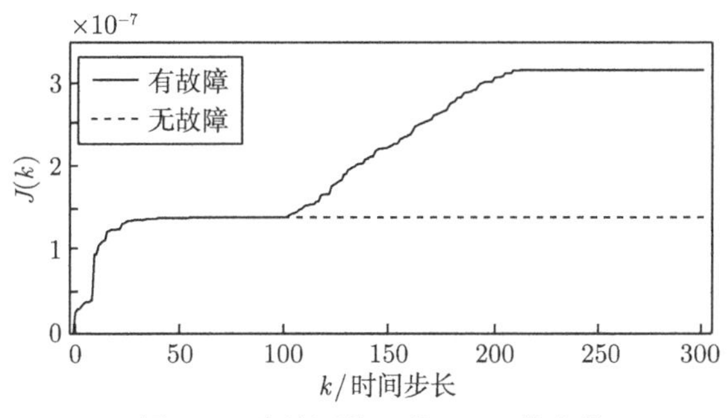

图 3.4　残差评估函数 $J(k)$ 的曲线

3.3　基于隐马尔可夫模型的网络化奇异摄动系统故障检测

3.3.1　问题描述

考虑如下离散时间奇异摄动系统：

$$x(k+1)=A_\epsilon x(k)+B_{\epsilon,w}w(k)+B_{\epsilon,f}f(k) \tag{3.36}$$

式中

$$x(k)=\begin{bmatrix}x_s(k)\\x_f(k)\end{bmatrix},\quad A_\epsilon=\begin{bmatrix}I+\epsilon A_{11}&\epsilon A_{12}\\A_{21}&A_{22}\end{bmatrix}$$

$$B_{\epsilon,w}=\begin{bmatrix}\epsilon B_{w1}\\B_{w2}\end{bmatrix},\quad B_{\epsilon,f}=\begin{bmatrix}\epsilon B_{f1}\\B_{f2}\end{bmatrix}$$

$x(k) \in \mathbb{R}^{n_x}$ 是状态向量，它包含了慢状态向量 $x_s(k) \in \mathbb{R}^{n_{xs}}$ 和快状态向量 $x_f(k) \in \mathbb{R}^{n_{xf}}$ $(n_{xs} + n_{xf} = n_x)$；$w(k) \in \mathbb{R}^{n_w}$ 是外部扰动且属于 $l_2[0,\infty)$；$f(k) \in \mathbb{R}^{n_f}$ 是待检测故障；A_{11}、A_{12}、A_{21}、A_{22}、B_{w1}、B_{w2}、B_{f1} 和 B_{f2} 都是适维矩阵；$0 < \epsilon \leqslant 1$ 是奇异摄动参数。

本节采用与 3.2 节类似的描述丢包和时滞的模型，即经通信网络传输之后接收到的可能发生丢包或时滞的测量输出描述为

$$\tilde{y}(k) = \sum_{i=1}^{n} I_{\{\sigma(k)=i\}} C_i x(k - d_i(k)) + Dw(k) \tag{3.37}$$

式中，$d_i(k)$ $(i = 1, 2, \cdots, n)$ 是 k 时刻可能发生的时滞，且满足 $d_i(k) \in \mathbb{Z}^+$ 以及

$$d_{m1} \leqslant d_1(k) \leqslant d_{M1},\ d_{m2} \leqslant d_2(k) \leqslant d_{M2}, \cdots, d_{mn} \leqslant d_n(k) \leqslant d_{Mn} \tag{3.38}$$

d_{mi} 和 d_{Mi} $(i = 1, 2, \cdots, n)$ 是已知的非负整数；C_i $(i = 1, 2, \cdots, n)$ 和 D 是已知的适维矩阵；$\sigma(k)$ 是取值于集合 $\mathcal{N} = \{0, 1, \cdots, n\}$ 的服从离散时间马尔可夫链的切换信号，对应的转移概率如下：

$$\text{Prob}\{\sigma(k+1) = j | \sigma(k) = i\} = \lambda_{ij}, \quad i, j \in \mathcal{N} \tag{3.39}$$

$I_{\{\sigma(k)=i\}}$ 是示性函数，具体定义见 3.2 节。

假定在式 (3.39) 中的转移概率是部分未知的，例如，具有 3 个模态的 $\sigma(k)$，对应的转移概率矩阵可能是

$$\begin{bmatrix} \lambda_{00} & ? & ? \\ ? & ? & \lambda_{12} \\ \lambda_{20} & ? & ? \end{bmatrix} \tag{3.40}$$

式中，“?” 表示转移概率矩阵中的未知元素。

为简单起见，对 $\forall i \in \mathcal{N}$，令 $\mathcal{N} = \mathcal{N}_{\mathrm{k}}^i \bigcup \mathcal{N}_{\mathrm{uk}}^i$，其中

$$\mathcal{N}_{\mathrm{k}}^i = \{j : \lambda_{ij}\text{已知}\}, \quad \mathcal{N}_{\mathrm{uk}}^i = \{j : \lambda_{ij}\text{未知}\}$$

以及 $\lambda_{\mathrm{k}}^i \overset{\text{def}}{=\!=} \sum_{j \in \mathcal{N}_{\mathrm{k}}^i} \lambda_{ij}$。

注释 3.2　如注释 3.1 所述，式 (3.37) 同时描述了如下 $n+1$ 种情况：丢包 ($\sigma(k) = 0$)，时滞 $d_1(k)$ ($\sigma(k) = 1$)，$\cdots$，时滞 $d_n(k)$ ($\sigma(k) = n$)。这里，$\sigma(k)$ ($k = 0, 1, \cdots$) 可视为一种传输模态，它反映了数据包传输的不同情况。在 3.2 节中，转移概率假定全部已知。事实上，在很多实际情况下，因为存在测量成本和仪器的测量范围等限制因素，转移概率往往是部分未知的，这就导致 3.2 节的结论在实际应用中具有较大的局限性。因此，研究模型 (3.37) 并考虑转移概率部分未知，具有重要的理论和实践意义。

不失一般性，假定 $n=2$。这种情况下，$\mathcal{N}=\{0,1,2\}$，类似于 3.2 节，FDF 接收到的系统测量输出为

$$\tilde{y}(k)=I_{\{\sigma(k)=1\}}C_1x(k-d_1(k))+I_{\{\sigma(k)=2\}}C_2x(k-d_2(k))+Dw(k) \tag{3.41}$$

式中

$$\begin{gathered}d_{m1}\leqslant d_1(k)\leqslant d_{M1},\quad d_{m2}\leqslant d_2(k)\leqslant d_{M2}\\ d_{M1}<d_{m2},\quad d_{mi}\in\mathbb{Z}^+,\quad d_{Mi}\in\mathbb{Z}^+,\quad i=1,2\end{gathered}$$

为了实现故障检测，构造如下基于隐马尔可夫模型的 FDF：

$$\begin{cases}\hat{x}(k+1)=A_{f,s(k)}\hat{x}(k)+B_{f,s(k)}\tilde{y}(k)\\ r(k)=C_{f,s(k)}\hat{x}(k)+D_{f,s(k)}\tilde{y}(k)\end{cases} \tag{3.42}$$

式中，$\hat{x}(k)\in\mathbb{R}^{n_x}$ 是状态向量；$r(k)\in\mathbb{R}^{n_f}$ 是残差信号；$A_{f,s(k)}$、$B_{f,s(k)}$、$C_{f,s(k)}$ 和 $D_{f,s(k)}$ 是待设计的模态相关的 FDF 参数。这里，$s(k)$ 是与 $\sigma(k)$ 相关的另一切换信号，它依据如下条件概率取值于集合 $\mathcal{M}=\{0,1,\cdots,m\}$：

$$\operatorname{Prob}\{s(k)=\ell|\sigma(k)=i\}=\pi_{i\ell},\quad i\in\mathcal{N},\ \ell\in\mathcal{M} \tag{3.43}$$

这里，m 是整数且满足 $0\leqslant m\leqslant 2$。

注释 3.3　与文献 [17]、文献 [21]、文献 [22] 不同，本节首先假设式 (3.41) 中的传输模态 $\sigma(k)$ 根据式 (3.39) 和式 (3.43) 描述的隐马尔可夫过程，对 FDF 而言部分可知。然后，首次采用形如式 (3.42) 的基于隐马尔可夫模型的 FDF 产生残差，以达到网络化离散时间奇异摄动系统的故障检测目的。在这一基于隐马尔可夫模型的 FDF 中，增益矩阵与新模态 $s(k)$ 相关。新模态 $s(k)$ 可看作 $\sigma(k)$ 的观测模态。由式 (3.39) 和式 (3.43) 可知，传输模态 $\sigma(k)$ 和观测模态 $s(k)$ 之间存在着显著的差异。导致差异的可能因素包括观测误差和反应速度等。对于马尔可夫跳变系统，相关学者已发表了一些基于隐马尔可夫模型的滤波[35,36] 和控制[37] 问题的研究成果。然而，基于隐马尔可夫模型的网络化离散时间系统的故障检测问题研究才刚刚起步，相关成果非常少。

定义

$$\begin{gathered}e(k)=x(k)-\hat{x}(k),\quad \tilde{r}(k)=r(k)-f(k),\\ v(k)=[w^{\mathrm{T}}(k),\ f^{\mathrm{T}}(k)]^{\mathrm{T}},\quad \tilde{x}(k)=[x^{\mathrm{T}}(k),\ e^{\mathrm{T}}(k)]^{\mathrm{T}}\end{gathered}$$

于是，由式 (3.36)、式 (3.41) 和式 (3.42)，可得如下滤波误差系统：

$$\begin{cases}\tilde{x}(k+1)=\tilde{A}_{\epsilon,s(k)}\tilde{x}(k)+\tilde{B}^{(1)}_{s(k),\sigma(k)}\tilde{x}(k-d_1(k))+\tilde{B}^{(2)}_{s(k),\sigma(k)}\tilde{x}(k-d_2(k))+\tilde{E}_{\epsilon,s(k)}v(k)\\ \tilde{r}(k)=\tilde{C}_{s(k)}\tilde{x}(k)+\tilde{D}^{(1)}_{s(k),\sigma(k)}H\tilde{x}(k-d_1(k))+\tilde{D}^{(2)}_{s(k),\sigma(k)}H\tilde{x}(k-d_2(k))+\tilde{F}_{s(k)}v(k)\end{cases} \tag{3.44}$$

式中

$$\tilde{A}_{\epsilon,s(k)}=\begin{bmatrix}A_\epsilon & 0\\ A_\epsilon-A_{f,s(k)} & A_{f,s(k)}\end{bmatrix},\quad \tilde{B}^{(1)}_{s(k),\sigma(k)}=\begin{bmatrix}0 & 0\\ -B_{f,s(k)}I_{\{\sigma(k)=1\}}C_1 & 0\end{bmatrix}$$

$$\tilde{B}^{(2)}_{s(k),\sigma(k)}=\begin{bmatrix}0 & 0\\ -B_{f,s(k)}I_{\{\sigma(k)=2\}}C_2 & 0\end{bmatrix},\quad \tilde{C}_{s(k)}=[C_{f,s(k)}\quad -C_{f,s(k)}]$$

$$\tilde{D}^{(1)}_{s(k),\sigma(k)}=D_{f,s(k)}I_{\{\sigma(k)=1\}}C_1,\quad \tilde{D}^{(2)}_{s(k),\sigma(k)}=D_{f,s(k)}I_{\{\sigma(k)=2\}}C_2$$

$$\tilde{E}_{\epsilon,s(k)}=\begin{bmatrix}B_{\epsilon,w} & B_{\epsilon,f}\\ B_{\epsilon,w}-B_{f,s(k)}D & B_{\epsilon,f}\end{bmatrix},\quad \tilde{F}_{s(k)}=[D_{f,s(k)}D\quad -I],\quad H=[I\quad 0]$$

本节旨在设计形如式 (3.42) 的基于隐马尔可夫模型的 FDF，使如下两个条件同时成立。

(1) 当 $w(k)=0$ 和 $f(k)=0$ 时，滤波误差系统 (3.44) 是随机稳定的；

(2) 在零初始条件下，对于指定的 H_∞ 性能指标 γ，如下约束条件成立：

$$\mathrm{E}\left\{\sum_{k=0}^{\infty}\tilde{r}^{\mathrm{T}}(k)\tilde{r}(k)\right\}\leqslant\gamma^2\mathrm{E}\left\{\sum_{k=0}^{\infty}v^{\mathrm{T}}(k)v(k)\right\}\tag{3.45}$$

3.3.2 相关引理

在主要结论推导过程中，将用到如下引理。

引理 3.3(Wirtinger 型离散不等式[38]) 定义

$$\chi_x(k,s,l)=\begin{cases}\dfrac{1}{l-s}\left[\left(2\displaystyle\sum_{j=k-l}^{k-s-1}x(j)\right)+x(k-s)-x(k-l)\right], & s<l\\ 2x(k-s), & s=l\end{cases}\tag{3.46}$$

式中，$x(k)\in\mathbb{R}^n$；s、l、k 是给定的非负整数且满足 $s\leqslant l\leqslant k$。

于是，有

$$-(l-s)\sum_{j=k-l}^{k-s-1}y^{\mathrm{T}}(j)Qy(j)\leqslant-\begin{bmatrix}\Omega_0\\ \Omega_1\end{bmatrix}^{\mathrm{T}}\begin{bmatrix}Q & 0\\ 0 & 3Q\end{bmatrix}\begin{bmatrix}\Omega_0\\ \Omega_1\end{bmatrix}\tag{3.47}$$

式中，$Q\in\mathbb{R}^{n\times n}$ 是正定矩阵；

$$\Omega_0=x(k-s)-x(k-l),\quad \Omega_1=x(k-s)+x(k-l)-\chi_x(k,s,l),\quad y(j)=x(j+1)-x(j)$$

引理 3.4(逆凸方法[39]) 给定正整数 n 和 m、标量 $\alpha\in(0,1)$、$n\times n$ 矩阵 $X>0$、两个 $n\times m$ 矩阵 W_1 和 W_2，对于所有向量 $\xi\in\mathbb{R}^m$，定义如下函数：

$$\Theta(\alpha,X)=\frac{1}{\alpha}\xi^{\mathrm{T}}W_1^{\mathrm{T}}XW_1\xi+\frac{1}{1-\alpha}\xi^{\mathrm{T}}W_2^{\mathrm{T}}XW_2\xi\tag{3.48}$$

如果存在矩阵 $R \in \mathbb{R}^{n\times n}$ 使得 $\begin{bmatrix} X & R \\ * & X \end{bmatrix} > 0$，则如下不等式成立：

$$\min_{\alpha\in(0,1)} \Theta(\alpha, X) \geqslant \begin{bmatrix} W_1\xi \\ W_2\xi \end{bmatrix}^{\mathrm{T}} \begin{bmatrix} X & R \\ * & X \end{bmatrix} \begin{bmatrix} W_1\xi \\ W_2\xi \end{bmatrix} \tag{3.49}$$

引理 3.5　给定标量 $0 \leqslant \epsilon_0 < \epsilon_1$，如果以下不等式成立：

$$M_1 + \epsilon_0 M_2 < 0, \quad M_1 + \epsilon_1 M_2 < 0$$

式中，M_1 和 M_2 是常数矩阵，则有

$$M_1 + \epsilon M_2 < 0, \quad \forall \epsilon \in [\epsilon_0, \epsilon_1] \tag{3.50}$$

证明　对于任意的非零向量 $x(k)$，由 $M_1 + \epsilon_0 M_2 < 0$ 和 $M_1 + \epsilon_1 M_2 < 0$ 可得

$$x^{\mathrm{T}}(k)(M_1 + \epsilon_0 M_2)x(k) < 0, \quad x^{\mathrm{T}}(k)(M_1 + \epsilon_1 M_2)x(k) < 0$$

若 $x^{\mathrm{T}}(k)M_2x(k) \geqslant 0$，则对 $\forall \epsilon \in [\epsilon_0, \epsilon_1]$，如下不等式成立：

$$x^{\mathrm{T}}(k)(M_1 + \epsilon M_2)x(k) - x^{\mathrm{T}}(k)(M_1 + \epsilon_1 M_2)x(k) \leqslant 0$$

进一步可得

$$x^{\mathrm{T}}(k)(M_1 + \epsilon M_2)x(k) \leqslant x^{\mathrm{T}}(k)(M_1 + \epsilon_1 M_2)x(k) < 0, \quad \forall \epsilon \in [\epsilon_0, \epsilon_1]$$

若 $x^{\mathrm{T}}(k)M_2x(k) < 0$，则对 $\forall \epsilon \in [\epsilon_0, \epsilon_1]$，如下不等式成立：

$$x^{\mathrm{T}}(k)(M_1 + \epsilon M_2)x(k) - x^{\mathrm{T}}(k)(M_1 + \epsilon_0 M_2)x(k) \leqslant 0$$

进一步可得

$$x^{\mathrm{T}}(k)(M_1 + \epsilon M_2)x(k) \leqslant x^{\mathrm{T}}(k)(M_1 + \epsilon_0 M_2)x(k) < 0, \quad \forall \epsilon \in [\epsilon_0, \epsilon_1]$$

综上，可得

$$x^{\mathrm{T}}(k)(M_1 + \epsilon M_2)x(k) < 0, \quad \forall \epsilon \in [\epsilon_0, \epsilon_1]$$

因此

$$M_1 + \epsilon M_2 < 0, \quad \forall \epsilon \in [\epsilon_0, \epsilon_1]$$

证毕。

3.3.3 H_∞ 性能分析与隐马尔可夫型故障检测滤波器设计

本节将建立使滤波误差系统 (3.44) 随机稳定且满足指定的 H_∞ 性能指标 γ 的充分条件。

定理 3.3 对于给定的 $\epsilon>0$，如果存在正定矩阵 $P_{\epsilon,i}$、Y_l, Z_l $(l\in\{1,2,3\})$、$X_\imath$, $T_\imath$ $(\imath\in\{1,2\})$ 以及矩阵 $R^{(1)}$ 和 $R^{(2)}$，使得对于 $\forall i\in\{0,1,2\}$，如下不等式成立：

$$\Theta_1=\begin{bmatrix}\tilde{X}_1 & R^{(1)}\\ * & \tilde{X}_1\end{bmatrix}>0,\quad \Theta_2=\begin{bmatrix}\tilde{T}_1 & R^{(2)}\\ * & \tilde{T}_1\end{bmatrix}>0 \tag{3.51}$$

$$\bar{\Xi}_{\epsilon,i}+\sum_{\ell=0}^{m}\pi_{i\ell}\Upsilon_{\epsilon,\ell,i}^{\mathrm{T}}\mathcal{P}_{\epsilon,i,j}\Upsilon_{\epsilon,\ell,i}+\sum_{\hbar=1}^{2}\sum_{\ell=0}^{m}\pi_{i\ell}\Phi_{\epsilon,\ell,i}^{(\hbar)}+\sum_{\ell=0}^{m}\pi_{i\ell}\Phi_{\ell,i}^{(3)}<0,\quad \forall j\in\mathcal{N}_{\mathrm{uk}}^{i} \tag{3.52}$$

则滤波误差系统 (3.44) 随机稳定且满足指定的 H_∞ 性能指标 γ。这里，

$$\bar{\Xi}_{\epsilon,i}=\mathrm{diag}\left\{\Psi_{\epsilon,i}+\sum_{\kappa=1}^{4}\Xi_\kappa,-\gamma^2I\right\}$$

$$\Psi_{\epsilon,i}=-e_1P_{\epsilon,i}e_1^{\mathrm{T}}$$

$$\Xi_1=e_1[Y_1+Y_2+(d_{M1}-d_{m1}+1)Y_3]e_1^{\mathrm{T}}-e_4Y_1e_4^{\mathrm{T}}-e_5Y_2e_5^{\mathrm{T}}-e_2Y_3e_2^{\mathrm{T}}$$

$$\Xi_2=e_1[Z_1+Z_2+(d_{M2}-d_{m2}+1)Z_3]e_1^{\mathrm{T}}-e_6Z_1e_6^{\mathrm{T}}-e_7Z_2e_7^{\mathrm{T}}-e_3Z_3e_3^{\mathrm{T}}$$

$$\Xi_3=-\rho_7\Theta_1\rho_7^{\mathrm{T}}-\rho_3\tilde{X}_2\rho_3^{\mathrm{T}}$$

$$\Xi_4=-\rho_8\Theta_2\rho_8^{\mathrm{T}}-\rho_6\tilde{T}_2\rho_6^{\mathrm{T}}$$

$$\Phi_{\epsilon,\ell,i}^{(1)}=\Gamma_{\epsilon,\ell,i}^{\mathrm{T}}\bar{X}\Gamma_{\epsilon,\ell,i},\quad \Phi_{\epsilon,\ell,i}^{(2)}=\Gamma_{\epsilon,\ell,i}^{\mathrm{T}}\bar{T}\Gamma_{\epsilon,\ell,i},\quad \Phi_{\ell,i}^{(3)}=\digamma_{\ell,i}^{\mathrm{T}}\digamma_{\ell,i}$$

$$\Upsilon_{\epsilon,\ell,i}=[\tilde{A}_{\epsilon,\ell}e_1^{\mathrm{T}}+\tilde{B}_{\ell,i}^{(1)}e_2^{\mathrm{T}}+\tilde{B}_{\ell,i}^{(2)}e_3^{\mathrm{T}}\ \ \tilde{E}_{\epsilon,\ell}],\quad \mathcal{P}_{\epsilon,i,j}=\sum_{j_0\in\mathcal{N}_{\mathrm{k}}^{i}}\lambda_{ij_0}P_{\epsilon,j_0}+(1-\lambda_{\mathrm{k}}^{i})P_{\epsilon,j}$$

$$\Gamma_{\epsilon,\ell,i}=[(\tilde{A}_{\epsilon,\ell}-I)e_1^{\mathrm{T}}+\tilde{B}_{\ell,i}^{(1)}e_2^{\mathrm{T}}+\tilde{B}_{\ell,i}^{(2)}e_3^{\mathrm{T}}\ \ \tilde{E}_{\epsilon,\ell}]$$

$$\digamma_{\ell,i}=[\tilde{C}_\ell e_1^{\mathrm{T}}+\tilde{D}_{\ell,i}^{(1)}He_2^{\mathrm{T}}+\tilde{D}_{\ell,i}^{(2)}He_3^{\mathrm{T}}\ \ \tilde{F}_\ell]$$

$$\bar{X}=(d_{M1}-d_{m1})^2X_1+d_{m1}^2X_2,\quad \bar{T}=(d_{M2}-d_{m2})^2T_1+d_{m2}^2T_2$$

$$e_j=[0_{2n_x\times(j-1)2n_x}\ \ I_{2n_x}\ \ 0_{2n_x\times(13-j)2n_x}]^{\mathrm{T}},\quad j\in\{1,2,\cdots,13\}$$

$$\rho_1=[e_2-e_5\ \ e_2+e_5-e_8],\quad \rho_2=[e_4-e_2\ \ e_4+e_2-e_9]$$

$$\rho_3=[e_1-e_4\ \ e_1+e_4-e_{10}],\quad \rho_4=[e_3-e_7\ \ e_3+e_7-e_{11}]$$

$$\rho_5=[e_6-e_3\ \ e_6+e_3-e_{12}],\quad \rho_6=[e_1-e_6\ \ e_1+e_6-e_{13}]$$

$$\rho_7=[\rho_1\ \ \rho_2],\quad \rho_8=[\rho_4\ \ \rho_5]$$

$$\tilde{X}_1=\mathrm{diag}\{X_1,3X_1\},\quad \tilde{X}_2=\mathrm{diag}\{X_2,3X_2\}$$

$\tilde{T}_1 = \mathrm{diag}\{T_1, 3T_1\}, \quad \tilde{T}_2 = \mathrm{diag}\{T_2, 3T_2\}$

证明　构造如下 Lyapunov-Krasovskii 泛函：

$$V(k) = \sum_{i=1}^{5} V_i(k) \tag{3.53}$$

式中

$$V_1(k) = \tilde{x}^{\mathrm{T}}(k) P_{\epsilon,\sigma(k)} \tilde{x}(k)$$

$$\begin{aligned} V_2(k) = & \sum_{l=k-d_{m1}}^{k-1} \tilde{x}^{\mathrm{T}}(l) Y_1 \tilde{x}(l) + \sum_{l=k-d_{M1}}^{k-1} \tilde{x}^{\mathrm{T}}(l) Y_2 \tilde{x}(l) \\ & + \sum_{l=k-d_1(k)}^{k-1} \tilde{x}^{\mathrm{T}}(l) Y_3 \tilde{x}(l) + \sum_{j=-d_{M1}+1}^{-d_{m1}} \sum_{l=k+j}^{k-1} \tilde{x}^{\mathrm{T}}(l) Y_3 \tilde{x}(l) \end{aligned}$$

$$\begin{aligned} V_3(k) = & \sum_{l=k-d_{m2}}^{k-1} \tilde{x}^{\mathrm{T}}(l) Z_1 \tilde{x}(l) + \sum_{l=k-d_{M2}}^{k-1} \tilde{x}^{\mathrm{T}}(l) Z_2 \tilde{x}(l) \\ & + \sum_{l=k-d_2(k)}^{k-1} \tilde{x}^{\mathrm{T}}(l) Z_3 \tilde{x}(l) + \sum_{j=-d_{M2}+1}^{-d_{m2}} \sum_{l=k+j}^{k-1} \tilde{x}^{\mathrm{T}}(l) Z_3 \tilde{x}(l) \end{aligned}$$

$$V_4(k) = (d_{M1} - d_{m1}) \sum_{j=-d_{M1}}^{-d_{m1}-1} \sum_{l=k+j}^{k-1} \varphi^{\mathrm{T}}(l) X_1 \varphi(l) + d_{m1} \sum_{j=-d_{m1}}^{-1} \sum_{l=k+j}^{k-1} \varphi^{\mathrm{T}}(l) X_2 \varphi(l)$$

$$V_5(k) = (d_{M2} - d_{m2}) \sum_{j=-d_{M2}}^{-d_{m2}-1} \sum_{l=k+j}^{k-1} \varphi^{\mathrm{T}}(l) T_1 \varphi(l) + d_{m2} \sum_{j=-d_{m2}}^{-1} \sum_{l=k+j}^{k-1} \varphi^{\mathrm{T}}(l) T_2 \varphi(l)$$

这里，$\varphi(l) = \tilde{x}(l+1) - \tilde{x}(l)$。

为简单起见，定义

$$\begin{aligned} \xi(k) = & [\tilde{x}^{\mathrm{T}}(k), \tilde{x}^{\mathrm{T}}(k-d_1(k)), \tilde{x}^{\mathrm{T}}(k-d_2(k)), \tilde{x}^{\mathrm{T}}(k-d_{m1}), \tilde{x}^{\mathrm{T}}(k-d_{M1}), \\ & \tilde{x}^{\mathrm{T}}(k-d_{m2}), \tilde{x}^{\mathrm{T}}(k-d_{M2}), \chi_1^{\mathrm{T}}(k), \chi_2^{\mathrm{T}}(k), \cdots, \chi_6^{\mathrm{T}}(k)]^{\mathrm{T}} \end{aligned}$$

$$\chi_1(k) = \chi_{\tilde{x}}(k, d_1(k), d_{M1}), \quad \chi_2(k) = \chi_{\tilde{x}}(k, d_{m1}, d_1(k)), \quad \chi_3(k) = \chi_{\tilde{x}}(k, 0, d_{m1})$$

$$\chi_4(k) = \chi_{\tilde{x}}(k, d_2(k), d_{M2}), \quad \chi_5(k) = \chi_{\tilde{x}}(k, d_{m2}, d_2(k)), \quad \chi_6(k) = \chi_{\tilde{x}}(k, 0, d_{m2})$$

$$\zeta(k) = [\xi^{\mathrm{T}}(k), v^{\mathrm{T}}(k)]^{\mathrm{T}}$$

式中，$\chi_{\tilde{x}}(k, a, b)$ 的定义见引理 3.3。

令 $\sigma(k) = i$，并定义 $\mathrm{E}\{\Delta V(k)\} = \mathrm{E}\{V(k+1)\} - V(k)$。分别计算每个 $\Delta V_\imath(k)$ $(\imath \in \{1, 2, \cdots, 5\})$ 如下。

直接计算可得

$$\mathrm{E}\{\Delta V_1(k)\} = \mathrm{E}\left\{\sum_{\ell=0}^{m} \pi_{i\ell}\zeta^{\mathrm{T}}(k)\Upsilon_{\epsilon,\ell,i}^{\mathrm{T}}\left(\sum_{j\in\mathcal{N}_{\mathrm{k}}^{i}} \lambda_{ij}P_{\epsilon,j} + \sum_{j\in\mathcal{N}_{\mathrm{uk}}^{i}} \lambda_{ij}P_{\epsilon,j}\right)\Upsilon_{\epsilon,\ell,i}\zeta(k)\right\} + \xi^{\mathrm{T}}(k)\Psi_{\epsilon,i}\xi(k) \tag{3.54}$$

注意到

$$\sum_{l=k+1-d_1(k+1)}^{k-1} \tilde{x}^{\mathrm{T}}(l)Y_3\tilde{x}(l) - \sum_{l=k+1-d_1(k)}^{k-1} \tilde{x}^{\mathrm{T}}(l)Y_3\tilde{x}(l) - \sum_{l=k+1-d_{M1}}^{k-d_{m1}} \tilde{x}^{\mathrm{T}}(l)Y_3\tilde{x}(l) \leqslant 0 \tag{3.55}$$

于是，可得

$$\begin{aligned}\mathrm{E}\{\Delta V_2(k)\} &\leqslant \mathrm{E}\Big\{\tilde{x}^{\mathrm{T}}(k)[Y_1+Y_2+(d_{M1}-d_{m1}+1)Y_3]\tilde{x}(k)-\tilde{x}^{\mathrm{T}}(k-d_{m1})Y_1\tilde{x}(k-d_{m1}) \\ &\quad - \tilde{x}^{\mathrm{T}}(k-d_{M1})Y_2\tilde{x}(k-d_{M1}) - \tilde{x}^{\mathrm{T}}(k-d_1(k))Y_3\tilde{x}(k-d_1(k))\Big\} \\ &= \mathrm{E}\Big\{\xi^{\mathrm{T}}(k)\Xi_1\xi(k)\Big\}\end{aligned} \tag{3.56}$$

类似于式 (3.56)，有

$$\mathrm{E}\{\Delta V_3(k)\} \leqslant \mathrm{E}\Big\{\xi^{\mathrm{T}}(k)\Xi_2\xi(k)\Big\} \tag{3.57}$$

简单计算可得

$$\begin{aligned}\mathrm{E}\{\Delta V_4(k)\} = \mathrm{E}\Bigg\{&\varphi^{\mathrm{T}}(k)[(d_{M1}-d_{m1})^2X_1 + d_{m1}^2X_2]\varphi(k) \\ &- (d_{M1}-d_{m1})\sum_{l=k-d_{M1}}^{k-d_{m1}-1}\varphi^{\mathrm{T}}(l)X_1\varphi(l) - d_{m1}\sum_{l=k-d_{m1}}^{k-1}\varphi^{\mathrm{T}}(l)X_2\varphi(l)\Bigg\}\end{aligned} \tag{3.58}$$

对于式 (3.58) 右边大括号中的第二项，应用引理 3.3 和引理 3.4，可得

$$\begin{aligned}&-(d_{M1}-d_{m1})\sum_{l=k-d_{M1}}^{k-d_{m1}-1}\varphi^{\mathrm{T}}(l)X_1\varphi(l) \\ &= -(d_{M1}-d_1(k))\sum_{l=k-d_{M1}}^{k-d_1(k)-1}\varphi^{\mathrm{T}}(l)X_1\varphi(l) - (d_1(k)-d_{m1})\sum_{l=k-d_{M1}}^{k-d_1(k)-1}\varphi^{\mathrm{T}}(l)X_1\varphi(l) \\ &\quad - (d_1(k)-d_{m1})\sum_{l=k-d_1(k)}^{k-d_{m1}-1}\varphi^{\mathrm{T}}(l)X_1\varphi(l) - (d_{M1}-d_1(k))\sum_{l=k-d_1(k)}^{k-d_{m1}-1}\varphi^{\mathrm{T}}(l)X_1\varphi(l)\end{aligned}$$

$$\begin{aligned}
&\leqslant -\xi^{\mathrm{T}}(k)\rho_1\tilde{X}_1\rho_1^{\mathrm{T}}\xi(k) - \frac{d_1(k)-d_{m1}}{d_{M1}-d_1(k)}\xi^{\mathrm{T}}(k)\rho_1\tilde{X}_1\rho_1^{\mathrm{T}}\xi(k) - \xi^{\mathrm{T}}(k)\rho_2\tilde{X}_1\rho_2^{\mathrm{T}}\xi(k)\\
&\quad - \frac{d_{M1}-d_1(k)}{d_1(k)-d_{m1}}\xi^{\mathrm{T}}(k)\rho_2\tilde{X}_1\rho_2^{\mathrm{T}}\xi(k)\\
&= -(d_{M1}-d_{m1})\left(\frac{\xi^{\mathrm{T}}(k)\rho_1\tilde{X}_1\rho_1^{\mathrm{T}}\xi(k)}{d_{M1}-d_1(k)} + \frac{\xi^{\mathrm{T}}(k)\rho_2\tilde{X}_1\rho_2^{\mathrm{T}}\xi(k)}{d_1(k)-d_{m1}}\right)\\
&\leqslant -\xi^{\mathrm{T}}(k)\rho_7\Theta_1\rho_7^{\mathrm{T}}\xi(k)
\end{aligned} \tag{3.59}$$

采用引理 3.3 处理式 (3.58) 右边大括号中的最后一项，可得

$$-d_{m1}\sum_{l=k-d_{m1}}^{k-1}\varphi^{\mathrm{T}}(l)X_2\varphi(l) \leqslant -\xi^{\mathrm{T}}(k)\rho_3\tilde{X}_2\rho_3^{\mathrm{T}}\xi(k) \tag{3.60}$$

由式 (3.58)~式 (3.60) 可得

$$\mathrm{E}\{\Delta V_4(k)\} \leqslant \mathrm{E}\left\{\sum_{\ell=0}^{m}\pi_{i\ell}\zeta^{\mathrm{T}}(k)\Phi_{\epsilon,\ell,i}^{(1)}\zeta(k)\right\} + \xi^{\mathrm{T}}(k)\Xi_3\xi(k) \tag{3.61}$$

运用与推导式 (3.61) 类似的方法，有

$$\mathrm{E}\{\Delta V_5(k)\} \leqslant \mathrm{E}\left\{\sum_{\ell=0}^{m}\pi_{i\ell}\zeta^{\mathrm{T}}(k)\Phi_{\epsilon,\ell,i}^{(2)}\zeta(k)\right\} + \xi^{\mathrm{T}}(k)\Xi_4\xi(k) \tag{3.62}$$

此外，由式 (3.44) 有

$$\mathrm{E}\{\tilde{r}^{\mathrm{T}}(k)\tilde{r}(k)\} = \mathrm{E}\left\{\sum_{\ell=0}^{m}\pi_{i\ell}\zeta^{\mathrm{T}}(k)\Phi_{\ell,i}^{(3)}\zeta(k)\right\} \tag{3.63}$$

于是，由式 (3.54)、式 (3.56)、式 (3.57) 和式 (3.61)~式 (3.63)，可得

$$\begin{aligned}
&\mathrm{E}\Big\{\Delta V(k) + \tilde{r}^{\mathrm{T}}(k)\tilde{r}(k) - \gamma^2 v^{\mathrm{T}}(k)v(k)\Big\}\\
&\leqslant \mathrm{E}\Bigg\{\zeta^{\mathrm{T}}(k)\Bigg[\bar{\Xi}_{\epsilon,i} + \sum_{\ell=0}^{m}\pi_{i\ell}\Upsilon_{\epsilon,\ell,i}^{\mathrm{T}}\Bigg(\sum_{j\in\mathcal{N}_{\mathrm{k}}^{i}}\lambda_{ij}P_{\epsilon,j} + \sum_{j\in\mathcal{N}_{\mathrm{uk}}^{i}}\lambda_{ij}P_{\epsilon,j}\Bigg)\Upsilon_{\epsilon,\ell,i}\\
&\quad + \sum_{\hbar=1}^{2}\sum_{\ell=0}^{m}\pi_{i\ell}\Phi_{\epsilon,\ell,i}^{(\hbar)} + \sum_{\ell=0}^{m}\pi_{i\ell}\Phi_{\ell,i}^{(3)}\Bigg]\zeta(k)\Bigg\}
\end{aligned} \tag{3.64}$$

根据文献 [40] 可知

$$\bar{\Xi}_{\epsilon,i} + \sum_{\ell=0}^{m}\pi_{i\ell}\Upsilon_{\epsilon,\ell,i}^{\mathrm{T}}\Bigg(\sum_{j\in\mathcal{N}_{\mathrm{k}}^{i}}\lambda_{ij}P_{\epsilon,j} + \sum_{j\in\mathcal{N}_{\mathrm{uk}}^{i}}\lambda_{ij}P_{\epsilon,j}\Bigg)\Upsilon_{\epsilon,\ell,i} + \sum_{\hbar=1}^{2}\sum_{\ell=0}^{m}\pi_{i\ell}\Phi_{\epsilon,\ell,i}^{(\hbar)} + \sum_{\ell=0}^{m}\pi_{i\ell}\Phi_{\ell,i}^{(3)} < 0 \tag{3.65}$$

成立当且仅当式 (3.52) 成立。于是，由式 (3.52) 和式 (3.64) 可得

$$\mathrm{E}\Big\{\Delta V(k)+\tilde{r}^{\mathrm{T}}(k)\tilde{r}(k)-\gamma^2 v^{\mathrm{T}}(k)v(k)\Big\}<0 \tag{3.66}$$

将式 (3.66) 两边关于 k 从 0 加到 ∞，可得

$$\mathrm{E}\left\{\sum_{k=0}^{\infty}\tilde{r}^{\mathrm{T}}(k)\tilde{r}(k)\right\}<\gamma^2\mathrm{E}\left\{\sum_{k=0}^{\infty}v^{\mathrm{T}}(k)v(k)\right\}-\mathrm{E}\{V(\infty)\}+\mathrm{E}\{V(0)\} \tag{3.67}$$

在零初始条件下，由式 (3.67) 可得

$$\mathrm{E}\left\{\sum_{k=0}^{\infty}\tilde{r}^{\mathrm{T}}(k)\tilde{r}(k)\right\}\leqslant\gamma^2\mathrm{E}\left\{\sum_{k=0}^{\infty}v^{\mathrm{T}}(k)v(k)\right\}$$

这表明 H_∞ 性能约束条件 (3.45) 是满足的。

当 $v(k)\equiv 0$ 时，根据式 (3.51) 和式 (3.52) 并采用类似的方法，可推得 $\mathrm{E}\{\Delta V(k)|\sigma(k)=i\}<0$。根据 Lyapunov 稳定性理论可知，滤波误差系统 (3.44) 是随机稳定的。证毕。

下述定理将提供 FDF 参数的设计方法。

定理 3.4 对于 $\forall\epsilon\in[\epsilon_0,\epsilon_1]$，如果存在正定矩阵 Y_l, Z_l $(l\in\{1,2,3\})$、$X_\imath, T_\imath$ $(\imath\in\{1,2\})$ 和矩阵 $\breve{P}_i$、$\hat{P}_i$、$R^{(1)}$、$R^{(2)}$、$V_{A,\jmath}$、$V_{B,\jmath}$、$S_\jmath=\begin{bmatrix}S_\jmath^{(1)} & S_\jmath^{(2)}\\ \alpha_\jmath S_\jmath^{(3)} & \beta_\jmath S_\jmath^{(3)}\end{bmatrix}$、$W_\jmath=\begin{bmatrix}W_\jmath^{(1)} & W_\jmath^{(2)}\\ \theta_\jmath S_\jmath^{(3)} & \mu_\jmath S_\jmath^{(3)}\end{bmatrix}$，其中，$\alpha_\jmath$、$\beta_\jmath$、$\theta_\jmath$、$\mu_\jmath$ $(\jmath\in\mathcal{M})$ 是给定的常数，使得对 $\forall i\in\{0,1,2\}$，式 (3.51) 和如下 LMI 成立：

$$\breve{P}_i+\epsilon_0\hat{P}_i>0,\quad \breve{P}_i+\epsilon_1\hat{P}_i>0 \tag{3.68}$$

$$\begin{bmatrix}\bar{\Xi}_{\epsilon_0,i} & \Omega_{\epsilon_0,i}^{(1,2)} & \Omega_{\epsilon_0,i}^{(1,3)} & \Omega_i^{(1,4)}\\ * & \Omega_{\epsilon_0,i,j}^{(2,2)} & 0 & 0\\ * & * & \Omega^{(3,3)} & 0\\ * & * & * & -I\end{bmatrix}<0,\quad \forall j\in\mathcal{N}_{\mathrm{uk}}^i \tag{3.69}$$

$$\begin{bmatrix}\bar{\Xi}_{\epsilon_1,i} & \Omega_{\epsilon_1,i}^{(1,2)} & \Omega_{\epsilon_1,i}^{(1,3)} & \Omega_i^{(1,4)}\\ * & \Omega_{\epsilon_1,i,j}^{(2,2)} & 0 & 0\\ * & * & \Omega^{(3,3)} & 0\\ * & * & * & -I\end{bmatrix}<0,\quad \forall j\in\mathcal{N}_{\mathrm{uk}}^i \tag{3.70}$$

则滤波误差系统 (3.44) 随机稳定且满足指定的 H_∞ 性能指标 γ。这里,

$$\bar{\Xi}_{\epsilon_0,i}=\bar{\Xi}_{\epsilon,i}|_{\epsilon=\epsilon_0},\quad \bar{\Xi}_{\epsilon_1,i}=\bar{\Xi}_{\epsilon,i}|_{\epsilon=\epsilon_1}$$

$$\Omega_i^{(1,4)}=[\sqrt{\pi_{i0}}F_{0,i}^{\mathrm{T}}\ \sqrt{\pi_{i1}}F_{1,i}^{\mathrm{T}}\ \cdots\ \sqrt{\pi_{im}}F_{m,i}^{\mathrm{T}}],\quad \Omega_{\epsilon_0,i,j}^{(2,2)}=\Omega_{\epsilon,i,j}^{(2,2)}|_{\epsilon=\epsilon_0}$$

$$\Omega_{\epsilon_1,i,j}^{(2,2)}=\Omega_{\epsilon,i,j}^{(2,2)}|_{\epsilon=\epsilon_1},\quad \Omega_{\epsilon,i,j}^{(2,2)}=\tilde{\mathcal{P}}_{\epsilon,i,j}-S^{\mathrm{T}}-S,\quad \tilde{\mathcal{P}}_{\epsilon,i,j}=\mathrm{diag}\{\underbrace{\mathcal{P}_{\epsilon,i,j},\cdots,\mathcal{P}_{\epsilon,i,j}}_{(m+1)\text{个}}\}$$

$$P_{\epsilon,i}=\breve{P}_i+\epsilon\hat{P}_i,\quad P_{\epsilon_0,i}=P_{\epsilon,i}|_{\epsilon=\epsilon_0},\quad P_{\epsilon_1,i}=P_{\epsilon,i}|_{\epsilon=\epsilon_1},\quad S=\mathrm{diag}\{S_0,S_1,\cdots,S_m\}$$

$$\Omega^{(3,3)}=\mathfrak{X}-W^{\mathrm{T}}-W,\quad \mathfrak{X}=\mathrm{diag}\{\underbrace{\bar{X}+\bar{T},\cdots,\bar{X}+\bar{T}}_{(m+1)\text{个}}\},\quad W=\mathrm{diag}\{W_0,W_1,\cdots,W_m\}$$

$$\Omega_{\epsilon_0,i}^{(1,2)}=\Omega_{\epsilon,i}^{(1,2)}|_{\epsilon=\epsilon_0},\quad \Omega_{\epsilon_1,i}^{(1,2)}=\Omega_{\epsilon,i}^{(1,2)}|_{\epsilon=\epsilon_1},\quad \Omega_{\epsilon_0,i}^{(1,3)}=\Omega_{\epsilon,i}^{(1,3)}|_{\epsilon=\epsilon_0},\ \Omega_{\epsilon_1,i}^{(1,3)}=\Omega_{\epsilon,i}^{(1,3)}|_{\epsilon=\epsilon_1}$$

$$\Omega_{\epsilon,i}^{(1,2)}=[\Omega_{\epsilon,i,0}^{(1,2)}\ \Omega_{\epsilon,i,1}^{(1,2)}\ \cdots\ \Omega_{\epsilon,i,m}^{(1,2)}],\quad \Omega_{\epsilon,i}^{(1,3)}=[\Omega_{\epsilon,i,0}^{(1,3)}\ \Omega_{\epsilon,i,1}^{(1,3)}\ \cdots\ \Omega_{\epsilon,i,m}^{(1,3)}]$$

$$\forall\ell\in\mathcal{M},\ \Omega_{\epsilon,i,\ell}^{(1,2)}=\sqrt{\pi_{i\ell}}\begin{bmatrix} e_1\mathcal{A}_{\epsilon,\ell}+e_2\mathcal{B}_{\ell,i}+e_3\tilde{\mathcal{B}}_{\ell,i}\\ E_{\epsilon,\ell}\end{bmatrix}$$

$$\Omega_{\epsilon,i,\ell}^{(1,3)}=\sqrt{\pi_{i\ell}}\begin{bmatrix} e_1\mathcal{D}_{\epsilon,\ell}+e_2\mathcal{G}_{\ell,i}+e_3\tilde{\mathcal{G}}_{\ell,i}\\ \tilde{E}_{\epsilon,\ell}\end{bmatrix}$$

$$\mathcal{A}_{\epsilon,\ell}=\begin{bmatrix}\mathcal{A}_{\epsilon,\ell}^{(1)} & \mathcal{A}_{\epsilon,\ell}^{(2)}\\ \mathcal{A}_{\ell}^{(3)} & \mathcal{A}_{\ell}^{(4)}\end{bmatrix},\quad \mathcal{B}_{\ell,i}=\begin{bmatrix}\mathcal{B}_{\ell,i}^{(1)} & \mathcal{B}_{\ell,i}^{(2)}\\ 0 & 0\end{bmatrix}$$

$$\tilde{\mathcal{B}}_{\ell,i}=\begin{bmatrix}\tilde{\mathcal{B}}_{\ell,i}^{(1)} & \tilde{\mathcal{B}}_{\ell,i}^{(2)}\\ 0 & 0\end{bmatrix},\quad \mathcal{D}_{\epsilon,\ell}=\begin{bmatrix}\mathcal{D}_{\epsilon,\ell}^{(1)} & \mathcal{D}_{\epsilon,\ell}^{(2)}\\ \mathcal{D}_{\ell}^{(3)} & \mathcal{D}_{\ell}^{(4)}\end{bmatrix},\quad \mathcal{G}_{\ell,i}=\begin{bmatrix}\mathcal{G}_{\ell,i}^{(1)} & \mathcal{G}_{\ell,i}^{(2)}\\ 0 & 0\end{bmatrix}$$

$$\tilde{\mathcal{G}}_{\ell,i}=\begin{bmatrix}\tilde{\mathcal{G}}_{\ell,i}^{(1)} & \tilde{\mathcal{G}}_{\ell,i}^{(2)}\\ 0 & 0\end{bmatrix},\quad E_{\epsilon,\ell}=\begin{bmatrix}E_{\epsilon,\ell}^{(1)} & E_{\epsilon,\ell}^{(2)}\\ E_{\epsilon,\ell}^{(3)} & E_{\epsilon,\ell}^{(4)}\end{bmatrix},\quad \tilde{E}_{\epsilon,\ell}=\begin{bmatrix}\tilde{E}_{\epsilon,\ell}^{(1)} & \tilde{E}_{\epsilon,\ell}^{(2)}\\ \tilde{E}_{\epsilon,\ell}^{(3)} & \tilde{E}_{\epsilon,\ell}^{(4)}\end{bmatrix}$$

$$\mathcal{A}_{\epsilon,\ell}^{(1)}=A_\epsilon^{\mathrm{T}}(S_\ell^{(1)}+\alpha_\ell S_\ell^{(3)})-\alpha_\ell V_{A,\ell},\quad \mathcal{A}_{\epsilon,\ell}^{(2)}=A_\epsilon^{\mathrm{T}}(S_\ell^{(2)}+\beta_\ell S_\ell^{(3)})-\beta_\ell V_{A,\ell}$$

$$\mathcal{A}_\ell^{(3)}=\alpha_\ell V_{A,\ell},\quad \mathcal{A}_\ell^{(4)}=\beta_\ell V_{A,\ell},\quad \mathcal{B}_{\ell,i}^{(1)}=-\alpha_\ell C_1^{\mathrm{T}}I_{\{i=1\}}V_{B,\ell},\quad \mathcal{B}_{\ell,i}^{(2)}=-\beta_\ell C_1^{\mathrm{T}}I_{\{i=1\}}V_{B,\ell}$$

$$\tilde{\mathcal{B}}_{\ell,i}^{(1)}=-\alpha_\ell C_2^{\mathrm{T}}I_{\{i=2\}}V_{B,\ell},\quad \tilde{\mathcal{B}}_{\ell,i}^{(2)}=-\beta_\ell C_2^{\mathrm{T}}I_{\{i=2\}}V_{B,\ell}$$

$$E_{\epsilon,\ell}^{(1)}=B_{\epsilon,w}^{\mathrm{T}}(S_\ell^{(1)}+\alpha_\ell S_\ell^{(3)})-\alpha_\ell D^{\mathrm{T}}V_{B,\ell},\quad E_{\epsilon,\ell}^{(2)}=B_{\epsilon,w}^{\mathrm{T}}(S_\ell^{(2)}+\beta_\ell S_\ell^{(3)})-\beta_\ell D^{\mathrm{T}}V_{B,\ell}$$

$$E_{\epsilon,\ell}^{(3)}=B_{\epsilon,f}^{\mathrm{T}}(S_\ell^{(1)}+\alpha_\ell S_\ell^{(3)}),\quad E_{\epsilon,\ell}^{(4)}=B_{\epsilon,f}^{\mathrm{T}}(S_\ell^{(2)}+\beta_\ell S_\ell^{(3)})$$

$$\mathcal{D}_{\epsilon,\ell}^{(1)}=A_\epsilon^{\mathrm{T}}(W_\ell^{(1)}+\theta_\ell S_\ell^{(3)})-\theta_\ell V_{A,\ell}-W_\ell^{(1)},\quad \mathcal{D}_{\epsilon,\ell}^{(2)}=A_\epsilon^{\mathrm{T}}(W_\ell^{(2)}+\mu_\ell S_\ell^{(3)})-\mu_\ell V_{A,\ell}-W_\ell^{(2)}$$

$$\mathcal{D}_\ell^{(3)} = \theta_\ell V_{A,\ell} - \theta_\ell S_\ell^{(3)}, \quad \mathcal{D}_\ell^{(4)} = \mu_\ell V_{A,\ell} - \mu_\ell S_\ell^{(3)}$$

$$\mathcal{G}_{\ell,i}^{(1)} = -\theta_\ell C_1^{\mathrm{T}} I_{\{i=1\}} V_{B,\ell}, \quad \mathcal{G}_{\ell,i}^{(2)} = -\mu_\ell C_1^{\mathrm{T}} I_{\{i=1\}} V_{B,\ell}$$

$$\tilde{\mathcal{G}}_{\ell,i}^{(1)} = -\theta_\ell C_2^{\mathrm{T}} I_{\{i=2\}} V_{B,\ell}, \quad \tilde{\mathcal{G}}_{\ell,i}^{(2)} = -\mu_\ell C_2^{\mathrm{T}} I_{\{i=2\}} V_{B,\ell}$$

$$\tilde{E}_{\epsilon,\ell}^{(1)} = B_{\epsilon,w}^{\mathrm{T}}(W_\ell^{(1)} + \theta_\ell S_\ell^{(3)}) - \theta_\ell D^{\mathrm{T}} V_{B,\ell}, \ \tilde{E}_{\epsilon,\ell}^{(2)} = B_{\epsilon,w}^{\mathrm{T}}(W_\ell^{(2)} + \mu_\ell S_\ell^{(3)}) - \mu_\ell D^{\mathrm{T}} V_{B,\ell}$$

$$\tilde{E}_{\epsilon,\ell}^{(3)} = B_{\epsilon,f}^{\mathrm{T}}(W_\ell^{(1)} + \theta_\ell S_\ell^{(3)}), \quad \tilde{E}_{\epsilon,\ell}^{(4)} = B_{\epsilon,f}^{\mathrm{T}}(W_\ell^{(2)} + \mu_\ell S_\ell^{(3)})$$

此时，FDF 的参数为

$$\begin{bmatrix} A_{f,\ell} & B_{f,\ell} \\ C_{f,\ell} & D_{f,\ell} \end{bmatrix} = \begin{bmatrix} S_\ell^{(3)^{-\mathrm{T}}} V_{A,\ell}^{\mathrm{T}} & S_\ell^{(3)^{-\mathrm{T}}} V_{B,\ell}^{\mathrm{T}} \\ C_{f,\ell} & D_{f,\ell} \end{bmatrix}, \quad \forall \ell \in \mathcal{M} \tag{3.71}$$

证明　由式 (3.69) 和式 (3.70)，并运用引理 3.5，可知，对于 $\forall i \in \{0,1,2\}$ 和 $\forall \epsilon \in [\epsilon_0, \epsilon_1]$，有

$$\begin{bmatrix} \bar{\Xi}_{\epsilon,i} & \Omega_{\epsilon,i}^{(1,2)} & \Omega_{\epsilon,i}^{(1,3)} & \Omega_i^{(1,4)} \\ * & \Omega_{\epsilon,i,j}^{(2,2)} & 0 & 0 \\ * & * & \Omega^{(3,3)} & 0 \\ * & * & * & -I \end{bmatrix} < 0, \quad \forall j \in \mathcal{N}_{\mathrm{uk}}^i \tag{3.72}$$

同时，由式 (3.68) 并采用引理 3.5 可得，对于 $\forall i \in \{0,1,2\}$ 和 $\forall \epsilon \in [\epsilon_0, \epsilon_1]$，$P_{\epsilon,i} = \breve{P}_i + \epsilon \hat{P}_i > 0$。由式 (3.72) 以及 $V_{A,\ell} = A_{f,\ell}^{\mathrm{T}} S_\ell^{(3)}$、$V_{B,\ell} = B_{f,\ell}^{\mathrm{T}} S_\ell^{(3)}$、$S_\ell = \begin{bmatrix} S_\ell^{(1)} & S_\ell^{(2)} \\ \alpha_\ell S_\ell^{(3)} & \beta_\ell S_\ell^{(3)} \end{bmatrix}$ 和 $W_\ell = \begin{bmatrix} W_\ell^{(1)} & W_\ell^{(2)} \\ \theta_\ell S_\ell^{(3)} & \mu_\ell S_\ell^{(3)} \end{bmatrix}$ $(\ell \in \mathcal{M})$ 可得

$$\begin{bmatrix} \bar{\Xi}_{\epsilon,i} & \tilde{\Upsilon}_{\epsilon,i} S & \tilde{\Gamma}_{\epsilon,i} W & \Omega_i^{(1,4)} \\ * & \Omega_{\epsilon,i,j}^{(2,2)} & 0 & 0 \\ * & * & \Omega^{(3,3)} & 0 \\ * & * & * & -I \end{bmatrix} < 0, \quad \forall j \in \mathcal{N}_{\mathrm{uk}}^i \tag{3.73}$$

式中

$$\tilde{\Upsilon}_{\epsilon,i} = [\sqrt{\pi_{i0}} \Upsilon_{\epsilon,0,i}^{\mathrm{T}} \ \ \sqrt{\pi_{i1}} \Upsilon_{\epsilon,1,i}^{\mathrm{T}} \ \ \cdots \ \ \sqrt{\pi_{im}} \Upsilon_{\epsilon,m,i}^{\mathrm{T}}]$$

$$\tilde{\Gamma}_{\epsilon,i} = [\sqrt{\pi_{i0}} \Gamma_{\epsilon,0,i}^{\mathrm{T}} \ \ \sqrt{\pi_{i1}} \Gamma_{\epsilon,1,i}^{\mathrm{T}} \ \ \cdots \ \ \sqrt{\pi_{im}} \Gamma_{\epsilon,m,i}^{\mathrm{T}}]$$

$$S = \mathrm{diag}\{S_0, S_1, \cdots, S_m\}, \quad W = \mathrm{diag}\{W_0, W_1, \cdots, W_m\}$$

这里，$\Upsilon_{\epsilon,\ell,i}$ 和 $\Gamma_{\epsilon,\ell,i}$ $(\ell \in \mathcal{M})$ 如定理 3.3 中所示。

考虑到

$$-S^{\mathrm{T}}\tilde{\mathcal{P}}_{\epsilon,i,j}^{-1}S \leqslant \tilde{\mathcal{P}}_{\epsilon,i,j} - S^{\mathrm{T}} - S \stackrel{\text{def}}{=\!=} \Omega_{\epsilon,i,j}^{(2,2)} \tag{3.74}$$

$$-W^{\mathrm{T}}\mathfrak{X}^{-1}W \leqslant \mathfrak{X} - W^{\mathrm{T}} - W \stackrel{\text{def}}{=\!=} \Omega^{(3,3)} \tag{3.75}$$

并根据式 (3.73), 可得

$$\begin{bmatrix} \bar{\Xi}_{\epsilon,i} & \tilde{\Upsilon}_{\epsilon,i}S & \tilde{\Gamma}_{\epsilon,i}W & \Omega_i^{(1,4)} \\ * & -S^{\mathrm{T}}\tilde{\mathcal{P}}_{\epsilon,i,j}^{-1}S & 0 & 0 \\ * & * & -W^{\mathrm{T}}\mathfrak{X}^{-1}W & 0 \\ * & * & * & -I \end{bmatrix} < 0, \quad \forall j \in \mathcal{N}_{\mathrm{uk}}^i \tag{3.76}$$

由式 (3.72) 可知，$\tilde{\mathcal{P}}_{\epsilon,i,j} - S^{\mathrm{T}} - S < 0$ 和 $\mathfrak{X} - W^{\mathrm{T}} - W < 0$，又有 $\tilde{\mathcal{P}}_{\epsilon,i,j} > 0$ 和 $\mathfrak{X} > 0$，这表明 S 和 W 都是非奇异矩阵。令 $J = \mathrm{diag}\{I, S^{-1}, W^{-1}, I\}$，对式 (3.76) 的左边矩阵分别左乘 J^{T} 和右乘 J，有

$$\begin{bmatrix} \bar{\Xi}_{\epsilon,i} & \tilde{\Upsilon}_{\epsilon,i} & \tilde{\Gamma}_{\epsilon,i} & \Omega_i^{(1,4)} \\ * & -\tilde{\mathcal{P}}_{\epsilon,i,j}^{-1} & 0 & 0 \\ * & * & -\mathfrak{X}^{-1} & 0 \\ * & * & * & -I \end{bmatrix} < 0, \quad \forall j \in \mathcal{N}_{\mathrm{uk}}^i \tag{3.77}$$

利用 Schur 补引理，可知式 (3.52) 成立当且仅当式 (3.77) 成立。此外，对于 $\forall i \in \{0,1,2\}$ 和 $\forall \epsilon \in [\epsilon_0, \epsilon_1]$，$P_{\epsilon,i} > 0$。因此，根据定理 3.3 可知滤波误差系统 (3.44) 随机稳定且满足指定的 H_∞ 性能指标 γ。证毕。

3.3.4　仿真实例

本节采用仿真实例验证所设计的 FDF 的有效性。

考虑离散时间奇异摄动系统 (3.36)，其通过通信网络传输后的测量输出描述为式 (3.41)，且相关参数如下：

$$A_\epsilon = \begin{bmatrix} 1-3\epsilon & -0.5\epsilon \\ 0.15 & -0.7 \end{bmatrix}, \quad B_{\epsilon,w} = \begin{bmatrix} -0.75\epsilon \\ -0.1 \end{bmatrix}, \quad B_{\epsilon,f} = \begin{bmatrix} 1.5\epsilon \\ 0.25 \end{bmatrix}$$

$$C_1 = [0.8 \quad -1.5], \quad C_2 = [1 \quad -1.4], \quad D = 0.1$$

可知 $\mathcal{N} = \{0,1,2\}$，即存在 3 个传输模态：丢包 ($\sigma(k) = 0$)、时滞 $d_1(k)(\sigma(k) = 1)$ 和时滞 $d_2(k)$ ($\sigma(k) = 2$)。然而，由于观测误差和反应速度等因素的影响，假设仅可观测到两个模态，此时 $\mathcal{M} = \{0,1\}$。基于如下给出的转移概率矩阵 Λ 和条件概率矩阵 Π，传输模态 $\sigma(k)$ 与其观测模态 $s(k)$ 的实现曲线如图 3.5 所示。

$$\Lambda=\begin{bmatrix}\lambda_{00} & \lambda_{01} & \lambda_{02}\\ \lambda_{10} & \lambda_{11} & \lambda_{12}\\ \lambda_{20} & \lambda_{21} & \lambda_{22}\end{bmatrix}=\begin{bmatrix}0.2 & ? & ?\\ ? & ? & 0.3\\ 0.3 & ? & ?\end{bmatrix}$$

$$\Pi=\begin{bmatrix}\pi_{00} & \pi_{01}\\ \pi_{10} & \pi_{11}\\ \pi_{20} & \pi_{21}\end{bmatrix}=\begin{bmatrix}0.35 & 0.65\\ 0.5 & 0.5\\ 0.65 & 0.35\end{bmatrix}$$

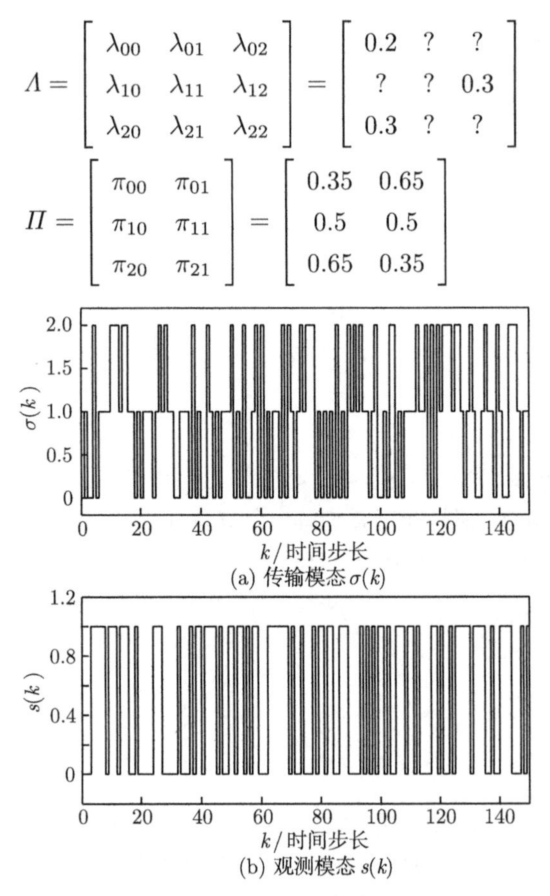

(a) 传输模态 $\sigma(k)$

(b) 观测模态 $s(k)$

图 3.5　传输模态 $\sigma(k)$ 与其观测模态 $s(k)$ 的实现曲线

式 (3.41) 中的时滞 $d_1(k)$ 和 $d_2(k)$ 的上、下界假设为

$$d_{m1}=0,\quad d_{M1}=3,\quad d_{m2}=4,\quad d_{M2}=8$$

令 $\epsilon_0=0.005$、$\epsilon_1=0.05$ 且 $\alpha_\ell=\beta_\ell=\theta_\ell=\mu_\ell=1\ (\ell\in\mathcal{M})$。此时，LMI (3.51) 和 (3.68)~(3.70) 存在可行解且最优 H_∞ 性能指标 $\gamma_{\rm opt}=1.0000$。当设定 H_∞ 性能指标 $\gamma=1.2000$ 时，通过求解 LMI (3.51) 和 (3.68)~(3.70)，可得如下 FDF 参数:

$$A_{f,0}=\begin{bmatrix}0.9493 & -0.0115\\ 0.0884 & 0.4141\end{bmatrix},\quad A_{f,1}=\begin{bmatrix}0.9495 & -0.0115\\ 0.0872 & 0.4167\end{bmatrix}$$

$$B_{f,0}=10^{-3}\times[0.6564\quad -0.1713]^{\rm T},\quad B_{f,1}=[0.0003\quad 0.0047]^{\rm T}$$

$$C_{f,0}=[-0.0173\quad -0.0381],\quad C_{f,1}=[-0.0179\quad -0.0386]$$

$$D_{f,0}=-0.0024,\quad D_{f,1}=0.0042$$

根据定理 3.4，对于 $\forall\epsilon \in [0.005, 0.05]$，滤波误差系统 (3.44) 随机稳定且满足指定的 H_∞ 性能指标 γ。

现在采用所设计的 FDF 进行时域数值仿真。选取与第 2 章相同的残差评估函数。假设 $\epsilon = 0.04$。式 (3.36) 和式 (3.42) 的初始条件设置为 $x(0) = [-0.15 \quad 0.1]^{\mathrm{T}}$ 和 $\hat{x}(0) = [0 \quad 0]^{\mathrm{T}}$。外部扰动和故障分别为 $w(k) = \exp(-0.8k)\sin(0.4k)$ 和

$$f(k) = \begin{cases} 1, & k = 15, 16, \cdots, 35 \\ 0, & \text{其他} \end{cases}$$

时滞 $d_1(k)$ 和 $d_2(k)$ 分别在区间 0～3 和 4～8 中等概率随机取值。经 300 次仿真并取平均值后，图 3.6 和图 3.7 分别给出了相应的残差信号 $r(k)$ 和残差评估函数 $J(k)$ 曲线。由图 3.6 和图 3.7 可知 $r(k)$ 和 $J(k)$ 在故障存在的时间区间变化非常明显，这表明所设计的 FDF 能够检测出故障。设置评估函数阈值为 $J_{\mathrm{th}} = \sup\limits_{f=0} \mathrm{E}\left\{\sum\limits_{k=0}^{150} r^{\mathrm{T}}(k)r(k)\right\}^{1/2}$。在 300 次仿真并取平均值之后可得 $J_{\mathrm{th}} = 8.6961 \times 10^{-4}$。此外，有 $J(15) = 8.4823 \times 10^{-4} < J_{\mathrm{th}} < J(16) = 8.9489 \times 10^{-4}$。于是，可知故障在其发生后的一步内被检测到，这表明所设计的 FDF 是有效的。

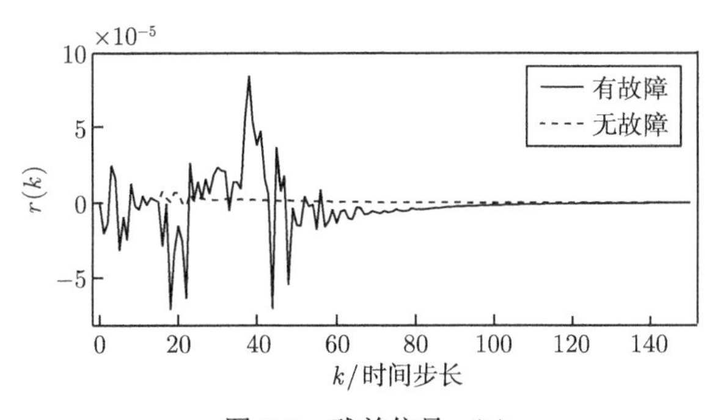

图 3.6　残差信号 $r(k)$

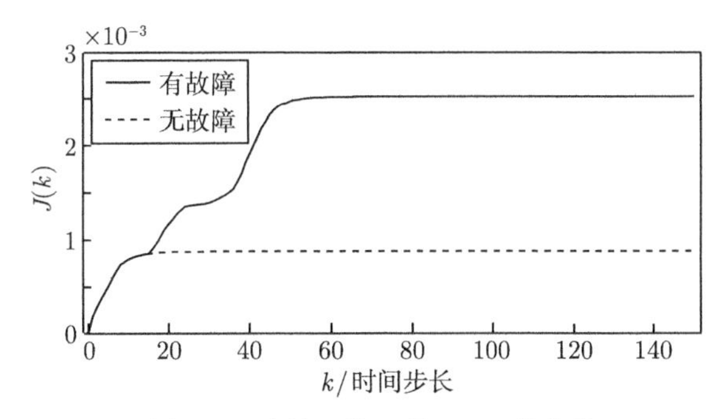

图 3.7　残差评估函数 $J(k)$ 的曲线

3.4　本章小结

本章采用马尔可夫链方法给出同时描述丢包和时滞的新模型，该模型在许多实际场合更具实用性。在此基础上，一方面，讨论了具有丢包和时滞的网络化全局 Lipschitz 非线性系统的故障检测问题。在假设转移概率已知的情况下，通过设计模态相关的 FDF，使残差和故障之间的误差在 H_∞ 意义下尽可能小，进而将故障检测问题转化为具有时变时滞的马尔可夫跳变系统的 H_∞ 滤波问题。利用 Lyapunov-Krasovskii 方法，以 LMI 的形式给出了使增广系统均方渐近稳定且满足指定的 H_∞ 性能指标的充分条件。当这些 LMI 有可行解时，给出了 FDF 增益矩阵的具体表达形式。另一方面，探讨了离散时间奇异摄动系统的故障检测问题。考虑到传输模态与其观测模态之间的差异，提出将基于隐马尔可夫模型的 FDF 作为残差产生器。在假设马尔可夫链的转移概率部分未知的基础上，通过构造与传输模态和奇异摄动参数相关的 Lyapunov-Krasovskii 泛函并运用 Wirtinger 型离散不等式以及逆凸方法，以 LMI 的形式给出了使滤波误差系统随机稳定并且满足指定的 H_∞ 性能指标的充分条件。当 LMI 存在可行解时，给出了 FDF 增益矩阵的表达式，并可估计奇异摄动参数容许的上界和下界。

参考文献

[1] Wang Z D, Yang F W, Ho D W C, et al. Robust H_∞ control for networked systems with random packet losses[J]. IEEE Transactions on Systems, Man, and Cybernetics—Part B: Cybernetics, 2007, 37(4): 916-924.

[2] Sahebsara M, Chen T W, Shah S L. Optimal H_∞ filtering in networked control systems with multiple packet dropouts[J]. Systems and Control Letters, 2008, 57: 696-702.

[3] Dong H L, Wang Z D, Gao H J. H_∞ fuzzy control for systems with repeated scalar nonlinearities and random packet losses[J]. IEEE Transactions on Fuzzy Systems, 2009, 17(2): 440-450.

[4] Dong H L, Wang Z D, Gao H J. H_∞ filtering for systems with repeated scalar nonlinearities under unreliable communication links[J]. Signal Processing, 2009, 89: 1567-1575.

[5] Yang F W, Wang Z D, Hung Y S, et al. H_∞ control for networked systems with random communication delays[J]. IEEE Transactions on Automatic Control, 2006, 51(3): 511-518.

[6] Zhou S S, Feng G. H_∞ filtering for discrete-time systems with randomly varying sensor delays[J]. Automatica, 2008, 44: 1918-1922.

[7] Lin C, Wang Z D, Yang F W. Observer-based networked control for continuous-time systems with random sensor delays[J]. Automatica, 2009, 45: 578-584.

[8] Gao H J, Chen T W, Lam J. A new delay system approach to network-based control[J]. Automatica, 2008, 44: 39-52.

[9] Song H B, Yu L, Zhang W A. H_∞ filtering of network-based systems with random delay[J]. Signal Processing, 2009, 89: 615-622.

[10] He X, Wang Z D, Ji Y D, et al. Network-based fault detection for discrete-time state-delay systems: A new measurement model[J]. International Journal of Adaptive Control and Signal Processing, 2008, 22(5): 510-528.

[11] He X, Wang Z D, Zhou D H. Robust H_∞ filtering for networked systems with multiple state delays[J]. International Journal of Control, 2007, 80(8): 1217-1232.

[12] Wei G L, Wang Z D, He X, et al. Filtering for networked stochastic time-delay systems with sector nonlinearity[J]. IEEE Transactions on Circuits and Systems II: Express Briefs, 2009, 56(1): 71-75.

[13] He X, Wang Z D, Zhou D H. Networked fault detection with random communication delays and packet losses[J]. International Journal of System Science, 2008, 39(11): 1045-1054.

[14] Mao Z H, Jiang B, Shi P. H_∞ fault detection filter design for networked control systems modelled by discrete Markovian jump systems[J]. IET Control Theory and Applications, 2007, 1(5): 1336-1343.

[15] He X, Wang Z D, Ji Y D, et al. Robust fault detection for networked systems with distributed sensors[J]. IEEE Transactions on Aerospace and Electronic Systems, 2011, 47(1): 166-177.

[16] Wang Y L, Wang T B, Han Q L. Fault detection filter design for data reconstruction-based continuous-time networked control systems[J]. Information Sciences, 2016, 328: 577-594.

[17] Wan X B, Fang H J. Fault detection for networked nonlinear systems with time delays and packet dropouts[J]. Circuits Systems and Signal Processing, 2012, 31(1): 329-345.

[18] Ding W G, Mao Z H, Jiang B, et al. Fault detection for a class of nonlinear networked control systems with Markov transfer delays and stochastic packet drops[J]. Circuits Systems and Signal Processing, 2015, 34(4): 1211-1231.

[19] He X, Wang Z D, Zhou D H. Robust fault detection for networked systems with communication delay and data missing[J]. Automatica, 2009, 45(11): 2634-2639.

[20] Li F W, Shi P, Wang X C. Fault detection for networked control systems with quantization and Markovian packet dropouts[J]. Signal Processing, 2015, 111: 106-112.

[21] Long Y, Park J H, Ye D. Finite frequency fault detection for networked systems with access constraint[J]. International Journal of Robust and Nonlinear Control, 2017, 27: 2410-2427.

[22] Long Y, Yang G H. Fault detection for networked control systems subject to quantization and packet dropout[J]. International Journal of Systems Science, 2013, 44(6): 1150-1159.

[23] Barany E, Schaffer S, Wedeward K, et al. Nonlinear controllability of singularly perturbed models of power flow networks[C]. 43rd IEEE Conference on Decision and Control, Nassau, 2004: 4826-4832.

[24] Romeres D, Dörfler F, Bullo F. Novel results on slow coherency in consensus and power networks[C]. Proceedings of the 12th European Control Conference, Zurich, 2013: 742-747.

[25] Xu J, Cai C X, Zou Y. A novel method for fault detection in singularly perturbed systems via the finite frequency strategy[J]. Journal of the Franklin Institute, 2015, 352(11): 5061-5084.

[26] Xu J, Niu Y G. A finite frequency approach for fault detection of fuzzy singularly perturbed systems with regional pole assignment[J]. Neurocomputing, 2019, 325: 200-210.

[27] Wan X B, Wang Z D, Wu M, et al. H_∞ state estimation for discrete-time nonlinear singularly perturbed complex networks under the Round-Robin protocol[J]. IEEE Transactions on Neural Networks and Learning Systems, 2019, 30(2): 415-426.

[28] Ma L, Wang Z D, Cai C X, et al. Dynamic event-triggered state estimation for discrete-time singularly perturbed systems with distributed time-delays[J]. IEEE Transactions on Systems, Man, and Cybernetics: Systems, 2018, DOI: 10.1109/TSMC.2018.2876203.

[29] Yang W, Wang Y W, Xiao J W, et al. Coordination of networked delayed singularly perturbed systems with antagonistic interactions and switching topologies[J]. Nonlinear Dynamics, 2017, 89(1): 741-754.

[30] Yu H W, Lu G P, Zheng Y F. On the model-based networked control for singularly perturbed systems with nonlinear uncertainties[J]. Systems and Control Letters, 2011, 60(9): 739-746.

[31] Yuan Y, Wang Z D, Guo L. Distributed quantized multi-modal H_∞ fusion filtering for two-time-scale systems[J]. Information Sciences, 2018, 432: 572-583.

[32] Zhang L X, Boukas E K, Baron L. Fault detection for discrete-time Markov jump linear systems with partially known transition probabilities[C]. Proceedings of the 47th IEEE Conference on Decision and Control, Cancun, 2008: 1054-1059.

[33] Boyd S, Ghaoui L E, Feron E, et al. Linear Matrix Inequalities in System and Control Theory[M]. Philadelphia: SIAM, 1994.

[34] Geromel J C, de Oliveira M C, Bernussou J. Robust filtering of discrete-time linear systems with parameter dependent Lyapunov functions[J]. SIAM Journal on Control and Optimization, 2002, 41(3): 700-711.

[35] Dong S L, Wu Z G, Pan Y J, et al. Hidden-Markov-model-based asynchronous filter design of nonlinear Markov jump systems in continuous-time domain[J]. IEEE Transactions on Cybernetics, 2019, 49(6): 2294-2304.

[36] Zhu Y Z, Zhong Z X, Zheng W X, et al. HMM-based H_∞ filtering for discrete-time Markov jump LPV systems over unreliable communication channels[J]. IEEE Transactions on Systems, Man, and Cybernetics: Systems, 2018, 48(12): 2035-2046.

[37] Li F, Xu S Y, Zhang B Y. Resilient asynchronous H_∞ control for discrete-time Markov jump singularly perturbed systems based on hidden Markov model[J]. IEEE Transactions on Systems, Man, and Cybernetics: Systems, 2018, DOI: 10.1109/TSMC.2018.2837888.

[38] Nam P T, Pathirana P N, Trinh H. Discrete Wirtinger-based inequality and its application[J]. Journal of the Franklin Institute, 2015, 352(5): 1893-1905.

[39] Park P, Ko J W, Jeong C. Reciprocally convex approach to stability of systems with time-varying delays[J]. Automatica, 2011, 47(1): 235-238.

[40] Zhang L X, Lam J. Necessary and sufficient conditions for analysis and synthesis of Markov jump linear systems with incomplete transition descriptions[J]. IEEE Transactions on Automatic Control, 2010, 55(7): 1695-1701.

第4章　具有多种诱导现象的全局 Lipschitz 非线性系统故障检测

4.1　引　　言

网络化系统中，传感器、控制器和执行器之间使用共享的带宽有限的数字通信网络，将产生丢包[1-4]、时滞[5-8]、介质访问受限[9-11]和信号量化[12,13]等网络诱导现象，导致系统性能下降甚至失稳。在现有大部分文献中，只是单独研究了丢包、时滞、介质访问受限和信号量化等现象。但实际网络化系统中，上述各种现象都可能发生，因此，需要综合考虑多种网络诱导现象的影响。

网络化系统的故障检测问题，相比于其控制和估计等问题，尽管已得到部分学者的关注[14-20]，但研究成果相对较少，考虑多种网络诱导现象的更少。He 等提出了一种描述丢包和时滞的统一模型，并分别研究了网络化系统的滤波[21,22]和故障检测[23,24]问题。在该模型的基础上，本书第 3 章介绍了另一种在某些场合更实用的描述丢包和时滞的模型，进一步讨论了具有丢包和时滞的网络化系统的故障检测问题，但没有考虑其他诱导现象 (如介质访问受限和信号量化等) 的影响。因此，还需要提出描述更多网络诱导现象的统一模型，并基于这些模型研究网络化系统故障检测问题。

基于上述分析，本章讨论具有多种网络诱导现象的全局 Lipschitz 非线性系统故障检测问题。首先，提出描述时滞、丢包和介质访问受限的网络化系统模型，并基于该模型探讨网络化全局 Lipschitz 非线性系统的故障检测问题。通过设计模态相关的 FDF，使残差和故障之间的误差尽可能小，将故障检测问题转换为具有多时变时滞的离散时间随机系统的辅助 H_∞ 滤波问题加以解决。其次，提出描述丢包、时滞和信号量化并考虑丢包补偿的网络化系统模型，并基于该模型阐述网络化全局 Lipschitz 非线性系统的故障检测问题。类似地，将故障检测问题转换为具有时变时滞的马尔可夫跳变系统的辅助 H_∞ 滤波问题加以解决。在上述两类故障检测问题讨论中，采用 Lyapunov 稳定性理论和离散 Jensen 不等式方法，建立 LMI 形式的 FDF 存在的充分条件，当 LMI 有可行解时给出 FDF 增益矩阵的具体表达形式。最后，通过数值仿真验证所提故障检测方法和所得结论的有效性。

4.2　具有介质访问受限、丢包和时滞的网络化系统故障检测

4.2.1　基于切换、随机与时滞方法的网络化系统建模

考虑如下离散时间非线性系统:

$$\begin{cases} x(k+1) = Ax(k) + g(k, x(k)) + Bw(k) + Ff(k) \\ y(k) = Cx(k) \end{cases} \tag{4.1}$$

式中，$x(k) \in \mathbb{R}^n$ 为系统状态；$y(k) \in \mathbb{R}^m$ 为系统测量输出；$f(k) \in \mathbb{R}^{n_f}$ 为待检测的故障；$w(k) \in \mathbb{R}^{n_w}$ 是属于 $l_2[0,\infty)$ 的外部扰动输入；A、B、C 和 F 是具有适当维数的矩阵；$g(k, x(k))$ 为非线性向量函数，且满足以下全局 Lipschitz 条件:

$$\| g(k,x) \| \leqslant \| Gx(k) \| \tag{4.2}$$

$$\| g(k,x_1(k)) - g(k,x_2(k)) \| \leqslant \| G(x_1(k) - x_2(k)) \| \tag{4.3}$$

这里，G 是已知的常矩阵。

本节基于如下假设:

(1) 待检测对象的测量输出 $y(k)$ 通过 m_c 个信道传输，其中 $m_c \leqslant m$。

(2) 由于访问受限，在每个时刻，m_c 个信道中只有 $\bar{m}$ ($\bar{m} \leqslant m_c$) 个信道可用于数据包传输，且可用于通信的信道服从指定的切换规律。

(3) 当可用于通信的信道由当前信道转到另一个信道时，由于时滞的存在，一些数据包仍将通过先前的信道传输到达 FDF。然而，由于数据的时效性要求，这些数据包将被舍弃。

基于上述假设，FDF 接收的通过网络传输后的测量输出可表示为

$$\hat{y}(k) = \varPi_{\sigma(k)}\left[\sum_{j=1}^{m_c} \alpha_j(k) E_j y(k - d_j(k)) + Dw(k)\right] \tag{4.4}$$

式中，D 是具有适当维数的常矩阵；$\alpha_j(k)$ $(j = 1, 2, \cdots, m_c)$ 为相互独立的伯努利随机变量，且满足如下条件:

$$\begin{cases} \text{Prob}\{\alpha_j(k) = 1\} = \bar{\alpha}_j \\ \text{Prob}\{\alpha_j(k) = 0\} = 1 - \bar{\alpha}_j \end{cases} \tag{4.5}$$

$\bar{\alpha}_j \in [0,1]$ $(j = 1, 2, \cdots, m_c)$ 是已知的非负实数；$d_j(k)$ $(j = 1, 2, \cdots, m_c)$ 是 k 时刻通过第 j 个信道传输给 FDF 的数据包的时滞，且满足 $d_{1j} \leqslant d_j(k) \leqslant d_{2j}$，其中 d_{1j} 和 d_{2j} 是已知的非负整数；E_j $(j = 1, 2, \cdots, m_c)$ 是用于描述传输之前数据

包分配的矩阵，例如，如果数据分量 $y^{a_1},\cdots,y^{a_{j(s)}}$ 通过第 j 个信道传输，则 E_j $(j=1,2,\cdots,m_c)$ 为 $m\times m$ 的对角矩阵，且第 a_1个,第a_2个,$\cdots$,第$a_{j(s)}$ 个对角元素为 1，其余元素为零；$\sigma(k)$ 是满足指定的切换规律，且取值于给定的有限集合 $\mathcal{M}$ 的切换信号，显然，$\mathcal{M}\subseteq\mathcal{M}_c\overset{\text{def}}{=\!=}\{1,2,\cdots,C_{m_c}^{\bar{m}}\}$；$\Pi_{\sigma(k)}(\sigma(k)\in\mathcal{M})$ 指明在切换时刻哪些信道的数据包可用于故障检测，例如，在 k 时刻，如果第 b_1个, 第 b_2个,$\cdots$, 第 $b_{\bar{m}}$个 信道可用于数据传输，则 $\Pi_{\sigma(k)}=\sum\limits_{s=1}^{\bar{m}}E_{b_s}$。

注释 4.1 基于上述假设，模型 (4.4) 同时描述了介质访问受限、时变时滞和丢包三种网络诱导现象。在已有文献中，同时考虑上述三种网络诱导现象的很少，研究具有上述三种网络诱导现象的故障检测问题的文献更少。考虑到实际网络化系统中上述三种网络诱导现象都可能发生，本节基于模型 (4.4)，探讨具有三种诱导现象的网络化离散时间全局 Lipschitz 非线性系统故障检测问题。

4.2.2 残差产生器与滤波误差系统

采用如下模态相关的非线性 FDF 作为残差产生器：

$$\begin{cases}\hat{x}(k+1)=\hat{A}_{f\sigma(k)}\hat{x}(k)+g(k,\hat{x}(k))+\hat{B}_{f\sigma(k)}\hat{y}(k)\\ r(k)=\hat{C}_{f\sigma(k)}\hat{x}(k)+\hat{D}_{f\sigma(k)}\hat{y}(k)\end{cases}\tag{4.6}$$

式中，$\hat{x}(k)$ 为状态向量；$r(k)$ 为残差信号；矩阵 $\hat{A}_{f\sigma(k)}$、$\hat{B}_{f\sigma(k)}$、$\hat{C}_{f\sigma(k)}$ 和 $\hat{D}_{f\sigma(k)}$ 为待定的维数适当的 FDF 参数。

定义

$$\eta(k)=[x^{\mathrm{T}}(k),\ e^{\mathrm{T}}(k)]^{\mathrm{T}},\quad \tilde{r}(k)=r(k)-f(k),\quad v(k)=[w^{\mathrm{T}}(k),f^{\mathrm{T}}(k)]^{\mathrm{T}}$$

$$e(k)=x(k)-\hat{x}(k),\quad G_k=g(k,x(k))-g(k,\hat{x}(k))$$

联立式 (4.1)、式 (4.4) 和式 (4.6)，可得如下滤波误差系统：

$$\begin{cases}\eta(k+1)=\tilde{A}_{\sigma(k)}\eta(k)+\sum\limits_{j=1}^{m_c}\alpha_j(k)\tilde{B}_{j,\sigma(k)}H\eta(k-d_j(k))\\ \qquad\qquad +Z^{\mathrm{T}}G_k+H^{\mathrm{T}}g(k,x(k))+\tilde{D}_{\sigma(k)}v(k)\\ \tilde{r}(k)=\tilde{L}_{\sigma(k)}\eta(k)+\sum\limits_{j=1}^{m_c}\alpha_j(k)\tilde{M}_{j,\sigma(k)}H\eta(k-d_j(k))+\tilde{N}_{\sigma(k)}v(k)\end{cases}\tag{4.7}$$

式中

$$\tilde{A}_{\sigma(k)}=\begin{bmatrix}A & 0\\ A-\hat{A}_{f\sigma(k)} & \hat{A}_{f\sigma(k)}\end{bmatrix},\quad \tilde{B}_{j,\sigma(k)}=\begin{bmatrix}0\\ -\hat{B}_{f\sigma(k)}\Pi_{\sigma(k)}E_jC\end{bmatrix}$$

$$\tilde{N}_{\sigma(k)} = [\hat{D}_{f\sigma(k)}\Pi_{\sigma(k)}D \quad -I], \quad \tilde{D}_{\sigma(k)} = \begin{bmatrix} B & F \\ B - \hat{B}_{f\sigma(k)}\Pi_{\sigma(k)}D & F \end{bmatrix}$$

$$\tilde{L}_{\sigma(k)} = [\hat{C}_{f\sigma(k)} \quad -\hat{C}_{f\sigma(k)}], \quad \tilde{M}_{j,\sigma(k)} = \hat{D}_{f\sigma(k)}\Pi_{\sigma(k)}E_jC$$

$$Z = [0 \quad I], \quad H = [I \quad 0]$$

在如下 FDF 的分析和设计中，为计算方便，同时为了更好地表述主要结论，选取 $m_c = 2$。此外，为使所获得的结论适用于更多的切换，在推导主要结论的过程中，假定 $\sigma(k)$ 满足任意切换。

4.2.3 H_∞ 性能分析与模态相关故障检测滤波器设计

本节将设计形如式 (4.6) 的 FDF，使得以下两个条件成立。

(1) 当 $v(k) \equiv 0$ 时，滤波误差系统 (4.7) 均方渐近稳定；

(2) 在零初始条件下，满足以下 H_∞ 性能约束条件：

$$\sum_{k=0}^{\infty} \mathrm{E}\{\tilde{r}^{\mathrm{T}}(k)\tilde{r}(k)\} \leqslant \gamma^2 \sum_{k=0}^{\infty} \mathrm{E}\{v^{\mathrm{T}}(k)v(k)\} \tag{4.8}$$

为此，首先给出使得上述两个条件成立的如下 H_∞ 性能分析的充分条件。

定理 4.1 给定正常数 $\rho_1 = \sqrt{\bar{\alpha}_1(1-\bar{\alpha}_1)}$ 和 $\rho_2 = \sqrt{\bar{\alpha}_2(1-\bar{\alpha}_2)}$，如果对于 $\forall i, s, \ell_1, \ell_2 \in \mathcal{M}$，存在实数 $\tau_{1,i,s,\ell_1,\ell_2} \geqslant 0$ 和 $\tau_{2,i,s,\ell_1,\ell_2} \geqslant 0$ 以及矩阵 $Q_1 > 0$、$Q_2 > 0$、$R_{1,\ell_1} > 0$、$R_{2,\ell_2} > 0$、$P_s > 0$ 使得如下矩阵不等式成立：

$$\begin{bmatrix} \Phi_{i,s,\ell_1,\ell_2}^{(11)} & \Phi_i^{(12)} & \Phi_i^{(13)} & \Phi_i^{(14)} & \Phi_i^{(15)} \\ * & \Phi^{(22)} & 0 & 0 & 0 \\ * & * & \Phi_s^{(33)} & 0 & 0 \\ * & * & * & \Phi^{(44)} & 0 \\ * & * & * & * & \Phi^{(55)} \end{bmatrix} < 0 \tag{4.9}$$

则滤波误差系统 (4.7) 均方渐近稳定且满足指定的 H_∞ 性能指标 γ。这里，

$$\Phi_{i,s,\ell_1,\ell_2}^{(11)} = \begin{bmatrix} \tilde{\Omega}_{i,s,\ell_1,\ell_2} & \Gamma_{1,i}^{\mathrm{T}} \\ * & -P_s^{-1} \end{bmatrix}, \quad \Phi_i^{(12)} = \begin{bmatrix} \Gamma_{2,i}^{\mathrm{T}} & \Gamma_{3,i}^{\mathrm{T}} \\ 0 & 0 \end{bmatrix}, \quad \Phi_i^{(13)} = \begin{bmatrix} \Upsilon_{1,i}^{\mathrm{T}} & \Upsilon_{1c,i}^{\mathrm{T}} \\ 0 & 0 \end{bmatrix}$$

$$\Phi_i^{(14)} = \begin{bmatrix} \Upsilon_{2,i}^{\mathrm{T}} & \Upsilon_{2c,i}^{\mathrm{T}} & \Upsilon_{3,i}^{\mathrm{T}} & \Upsilon_{3c,i}^{\mathrm{T}} \\ 0 & 0 & 0 & 0 \end{bmatrix}, \quad \Phi_i^{(15)} = \begin{bmatrix} \varphi_i^{\mathrm{T}} & \psi_i^{\mathrm{T}} & \phi_i^{\mathrm{T}} \\ 0 & 0 & 0 \end{bmatrix}$$

$$\Phi^{(22)} = \mathrm{diag}\{-Q_1^{-1}, -Q_2^{-1}\}, \quad \Phi_s^{(33)} = \mathrm{diag}\{-P_s^{-1}, -P_s^{-1}\}$$

$$\Phi^{(44)} = \mathrm{diag}\{-Q_1^{-1}, -Q_1^{-1}, -Q_2^{-1}, -Q_2^{-1}\}, \quad \Phi^{(55)} = \mathrm{diag}\{-I, -I, -I\}$$

其中

$$\Upsilon_{1,i}=[0\ \ \rho_1\tilde{B}_{1,i}\ \ 0\ \ 0\ \ 0\ \ 0\ \ 0\ \ 0\ \ 0\ \ 0],\quad \Upsilon_{1c,i}=[0\ \ 0\ \ \rho_2\tilde{B}_{2,i}\ \ 0\ \ 0\ \ 0\ \ 0\ \ 0\ \ 0\ \ 0]$$

$$\Upsilon_{2,i}=d_{21}\Upsilon_{1,i},\quad \Upsilon_{2c,i}=d_{21}\Upsilon_{1c,i},\quad \Upsilon_{3,i}=d_{22}\Upsilon_{1,i},\quad \Upsilon_{3c,i}=d_{22}\Upsilon_{1c,i}$$

$$\Gamma_{1,i}=[\tilde{A}_i\ \ \bar{\alpha}_1\tilde{B}_{1,i}\ \ \bar{\alpha}_2\tilde{B}_{2,i}\ \ 0\ \ 0\ \ 0\ \ 0\ \ H^{\mathrm{T}}\ \ Z^{\mathrm{T}}\ \ \tilde{D}_i]$$

$$\Gamma_{2,i}=[d_{21}(\tilde{A}_i-I)\ \ \bar{\alpha}_1d_{21}\tilde{B}_{1,i}\ \ \bar{\alpha}_2d_{21}\tilde{B}_{2,i}\ \ 0\ \ 0\ \ 0\ \ 0\ \ d_{21}H^{\mathrm{T}}\ \ d_{21}Z^{\mathrm{T}}\ \ d_{21}\tilde{D}_i]$$

$$\Gamma_{3,i}=[d_{22}(\tilde{A}_i-I)\ \ \bar{\alpha}_1d_{22}\tilde{B}_{1,i}\ \ \bar{\alpha}_2d_{22}\tilde{B}_{2,i}\ \ 0\ \ 0\ \ 0\ \ 0\ \ d_{22}H^{\mathrm{T}}\ \ d_{22}Z^{\mathrm{T}}\ \ d_{22}\tilde{D}_i]$$

$$\varphi_i=[\tilde{L}_i\ \ \bar{\alpha}_1\tilde{M}_{1,i}\ \ \bar{\alpha}_2\tilde{M}_{2,i}\ \ 0\ \ 0\ \ 0\ \ 0\ \ 0\ \ 0\ \ \tilde{N}_i]$$

$$\psi_i=[0\ \ \rho_1\tilde{M}_{1,i}\ \ 0\ \ 0\ \ 0\ \ 0\ \ 0\ \ 0\ \ 0\ \ 0],\quad \phi_i=[0\ \ 0\ \ \rho_2\tilde{M}_{2,i}\ \ 0\ \ 0\ \ 0\ \ 0\ \ 0\ \ 0\ \ 0]$$

另外，$\tilde{\Omega}_{i,s,\ell_1,\ell_2}$ 是对称矩阵，其非零元素如下：

$$\begin{aligned}\tilde{\Omega}^{(11)}_{i,s,\ell_1,\ell_2}=&-P_i+(d_{21}-d_{11}+1)H^{\mathrm{T}}R_{1,i}H+(d_{22}-d_{12}+1)H^{\mathrm{T}}R_{2,i}H-Q_1\\&+\tau_{1,i,s,\ell_1,\ell_2}H^{\mathrm{T}}G^{\mathrm{T}}GH-Q_2+\tau_{2,i,s,\ell_1,\ell_2}Z^{\mathrm{T}}G^{\mathrm{T}}GZ\end{aligned}$$

$$\tilde{\Omega}^{(14)}=Q_1,\quad \tilde{\Omega}^{(16)}=Q_2,\quad \tilde{\Omega}^{(22)}_{\ell_1}=-R_{1,\ell_1},\quad \tilde{\Omega}^{(33)}_{\ell_2}=-R_{2,\ell_2},\quad \tilde{\Omega}^{(44)}=-2Q_1$$

$$\tilde{\Omega}^{(45)}=Q_1,\quad \tilde{\Omega}^{(55)}=-Q_1,\quad \tilde{\Omega}^{(66)}=-2Q_2,\quad \tilde{\Omega}^{(67)}=Q_2,\quad \tilde{\Omega}^{(77)}=-Q_2$$

$$\tilde{\Omega}^{(88)}_{i,s,\ell_1,\ell_2}=-\tau_{1,i,s,\ell_1,\ell_2}I,\quad \tilde{\Omega}^{(99)}_{i,s,\ell_1,\ell_2}=-\tau_{2,i,s,\ell_1,\ell_2}I,\quad \tilde{\Omega}^{(10,10)}=-\gamma^2I$$

证明　选择如下 Lyapunov-Krasovskii 泛函：

$$V(k)=V_1(k)+V_2(k)+V_3(k)+V_4(k) \tag{4.10}$$

式中

$$\begin{aligned}V_1(k)&=\eta^{\mathrm{T}}(k)P_{\sigma(k)}\eta(k)\\V_2(k)&=\sum_{j=1}^{2}\sum_{s=k-d_j(k)}^{k-1}\eta^{\mathrm{T}}(s)H^{\mathrm{T}}R_{j,\sigma(s)}H\eta(s)\\V_3(k)&=\sum_{j=1}^{2}\sum_{l=k-d_{2j}+1}^{k-d_{1j}}\sum_{s=l}^{k-1}\eta^{\mathrm{T}}(s)H^{\mathrm{T}}R_{j,\sigma(s)}H\eta(s)\\V_4(k)&=\sum_{j=1}^{2}d_{2j}\sum_{l=-d_{2j}}^{-1}\sum_{s=k+l}^{k-1}\Big(\eta(s+1)-\eta(s)\Big)^{\mathrm{T}}Q_j\Big(\eta(s+1)-\eta(s)\Big)\end{aligned}$$

设 $\Re_k$ 是由 $\{\eta(i),0\leqslant i\leqslant k\}$ 产生的最小 δ 代数。根据式 (4.7)，对上述 Lyapunov-Krasovskii 泛函先求差分再求期望，可得

$$\mathrm{E}\{\Delta V_1(k)|\Re_k\} = \mathrm{E}\{\eta^{\mathrm{T}}(k+1)P_{\sigma(k+1)}\eta(k+1)\} - \eta^{\mathrm{T}}(k)P_{\sigma(k)}\eta(k) \tag{4.11}$$

$$\begin{aligned}
&\mathrm{E}\{\Delta V_2(k)|\Re_k\}\\
&= \sum_{j=1}^{2}\left(\eta^{\mathrm{T}}(k)H^{\mathrm{T}}R_{j,\sigma(k)}H\eta(k) + \sum_{s=k-d_j(k+1)+1}^{k-d_{1j}}\eta^{\mathrm{T}}(s)H^{\mathrm{T}}R_{j,\sigma(s)}H\eta(s)\right.\\
&\quad \left.+\sum_{s=k-d_{1j}+1}^{k-1}\eta^{\mathrm{T}}(s)H^{\mathrm{T}}R_{j,\sigma(s)}H\eta(s)\right) - \sum_{j=1}^{2}\sum_{s=k-d_j(k)+1}^{k-1}\eta^{\mathrm{T}}(s)H^{\mathrm{T}}R_{j,\sigma(s)}H\eta(s)\\
&\quad -\sum_{j=1}^{2}\eta^{\mathrm{T}}(k-d_j(k))H^{\mathrm{T}}R_{j,\sigma(k-d_j(k))}H\eta(k-d_j(k))\\
&\leqslant \sum_{j=1}^{2}\left(\sum_{s=k-d_{2j}+1}^{k-d_{1j}}\eta^{\mathrm{T}}(s)H^{\mathrm{T}}R_{j,\sigma(s)}H\eta(s) - \eta^{\mathrm{T}}(k-d_j(k))H^{\mathrm{T}}R_{j,\sigma(k-d_j(k))}\right.\\
&\quad \left.\times H\eta(k-d_j(k)) + \eta^{\mathrm{T}}(k)H^{\mathrm{T}}R_{j,\sigma(k)}H\eta(k)\right)
\end{aligned} \tag{4.12}$$

$$\begin{aligned}
&\mathrm{E}\{\Delta V_3(k)|\Re_k\}\\
&= \sum_{j=1}^{2}\sum_{l=k-d_{2j}+2}^{k+1-d_{1j}}\sum_{s=l}^{k}\eta^{\mathrm{T}}(s)H^{\mathrm{T}}R_{j,\sigma(s)}H\eta(s) - \sum_{j=1}^{2}\sum_{l=k-d_{2j}+1}^{k-d_{1j}}\sum_{s=l}^{k-1}\eta^{\mathrm{T}}(s)H^{\mathrm{T}}R_{j,\sigma(s)}H\eta(s)\\
&= \sum_{j=1}^{2}(d_{2j}-d_{1j})\eta^{\mathrm{T}}(k)H^{\mathrm{T}}R_{j,\sigma(k)}H\eta(k) - \sum_{j=1}^{2}\sum_{l=k-d_{2j}+1}^{k-d_{1j}}\eta^{\mathrm{T}}(l)H^{\mathrm{T}}R_{j,\sigma(l)}H\eta(l)
\end{aligned} \tag{4.13}$$

由 Jensen 不等式[25] 可得

$$\begin{aligned}
&-\sum_{l=-d_{2j}}^{-1}d_{2j}(\eta(k+l+1)-\eta(k+l))^{\mathrm{T}}Q_j(\eta(k+l+1)-\eta(k+l))\\
&\leqslant -\sum_{l=k-d_{2j}}^{k-d_{1j}-1}(d_{2j}-d_{1j})(\eta(l+1)-\eta(l))^{\mathrm{T}}Q_j(\eta(l+1)-\eta(l))\\
&\quad -\sum_{l=k-d_{1j}}^{k-1}d_{1j}(\eta(l+1)-\eta(l))^{\mathrm{T}}Q_j(\eta(l+1)-\eta(l))\\
&\leqslant -(\eta(k-d_{1j})-\eta(k-d_{2j}))^{\mathrm{T}}Q_j(\eta(k-d_{1j})-\eta(k-d_{2j}))\\
&\quad -(\eta(k)-\eta(k-d_{1j}))^{\mathrm{T}}Q_j(\eta(k)-\eta(k-d_{1j}))
\end{aligned} \tag{4.14}$$

于是，有

$$
\begin{aligned}
&\mathrm{E}\{\Delta V_4(k)|\Re_k\}\\
&=\sum_{j=1}^{2} d_{2j}^2(\eta(k+1)-\eta(k))^{\mathrm{T}}Q_j(\eta(k+1)-\eta(k))-\sum_{j=1}^{2}\sum_{l=-d_{2j}}^{-1} d_{2j}(\eta(k+l+1)\\
&\quad-\eta(k+l))^{\mathrm{T}}Q_j(\eta(k+l+1)-\eta(k+l))\\
&\leqslant\sum_{j=1}^{2}\Big[d_{2j}^2(\eta(k+1)-\eta(k))^{\mathrm{T}}Q_j(\eta(k+1)-\eta(k))-(\eta(k-d_{1j})-\eta(k-d_{2j}))^{\mathrm{T}}Q_j\\
&\quad\times(\eta(k-d_{1j})-\eta(k-d_{2j}))-(\eta(k)-\eta(k-d_{1j}))^{\mathrm{T}}Q_j(\eta(k)-\eta(k-d_{1j}))\Big]
\end{aligned}
\tag{4.15}
$$

由于 $\sigma(k)$ 服从任意切换，对于 $\forall i,s,\ell_j\in\mathcal{M}$，$j=1,2$，记

$$
\begin{aligned}
&R_{j,i}=R_{j,\sigma(k)},\quad P_i=P_{\sigma(k)},\quad P_s=P_{\sigma(k+1)},\quad R_{j,\ell_j}=R_{j,\sigma(k-d_j(k))}\\
&\xi(k)=[\eta^{\mathrm{T}}(k),\ \eta^{\mathrm{T}}(k-d_1(k))H^{\mathrm{T}},\ \eta^{\mathrm{T}}(k-d_2(k))H^{\mathrm{T}},\ \eta^{\mathrm{T}}(k-d_{11}),\ \eta^{\mathrm{T}}(k-d_{21}),\\
&\qquad\eta^{\mathrm{T}}(k-d_{12}),\ \eta^{\mathrm{T}}(k-d_{22}),\ g^{\mathrm{T}}(k,x(k)),\ G_k^{\mathrm{T}},\ v^{\mathrm{T}}(k)]^{\mathrm{T}}
\end{aligned}
$$

根据式 (4.11)~式 (4.15) 可得

$$
\mathrm{E}\{\Delta V(k)|\Re_k\}\leqslant\xi^{\mathrm{T}}(k)\Omega_{i,s,\ell_1,\ell_2}\xi(k)\tag{4.16}
$$

式中

$$
\begin{aligned}
\Omega_{i,s,\ell_1,\ell_2}=&\,\Omega_{0,i,\ell_1,\ell_2}+\Gamma_{1,i}^{\mathrm{T}}P_s\Gamma_{1,i}+\Gamma_{2,i}^{\mathrm{T}}Q_1\Gamma_{2,i}+\Gamma_{3,i}^{\mathrm{T}}Q_2\Gamma_{3,i}+\Upsilon_{1,i}^{\mathrm{T}}P_s\Upsilon_{1,i}+\Upsilon_{1c,i}^{\mathrm{T}}P_s\Upsilon_{1c,i}\\
&+\Upsilon_{2,i}^{\mathrm{T}}Q_1\Upsilon_{2,i}+\Upsilon_{2c,i}^{\mathrm{T}}Q_1\Upsilon_{2c,i}+\Upsilon_{3,i}^{\mathrm{T}}Q_2\Upsilon_{3,i}+\Upsilon_{3c,i}^{\mathrm{T}}Q_2\Upsilon_{3c,i}
\end{aligned}
$$

这里，$\Omega_{0,i,\ell_1,\ell_2}$ 是对称矩阵，其非零元素如下：

$$
\begin{aligned}
&\Omega_{0,i}^{(11)}=-P_i+(d_{21}-d_{11}+1)H^{\mathrm{T}}R_{1,i}H+(d_{22}-d_{12}+1)H^{\mathrm{T}}R_{2,i}H-Q_1-Q_2\\
&\Omega_0^{(14)}=Q_1,\quad\Omega_0^{(16)}=Q_2,\quad\Omega_{0,\ell_1}^{(22)}=-R_{1,\ell_1},\quad\Omega_{0,\ell_2}^{(33)}=-R_{2,\ell_2},\quad\Omega_0^{(44)}=-2Q_1\\
&\Omega_0^{(45)}=Q_1,\quad\Omega_0^{(55)}=-Q_1,\quad\Omega_0^{(66)}=-2Q_2,\quad\Omega_0^{(67)}=Q_2,\quad\Omega_0^{(77)}=-Q_2
\end{aligned}
$$

由式 (4.2) 和式 (4.3) 可得

$$
g^{\mathrm{T}}(k,x(k))g(k,x(k))-\eta^{\mathrm{T}}(k)H^{\mathrm{T}}G^{\mathrm{T}}GH\eta(k)=\xi^{\mathrm{T}}(k)\Lambda_1\xi(k)\leqslant 0\tag{4.17}
$$

$$
G_k^{\mathrm{T}}G_k-\eta^{\mathrm{T}}(k)Z^{\mathrm{T}}G^{\mathrm{T}}GZ\eta(k)=\xi^{\mathrm{T}}(k)\Lambda_2\xi(k)\leqslant 0\tag{4.18}
$$

式中

$$\Lambda_1 = \text{diag}\{-H^{\text{T}}G^{\text{T}}GH, 0, 0, 0, 0, 0, 0, I, 0, 0\}$$
$$\Lambda_2 = \text{diag}\{-Z^{\text{T}}G^{\text{T}}GZ, 0, 0, 0, 0, 0, 0, 0, I, 0\}$$

由式 (4.7) 可得

$$\text{E}\{\tilde{r}^{\text{T}}(k)\tilde{r}(k)|\Re_k\} \leqslant \xi^{\text{T}}(k)\Xi_i\xi(k) \tag{4.19}$$

式中

$$\Xi_i = \varphi_i^{\text{T}}\varphi_i + \psi_i^{\text{T}}\psi_i + \phi_i^{\text{T}}\phi_i$$

由式 (4.16) 和式 (4.19)，可得

$$\text{E}\{\Delta V(k)|\Re_k\} + \text{E}\{\tilde{r}^{\text{T}}(k)\tilde{r}(k) - \gamma^2 v^{\text{T}}(k)v(k)\} \leqslant \xi^{\text{T}}(k)\tilde{\varPhi}_{i,s,\ell_1,\ell_2}\xi(k) \tag{4.20}$$

式中

$$\tilde{\varPhi}_{i,s,\ell_1,\ell_2} = -\gamma^2\text{diag}\{0, 0, 0, 0, 0, 0, 0, 0, 0, I\} + \Xi_i + \varOmega_{i,s,\ell_1,\ell_2}$$

由引理 3.1，在约束条件 (4.17) 和 (4.18) 下，不等式 $\xi^{\text{T}}(k)\tilde{\varPhi}_{i,s,\ell_1,\ell_2}\xi(k) < 0$ 成立的一个充分条件是：存在非负实数 $\tau_{1,i,s,\ell_1,\ell_2} \geqslant 0$ 和 $\tau_{2,i,s,\ell_1,\ell_2} \geqslant 0$，使得

$$\bar{\varPhi}_{i,s,\ell_1,\ell_2} = \tilde{\varPhi}_{i,s,\ell_1,\ell_2} - \tau_{1,i,s,\ell_1,\ell_2}\Lambda_1 - \tau_{2,i,s,\ell_1,\ell_2}\Lambda_2 < 0 \tag{4.21}$$

由 Schur 补引理，$\bar{\varPhi}_{i,s,\ell_1,\ell_2} < 0$ 当且仅当式 (4.9) 成立。于是

$$\text{E}\{V(k+1)|\Re_k\} - \text{E}\{V(k)\} + \text{E}\{\tilde{r}^{\text{T}}(k)\tilde{r}(k)\} - \gamma^2\text{E}\{v^{\text{T}}(k)v(k)\} < 0 \tag{4.22}$$

式 (4.22) 两边对 k 从 0 加到 ∞，可得

$$\sum_{k=0}^{\infty}\text{E}\{\tilde{r}^{\text{T}}(k)\tilde{r}(k)\} - \gamma^2\sum_{k=0}^{\infty}\text{E}\{v^{\text{T}}(k)v(k)\} + \text{E}\{V(\infty)\} - \text{E}\{V(0)\} < 0 \tag{4.23}$$

在零初始条件下，下式成立：

$$\sum_{k=0}^{\infty}\text{E}\{\tilde{r}^{\text{T}}(k)\tilde{r}(k)\} < \gamma^2\sum_{k=0}^{\infty}\text{E}\{v^{\text{T}}(k)v(k)\} \tag{4.24}$$

当 $v(k) = 0$ 时，由式 (4.16)~式 (4.18)、式 (4.9) 以及引理 3.1 和 Schur 补引理，可知 $\text{E}\{\Delta V(k)|\Re_k\} < 0$。于是，由 Lyapunov 稳定性理论可知，滤波误差系统 (4.7) 均方渐近稳定。证毕。

显然，矩阵不等式 (4.9) 中含有多个非线性项，因此定理 4.1 不能直接用于 FDF 设计。下面给出另一个定理来解决 FDF 设计问题。

定理 4.2　给定正实数 $\rho_1=\sqrt{\bar{\alpha}_1(1-\bar{\alpha}_1)}$ 和 $\rho_2=\sqrt{\bar{\alpha}_2(1-\bar{\alpha}_2)}$，如果对于 $\forall i,s,\ell_1,\ell_2\in\mathcal{M}$，存在实数 $\tau_{1,i,s,\ell_1,\ell_2}\geqslant 0$ 和 $\tau_{2,i,s,\ell_1,\ell_2}\geqslant 0$，以及矩阵 $Q_1>0$、$Q_2>0$、$R_{1,\ell_1}>0$、$R_{2,\ell_2}>0$、$P_s>0$、$T^{(11)}_{i,s,\ell_1,\ell_2}$、$T^{(12)}_{i,s,\ell_1,\ell_2}$、$T^{(22)}$、$F_{ai}$、$F_{bi}$、$\hat{C}_{fi}$、$\hat{D}_{fi}$ 使得如下 LMI 成立：

$$\begin{bmatrix} \Psi^{(11)}_{i,s,\ell_1,\ell_2} & \Psi^{(12)}_{i,s,\ell_1,\ell_2} & \Psi^{(13)}_{i} & \Psi^{(14)}_{i} & \Psi^{(15)}_{i} \\ * & \Psi^{(22)}_{i,s,\ell_1,\ell_2} & 0 & 0 & 0 \\ * & * & \Psi^{(33)}_{i,s,\ell_1,\ell_2} & 0 & 0 \\ * & * & * & \Psi^{(44)}_{i,s,\ell_1,\ell_2} & 0 \\ * & * & * & * & \Psi^{(55)} \end{bmatrix}<0 \tag{4.25}$$

则滤波误差系统 (4.7) 均方渐近稳定且满足指定的 H_∞ 性能指标 γ。这里，

$$\Psi^{(11)}_{i,s,\ell_1,\ell_2}=\begin{bmatrix} \tilde{\Omega}_{i,s,\ell_1,\ell_2} & \tilde{\Gamma}^{\mathrm{T}}_{1,i,s,\ell_1,\ell_2} \\ * & \mathcal{P}_{i,s,\ell_1,\ell_2} \end{bmatrix},\quad \Psi^{(12)}_{i,s,\ell_1,\ell_2}=\begin{bmatrix} \tilde{\Gamma}^{\mathrm{T}}_{2,i,s,\ell_1,\ell_2} & \tilde{\Gamma}^{\mathrm{T}}_{3,i,s,\ell_1,\ell_2} \\ 0 & 0 \end{bmatrix}$$

$$\Psi^{(13)}_{i}=\begin{bmatrix} \tilde{\Upsilon}^{\mathrm{T}}_{1,i} & \tilde{\Upsilon}^{\mathrm{T}}_{1c,i} \\ 0 & 0 \end{bmatrix},\quad \Psi^{(14)}_{i}=\begin{bmatrix} \tilde{\Upsilon}^{\mathrm{T}}_{2,i} & \tilde{\Upsilon}^{\mathrm{T}}_{2c,i} & \tilde{\Upsilon}^{\mathrm{T}}_{3,i} & \tilde{\Upsilon}^{\mathrm{T}}_{3c,i} \\ 0 & 0 & 0 & 0 \end{bmatrix}$$

$$\Psi^{(15)}_{i}=\begin{bmatrix} \varphi^{\mathrm{T}}_{i} & \psi^{\mathrm{T}}_{i} & \phi^{\mathrm{T}}_{i} \\ 0 & 0 & 0 \end{bmatrix},\quad \Psi^{(22)}_{i,s,\ell_1,\ell_2}=\mathrm{diag}\{\mathcal{Q}_{1,i,s,\ell_1,\ell_2},\mathcal{Q}_{2,i,s,\ell_1,\ell_2}\}$$

$$\Psi^{(33)}_{i,s,\ell_1,\ell_2}=\mathrm{diag}\{\mathcal{P}_{i,s,\ell_1,\ell_2},\mathcal{P}_{i,s,\ell_1,\ell_2}\}$$

$$\Psi^{(44)}_{i,s,\ell_1,\ell_2}=\mathrm{diag}\{\mathcal{Q}_{1,i,s,\ell_1,\ell_2},\mathcal{Q}_{1,i,s,\ell_1,\ell_2},\mathcal{Q}_{2,i,s,\ell_1,\ell_2},\mathcal{Q}_{2,i,s,\ell_1,\ell_2}\}$$

$$\Psi^{(55)}=\mathrm{diag}\{-I,-I,-I\}$$

其中，

$$\tilde{\Upsilon}_{1,i}=[0\ \ \rho_1\mathcal{B}^{\mathrm{T}}_{1,i}\ \ 0\ \ 0\ \ 0\ \ 0\ \ 0\ \ 0\ \ 0\ \ 0],\quad \tilde{\Upsilon}_{2,i}=d_{21}\tilde{\Upsilon}_{1,i}$$

$$\tilde{\Upsilon}_{1c,i}=[0\ \ 0\ \ \rho_2\mathcal{B}^{\mathrm{T}}_{2,i}\ \ 0\ \ 0\ \ 0\ \ 0\ \ 0\ \ 0\ \ 0],\quad \tilde{\Upsilon}_{2c,i}=d_{21}\tilde{\Upsilon}_{1c,i}$$

$$\tilde{\Upsilon}_{3,i}=d_{22}\tilde{\Upsilon}_{1,i},\quad \tilde{\Upsilon}_{3c,i}=d_{22}\tilde{\Upsilon}_{1c,i}$$

$$\tilde{\Gamma}_{1,i,s,\ell_1,\ell_2}=[\mathcal{A}^{\mathrm{T}}_{i,s,\ell_1,\ell_2}\ \ \bar{\alpha}_1\mathcal{B}^{\mathrm{T}}_{1,i}\ \ \bar{\alpha}_2\mathcal{B}^{\mathrm{T}}_{2,i}\ \ 0\ \ 0\ \ 0\ \ 0\ \ \mathcal{H}^{\mathrm{T}}_{i,s,\ell_1,\ell_2}\ \ \ \mathcal{Z}^{\mathrm{T}}\ \ \mathcal{D}^{\mathrm{T}}_{i,s,\ell_1,\ell_2}]$$

$$\begin{aligned}\tilde{\Gamma}_{2,i,s,\ell_1,\ell_2}=&[d_{21}(\mathcal{A}_{i,s,\ell_1,\ell_2}-\mathcal{T}_{i,s,\ell_1,\ell_2})^{\mathrm{T}}\ \ \bar{\alpha}_1 d_{21}\mathcal{B}^{\mathrm{T}}_{1,i}\ \ \bar{\alpha}_2 d_{21}\mathcal{B}^{\mathrm{T}}_{2,i}\ \ 0\ \ 0\ \ 0\ \ 0\ \ d_{21}\mathcal{H}^{\mathrm{T}}_{i,s,\ell_1,\ell_2}\\ &d_{21}\mathcal{Z}^{\mathrm{T}}\ \ d_{21}\mathcal{D}^{\mathrm{T}}_{i,s,\ell_1,\ell_2}]\end{aligned}$$

$$\begin{aligned}\tilde{\Gamma}_{3,i,s,\ell_1,\ell_2}=&[d_{22}(\mathcal{A}_{i,s,\ell_1,\ell_2}-\mathcal{T}_{i,s,\ell_1,\ell_2})^{\mathrm{T}}\ \ \bar{\alpha}_1 d_{22}\mathcal{B}^{\mathrm{T}}_{1,i}\ \ \bar{\alpha}_2 d_{22}\mathcal{B}^{\mathrm{T}}_{2,i}\ \ 0\ \ 0\ \ 0\ \ 0\ \ d_{22}\mathcal{H}^{\mathrm{T}}_{i,s,\ell_1,\ell_2}\\ &d_{22}\mathcal{Z}^{\mathrm{T}}\ \ d_{22}\mathcal{D}^{\mathrm{T}}_{i,s,\ell_1,\ell_2}]\end{aligned}$$

$$\mathcal{A}_{i,s,\ell_1,\ell_2}=\begin{bmatrix} A^{\mathrm{T}}T^{(11)}_{i,s,\ell_1,\ell_2} & A^{\mathrm{T}}T^{(12)}_{i,s,\ell_1,\ell_2}+A^{\mathrm{T}}T^{(22)}-F_{ai} \\ 0 & F_{ai}\end{bmatrix}$$

$$\mathcal{B}_{1,i}=[0\ \ -C^{\mathrm{T}}E_1^{\mathrm{T}}\Pi_i^{\mathrm{T}}F_{bi}],\quad \mathcal{B}_{2,i}=[0\ \ -C^{\mathrm{T}}E_2^{\mathrm{T}}\Pi_i^{\mathrm{T}}F_{bi}],\quad \mathcal{Z}=[0\ \ T^{(22)}]$$

$$\mathcal{D}_{i,s,\ell_1,\ell_2}=\begin{bmatrix} B^{\mathrm{T}}T^{(11)}_{i,s,\ell_1,\ell_2} & B^{\mathrm{T}}T^{(12)}_{i,s,\ell_1,\ell_2}+B^{\mathrm{T}}T^{(22)}-D^{\mathrm{T}}\Pi_i^{\mathrm{T}}F_{bi} \\ F^{\mathrm{T}}T^{(11)}_{i,s,\ell_1,\ell_2} & F^{\mathrm{T}}T^{(12)}_{i,s,\ell_1,\ell_2}+F^{\mathrm{T}}T^{(22)}\end{bmatrix}$$

$$\mathcal{H}_{i,s,\ell_1,\ell_2}=\left[T^{(11)}_{i,s,\ell_1,\ell_2}\ \ T^{(12)}_{i,s,\ell_1,\ell_2}\right]$$

$$\mathcal{T}_{i,s,\ell_1,\ell_2}=\begin{bmatrix} T^{(11)}_{i,s,\ell_1,\ell_2} & T^{(12)}_{i,s,\ell_1,\ell_2} \\ 0 & T^{(22)}\end{bmatrix},\quad \mathcal{P}_{i,s,\ell_1,\ell_2}=P_s-\mathcal{T}_{i,s,\ell_1,\ell_2}-\mathcal{T}^{\mathrm{T}}_{i,s,\ell_1,\ell_2}$$

$$\mathcal{Q}_{1,i,s,\ell_1,\ell_2}=Q_1-\mathcal{T}_{i,s,\ell_1,\ell_2}-\mathcal{T}^{\mathrm{T}}_{i,s,\ell_1,\ell_2},\quad \mathcal{Q}_{2,i,s,\ell_1,\ell_2}=Q_2-\mathcal{T}_{i,s,\ell_1,\ell_2}-\mathcal{T}^{\mathrm{T}}_{i,s,\ell_1,\ell_2}$$

特别地，如果 LMI(4.25) 有可行解，则 FDF 参数可如下给出:

$$\begin{bmatrix} \hat{A}_{fi} & \hat{B}_{fi} \\ \hat{C}_{fi} & \hat{D}_{fi}\end{bmatrix}=\begin{bmatrix} [T^{(22)}]^{-\mathrm{T}} & 0 \\ 0 & I\end{bmatrix}\begin{bmatrix} F^{\mathrm{T}}_{ai} & F^{\mathrm{T}}_{bi} \\ \hat{C}_{fi} & \hat{D}_{fi}\end{bmatrix} \tag{4.26}$$

证明　定义

$$\mathcal{T}_{i,s,\ell_1,\ell_2}=\begin{bmatrix} T^{(11)}_{i,s,\ell_1,\ell_2} & T^{(12)}_{i,s,\ell_1,\ell_2} \\ 0 & T^{(22)}\end{bmatrix},\quad F_{ai}=\hat{A}^{\mathrm{T}}_{fi}T^{(22)},\quad F_{bi}=\hat{B}^{\mathrm{T}}_{fi}T^{(22)}$$

易计算得知

$$\tilde{A}_i^{\mathrm{T}}\mathcal{T}_{i,s,\ell_1,\ell_2}=\mathcal{A}_{i,s,\ell_1,\ell_2},\quad \tilde{B}_{1,i}^{\mathrm{T}}\mathcal{T}_{i,s,\ell_1,\ell_2}=\mathcal{B}_{1,i},\quad \tilde{B}_{2,i}^{\mathrm{T}}\mathcal{T}_{i,s,\ell_1,\ell_2}=\mathcal{B}_{2,i}$$

$$H\mathcal{T}_{i,s,\ell_1,\ell_2}=\mathcal{H}_{i,s,\ell_1,\ell_2},\quad Z\mathcal{T}_{i,s,\ell_1,\ell_2}=\mathcal{Z},\quad \tilde{D}_i^{\mathrm{T}}\mathcal{T}_{i,s,\ell_1,\ell_2}=\mathcal{D}_{i,s,\ell_1,\ell_2}$$

于是，使用以下不等式:

$$-\mathcal{T}^{\mathrm{T}}_{i,s,\ell_1,\ell_2}P_s^{-1}\mathcal{T}_{i,s,\ell_1,\ell_2}\leqslant P_s-\mathcal{T}_{i,s,\ell_1,\ell_2}-\mathcal{T}^{\mathrm{T}}_{i,s,\ell_1,\ell_2} \tag{4.27}$$

$$-\mathcal{T}^{\mathrm{T}}_{i,s,\ell_1,\ell_2}Q_1^{-1}\mathcal{T}_{i,s,\ell_1,\ell_2}\leqslant Q_1-\mathcal{T}_{i,s,\ell_1,\ell_2}-\mathcal{T}^{\mathrm{T}}_{i,s,\ell_1,\ell_2} \tag{4.28}$$

$$-\mathcal{T}^{\mathrm{T}}_{i,s,\ell_1,\ell_2}Q_2^{-1}\mathcal{T}_{i,s,\ell_1,\ell_2}\leqslant Q_2-\mathcal{T}_{i,s,\ell_1,\ell_2}-\mathcal{T}^{\mathrm{T}}_{i,s,\ell_1,\ell_2} \tag{4.29}$$

并且采用与 Wang 等[26] 相似的方法，通过简单的数学处理可知，如果式 (4.25) 成立，则式 (4.9) 也成立。证毕。

4.2.4　仿真实例

本节给出一个仿真实例来说明所提方法的有效性。

考虑离散时间非线性系统 (4.1)，其通过网络传输后接收到的测量输出描述为式 (4.4)，其中相关参数如下：

$$A=\begin{bmatrix}0.1 & 0.1\\ -0.3 & 0.1\end{bmatrix},\quad B=\begin{bmatrix}-0.1\\ 0.3\end{bmatrix},\quad g(k,x(k))=\begin{bmatrix}0.01\sin x_k^1\\ 0.01\sin x_k^2\end{bmatrix}$$

$$C=\begin{bmatrix}0.02 & 0\\ 0 & 0.03\end{bmatrix},\quad D=\begin{bmatrix}2\\ -1\end{bmatrix},\quad G=\begin{bmatrix}0.01 & 0\\ 0 & 0.01\end{bmatrix},\quad F=\begin{bmatrix}-0.01\\ 0.02\end{bmatrix}$$

假设有两条信道 (信道 1 和信道 2)，但是由于介质访问受限，每个时刻只有一条信道可传输数据包。测量输出 $y(k)$ 的两个分量，即 y_k^1 和 y_k^2 分别通过信道 1 和信道 2 传输。对于每个经过信道 1 或信道 2 传输到 FDF 的数据包，要么没有时滞，要么具有 1 步时滞。此外，假设信道 2 的数据丢包率比信道 1 步数据丢包率高。于是，选取如下参数：

$$\Pi_1=E_1=\begin{bmatrix}1 & 0\\ 0 & 0\end{bmatrix},\quad \Pi_2=E_2=\begin{bmatrix}0 & 0\\ 0 & 1\end{bmatrix}$$

$$0\leqslant d_1(k)\leqslant 1,\quad 0\leqslant d_2(k)\leqslant 1,\quad \bar{\alpha}_1=0.95,\quad \bar{\alpha}_2=0.15$$

为降低计算复杂度，假设在定理 4.2 中的矩阵与 ℓ_1 和 ℓ_2 无关。例如，$T_{i,s}^{(11)}=T_{i,s,\ell_1,\ell_2}^{(11)}$, $T_{i,s}^{(12)}=T_{i,s,\ell_1,\ell_2}^{(12)}$。

通过求解 LMI (4.25) 并利用式 (4.26)，可得 $\gamma_{\text{opt}}=1.0000$ 以及如下 FDF 参数：

$$\hat{A}_{f1}=\begin{bmatrix}0.1320 & -0.0182\\ -0.1814 & 0.2838\end{bmatrix},\quad \hat{A}_{f2}=\begin{bmatrix}0.1324 & -0.0181\\ -0.1818 & 0.2834\end{bmatrix}$$

$$\hat{B}_{f1}=\begin{bmatrix}-0.0347 & 0\\ 0.1280 & 0\end{bmatrix},\quad \hat{B}_{f2}=\begin{bmatrix}0 & 0.0442\\ 0 & -0.2220\end{bmatrix}$$

$$\hat{C}_{f1}=10^{-3}\times[-0.1901\quad -0.5062],\quad \hat{C}_{f2}=10^{-3}\times[-0.1892\quad -0.5055]$$

$$\hat{D}_{f1}=10^{-3}\times[0.2673\quad 0],\quad \hat{D}_{f2}=10^{-3}\times[0\quad -0.6685]$$

以下采用所设计的 FDF 进行时域数值仿真。系统 (4.1) 和 FDF (4.6) 的初始条件分别为 $x(0)=[0\quad 0]^{\mathrm{T}}$ 和 $\hat{x}(0)=[0\quad 0]^{\mathrm{T}}$。外部扰动输入 $w(k)=\exp(-0.003k)n(k)$，其中 $n(k)$ 是均匀分布在 $[-0.0001,0.0001]$ 的随机噪声。假定故障信号为

$$f(k)=\begin{cases}1, & k=100,\ 101,\cdots,200\\ 0, & \text{其他}\end{cases}$$

时滞 $d_1(k)$ 和 $d_2(k)$ 皆等概率随机取值于 0~1。切换信号 $\sigma(k)$ 序列如下：$\{1,1,1,2,2,2,1,1,1,\cdots\}$。图 4.1 和图 4.2 分别给出了残差信号 $r(k)$ 和残差评估函数 $J(k)$

的曲线。

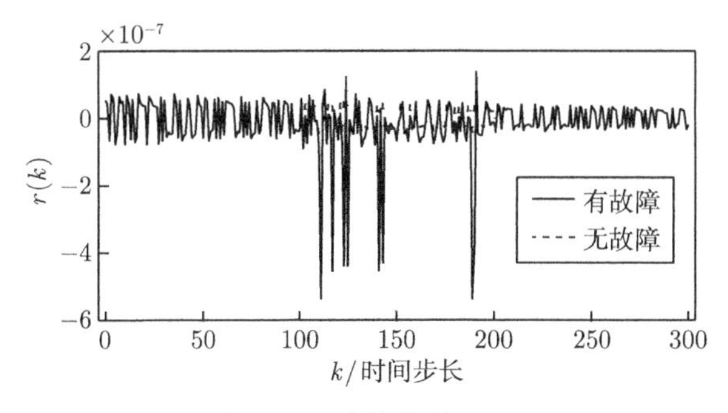

图 4.1 残差信号 $r(k)$

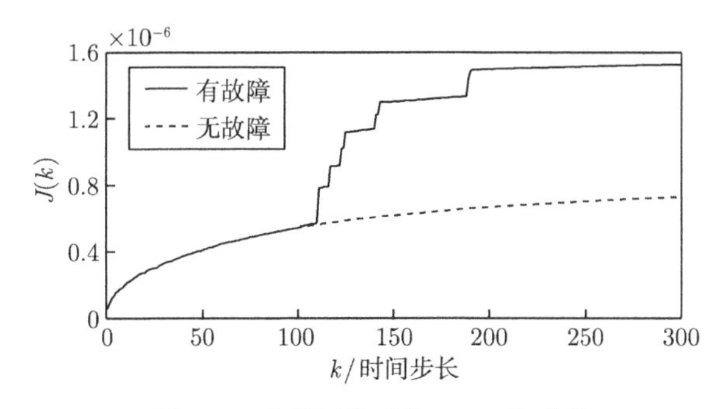

图 4.2 残差评估函数 $J(k)$ 的曲线

由图 4.1 和图 4.2 可知，所设计的 FDF 易于检测故障。选择阈值为 $J_{\rm th} = \sup\limits_{f=0} {\rm E}\left\{\sum\limits_{s=0}^{300} r^{\rm T}(s)r(s)\right\}^{1/2}$。经过 400 次仿真并取平均值，可得 $J_{\rm th} = 7.3171\times10^{-7}$。同时，有 $5.7366\times10^{-7} = J(110) < J_{\rm th} < J(111) = 7.8596\times10^{-7}$。于是，可知故障将在其发生后的第 11 步被检测到。

4.3 具有丢包、时滞及量化的全局 Lipschitz 非线性系统故障检测

4.3.1 考虑丢包补偿的多种网络诱导现象统一建模

与 4.2.1 节相同，考虑如下离散时间非线性系统：

$$\begin{cases} x(k+1) = Ax(k) + g(k, x(k)) + Bw(k) + Ff(k) \\ y(k) = Cx(k) \end{cases} \tag{4.30}$$

式中，$x(k) \in \mathbb{R}^n$ 是系统状态；$y(k) \in \mathbb{R}^{n_y}$ 为系统测量输出；其余如系统 (4.1) 所述。

假设系统的测量输出在通过网络传输之前先进行量化。为此，采用对数量化器[27]，其量化水平集如下：

$$U = \{\pm u_i : u_i = \rho^i u_0, i = \pm 1, \pm 2, \cdots\} \cup \{\pm u_0\} \cup \{0\}, \quad 0 < \rho < 1,\ u_0 > 0 \tag{4.31}$$

式中，参数 ρ 与量化密度相关，因而被称为量化密度[28]。

对数量化器 $q(\cdot)$ 定义如下：

$$q(v) = \begin{cases} u_i, & \dfrac{1}{1+\delta}u_i < v \leqslant \dfrac{1}{1-\delta}u_i \\ 0, & v = 0 \\ -q(-v), & v < 0 \end{cases} \tag{4.32}$$

式中，$\delta = (1-\rho)/(1+\rho)$。显然，式 (4.32) 中量化器 $q(\cdot)$ 是对称的，即 $q(-v) = -q(v)$，同时也是时不变的。

由于丢包、时滞、量化等不完整量测的影响，通过网络传输到 FDF 的数据包，其表达形式如下：

$$\hat{y}(k) = \sum_{i=0}^{m} q(y(k-i)) I_{\{\sigma(k)=i\}} + q(y(k-d(k)-l(k))) I_{\{\sigma(k)=m+1\}} \tag{4.33}$$

式中，$\{\sigma(k)\}$ 为取值于有限状态空间 $\mathcal{M} = \{0, 1, \cdots, m+1\}$ 且转移概率矩阵为 $\Lambda = [\lambda_{ij}]$ 的齐次马尔可夫链，这里

$$\lambda_{ij} = \text{Prob}\{\sigma(k+1) = j | \sigma(k) = i\}, \quad i,\ j \in \mathcal{M} \tag{4.34}$$

$\lambda_{ij} \geqslant 0$，且对 $\forall i \in \mathcal{M}$，有 $\sum\limits_{j=0}^{m+1} \lambda_{ij} = 1$；$m$ 为非负整数；$I_{\{\sigma(k)=i\}}$ 为 $\sigma(k) = i$ 时取值为 1、其他情况下取值为 0 的函数；$d(k)$ 为连续丢包的次数，且满足 $d_m \leqslant d(k) \leqslant d_M$；$l(k)$ 为在 $k - d(k)$ 时刻数据包可能发生的时滞，且满足 $0 \leqslant l(k) \leqslant m$；$q(\cdot)$ 为式 (4.32) 所定义的对数量化器。

为表述方便，记

$$h(k) \overset{\text{def}}{=\!=} l(k) + d(k), \quad h_M \overset{\text{def}}{=\!=} d_M + m \tag{4.35}$$

注释 4.2 随机模型 (4.33) 同时描述了网络诱导时滞、丢包和量化现象，并采用最近一次接收的数据包对当前时刻丢包进行补偿。模型 (4.33) 是基于 He 等 [21, 23, 24] 的模型提出的。但是，在 He 等的模型中没有考虑丢包补偿，这可能导致保守的结果。与 He 等的模型相比，采用模型 (4.33) 可更方便地探讨连续丢包次数的影响。此外，模型 (4.33) 还考虑了量化效应。

采用扇形界方法[28]，式 (4.33) 中的量化误差可进行如下处理：

$$\begin{cases} q(y(k-i))-y(k-i)=\varDelta(y(k-i))y(k-i) \\ q(y(k-l(k)-d(k)))-y(k-l(k)-d(k))=\varDelta(y(k-l(k)-d(k)))y(k-l(k)-d(k)) \\ \|\varDelta(y(k-i))\|\leqslant\delta, \quad i=0,1,\cdots,m, \quad \|\varDelta(y(k-l(k)-d(k)))\|\leqslant\delta \end{cases} \tag{4.36}$$

假定 FDF 可获得 $\{\sigma(k)\}$ 的信息，于是，考虑如下模态相关的非线性 FDF：

$$\begin{cases} \hat{x}(k+1)=\hat{A}(\sigma(k))\hat{x}(k)+g(k,\hat{x}(k))+\hat{B}(\sigma(k))\hat{y}(k) \\ r(k)=\hat{C}(\sigma(k))\hat{x}(k)+\hat{D}(\sigma(k))\hat{y}(k) \end{cases} \tag{4.37}$$

式中，$\hat{x}(k)\in\mathbb{R}^n$ 为 FDF 的状态向量；$r(k)\in\mathbb{R}^{n_f}$ 为残差信号；$\hat{A}(\sigma(k))$、$\hat{B}(\sigma(k))$、$\hat{C}(\sigma(k))$、$\hat{D}(\sigma(k))$ 为维数适当的 FDF 待定参数。

定义

$$\eta(k)=[x^{\mathrm{T}}(k),\bar{x}^{\mathrm{T}}(k),e^{\mathrm{T}}(k)]^{\mathrm{T}}, \quad \bar{x}(k)=[x^{\mathrm{T}}(k-1),x^{\mathrm{T}}(k-2),\cdots,x^{\mathrm{T}}(k-m)]^{\mathrm{T}}$$

$$e(k)=x(k)-\hat{x}(k), \quad G_k=g(k,x(k))-g(k,\hat{x}(k)), \quad v(k)=[w^{\mathrm{T}}(k),f^{\mathrm{T}}(k)]^{\mathrm{T}}$$

$$\tilde{r}(k)=r(k)-f(k), \quad \varDelta_i(k)=\varDelta(y(k-i)), \quad i=0,1,\cdots,m$$

$$\varDelta_{m+1}(k)=\varDelta(y(k-l(k)-d(k)))$$

于是，对 $\forall i\in\mathcal{M}$，有 $\|\varDelta_i(k)\|\leqslant\delta$，并可得如下滤波误差系统：

$$\begin{cases} \eta(k+1)=(\tilde{A}_{\sigma(k)}+\Delta\tilde{A}_{\sigma(k)})\eta(k)+(\tilde{B}_{\sigma(k)}+\Delta\tilde{B}_{\sigma(k)})CH\eta(k-l(k)-d(k)) \\ \qquad\qquad +\tilde{D}v(k)+H^{\mathrm{T}}g(k,x(k))+Z^{\mathrm{T}}G_k \\ \tilde{r}(k)=(\tilde{L}_{\sigma(k)}+\Delta\tilde{L}_{\sigma(k)})\eta(k)+(\tilde{M}_{\sigma(k)}+\Delta\tilde{M}_{\sigma(k)})CH\eta(k-l(k)-d(k)) \\ \qquad\qquad +\tilde{N}v(k) \end{cases} \tag{4.38}$$

式中

$$\tilde{A}_{\sigma(k)}=\begin{bmatrix} A & 0 & 0 \\ \hat{A}_{21} & \hat{A}_{22} & 0 \\ A-\hat{B}(\sigma(k))I_{\{\sigma(k)=0\}}C-\hat{A}(\sigma(k)) & -\hat{B}(\sigma(k))\ell_m\tilde{C}_m & \hat{A}(\sigma(k)) \end{bmatrix}$$

$$\hat{A}_{21}=\begin{bmatrix} I_n \\ 0 \end{bmatrix}, \quad \hat{A}_{22}=\begin{bmatrix} 0 & 0 \\ I_{(m-1)n} & 0 \end{bmatrix}, \quad \tilde{D}=\begin{bmatrix} B & F \\ 0 & 0 \\ B & F \end{bmatrix}$$

$$\tilde{B}_{\sigma(k)} = \begin{bmatrix} 0 \\ 0 \\ -\hat{B}(\sigma(k))I_{\{\sigma(k)=m+1\}} \end{bmatrix}, \quad \Delta\tilde{B}_{\sigma(k)} = \begin{bmatrix} 0 \\ 0 \\ -\hat{B}(\sigma(k))I_{\{\sigma(k)=m+1\}}\varDelta_{m+1} \end{bmatrix}$$

$$\Delta\tilde{A}_{\sigma(k)} = \begin{bmatrix} 0 & 0 & 0 \\ 0 & 0 & 0 \\ -\hat{B}(\sigma(k))I_{\{\sigma(k)=0\}}\varDelta_0 C & -\hat{B}(\sigma(k))\ell_m\tilde{\varDelta}_m\tilde{C}_m & 0 \end{bmatrix}$$

$$\tilde{M}_{\sigma(k)} = \hat{D}(\sigma(k))I_{\{\sigma(k)=m+1\}}, \quad \Delta\tilde{M}_{\sigma(k)} = \hat{D}(\sigma(k))\varDelta_{m+1}I_{\{\sigma(k)=m+1\}}$$

$$\ell_m = [I_{\{\sigma(k)=1\}} \ \ I_{\{\sigma(k)=2\}} \ \ \cdots \ \ I_{\{\sigma(k)=m\}}], \quad \tilde{C}_m = \mathrm{diag}\{\underbrace{C, C, \cdots, C}_{m\text{个}}\}$$

$$\tilde{\varDelta}_m = \mathrm{diag}\{\varDelta_1, \varDelta_2, \cdots, \varDelta_m\}$$

$$\tilde{L}_{\sigma(k)} = [\hat{C}(\sigma(k)) + \hat{D}(\sigma(k))I_{\{\sigma(k)=0\}}C \ \ \hat{D}(\sigma(k))\ell_m\tilde{C}_m \ \ -\hat{C}(\sigma(k))]$$

$$\Delta\tilde{L}_{\sigma(k)} = [\hat{D}(\sigma(k))\varDelta_0 I_{\{\sigma(k)=0\}}C \ \ \hat{D}(\sigma(k))\ell_m\tilde{\varDelta}_m\tilde{C}_m \ \ 0]$$

$$H = [I \ \ 0 \ \ 0], \quad Z = [0 \ \ 0 \ \ I], \quad \tilde{N} = [0 \ \ -I]$$

4.3.2 H_∞ 性能分析与模态相关故障检测滤波器设计

本节将设计形如式 (4.37) 的 FDF，使得以下两个条件成立。

(1) 当 $v(k) \equiv 0$ 时，滤波误差系统 (4.38) 均方渐近稳定；

(2) 在零初始条件下，满足以下 H_∞ 性能约束条件：

$$\sum_{k=0}^{\infty} \mathrm{E}\{\tilde{r}^{\mathrm{T}}(k)\tilde{r}(k)\} \leqslant \gamma^2 \sum_{k=0}^{\infty} \mathrm{E}\{v^{\mathrm{T}}(k)v(k)\} \tag{4.39}$$

如下定理给出了使得滤波误差系统 (4.38) 均方渐近稳定且满足指定的 H_∞ 性能指标的一个充分条件。

定理 4.3 如果存在实数 $\tau_{i1} \geqslant 0$ 和 $\tau_{i2} \geqslant 0$ 以及矩阵 $P_i > 0$、$Q_j > 0$ $(j = 1,2,3,4)$、$R_s > 0$ $(s = 1,2,3)$ 使得如下不等式成立：

$$\varXi_i < 0, \quad \forall i \in \mathcal{M} \tag{4.40}$$

则滤波误差系统 (4.38) 均方渐近稳定且满足指定的 H_∞ 性能指标 γ。这里，

$$\varXi_i = \begin{bmatrix} \varXi_i(1,1) & 0 & 0 & \varXi_i(1,4) & 0 & \varXi_i(1,6) & \varXi_i(1,7) & \varXi_i(1,8) \\ * & \varXi_i(2,2) & 0 & 0 & 0 & 0 & 0 & 0 \\ * & * & -R_3 & 0 & 0 & \varXi_i(3,6) & \varXi_i(3,7) & \varXi_i(3,8) \\ * & * & * & \varXi_i(4,4) & 0 & 0 & 0 & 0 \\ * & * & * & * & \varXi_i(5,5) & \varXi_i(5,6) & \varXi_i(5,7) & \varXi_i(5,8) \\ * & * & * & * & * & \varXi_i(6,6) & 0 & 0 \\ * & * & * & * & * & * & -I & 0 \\ * & * & * & * & * & * & * & -\tilde{P}_i \end{bmatrix}$$

其中

$$\varXi_i(1,1) = -P_i - Q_1 - Q_2 - Q_3 + (d_M - d_m + 1)H^{\mathrm{T}}R_1H + (m+1)H^{\mathrm{T}}R_2H$$
$$+\tau_{i1}H^{\mathrm{T}}G^{\mathrm{T}}GH + \tau_{i2}Z^{\mathrm{T}}G^{\mathrm{T}}GZ + (h_M - d_m + 1)H^{\mathrm{T}}R_3H$$

$$\varXi_i(1,4) = \begin{bmatrix} Q_1 & Q_2 & Q_3 \end{bmatrix}$$

$$\varXi_i(1,6) = (\tilde{A}_i + \Delta\tilde{A}_i - I)^{\mathrm{T}} \begin{bmatrix} Q_1d_M & Q_2m & Q_3h_M & Q_4d_M \end{bmatrix}$$

$$\varXi_i(1,7) = (\tilde{L}_i + \Delta\tilde{L}_i)^{\mathrm{T}}, \quad \varXi_i(1,8) = (\tilde{A}_i + \Delta\tilde{A}_i)^{\mathrm{T}}\tilde{P}_i, \quad \varXi_i(2,2) = \mathrm{diag}\{-R_1, \ -R_2\}$$

$$\varXi_i(3,6) = C^{\mathrm{T}}(\tilde{B}_i + \Delta\tilde{B}_i)^{\mathrm{T}} \begin{bmatrix} Q_1d_M & Q_2m & Q_3h_M & Q_4d_M \end{bmatrix}$$

$$\varXi_i(3,7) = C^{\mathrm{T}}(\tilde{M}_i + \Delta\tilde{M}_i)^{\mathrm{T}}, \quad \varXi_i(3,8) = C^{\mathrm{T}}(\tilde{B}_i + \Delta\tilde{B}_i)^{\mathrm{T}}\tilde{P}_i$$

$$\varXi_i(4,4) = \begin{bmatrix} -Q_1 & 0 & 0 \\ * & -Q_2 - Q_4 & Q_4 \\ * & * & -Q_3 - Q_4 \end{bmatrix}, \quad \varXi_i(5,5) = \mathrm{diag}\{-\tau_{i1}I, -\tau_{i2}I, -\gamma^2 I\}$$

$$\varXi_i(5,6) = \begin{bmatrix} HQ_1d_M & HQ_2m & HQ_3h_M & HQ_4d_M \\ ZQ_1d_M & ZQ_2m & ZQ_3h_M & ZQ_4d_M \\ \tilde{D}^{\mathrm{T}}Q_1d_M & \tilde{D}^{\mathrm{T}}Q_2m & \tilde{D}^{\mathrm{T}}Q_3h_M & \tilde{D}^{\mathrm{T}}Q_4d_M \end{bmatrix}, \quad \varXi_i(5,7) = \begin{bmatrix} 0 \\ 0 \\ \tilde{N}^{\mathrm{T}} \end{bmatrix}$$

$$\varXi_i(5,8) = \begin{bmatrix} H\tilde{P}_i \\ Z\tilde{P}_i \\ \tilde{D}^{\mathrm{T}}\tilde{P}_i \end{bmatrix}, \quad \varXi_i(6,6) = \mathrm{diag}\{-Q_1, -Q_2, -Q_3, -Q_4\}, \quad \tilde{P}_i = \sum_{j=0}^{m+1} \lambda_{ij}P_j$$

证明　构造如下 Lyapunov-Krasovskii 泛函:

$$V(k) = \sum_{\ell=1}^{8} V_\ell(k) \tag{4.41}$$

式中

$$V_1(k)=\eta^{\mathrm{T}}(k)P(\sigma(k))\eta(k)$$

$$V_2(k)=d_M\sum_{j=-d_M}^{-1}\sum_{s=k+j}^{k-1}\big(\eta(s+1)-\eta(s)\big)^{\mathrm{T}}Q_1\big(\eta(s+1)-\eta(s)\big)$$

$$V_3(k)=m\sum_{j=-m}^{-1}\sum_{s=k+j}^{k-1}\big(\eta(s+1)-\eta(s)\big)^{\mathrm{T}}Q_2\big(\eta(s+1)-\eta(s)\big)$$

$$V_4(k)=h_M\sum_{j=-h_M}^{-1}\sum_{s=k+j}^{k-1}\big(\eta(s+1)-\eta(s)\big)^{\mathrm{T}}Q_3\big(\eta(s+1)-\eta(s)\big)$$

$$V_5(k)=d_M\sum_{j=-h_M}^{-1-m}\sum_{s=k+j}^{k-1}\big(\eta(s+1)-\eta(s)\big)^{\mathrm{T}}Q_4\big(\eta(s+1)-\eta(s)\big)$$

$$V_6(k)=\sum_{s=k-d(k)}^{k-1}\eta^{\mathrm{T}}(s)H^{\mathrm{T}}R_1H\eta(s)+\sum_{j=k-d_M+1}^{k-d_m}\sum_{s=j}^{k-1}\eta^{\mathrm{T}}(s)H^{\mathrm{T}}R_1H\eta(s)$$

$$V_7(k)=\sum_{s=k-l(k)}^{k-1}\eta^{\mathrm{T}}(s)H^{\mathrm{T}}R_2H\eta(s)+\sum_{j=k-m+1}^{k}\sum_{s=j}^{k-1}\eta^{\mathrm{T}}(s)H^{\mathrm{T}}R_2H\eta(s)$$

$$V_8(k)=\sum_{s=k-h(k)}^{k-1}\eta^{\mathrm{T}}(s)H^{\mathrm{T}}R_3H\eta(s)+\sum_{j=k-h_M+1}^{k-d_m}\sum_{s=j}^{k-1}\eta^{\mathrm{T}}(s)H^{\mathrm{T}}R_3H\eta(s)$$

设 $\Re_k$ 是由 $\{\eta(i),0\leqslant i\leqslant k\}$ 产生的最小 δ 代数。由式 (4.38)，可得

$$\begin{aligned}
&\mathrm{E}\{V_1(k+1,\sigma(k+1))|\Re_k,\sigma(k)=i\}-V_1(k,\sigma(k)=i)\\
&=\mathrm{E}\{\eta^{\mathrm{T}}(k+1)\tilde{P}_i\eta(k+1)|\Re_k,\sigma(k)=i\}-\eta^{\mathrm{T}}(k)P_i\eta(k)\\
&=[(\tilde{A}_i+\Delta\tilde{A}_i)\eta(k)+(\tilde{B}_i+\Delta\tilde{B}_i)CH\eta(k-h(k))+H^{\mathrm{T}}g(k,x(k))+Z^{\mathrm{T}}G_k\\
&\quad+\tilde{D}v(k)]^{\mathrm{T}}\tilde{P}_i[(\tilde{A}_i+\Delta\tilde{A}_i)\eta(k)+(\tilde{B}_i+\Delta\tilde{B}_i)CH\eta(k-h(k))+H^{\mathrm{T}}g(k,x(k))\\
&\quad+Z^{\mathrm{T}}G_k+\tilde{D}v(k)]-\eta^{\mathrm{T}}(k)P_i\eta(k)
\end{aligned}\tag{4.42}$$

使用 Jensen 不等式 [25]，可得

$$\begin{aligned}
&\mathrm{E}\{V_2(k+1,\sigma(k+1))|\Re_k,\sigma(k)=i\}-V_2(k,\sigma(k)=i)\\
&\leqslant d_M^2[(\tilde{A}_i+\Delta\tilde{A}_i-I)\eta(k)+(\tilde{B}_i+\Delta\tilde{B}_i)CH\eta(k-h(k))+H^{\mathrm{T}}g(k,x(k))+Z^{\mathrm{T}}G_k\\
&\quad+\tilde{D}v(k)]^{\mathrm{T}}Q_1[(\tilde{A}_i+\Delta\tilde{A}_i-I)\eta(k)+(\tilde{B}_i+\Delta\tilde{B}_i)CH\eta(k-h(k))+H^{\mathrm{T}}g(k,x(k))
\end{aligned}$$

$$+Z^{\mathrm{T}}G_k+\tilde{D}v(k)]-[\eta(k)-\eta(k-d_M)]^{\mathrm{T}}Q_1[\eta(k)-\eta(k-d_M)] \tag{4.43}$$

$$\begin{aligned}
&\mathrm{E}\{V_3(k+1,\sigma(k+1))|\Re_k,\sigma(k)=i\}-V_3(k,\sigma(k)=i)\\
\leqslant\ & m^2[(\tilde{A}_i+\Delta\tilde{A}_i-I)\eta(k)+(\tilde{B}_i+\Delta\tilde{B}_i)CH\eta(k-h(k))+H^{\mathrm{T}}g(k,x(k))+Z^{\mathrm{T}}G_k\\
&+\tilde{D}v(k)]^{\mathrm{T}}Q_2[(\tilde{A}_i+\Delta\tilde{A}_i-I)\eta(k)+(\tilde{B}_i+\Delta\tilde{B}_i)CH\eta(k-h(k))+H^{\mathrm{T}}g(k,x(k))\\
&+Z^{\mathrm{T}}G_k+\tilde{D}v(k)]-[\eta(k)-\eta(k-m)]^{\mathrm{T}}Q_2[\eta(k)-\eta(k-m)]
\end{aligned} \tag{4.44}$$

$$\begin{aligned}
&\mathrm{E}\{V_4(k+1,\sigma(k+1))|\Re_k,\sigma(k)=i\}-V_4(k,\sigma(k)=i)\\
\leqslant\ & h_M^2[(\tilde{A}_i+\Delta\tilde{A}_i-I)\eta(k)+(\tilde{B}_i+\Delta\tilde{B}_i)CH\eta(k-h(k))+H^{\mathrm{T}}g(k,x(k))+Z^{\mathrm{T}}G_k\\
&+\tilde{D}v(k)]^{\mathrm{T}}Q_3[(\tilde{A}_i+\Delta\tilde{A}_i-I)\eta(k)+(\tilde{B}_i+\Delta\tilde{B}_i)CH\eta(k-h(k))+H^{\mathrm{T}}g(k,x(k))\\
&+Z^{\mathrm{T}}G_k+\tilde{D}v(k)]-[\eta(k)-\eta(k-h_M)]^{\mathrm{T}}Q_3[\eta(k)-\eta(k-h_M)]
\end{aligned} \tag{4.45}$$

$$\begin{aligned}
&\mathrm{E}\{V_5(k+1,\sigma(k+1))|\Re_k,\sigma(k)=i\}-V_5(k,\sigma(k)=i)\\
\leqslant\ & d_M^2[(\tilde{A}_i+\Delta\tilde{A}_i-I)\eta(k)+(\tilde{B}_i+\Delta\tilde{B}_i)CH\eta(k-h(k))+H^{\mathrm{T}}g(k,x(k))+Z^{\mathrm{T}}G_k\\
&+\tilde{D}v(k)]^{\mathrm{T}}Q_4[(\tilde{A}_i+\Delta\tilde{A}_i-I)\eta(k)+(\tilde{B}_i+\Delta\tilde{B}_i)CH\eta(k-h(k))+H^{\mathrm{T}}g(k,x(k))\\
&+Z^{\mathrm{T}}G_k+\tilde{D}v(k)]-[\eta(k-m)-\eta(k-h_M)]^{\mathrm{T}}Q_4[\eta(k-m)-\eta(k-h_M)]
\end{aligned} \tag{4.46}$$

计算易得

$$\begin{aligned}
&\mathrm{E}\{V_6(k+1,\sigma(k+1))|\Re_k,\sigma(k)=i\}-V_6(k,\sigma(k)=i)\\
=\ & \eta^{\mathrm{T}}(k)H^{\mathrm{T}}R_1H\eta(k)+\sum_{s=k-d(k+1)+1}^{k-d_m}\eta^{\mathrm{T}}(s)H^{\mathrm{T}}R_1H\eta(s)+\sum_{s=k-d_m+1}^{k-1}\eta^{\mathrm{T}}(s)H^{\mathrm{T}}R_1H\eta(s)\\
&-\sum_{s=k-d(k)+1}^{k-1}\eta^{\mathrm{T}}(s)H^{\mathrm{T}}R_1H\eta(s)-\eta^{\mathrm{T}}(k-d(k))H^{\mathrm{T}}R_1H\eta(k-d(k))\\
&+\sum_{j=k-d_M+1}^{k-d_m}\sum_{s=j+1}^{k}\eta^{\mathrm{T}}(s)H^{\mathrm{T}}R_1H\eta(s)-\sum_{j=k-d_M+1}^{k-d_m}\sum_{s=j}^{k-1}\eta^{\mathrm{T}}(s)H^{\mathrm{T}}R_1H\eta(s)\\
\leqslant\ & \eta^{\mathrm{T}}(k)H^{\mathrm{T}}R_1H\eta(k)+\sum_{s=k-d_M+1}^{k-d_m}\eta^{\mathrm{T}}(s)H^{\mathrm{T}}R_1H\eta(s)-\eta^{\mathrm{T}}(k-d(k))H^{\mathrm{T}}R_1H\eta(k-d(k))\\
&+(d_M-d_m)\eta^{\mathrm{T}}(k)H^{\mathrm{T}}R_1H\eta(k)-\sum_{j=k-d_M+1}^{k-d_m}\eta^{\mathrm{T}}(j)H^{\mathrm{T}}R_1H\eta(j)\\
=\ & (d_M-d_m+1)\eta^{\mathrm{T}}(k)H^{\mathrm{T}}R_1H\eta(k)-\eta^{\mathrm{T}}(k-d(k))H^{\mathrm{T}}R_1H\eta(k-d(k))
\end{aligned} \tag{4.47}$$

采用类似的方法，可得

$$
\begin{aligned}
&\mathrm{E}\{V_7(k+1,\sigma(k+1))|\Re_k,\sigma(k)=i\}-V_7(k,\sigma(k)=i)\\
\leqslant\ &(m+1)\eta^{\mathrm{T}}(k)H^{\mathrm{T}}R_2H\eta(k)-\eta^{\mathrm{T}}(k-l(k))H^{\mathrm{T}}R_2H\eta(k-l(k))
\end{aligned}\tag{4.48}
$$

$$
\begin{aligned}
&\mathrm{E}\{V_8(k+1,\sigma(k+1))|\Re_k,\sigma(k)=i\}-V_8(k,\sigma(k)=i)\\
\leqslant\ &(h_M-d_m+1)\eta^{\mathrm{T}}(k)H^{\mathrm{T}}R_3H\eta(k)-\eta^{\mathrm{T}}(k-h(k))H^{\mathrm{T}}R_3H\eta(k-h(k))
\end{aligned}\tag{4.49}
$$

于是，根据式 (4.38) 以及式 (4.41)~式 (4.49)，可得

$$
\begin{aligned}
&\mathrm{E}\{V(k+1,\sigma(k+1))|\Re_k,\sigma(k)=i\}-V(k,\sigma(k)=i)+\mathrm{E}\{\tilde{r}^{\mathrm{T}}(k)\tilde{r}(k)|\sigma(k)=i\}\\
&-\gamma^2\mathrm{E}\{v^{\mathrm{T}}(k)v(k)\}\leqslant\xi^{\mathrm{T}}(k)\varOmega_i\xi(k)
\end{aligned}\tag{4.50}
$$

式中

$$
\begin{aligned}
\xi(k)=[&\eta^{\mathrm{T}}(k),\eta^{\mathrm{T}}(k-d(k))H^{\mathrm{T}},\eta^{\mathrm{T}}(k-l(k))H^{\mathrm{T}},\eta^{\mathrm{T}}(k-h(k))H^{\mathrm{T}},\eta^{\mathrm{T}}(k-d_M),\\
&\eta^{\mathrm{T}}(k-m),\eta^{\mathrm{T}}(k-h_M),g^{\mathrm{T}}(k,x(k)),G_k^{\mathrm{T}},v^{\mathrm{T}}(k)]^{\mathrm{T}}
\end{aligned}
$$

$$
\varOmega_i=\begin{bmatrix}\daleth_{1,i} & \daleth_{2,i}\\ * & \daleth_{3,i}\end{bmatrix}
$$

这里

$$
\daleth_{1,i}=\begin{bmatrix}
\varOmega_i(1,1) & 0 & 0 & \varOmega_i(1,4) & Q_1\\
* & -R_1 & 0 & 0 & 0\\
* & * & -R_2 & 0 & 0\\
* & * & * & \varOmega_i(4,4) & 0\\
* & * & * & * & -Q_1
\end{bmatrix}
$$

$$
\daleth_{2,i}=\begin{bmatrix}
Q_2 & Q_3 & \varOmega_i(1,8) & \varOmega_i(1,9) & \varOmega_i(1,10)\\
0 & 0 & 0 & 0 & 0\\
0 & 0 & 0 & 0 & 0\\
0 & 0 & \varOmega_i(4,8) & \varOmega_i(4,9) & \varOmega_i(4,10)\\
0 & 0 & 0 & 0 & 0
\end{bmatrix}
$$

$$
\daleth_{3,i}=\begin{bmatrix}
-Q_2-Q_4 & Q_4 & 0 & 0 & 0\\
* & -Q_3-Q_4 & 0 & 0 & 0\\
* & * & \varOmega_i(8,8) & \varOmega_i(8,9) & \varOmega_i(8,10)\\
* & * & * & \varOmega_i(9,9) & \varOmega_i(9,10)\\
* & * & * & * & \varOmega_i(10,10)
\end{bmatrix}
$$

$$\Omega_i(1,1)=(d_M-d_m+1)H^{\mathrm{T}}R_1H+(m+1)H^{\mathrm{T}}R_2H+(\tilde{A}_i+\Delta\tilde{A}_i-I)^{\mathrm{T}}\tilde{Q}(\tilde{A}_i$$

$$+\Delta\tilde{A}_i-I)+(\tilde{A}_i+\Delta\tilde{A}_i)^{\mathrm{T}}\tilde{P}_i(\tilde{A}_i+\Delta\tilde{A}_i)+(\tilde{L}_i+\Delta\tilde{L}_i)^{\mathrm{T}}(\tilde{L}_i+\Delta\tilde{L}_i)$$

$$+(h_M-d_m+1)H^{\mathrm{T}}R_3H-P_i-Q_1-Q_2-Q_3$$

$$\Omega_i(1,4)=(\tilde{A}_i+\Delta\tilde{A}_i-I)^{\mathrm{T}}\tilde{Q}(\tilde{B}_i+\Delta\tilde{B}_i)C+(\tilde{A}_i+\Delta\tilde{A}_i)^{\mathrm{T}}\tilde{P}_i(\tilde{B}_i+\Delta\tilde{B}_i)C$$

$$+(\tilde{L}_i+\Delta\tilde{L}_i)^{\mathrm{T}}(\tilde{M}_i+\Delta\tilde{M}_i)C$$

$$\Omega_i(1,8)=(\tilde{A}_i+\Delta\tilde{A}_i)^{\mathrm{T}}\tilde{P}_iH^{\mathrm{T}}+(\tilde{A}_i+\Delta\tilde{A}_i-I)^{\mathrm{T}}\tilde{Q}H^{\mathrm{T}}$$

$$\Omega_i(1,9)=(\tilde{A}_i+\Delta\tilde{A}_i)^{\mathrm{T}}\tilde{P}_iZ^{\mathrm{T}}+(\tilde{A}_i+\Delta\tilde{A}_i-I)^{\mathrm{T}}\tilde{Q}Z^{\mathrm{T}}$$

$$\Omega_i(1,10)=(\tilde{A}_i+\Delta\tilde{A}_i)^{\mathrm{T}}\tilde{P}_i\tilde{D}+(\tilde{A}+\Delta\tilde{A}_i-I)^{\mathrm{T}}\tilde{Q}\tilde{D}+(\tilde{L}_i+\Delta\tilde{L}_i)^{\mathrm{T}}\tilde{N}$$

$$\Omega_i(4,4)=C^{\mathrm{T}}(\tilde{B}_i+\Delta\tilde{B}_i)^{\mathrm{T}}(\tilde{P}_i+\tilde{Q})(\tilde{B}_i+\Delta\tilde{B}_i)C+C^{\mathrm{T}}(\tilde{M}_i+\Delta\tilde{M}_i)^{\mathrm{T}}(\tilde{M}_i+\Delta\tilde{M}_i)C-R_3$$

$$\Omega_i(4,8)=C^{\mathrm{T}}(\tilde{B}_i+\Delta\tilde{B}_i)^{\mathrm{T}}(\tilde{P}_i+\tilde{Q})H^{\mathrm{T}},\quad \Omega_i(4,9)=C^{\mathrm{T}}(\tilde{B}_i+\Delta\tilde{B}_i)^{\mathrm{T}}(\tilde{P}_i+\tilde{Q})Z^{\mathrm{T}}$$

$$\Omega_i(4,10)=C^{\mathrm{T}}(\tilde{B}_i+\Delta\tilde{B}_i)^{\mathrm{T}}(\tilde{P}_i+\tilde{Q})\tilde{D}+C^{\mathrm{T}}(\tilde{M}_i+\Delta\tilde{M}_i)^{\mathrm{T}}\tilde{N}$$

$$\Omega_i(8,8)=H(\tilde{P}_i+\tilde{Q})H^{\mathrm{T}},\quad \Omega_i(8,9)=H(\tilde{P}_i+\tilde{Q})Z^{\mathrm{T}}$$

$$\Omega_i(8,10)=H(\tilde{P}_i+\tilde{Q})\tilde{D},\quad \Omega_i(9,9)=Z(\tilde{P}_i+\tilde{Q})Z^{\mathrm{T}},\quad \Omega_i(9,10)=Z(\tilde{P}_i+\tilde{Q})\tilde{D}$$

$$\Omega_i(10,10)=\tilde{D}^{\mathrm{T}}(\tilde{P}_i+\tilde{Q})\tilde{D}-\gamma^2I+\tilde{N}^{\mathrm{T}}\tilde{N},\quad \tilde{Q}=d_M^2Q_1+m^2Q_2+h_M^2Q_3+d_M^2Q_4$$

根据全局 Lipschitz 条件，可得

$$g^{\mathrm{T}}(k,x(k))g(k,x(k))-\eta^{\mathrm{T}}(k)H^{\mathrm{T}}G^{\mathrm{T}}GH\eta(k)=\xi^{\mathrm{T}}(k)\Lambda_1\xi(k)\leqslant 0 \tag{4.51}$$

$$G_k^{\mathrm{T}}G_k-\eta^{\mathrm{T}}(k)Z^{\mathrm{T}}G^{\mathrm{T}}GZ\eta(k)=\xi^{\mathrm{T}}(k)\Lambda_2\xi(k)\leqslant 0 \tag{4.52}$$

式中

$$\Lambda_1=\mathrm{diag}\{-H^{\mathrm{T}}G^{\mathrm{T}}GH,0,0,0,0,0,0,I,0,0\}$$

$$\Lambda_2=\mathrm{diag}\{-Z^{\mathrm{T}}G^{\mathrm{T}}GZ,0,0,0,0,0,0,0,I,0\}$$

进而，根据引理 3.1 可知，在约束条件 (4.51) 和 (4.52) 下，$\xi^{\mathrm{T}}(k)\Omega_i\xi(k)<0$ 成立的一个充分条件是：存在实数 $\tau_{i1}\geqslant 0$ 和 $\tau_{i2}\geqslant 0$ 使得

$$\bar{\Omega}_i=\Omega_i-\tau_{i1}\Lambda_1-\tau_{i2}\Lambda_2<0 \tag{4.53}$$

由 Schur 补引理可知，式 (4.53) 成立当且仅当式 (4.40) 成立。于是，对于 $\forall i\in\mathcal{M}$，有

$$\mathrm{E}\{V(k+1,\sigma(k+1))|\Re_k,\sigma(k)=i\}-V(k,\sigma(k)=i)+\mathrm{E}\{\tilde{r}^{\mathrm{T}}(k)\tilde{r}(k)|\sigma(k)=i\}$$

$$-\gamma^2\mathrm{E}\{v^{\mathrm{T}}(k)v(k)\} < 0 \tag{4.54}$$

即

$$\mathrm{E}\{V(k+1,\sigma(k+1))|\Re_k,\sigma(k)\}-V(k,\sigma(k))+\mathrm{E}\{\tilde{r}^{\mathrm{T}}(k)\tilde{r}(k)|\sigma(k)\}-\gamma^2\mathrm{E}\{v^{\mathrm{T}}(k)v(k)\} < 0 \tag{4.55}$$

对式 (4.55) 的两边取数学期望 $\mathrm{E}\{\cdot|\sigma(0)\}$，有

$$\begin{aligned}&\mathrm{E}\{V(k+1,\sigma(k+1))|\Re_k,\sigma(0)\}-\mathrm{E}\{V(k,\sigma(k))|\sigma(0)\}+\mathrm{E}\{\tilde{r}^{\mathrm{T}}(k)\tilde{r}(k)|\sigma(0)\}\\&-\gamma^2\mathrm{E}\{v^{\mathrm{T}}(k)v(k)\} < 0\end{aligned} \tag{4.56}$$

式 (4.56) 的两边对 k 从 0 到 ∞ 求和，可得

$$\sum_{k=0}^{\infty}\mathrm{E}\{\tilde{r}^{\mathrm{T}}(k)\tilde{r}(k)|\sigma(0)\} < \gamma^2\sum_{k=0}^{\infty}\mathrm{E}\{v^{\mathrm{T}}(k)v(k)\}-\mathrm{E}\{V(\infty,\sigma(\infty))|\sigma(0)\}+V(0,\sigma(0)) \tag{4.57}$$

在零初始条件下，$V(0,\sigma(0))=0$ 且 $\mathrm{E}\{V(\infty,\sigma(\infty))|\sigma(0)\}\geqslant 0$，可得

$$\sum_{k=0}^{\infty}\mathrm{E}\{\tilde{r}^{\mathrm{T}}(k)\tilde{r}(k)|\sigma(0)\} < \gamma^2\sum_{k=0}^{\infty}\mathrm{E}\{v^{\mathrm{T}}(k)v(k)\} \tag{4.58}$$

当 $v(k)\equiv 0$ 时，易知定理 4.3 中不等式成立时，有 $\mathrm{E}\{\Delta V(k)|\Re_k,\sigma(k)=i\}<0$。由 Lyapunov 稳定性理论可知滤波误差系统 (4.38) 均方渐近稳定。证毕。

注释 4.3 在定理 4.3 的推导过程中，不是简单地将 $l(k)$ 和 $d(k)$ 合并为整个时滞 $h(k)$ 进行处理，而是对这两种时滞也单独进行了分析。一方面，充分利用了时滞和丢包的信息，希望产生保守性更小的结果。另一方面，便于揭示时滞和连续丢包次数的影响。

由于定理 4.3 中存在不确定性以及 Lyapunov 矩阵和增益矩阵之间的乘积项，因而不能直接用于 FDF 设计。通过以下引理，将给出定理 4.4。

引理 4.1[29,30] 设 $M=M^{\mathrm{T}}$、H 和 E 为具有适当维数的实矩阵，对于所有满足 $F^{\mathrm{T}}(k)F(k)\leqslant I$ 的 $F(k)$，不等式

$$M+HF(k)E+E^{\mathrm{T}}F^{\mathrm{T}}(k)H^{\mathrm{T}}<0$$

成立当且仅当存在某正实数 $\varepsilon>0$，使得

$$M+\frac{1}{\varepsilon}HH^{\mathrm{T}}+\varepsilon E^{\mathrm{T}}E<0$$

定理 4.4 如果存在实数 $\tau_{i1}\geqslant 0$、$\tau_{i2}\geqslant 0$、$\varepsilon_{1i}>0$、$\varepsilon_{2i}>0$，正定矩阵 $P_i>0$、$Q_j>0\ (j=1,2,3,4)$、$R_s>0\ (s=1,2,3)$ 和矩阵 Y_i 使得如下 LMI 成立:

$$\begin{bmatrix} \gimel_{1,i} & \gimel_{2,i} \\ * & \gimel_{3,i} \end{bmatrix} < 0, \quad \forall i \in \mathcal{M} \tag{4.59}$$

则滤波误差系统 (4.38) 均方渐近稳定且满足指定的 H_∞ 性能指标 γ。这里,

$$\gimel_{1,i} = \begin{bmatrix} \psi_i(1,1) & 0 & 0 & \varXi_i(1,4) & 0 \\ * & \varXi_i(2,2) & 0 & 0 & 0 \\ * & * & \psi_i(3,3) & 0 & 0 \\ * & * & * & \varXi_i(4,4) & 0 \\ * & * & * & * & \varXi_i(5,5) \end{bmatrix}$$

$$\psi_i(1,1) = \varXi_i(1,1) + \varepsilon_{1i}\tilde{C}_{m+2}^{\mathrm{T}}\tilde{C}_{m+2}, \quad \psi_i(3,3) = \varepsilon_{2i}C^{\mathrm{T}}C - R_3$$

$$\gimel_{2,i} = \begin{bmatrix} \psi_i(1,6) & \tilde{L}_i^{\mathrm{T}} & \tilde{A}_i^{\mathrm{T}}Y_i & 0 & 0 \\ 0 & 0 & 0 & 0 & 0 \\ \psi_i(3,6) & C^{\mathrm{T}}\tilde{M}_i^{\mathrm{T}} & C^{\mathrm{T}}\tilde{B}_i^{\mathrm{T}}Y_i & 0 & 0 \\ 0 & 0 & 0 & 0 & 0 \\ \varXi_i(5,6) & \varXi_i(5,7) & \psi_i(5,8) & 0 & 0 \end{bmatrix}$$

$$\psi_i(1,6) = (\tilde{A}_i - I)^{\mathrm{T}} \begin{bmatrix} Q_1 d_M & Q_2 m & Q_3 h_M & Q_4 d_M \end{bmatrix}$$

$$\psi_i(3,6) = C^{\mathrm{T}}\tilde{B}_i^{\mathrm{T}} \begin{bmatrix} Q_1 d_M & Q_2 m & Q_3 h_M & Q_4 d_M \end{bmatrix}, \quad \psi_i(5,8) = \begin{bmatrix} H \\ Z \\ \tilde{D}^{\mathrm{T}} \end{bmatrix} Y_i$$

$$\gimel_{3,i} = \begin{bmatrix} \varXi_i(6,6) & 0 & 0 & \psi_i(6,9) & \psi_i(6,10) \\ * & -I & 0 & \tilde{L}_{1i} & \tilde{M}_{1i} \\ * & * & \psi_i(8,8) & 0 & \delta Y_i^{\mathrm{T}}\tilde{B}_i \\ * & * & * & -\varepsilon_{1i}I & 0 \\ * & * & * & * & -\varepsilon_{2i}I \end{bmatrix}$$

$$\psi_i(6,9) = \begin{bmatrix} Q_1\tilde{A}_{1i}d_M \\ Q_2\tilde{A}_{1i}m \\ Q_3\tilde{A}_{1i}h_M \\ Q_4\tilde{A}_{1i}d_M \end{bmatrix}, \quad \psi_i(6,10) = \begin{bmatrix} Q_1\tilde{B}_i\delta d_M \\ Q_2\tilde{B}_i\delta m \\ Q_3\tilde{B}_i\delta h_M \\ Q_4\tilde{B}_i\delta d_M \end{bmatrix}, \quad \psi_i(8,8) = \tilde{P}_i - Y_i - Y_i^{\mathrm{T}}$$

$$\tilde{A}_{1i} = \begin{bmatrix} 0 & 0 & 0 \\ 0 & 0 & 0 \\ -\hat{B}(i)I_{\{i=0\}}\delta & -\hat{B}(i)\ell_m\delta & 0 \end{bmatrix}$$

$$\tilde{L}_{1i} = \begin{bmatrix} \hat{D}(i)I_{\{i=0\}}\delta & \hat{D}(i)\ell_m\delta & 0 \end{bmatrix}, \quad \tilde{M}_{1i} = \hat{D}(i)I_{\{i=m+1\}}\delta$$

$\Xi_i(1,1)$、$\Xi_i(1,4)$、$\Xi_i(2,2)$、$\Xi_i(4,4)$、$\Xi_i(5,5)$、$\Xi_i(5,6)$、$\Xi_i(5,7)$、$\Xi_i(6,6)$ 及 $\tilde{P}_i$ 如定理 4.3 中所述。

证明 由 Schur 补引理，式 (4.40) 成立当且仅当

$$\begin{bmatrix} \Xi_i(1,1) & 0 & 0 & \Xi_i(1,4) & 0 & \Xi_i(1,6) & \Xi_i(1,7) \\ * & \Xi_i(2,2) & 0 & 0 & 0 & 0 & 0 \\ * & * & -R_3 & 0 & 0 & \Xi_i(3,6) & \Xi_i(3,7) \\ * & * & * & \Xi_i(4,4) & 0 & 0 & 0 \\ * & * & * & * & \Xi_i(5,5) & \Xi_i(5,6) & \Xi_i(5,7) \\ * & * & * & * & * & \Xi_i(6,6) & 0 \\ * & * & * & * & * & * & -I \end{bmatrix} + \Gamma_i^{\mathrm{T}} \tilde{P}_i \Gamma_i < 0 \quad (4.60)$$

式中

$$\Gamma_i = \begin{bmatrix} \tilde{A}_i + \Delta\tilde{A}_i & 0 & (\tilde{B}_i + \Delta\tilde{B}_i)C & 0 & \begin{bmatrix} H^{\mathrm{T}} & Z^{\mathrm{T}} & \tilde{D} \end{bmatrix} & 0 & 0 \end{bmatrix}$$

由引理 3.2 可知，式 (4.60) 成立当且仅当存在矩阵 Y_i 使得

$$\begin{bmatrix} \Xi_i(1,1) & 0 & 0 & \Xi_i(1,4) & 0 & \Xi_i(1,6) & \Xi_i(1,7) & (\tilde{A}_i + \Delta\tilde{A}_i)^{\mathrm{T}} Y_i \\ * & \Xi_i(2,2) & 0 & 0 & 0 & 0 & 0 & 0 \\ * & * & -R_3 & 0 & 0 & \Xi_i(3,6) & \Xi_i(3,7) & C^{\mathrm{T}}(\tilde{B}_i + \Delta\tilde{B}_i)^{\mathrm{T}} Y_i \\ * & * & * & \Xi_i(4,4) & 0 & 0 & 0 & 0 \\ * & * & * & * & \Xi_i(5,5) & \Xi_i(5,6) & \Xi_i(5,7) & \psi_i(5,8) \\ * & * & * & * & * & \Xi_i(6,6) & 0 & 0 \\ * & * & * & * & * & * & -I & 0 \\ * & * & * & * & * & * & * & \tilde{P}_i - Y_i - Y_i^{\mathrm{T}} \end{bmatrix} < 0 \tag{4.61}$$

现在，处理式 (4.61) 中的范数有界不确定性。由式 (4.38) 可得

$$\Delta\tilde{A}_{\sigma(k)} = \tilde{A}_{1\sigma(k)} \tilde{F}_1(k) \tilde{C}_{m+2}, \quad \tilde{A}_{1\sigma(k)} = \begin{bmatrix} 0 & 0 & 0 \\ 0 & 0 & 0 \\ -\hat{B}(\sigma(k)) I_{\{\sigma(k)=0\}} \delta & -\hat{B}(\sigma(k)) \ell_m \delta & 0 \end{bmatrix}$$

$$\Delta\tilde{B}_{\sigma(k)} = \delta \tilde{B}_{\sigma(k)} \tilde{F}_2(k), \quad \tilde{C}_{m+2} = \mathrm{diag}\,\{\underbrace{C,\ C,\ \cdots,C}_{(m+2)\text{个}}\}$$

$$\tilde{F}_1(k) = \mathrm{diag}\left\{\frac{1}{\delta}\Delta_0,\ \frac{1}{\delta}\tilde{\Delta}_m,\ 0\right\}, \quad \tilde{F}_2(k) = \frac{1}{\delta}\Delta_{m+1}$$

$$\tilde{L}_{1\sigma(k)} = \begin{bmatrix} \hat{D}(\sigma(k)) I_{\{\sigma(k)=0\}} \delta & \hat{D}(\sigma(k)) \ell_m \delta & 0 \end{bmatrix}, \quad \Delta\tilde{L}_{\sigma(k)} = \tilde{L}_{1\sigma(k)} \tilde{F}_1(k) \tilde{C}_{m+2}$$

$\tilde{M}_{1\sigma(k)} = \hat{D}(\sigma(k))I_{\{\sigma(k)=m+1\}}\delta, \quad \Delta\tilde{M}_{\sigma(k)} = \tilde{M}_{1\sigma(k)}\tilde{F}_2(k)$

于是，有

$$\tilde{F}_1^{\mathrm{T}}(k)\tilde{F}_1(k) \leqslant I, \quad \tilde{F}_2^{\mathrm{T}}(k)\tilde{F}_2(k) \leqslant I$$

式 (4.61) 可改写为如下形式：

$$M_i + H_{1i}\tilde{F}_1(k)E_{1i} + E_{1i}^{\mathrm{T}}\tilde{F}_1^{\mathrm{T}}(k)H_{1i}^{\mathrm{T}} + H_{2i}\tilde{F}_2(k)E_{2i} + E_{2i}^{\mathrm{T}}\tilde{F}_2^{\mathrm{T}}(k)H_{2i}^{\mathrm{T}} < 0 \tag{4.62}$$

式中

$$E_{1i}=\begin{bmatrix}\tilde{C}_{m+2} & 0 & 0 & 0 & 0 & 0 & 0 & 0\end{bmatrix}, \quad E_{2i}=\begin{bmatrix}0 & 0 & C & 0 & 0 & 0 & 0 & 0\end{bmatrix}$$

$$H_{1i}^{\mathrm{T}} = \begin{bmatrix} 0 & 0 & 0 & 0 & 0 & \tilde{A}_{1i}^{\mathrm{T}}\begin{bmatrix} Q_1 d_M & Q_2 m & Q_3 h_M & Q_4 d_M \end{bmatrix} & \tilde{L}_{1i}^{\mathrm{T}} & \tilde{A}_{1i}^{\mathrm{T}}Y_i \end{bmatrix}$$

$$H_{2i}^{\mathrm{T}} = \begin{bmatrix} 0 & 0 & 0 & 0 & 0 & \delta\tilde{B}_i^{\mathrm{T}}\begin{bmatrix} Q_1 d_M & Q_2 m & Q_3 h_M & Q_4 d_M \end{bmatrix} & \tilde{M}_{1i}^{\mathrm{T}} & \delta\tilde{B}_i^{\mathrm{T}}Y_i \end{bmatrix}$$

$$M_i = \begin{bmatrix} \beth_{1,i} & \beth_{2,i} \\ * & \beth_{3,i} \end{bmatrix}$$

这里

$$\beth_{1,i} = \begin{bmatrix} \Xi_i(1,1) & 0 & 0 & \Xi_i(1,4) \\ * & \Xi_i(2,2) & 0 & 0 \\ * & * & -R_3 & 0 \\ * & * & * & \Xi_i(4,4) \end{bmatrix}$$

$$\beth_{2,i} = \begin{bmatrix} 0 & \psi_i(1,6) & \tilde{L}_i^{\mathrm{T}} & \tilde{A}_i^{\mathrm{T}}Y_i \\ 0 & 0 & 0 & 0 \\ 0 & \psi_i(3,6) & C^{\mathrm{T}}\tilde{M}_i^{\mathrm{T}} & C^{\mathrm{T}}\tilde{B}_i^{\mathrm{T}}Y_i \\ 0 & 0 & 0 & 0 \end{bmatrix}$$

$$\beth_{3,i} = \begin{bmatrix} \Xi_i(5,5) & \Xi_i(5,6) & \Xi_i(5,7) & \psi_i(5,8) \\ * & \Xi_i(6,6) & 0 & 0 \\ * & * & -I & 0 \\ * & * & * & \tilde{P}_i - Y_i - Y_i^{\mathrm{T}} \end{bmatrix}$$

于是，由引理 4.1 可知：如果存在实数 $\varepsilon_{1i} > 0$ 和 $\varepsilon_{2i} > 0$ 满足不等式

$$M_i + \frac{1}{\varepsilon_{1i}}H_{1i}H_{1i}^{\mathrm{T}} + \varepsilon_{1i}E_{1i}^{\mathrm{T}}E_{1i} + \frac{1}{\varepsilon_{2i}}H_{2i}H_{2i}^{\mathrm{T}} + \varepsilon_{2i}E_{2i}^{\mathrm{T}}E_{2i} < 0 \tag{4.63}$$

则式 (4.62) 成立。由 Schur 补引理可知，式 (4.63) 成立当且仅当式 (4.59) 成立。证毕。

在定理 4.4 的基础上，定理 4.5 给出了 LMI 形式的保证待设计的 FDF 存在性的充分条件。

定理 4.5 如果存在实数 $\beta_j>0\ (j=1,2,\cdots,4)$、$\alpha_i>0$、$\tau_{i1}\geqslant 0$、$\tau_{i2}\geqslant 0$、$\varepsilon_{1i}>0$、$\varepsilon_{2i}>0$ 以及矩阵 $R_s>0\ (s=1,2,3)$、$Q>0$、$P_i>0$、$\breve{A}(i)$、$\breve{B}(i)$、$\hat{C}(i)$、$\hat{D}(i)$，使得如下 LMI 成立：

$$\begin{bmatrix} \digamma_{1,i} & \digamma_{2,i} \\ * & \digamma_{3,i} \end{bmatrix} < 0, \quad \forall i \in \mathcal{M} \tag{4.64}$$

则滤波误差系统(4.38)均方渐近稳定且满足指定的 H_∞ 性能指标 γ。这里，

$$\digamma_{1,i} = \begin{bmatrix} \varphi_i(1,1) & 0 & 0 & \varphi_i(1,4) & 0 \\ * & \varphi_i(2,2) & 0 & 0 & 0 \\ * & * & \varphi_i(3,3) & 0 & 0 \\ * & * & * & \varphi_i(4,4) & 0 \\ * & * & * & * & \varphi_i(5,5) \end{bmatrix}$$

$$\digamma_{2,i} = \begin{bmatrix} \varphi_i(1,6) & \varphi_i(1,7) & \alpha_i T_{1i} & 0 & 0 \\ 0 & 0 & 0 & 0 & 0 \\ T_{2i}\Psi & \varphi_i(3,7) & \alpha_i T_{2i} & 0 & 0 \\ 0 & 0 & 0 & 0 & 0 \\ \varphi_i(5,6) & \varphi_i(5,7) & \varphi_i(5,8) & 0 & 0 \end{bmatrix}$$

$$\digamma_{3,i} = \begin{bmatrix} \varphi_i(6,6) & 0 & 0 & \Psi^{\mathrm{T}} T_{3i} & \delta\Psi^{\mathrm{T}} T_{4i} \\ * & -I & 0 & \varphi_i(7,9) & \varphi_i(7,10) \\ * & * & \tilde{P}_i - 2\alpha_i Q & 0 & \delta\alpha_i T_{4i} \\ * & * & * & -\varepsilon_{1i} I & 0 \\ * & * & * & * & -\varepsilon_{2i} I \end{bmatrix}$$

其中

$$T_{1i} = \begin{bmatrix} A^{\mathrm{T}} Q_{11} & \hat{A}_{21}^{\mathrm{T}} Q_{22} & A^{\mathrm{T}} Q_{33} - C^{\mathrm{T}} I_{\{i=0\}} \breve{B}^{\mathrm{T}}(i) - \breve{A}^{\mathrm{T}}(i) \\ 0 & \hat{A}_{22}^{\mathrm{T}} Q_{22} & -\tilde{C}_m^{\mathrm{T}} \ell_m^{\mathrm{T}} \breve{B}^{\mathrm{T}}(i) \\ 0 & 0 & \breve{A}^{\mathrm{T}}(i) \end{bmatrix}$$

$$T_{2i} = \begin{bmatrix} 0 & 0 & -C^{\mathrm{T}} I_{\{i=m+1\}} \breve{B}^{\mathrm{T}}(i) \end{bmatrix}, \quad T_{3i} = \begin{bmatrix} 0 & 0 & 0 \\ 0 & 0 & 0 \\ -\breve{B}(i) I_{\{i=0\}} \delta & -\breve{B}(i) \ell_m \delta & 0 \end{bmatrix}$$

$$T_{4i} = \begin{bmatrix} 0 \\ 0 \\ -\breve{B}(i) I_{\{i=m+1\}} \end{bmatrix}$$

$$\varphi_i(1,1) = -P_i - (\beta_1+\beta_2+\beta_3)Q + \varepsilon_{1i}\tilde{C}_{m+2}^{\mathrm{T}}\tilde{C}_{m+2} + \tau_{i1}H^{\mathrm{T}}G^{\mathrm{T}}GH + \tau_{i2}Z^{\mathrm{T}}G^{\mathrm{T}}GZ$$
$$+(d_M - d_m + 1)H^{\mathrm{T}}R_1H + (m+1)H^{\mathrm{T}}R_2H + (h_M - d_m + 1)H^{\mathrm{T}}R_3H$$

$$\varphi_i(1,4) = Q\begin{bmatrix} \beta_1 I & \beta_2 I & \beta_3 I \end{bmatrix}, \quad \varphi_i(1,6) = (T_{1i} - Q)\Psi$$

$$\varphi_i(1,7) = \begin{bmatrix} \hat{C}^{\mathrm{T}}(i) + C^{\mathrm{T}}I_{\{i=0\}}\hat{D}^{\mathrm{T}}(i) \\ \tilde{C}_m^{\mathrm{T}}\ell_m^{\mathrm{T}}\hat{D}^{\mathrm{T}}(i) \\ -\hat{C}^{\mathrm{T}}(i) \end{bmatrix}$$

$$\varphi_i(2,2) = \mathrm{diag}\{-R_1,\ -R_2\}, \quad \varphi_i(3,3) = -R_3 + \varepsilon_{2i}C^{\mathrm{T}}C$$

$$\varphi_i(3,7) = C^{\mathrm{T}}\hat{D}^{\mathrm{T}}(i)I_{\{i=m+1\}}, \quad \varphi_i(4,4) = \begin{bmatrix} -\beta_1 Q & 0 & 0 \\ * & -(\beta_2+\beta_4)Q & \beta_4 Q \\ * & * & -(\beta_3+\beta_4)Q \end{bmatrix}$$

$$\varphi_i(5,5) = \mathrm{diag}\{-\tau_{i1}I,\ -\tau_{i2}I,\ -\gamma^2 I\}$$

$$\varphi_i(5,6) = \begin{bmatrix} HQ\beta_1 d_M & HQ\beta_2 m & HQ\beta_3 h_M & HQ\beta_4 d_M \\ ZQ\beta_1 d_M & ZQ\beta_2 m & ZQ\beta_3 h_M & ZQ\beta_4 d_M \\ \tilde{D}^{\mathrm{T}}Q\beta_1 d_M & \tilde{D}^{\mathrm{T}}Q\beta_2 m & \tilde{D}^{\mathrm{T}}Q\beta_3 h_M & \tilde{D}^{\mathrm{T}}Q\beta_4 d_M \end{bmatrix}$$

$$\varphi_i(5,7) = \begin{bmatrix} 0 \\ 0 \\ \tilde{N}^{\mathrm{T}} \end{bmatrix}, \quad \varphi_i(5,8) = \alpha_i \begin{bmatrix} HQ \\ ZQ \\ \tilde{D}^{\mathrm{T}}Q \end{bmatrix}$$

$$\varphi_i(6,6) = \mathrm{diag}\{-Q\beta_1,\ -Q\beta_2,\ -Q\beta_3, -Q\beta_4\}$$

$$\varphi_i(7,9) = \begin{bmatrix} \hat{D}(i)I_{\{i=0\}}\delta & \hat{D}(i)\ell_m\delta & 0 \end{bmatrix}, \quad \varphi_i(7,10) = \hat{D}(i)I_{\{i=m+1\}}\delta$$

$$Q = \mathrm{diag}\{Q_{11},\ Q_{22},\ Q_{33}\}, \quad \Psi = \begin{bmatrix} \beta_1 d_M I & \beta_2 m I & \beta_3 h_M I & \beta_4 d_M I \end{bmatrix}$$

特别地，当 LMI (4.64) 有可行解时，FDF 参数可如下给出：

$$\begin{bmatrix} \hat{A}(i) & \hat{B}(i) \\ \hat{C}(i) & \hat{D}(i) \end{bmatrix} = \begin{bmatrix} Q_{33}^{-1} & 0 \\ 0 & I \end{bmatrix} \begin{bmatrix} \breve{A}(i) & \breve{B}(i) \\ \hat{C}(i) & \hat{D}(i) \end{bmatrix} \tag{4.65}$$

证明　对 $\forall i \in \mathcal{M}$ 和 $\forall j \in \{1,2,3,4\}$，令 $Y_i = \alpha_i Q$ 和 $Q_j = \beta_j Q$，其中，$\alpha_i > 0$、$\beta_j > 0$ 为正实数，$Q = \mathrm{diag}\{Q_{11},\ Q_{22},\ Q_{33}\}$。于是，可得

$$\tilde{A}_i^{\mathrm{T}}Q = \begin{bmatrix} A^{\mathrm{T}}Q_{11} & \hat{A}_{21}^{\mathrm{T}}Q_{22} & A^{\mathrm{T}}Q_{33} - C^{\mathrm{T}}I_{\{i=0\}}\hat{B}^{\mathrm{T}}(i)Q_{33} - \hat{A}^{\mathrm{T}}(i)Q_{33} \\ 0 & \hat{A}_{22}^{\mathrm{T}}Q_{22} & -\tilde{C}_m^{\mathrm{T}}\ell_m^{\mathrm{T}}\hat{B}^{\mathrm{T}}(i)Q_{33} \\ 0 & 0 & \hat{A}^{\mathrm{T}}(i)Q_{33} \end{bmatrix}$$

$$Q\tilde{A}_{1i}=\begin{bmatrix}0 & 0 & 0\\ 0 & 0 & 0\\ -Q_{33}\hat{B}(i)I_{\{i=0\}}\delta & -Q_{33}\hat{B}(i)\ell_m\delta & 0\end{bmatrix},\quad Q\tilde{B}_i=\begin{bmatrix}0\\ 0\\ -Q_{33}\hat{B}(i)I_{\{i=m+1\}}\end{bmatrix}$$

令 $\breve{B}^{\mathrm{T}}(i)\overset{\text{def}}{=\!=}\hat{B}^{\mathrm{T}}(i)Q_{33}$、$\breve{A}^{\mathrm{T}}(i)\overset{\text{def}}{=\!=}\hat{A}^{\mathrm{T}}(i)Q_{33}$。于是可知，如果式 (4.64) 成立，则式 (4.59) 也成立。显然，FDF 参数可由式 (4.65) 给出。证毕。

注释 4.4 当 FDF 不能获取 $\{\sigma(k)\}$ 的信息时，通过选取定理 4.5 中的部分参数，使得 $\breve{A}(i)=\breve{A}_f$、$\breve{B}(i)=\breve{B}_f$、$\hat{C}(i)=C_f$ 和 $\hat{D}(i)=D_f$，即可得模态无关的 FDF 设计条件。

4.3.3 仿真实例

本节通过仿真实例说明所提方法的有效性和适用性。

考虑离散时间非线性系统 (4.30)，其中相关参数如下：

$$A=\begin{bmatrix}0.5 & 1.2 & 0.3\\ 0 & -0.4 & -0.25\\ 0.3 & -0.5 & -0.4\end{bmatrix},\quad g(k,x(k))=\begin{bmatrix}0.01\sin x_k^1\\ 0.01\sin x_k^2\\ 0.01\sin x_k^3\end{bmatrix},\quad B=\begin{bmatrix}0.1\\ -0.2\\ 0.1\end{bmatrix}$$

$$F=[0.5\quad -0.2\quad 0.5]^{\mathrm{T}},\quad C=[1\quad 0.5\quad 0],\quad G=\mathrm{diag}\{0.01,0.01,0.01\}$$

下面讨论测量数据传输过程中丢包和时滞都可能发生的情形。假定式 (4.33) 中的参数满足如下条件：

$$m=1,\quad 1\leqslant d(k)\leqslant 2,\quad 0\leqslant l(k)\leqslant 1$$

换言之，每个时刻通过网络传输的数据包将发生如下三种情形之一：无时滞 ($\sigma(k)=0$)、1 步时滞 ($\sigma(k)=1$)、丢包 ($\sigma(k)=2$) 且连续丢包的最大次数为 2。丢包发生时，采用最近一次到达 FDF 的数据包补偿当前丢失的数据包。假定式 (4.34) 中的转移概率矩阵如下：

$$\Lambda=\begin{bmatrix}\lambda_{00} & \lambda_{01} & \lambda_{02}\\ \lambda_{10} & \lambda_{11} & \lambda_{12}\\ \lambda_{20} & \lambda_{21} & \lambda_{22}\end{bmatrix}=\begin{bmatrix}0.2 & 0.6 & 0.2\\ 0.3 & 0.5 & 0.2\\ 0.1 & 0.8 & 0.1\end{bmatrix}$$

图 4.3 给出了转移概率矩阵 Λ 对应的马尔可夫链的一条曲线，它表示通过网络传输后 FDF 所获得的数据包在丢包、时滞、无时滞三种模态之间的切换。

选取 $\beta_1=\beta_2=\beta_3=0.0001$、$\beta_4=0.001$、$\alpha_0=\alpha_1=\alpha_2=0.1$、$\rho=0.6$。根据定理 4.5，当 $\gamma=1.15$ 时，可得 FDF 的参数如下：

$$\hat{A}(0)=\begin{bmatrix}0.6287 & 0.9241 & 0.3860\\ -0.3052 & -0.3525 & -0.2909\\ -0.4069 & -0.4817 & -0.4389\end{bmatrix},\quad \hat{A}(1)=\begin{bmatrix}0.4454 & 0.9529 & 0.3886\\ 0.0452 & -0.2898 & -0.2775\\ 0.4654 & -0.2729 & -0.4071\end{bmatrix}$$

$$\hat{A}(2)=\begin{bmatrix}0.3555 & 0.8567 & 0.3902\\ 0.0687 & -0.2677 & -0.2821\\ 0.4681 & -0.2817 & -0.4063\end{bmatrix},\quad \hat{B}(0)=\begin{bmatrix}-0.3735\\ 0.4866\\ 1.1144\end{bmatrix},\quad \hat{B}(1)=\begin{bmatrix}0.0474\\ -0.0198\\ -0.0180\end{bmatrix}$$

$$\hat{B}(2)=\begin{bmatrix}0\\ 0\\ 0\end{bmatrix},\quad \hat{C}(0)=[0.0818\quad 0.2227\quad 0.0096],\quad \hat{C}(1)=[0.2638\quad 0.2951\quad 0.0088]$$

$$\hat{C}(2)=[0.2399\quad 0.2484\quad 0.0247],\quad \hat{D}(0)=0.1982,\quad \hat{D}(1)=0.0104,\quad \hat{D}(2)=0$$

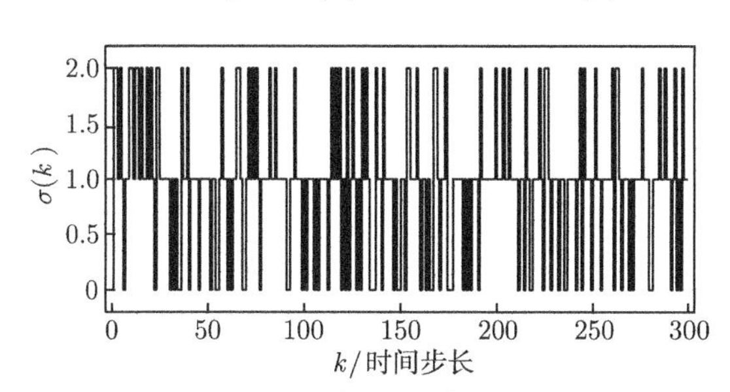

图 4.3　网络传输模态 $\sigma(k)$

如果 FDF 无法获取 $\{\sigma(k)\}$ 的信息，则当 $\gamma=1.20$ 时，可得 FDF 参数如下：

$$\hat{A}=\begin{bmatrix}0.4570 & 0.9994 & 0.3781\\ 0.0149 & -0.3493 & -0.2682\\ 0.3795 & -0.4288 & -0.3825\end{bmatrix},\quad \hat{B}=\begin{bmatrix}0.0026\\ 0.0005\\ -0.0016\end{bmatrix}$$

$$\hat{C}=[0.1862\quad 0.1976\quad 0.0147],\quad \hat{D}=-7.4437\times 10^{-4}$$

下面利用 $\{\sigma(k)\}$ 的信息可获取时得到的模态相关 FDF 参数进行时域数值仿真。系统 (4.30)、FDF (4.37) 以及滤波误差系统 (4.38) 中的初始条件设置为

$$x(0)=[0.2\quad 0.2\quad 0]^{\mathrm{T}},\quad \hat{x}(0)=[0\quad 0\quad 0]^{\mathrm{T}}$$
$$\eta(k)=[0\quad 0\quad 0]^{\mathrm{T}},\quad k=-h_M,-h_M+1,\cdots,-1$$

设外部扰动和故障信号分别为 $w(k)=5\exp(-0.03k)\sin k$ 和

$$f(k)=\begin{cases}1, & k=100,\ 101,\cdots,200\\ 0, & 其他\end{cases}$$

$l(k)$ 和 $d(k)$ 分别等概率取值于 $0\sim 1$ 和 $1\sim 2$ 内。假定测量数据包的网络传输初始模态为 $\sigma(0)=0$。在式 (4.31) 和式 (4.32) 中，选取 $u_0=100$。图 4.4 和图 4.5

分别给出了残差信号 $r(k)$ 和残差评估函数 $J(k)$ 的曲线。由图 4.4 和图 4.5 可知，采用所设计的 FDF 易于检测故障。在 300 次仿真并取均值之后，可得阈值 $J_{\text{th}} = \sup\limits_{f=0} \mathrm{E}\left\{\sum\limits_{s=0}^{300} r^{\mathrm{T}}(s)r(s)\right\}^{1/2} = 0.2155$，同时可得 $0.2153 = J(100) < J_{\text{th}} < J(101) = 0.2182$。于是，可知故障将在其发生后的 1 步之内检测到。

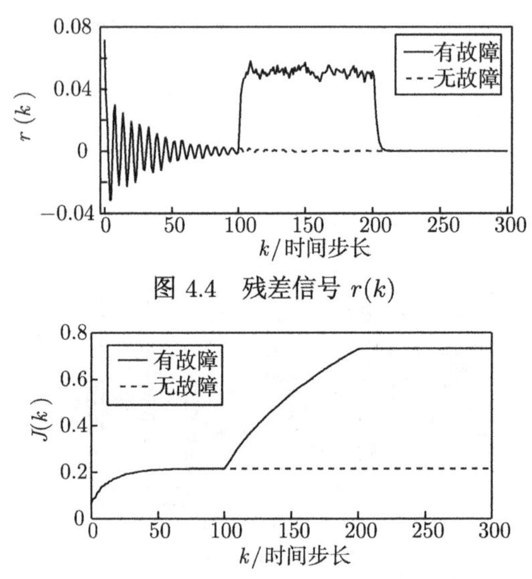

图 4.4 残差信号 $r(k)$

图 4.5 残差评估函数 $J(k)$ 的曲线

4.4 本 章 小 结

本章讨论了多种网络诱导现象下的离散时间全局 Lipschitz 非线性系统的故障检测问题。首先，提出了描述介质访问受限、丢包、时滞现象的统一模型，在此基础上，将故障检测问题转化为具有多时滞、伯努利随机变量和任意切换参数的混杂系统的 H_∞ 滤波问题。其次，提出了基于齐次马尔可夫链的描述丢包、时滞、量化并考虑丢包补偿的另一个统一模型，将故障检测问题转化为具有时变时滞和范数有界不确定性的马尔可夫跳变系统的 H_∞ 滤波问题。在上述转化的 H_∞ 滤波问题分析中，采用 Lyapunov-Krasovskii 方法和 Jensen 不等式，建立了 LMI 形式的使得滤波误差系统随机稳定且满足指定的 H_∞ 性能指标的充分条件，并且当 LMI 有可行解时，给出了 FDF 增益矩阵的表达形式。最后，通过仿真实验验证了所得结果的有效性。

参 考 文 献

[1] Wang Z D, Yang F W, Ho D W C, et al. Robust H_∞ control for networked systems with random packet losses[J]. IEEE Transactions on Systems, Man, and Cybernetics—

Part B: Cybernetics, 2007, 37(4): 916-924.

[2] Sahebsara M, Chen T W, Shah S L. Optimal H_∞ filtering in networked control systems with multiple packet dropouts[J]. Systems and Control Letters, 2008, 57: 696-702.

[3] Dong H L, Wang Z D, Gao H J. H_∞ fuzzy control for systems with repeated scalar nonlinearities and random packet losses[J]. IEEE Transactions on Fuzzy Systems, 2009, 17(2): 440-450.

[4] Dong H L, Wang Z D, Gao H J. H_∞ filtering for systems with repeated scalar nonlinearities under unreliable communication links[J]. Signal Processing, 2009, 89: 1567-1575.

[5] Yang F W, Wang Z D, Hung Y S, et al. H_∞ control for networked systems with random communication delays[J]. IEEE Transactions on Automatic Control, 2006, 51(3): 511-518.

[6] Zhou S S, Feng G. H_∞ filtering for discrete-time systems with randomly varying sensor delays[J]. Automatica, 2008, 44: 1918-1922.

[7] Gao H J, Chen T W, Lam J. A new delay system approach to network-based control[J]. Automatica, 2008, 44: 39-52.

[8] Song H B, Yu L, Zhang W A. H_∞ filtering of network-based systems with random delay[J]. Signal Processing, 2009, 89: 615-622.

[9] Wang Y Q, Ding S X, Ye H, et al. Fault detection of networked control systems with packet based periodic communication[J]. International Journal of Adaptive Control Signal Process, 2009, 23(8): 682-698.

[10] Wang Y Q, Ye H, Ding S X, et al. Fault detection of networked control systems with limited communication[J]. International Journal of Control, 2009, 82(7): 1344-1356.

[11] Zhang L, Hristu-Varsakelis D. Communication and control co-design for networked control systems[J]. Automatica, 2006, 42: 953-958.

[12] Guo Y F, Li S Y. H_∞ control with limited communication for networked control systems[J]. Circuits Systems and Signal Processing, 2010, 29(6): 1007-1026.

[13] Tatikonda S, Mitter S. Control under communication constraints[J]. IEEE Transactions on Automatic Control, 2004, 49(7): 1056-1068.

[14] Wan X B, Fang H J, Fu S. Observer-based fault detection for networked discrete-time infinite-distributed delay systems with packet dropouts[J]. Applied Mathematical Modelling, 2012, 36(1): 270-278.

[15] Zheng Y, Fang H J, Wang H O. Takagi-Sugeno fuzzy-model-based fault detection for networked control systems[J]. IEEE Transactions on System, Man, and Cybernetics—Part B: Cybernetics, 2006, 36(4): 924-929.

[16] Fang H J, Ye H, Zhong M Y. Fault diagnosis of networked control systems[J]. Annual Reviews in Control, 2007, 31: 55-68.

[17] Zhang Y, Fang H J, Jiang T Y. Fault detection for nonlinear networked control systems

with stochastic interval delay characterization[J]. International Journal of Systems Science, 2012, 43(5): 952-960.

[18] Mao Z H, Jiang B, Shi P. Protocol and fault detection design for nonlinear networked control systems[J]. IEEE Transactions on Circuits and Systems II: Express Briefs, 2009, 56(3): 255-259.

[19] Mao Z H, Jiang B, Shi P. Fault detection for a class of nonlinear networked control systems[J]. International Journal of Adaptive Control and Signal Processing, 2010, 24(7): 610-622.

[20] Zhang Y, Fang H J. Robust fault detection filter design for networked control systems with delay distribution characterisation[J]. International Journal of Systems Science, 2011, 42(10): 1661-1668.

[21] He X, Wang Z D, Zhou D H. Robust H_∞ filtering for networked systems with multiple state delays[J]. International Journal of Control, 2007, 80(8): 1217-1232.

[22] Wei G L, Wang Z D, He X, et al. Filtering for networked stochastic time-delay systems with sector nonlinearity[J]. IEEE Transactions on Circuits and Systems II: Express Briefs, 2009, 56(1): 71-75.

[23] He X, Wang Z D, Zhou D H. Network-based robust fault detection with incomplete measurements[J]. International Journal of Adaptive Control and Signal Processing, 2009, 23(8): 737-756.

[24] He X, Wang Z D, Zhou D H. Networked fault detection with random communication delays and packet losses[J]. International Journal of System Science, 2008, 39(11): 1045-1054.

[25] Zhu X L, Yang G H. Jensen inequality approach to stability analysis of discrete-time systems with time-varying delay[C]. American Control Conference, Seattle, 2008: 1644-1649.

[26] Wang D, Wang W, Shi P. Robust fault detection for switched linear systems with state delays[J]. IEEE Transactions on Systems, Man, and Cybernetics—Part B: Cybernetics, 2009, 39(3): 800-805.

[27] Elia N, Mitter S K. Stabilization of linear system with limited information[J]. IEEE Transactions on Automatic Control, 2001, 46(9): 1394-1400.

[28] Fu M Y, Xie L H. The sector bound approach to quantized feedback control[J]. IEEE Transactions on Automatic Control, 2005, 50(11): 1698-1711.

[29] Petersen I R. A stabilization algorithm for a class of uncertain linear systems[J]. Systems and Control Letters, 1987, 8(4): 351-357.

[30] Ma Q, Xu S, Zou Y, et al. Robust stability for discrete-time stochastic genetic regulatory networks[J]. Nonlinear Analysis: Real World Applications, 2011, 12(5): 2586-2595.

第 5 章　动态事件触发的奇异摄动系统故障检测

5.1　引　　言

通过带宽有限的通信网络传输数据时，如何节省网络资源是网络化系统研究中面临的一个重要问题。解决这类问题的有效方法是引入事件触发通信机制。通常，事件触发通信机制可分为两种类型，即静态事件触发通信机制和动态事件触发通信机制。动态事件触发通信机制中的参数拥有更高的灵活度，因而在节省网络资源方面比静态事件触发通信机制更具优势[1,2]。近些年来，基于动态事件触发通信机制的网络化系统动力学分析和设计问题得到了深入研究，关于控制[1,3-5]、同步控制[2]、状态估计[6,7]等问题的一些研究成果已见诸报道。至于网络化系统故障检测问题，尽管已发表了大量基于静态事件触发通信机制的研究成果[8-13]，但是基于动态事件触发通信机制的研究成果非常少 (文献 [14] 和文献 [15] 除外)。文献 [14] 中的动态事件触发通信机制对自身参数有特殊要求，文献 [15] 中动态事件触发通信机制的动态特性主要体现在马尔可夫模态切换上，这些或降低了事件触发通信机制参数的灵活度或限制了其适用范围。因此，需要提出更具一般性、参数灵活度更高的动态事件触发通信机制，并研究具有该动态事件触发通信机制的网络化系统故障检测问题。

在实际系统 (如电力系统[16,17]) 中，通常存在多个时间尺度。对于这种具有多个时间尺度的网络化系统，现有的针对仅有唯一时间尺度系统的故障检测方法将不再适用。描述多时间尺度的有效方法是引入奇异摄动参数反映不同时间尺度的差异，由此产生的系统可建模为奇异摄动系统。尽管奇异摄动系统的动力学分析问题已有不少研究成果[18-20]，但其故障检测问题还没有得到足够的重视。只有少量文献研究了奇异摄动系统的故障检测问题[21,22]，且均针对连续时间奇异摄动系统。然而，当考虑通过网络传输数据时，须将连续时间奇异摄动系统离散化，得到其对应的离散时间奇异摄动系统。目前，已报道了网络化离散时间奇异摄动系统的状态估计、控制和滤波问题的研究成果[6,23,24]，但其故障检测问题，尤其是考虑动态事件触发通信机制的故障检测问题的研究尚处于起步阶段。

鉴于以上讨论，本章讨论基于动态事件触发通信机制的网络化奇异摄动系统的故障检测问题，旨在设计 FDF 使得滤波误差系统渐近稳定且满足指定的 H_∞ 性能指标。主要特点如下：① 为节约网络资源，提出一种具有一般性的且参数具有更高灵活度的动态事件触发通信机制；② 构造了与奇异摄动参数和动态事件触发通信机制中柔性变量相关的新颖 Lyapunov 函数；③ 当 LMI 形式的充分条件存在可行解时可得到 FDF 的参数，并可估计奇异摄动参数容许的上、下界。

5.2　事件触发的奇异摄动系统故障检测问题

5.2.1　动态事件触发的模型描述

考虑如下离散时间奇异摄动系统：

$$\begin{cases} x(k+1) = A_\epsilon x(k) + B_\epsilon w(k) + G_\epsilon f(k) \\ y(k) = Cx(k) + Dw(k) \end{cases} \tag{5.1}$$

式中

$$x(k) = \begin{bmatrix} x_s(k) \\ x_f(k) \end{bmatrix}, \quad A_\epsilon = \begin{bmatrix} I+\epsilon A_{11} & \epsilon A_{12} \\ A_{21} & A_{22} \end{bmatrix}, \quad B_\epsilon = \begin{bmatrix} \epsilon B_1 \\ B_2 \end{bmatrix}, \quad G_\epsilon = \begin{bmatrix} \epsilon G_1 \\ G_2 \end{bmatrix}$$

$x(k) \in \mathbb{R}^{n_x}$ 是状态向量，其包含慢状态向量 $x_s(k) \in \mathbb{R}^{n_{xs}}$ 和快状态向量 $x_f(k) \in \mathbb{R}^{n_{xf}}$ $(n_{xs}+n_{xf}=n_x)$；$w(k) \in \mathbb{R}^{n_w}$ 是外部扰动且属于 $l_2[0,\infty)$；$f(k) \in \mathbb{R}^{n_f}$ 是待检测的故障；$y(k) \in \mathbb{R}^{n_y}$ 是测量输出；A_{11}、A_{12}、A_{21}、A_{22}、B_1、B_2、G_1、G_2、C 和 D 都是适维矩阵；$0<\epsilon\leqslant 1$ 是奇异摄动参数。

测量输出 $y(k)$ 通过带宽有限的通信网络进行传输。为节省网络资源，采用如下形式的动态事件触发通信机制：

$$\begin{cases} s_{l+1} = \min\limits_{k\in\mathbb{N}} \left\{k > s_l \mid \delta_1\theta(k) + \lambda_1 y^{\mathrm{T}}(k)y(k) - \lambda_2(y(k)-y(s_l))^{\mathrm{T}}(y(k)-y(s_l)) \leqslant 0\right\} \\ \theta(k+1) = \delta_2\theta(k) + \lambda_3 y^{\mathrm{T}}(k)y(k) - \lambda_2(y(k)-y(s_l))^{\mathrm{T}}(y(k)-y(s_l)) \end{cases} \tag{5.2}$$

式中，s_l 表示第 l 个触发时刻且 $s_0=0$；$\theta(k)$ 是柔性变量且 $\theta(0)\geqslant 0$；$\delta_1>0$、$\delta_2>0$、$\lambda_1\geqslant 0$、$\lambda_2>0$ 和 $\lambda_3\geqslant 0$ 都是给定的实数。

注释 5.1　考虑到 $\delta_1>0$，将动态事件触发通信机制 (5.2) 改写为

$$\begin{cases} s_{l+1} = \min\limits_{k\in\mathbb{N}} \{k > s_l \mid \theta(k) + (\lambda_1/\delta_1)y^{\mathrm{T}}(k)y(k) - (\lambda_2/\delta_1)(y(k) \\ \qquad -y(s_l))^{\mathrm{T}}(y(k)-y(s_l)) \leqslant 0\} \\ \theta(k+1) = \delta_2\theta(k) + \lambda_3 y^{\mathrm{T}}(k)y(k) - \lambda_2(y(k)-y(s_l))^{\mathrm{T}}(y(k)-y(s_l)) \end{cases} \tag{5.3}$$

令 $\lambda_1=\sigma$、$\lambda_2=\epsilon$、$\lambda_3=\sigma$、$\delta_1=1/\theta$、$\delta_2=\kappa$，可知式 (5.3) 退化为文献[14]中的动态事件触发通信机制。因此，相比于文献[14]中的动态事件触发通信机制，动态事件触发通信机制 (5.2) 更具一般性。

注释 5.2　当 δ_1 趋于 0 时，动态事件触发通信机制 (5.2) 变为

$$s_{l+1}=\min_{k\in\mathbb{N}}\left\{k>s_l \mid \lambda_1 y^{\mathrm{T}}(k)y(k)-\lambda_2(y(k)-y(s_l))^{\mathrm{T}}(y(k)-y(s_l))\leqslant 0\right\}$$

这正是文献[11]中所采用的静态事件触发通信机制。当 λ_1 趋于 0，并令 $\theta(k)$ 为正实数 $\bar{\theta}$ 时，动态事件触发通信机制(5.2) 退化为

$$s_{l+1}=\min_{k\in\mathbb{N}}\left\{k>s_l \mid \delta_1\bar{\theta}-\lambda_2(y(k)-y(s_l))^{\mathrm{T}}(y(k)-y(s_l))\leqslant 0\right\}$$

这正是文献[12]中所采用的静态事件触发通信机制。因此，与网络化系统故障检测的文献[11]和文献 [12]中所采用的事件触发通信机制相比，动态事件触发通信机制 (5.2) 更具一般性或灵活性。

5.2.2　残差产生器与滤波误差系统

定义

$$\bar{y}(k)=y(s_l),\quad \forall k\in[s_l,s_{l+1}) \tag{5.4}$$

$$e_y(k)=y(k)-\bar{y}(k) \tag{5.5}$$

由式 (5.4) 和式 (5.5) 可知，对于 $\forall k\in[s_l,s_{l+1})$，$e_y(k)=y(k)-y(s_l)$ 成立。进一步可知，在动态事件触发通信机制 (5.2) 下，当 l 从 0 到 $+\infty$ 取值时，$e_y(k)=y(k)-y(s_l)$ 和 $e_y(k)=y(k)-\bar{y}(k)$ 对 $\forall k\in[0,\infty)$ 始终成立。

为实现故障检测，采用如下 FDF 作为残差产生器:

$$\begin{cases}\hat{x}(k+1)=A_\epsilon\hat{x}(k)+L(\bar{y}(k)-C\hat{x}(k))\\ r(k)=K(\bar{y}(k)-C\hat{x}(k))\end{cases} \tag{5.6}$$

式中，$\hat{x}(k)\in\mathbb{R}^{n_x}$ 是对系统 (5.1) 状态的估计；$r(k)\in\mathbb{R}^{n_f}$ 是产生的残差信号；$L\in\mathbb{R}^{n_x\times n_y}$ 和 $K\in\mathbb{R}^{n_f\times n_y}$ 为待设计的 FDF 参数。

进一步地，定义

$$e(k)=x(k)-\hat{x}(k),\quad \tilde{r}(k)=r(k)-f(k)$$
$$v(k)=[w^{\mathrm{T}}(k),f^{\mathrm{T}}(k)]^{\mathrm{T}},\quad \eta(k)=[x^{\mathrm{T}}(k),e^{\mathrm{T}}(k)]^{\mathrm{T}}$$

于是，从式 (5.1) 和式 (5.4)~式 (5.6)，可得如下滤波误差系统:

$$\begin{cases}\eta(k+1)=\bar{A}_\epsilon\eta(k)+\bar{L}e_y(k)+E_\epsilon v(k)\\ \tilde{r}(k)=\bar{K}\eta(k)-Ke_y(k)+\bar{D}v(k)\end{cases} \tag{5.7}$$

式中

$$\bar{A}_\epsilon = \begin{bmatrix} A_\epsilon & 0 \\ 0 & A_\epsilon - LC \end{bmatrix}, \quad \bar{L} = \begin{bmatrix} 0 \\ L \end{bmatrix}, \quad E_\epsilon = \begin{bmatrix} B_\epsilon & G_\epsilon \\ B_\epsilon - LD & G_\epsilon \end{bmatrix}$$

$$\bar{K} = [0 \ \ KC], \quad \bar{D} = [KD \ \ -I]$$

本章将设计形如式 (5.6) 的 FDF，使得如下条件成立。

(1) 当 $w(k)=0$ 和 $f(k)=0$ 时，滤波误差系统 (5.7) 渐近稳定；

(2) 对于指定的 H_∞ 性能指标 γ，在零初始条件下，以下约束条件成立：

$$\sum_{k=0}^{\infty} \tilde{r}^{\mathrm{T}}(k)\tilde{r}(k) \leqslant \gamma^2 \sum_{k=0}^{\infty} v^{\mathrm{T}}(k)v(k) \tag{5.8}$$

5.3　H_∞ 性能分析与故障检测滤波器设计

下面先给出推导主要结论过程中将用到的引理。

引理 5.1　*考虑动态事件触发通信机制 (5.2)，其中，$\theta(k)$ 的初始条件为 $\theta(0)\geqslant 0$。如果参数 δ_1、δ_2、λ_1 和 λ_3 满足 $0<\delta_1\leqslant\delta_2$ 和 $0\leqslant\lambda_1\leqslant\lambda_3$，则对 $\forall k\geqslant 0$，变量 $\theta(k)\geqslant 0$ 始终成立。*

证明　由动态事件触发通信机制 (5.2) 可知，对于 $\forall k\in[0,s_1)$，以下不等式成立：

$$\delta_1\theta(k)+\lambda_1 y^{\mathrm{T}}(k)y(k)-\lambda_2 e_y^{\mathrm{T}}(k)e_y(k)>0 \tag{5.9}$$

考虑到式 (5.9)，又因为 $\theta(k+1)=\delta_2\theta(k)+\lambda_3 y^{\mathrm{T}}(k)y(k)-\lambda_2 e_y^{\mathrm{T}}(k)e_y(k)$，所以对 $\forall k\in[0,s_1)$，有

$$\theta(k+1)>(\delta_2-\delta_1)\theta(k)+(\lambda_3-\lambda_1)y^{\mathrm{T}}(k)y(k) \tag{5.10}$$

因为 $0\leqslant\lambda_1\leqslant\lambda_3$，所以由式 (5.10) 可得，对于 $\forall k\in[0,s_1)$，如下不等式成立：

$$\theta(k+1)>(\delta_2-\delta_1)\theta(k) \tag{5.11}$$

由于 $0<\delta_1\leqslant\delta_2$ 且 $\theta(0)\geqslant 0$，根据式 (5.11) 可得

$$\theta(k+1)>(\delta_2-\delta_1)\theta(k)\geqslant(\delta_2-\delta_1)^2\theta(k-1)\geqslant\cdots\geqslant(\delta_2-\delta_1)^{k+1}\theta(0)\geqslant 0 \tag{5.12}$$

于是由 $\theta(0)\geqslant 0$ 和式 (5.12) 可知，对于 $\forall k\in[0,s_1]$，有 $\theta(k)\geqslant 0$。分别运用相同的方法处理 $k\in[s_1,s_2)$、$k\in[s_2,s_3)$ 等情况，易知对于 $\forall k\geqslant 0$，$\theta(k)\geqslant 0$ 恒成立。证毕。

5.3.1　H_∞ 性能分析

以下定理给出了使得滤波误差系统 (5.7) 渐近稳定且满足指定的 H_∞ 性能指标 γ 的充分条件。

定理 5.1　给定实数 $\epsilon > 0$ 以及满足 $0 < \delta_1 \leqslant \delta_2$、$\delta_1 + \delta_2 < 1$、$0 \leqslant \lambda_1 \leqslant \lambda_3$ 和 $\lambda_2 > 0$ 的实数 δ_1、δ_2、λ_1、λ_2 和 λ_3，如果存在正定矩阵 P_ϵ 以及矩阵 L 和 K，使得如下矩阵不等式成立：

$$\begin{bmatrix} \varXi_{1,\epsilon} & \varXi_{2,\epsilon} & \varXi_3 & \varXi_4 \\ * & -P_\epsilon^{-1} & 0 & 0 \\ * & * & -(\lambda_1+\lambda_3)^{-1}I & 0 \\ * & * & * & -I \end{bmatrix} < 0 \tag{5.13}$$

式中

$$\varXi_{1,\epsilon} = \mathrm{diag}\{-P_\epsilon,\ -2\lambda_2 I,\ (\delta_1+\delta_2-1)I,\ -\gamma^2 I\},\quad \varXi_{2,\epsilon} = [\bar{A}_\epsilon\ \ \bar{L}\ \ 0\ \ E_\epsilon]^{\mathrm{T}}$$
$$\varXi_3 = [\bar{C}\ \ 0\ \ 0\ \ \tilde{D}]^{\mathrm{T}},\quad \varXi_4 = [\bar{K}\ \ -K\ \ 0\ \ \bar{D}]^{\mathrm{T}},\quad \bar{C} = [C\ \ 0],\quad \tilde{D} = [D\ \ 0]$$

则在动态事件触发通信机制 (5.2) 下，滤波误差系统 (5.7) 渐近稳定且满足指定的 H_∞ 性能指标 γ。

证明　构造如下 Lyapunov 函数：

$$V(k) = \eta^{\mathrm{T}}(k)P_\epsilon\eta(k) + \theta(k) \tag{5.14}$$

直接计算可得

$$\begin{aligned}\Delta V(k) &= V(k+1) - V(k) \\ &= (\bar{A}_\epsilon\eta(k) + \bar{L}e_y(k) + E_\epsilon v(k))^{\mathrm{T}}P_\epsilon(\bar{A}_\epsilon\eta(k) + \bar{L}e_y(k) + E_\epsilon v(k)) \\ &\quad - \eta^{\mathrm{T}}(k)P_\epsilon\eta(k) + (\delta_2-1)\theta(k) + \lambda_3 y^{\mathrm{T}}(k)y(k) - \lambda_2 e_y^{\mathrm{T}}(k)e_y(k)\end{aligned} \tag{5.15}$$

由动态事件触发通信机制 (5.2) 和引理 5.1 可知，对于 $\forall k \geqslant 0$，式 (5.9) 成立。考虑到这一点，进而由式 (5.15) 可得

$$\begin{aligned}\Delta V(k) <{}& (\bar{A}_\epsilon\eta(k) + \bar{L}e_y(k) + E_\epsilon v(k))^{\mathrm{T}}P_\epsilon(\bar{A}_\epsilon\eta(k) + \bar{L}e_y(k) + E_\epsilon v(k)) - \eta^{\mathrm{T}}(k)P_\epsilon\eta(k) \\ &+ (\delta_1+\delta_2-1)\theta(k) + (\lambda_1+\lambda_3)y^{\mathrm{T}}(k)y(k) - 2\lambda_2 e_y^{\mathrm{T}}(k)e_y(k)\end{aligned} \tag{5.16}$$

注意到

$$y(k) = Cx(k) + Dw(k) = \bar{C}\eta(k) + \tilde{D}v(k) \tag{5.17}$$

定义

$$\xi(k)=[\eta^{\mathrm{T}}(k),\ e_y^{\mathrm{T}}(k),\ \bar{\theta}^{\mathrm{T}}(k),\ v^{\mathrm{T}}(k)]^{\mathrm{T}} \tag{5.18}$$

式中，$\bar{\theta}(k)=\theta^{\frac{1}{2}}(k)$。

于是，由式 (5.16) 和式 (5.17) 可得

$$\Delta V(k)<\xi^{\mathrm{T}}(k)[\bar{\Xi}_{1,\epsilon}+\Xi_{2,\epsilon}P_\epsilon\Xi_{2,\epsilon}^{\mathrm{T}}+(\lambda_1+\lambda_3)\Xi_3\Xi_3^{\mathrm{T}}]\xi(k) \tag{5.19}$$

式中

$$\bar{\Xi}_{1,\epsilon}=\mathrm{diag}\{-P_\epsilon,\ -2\lambda_2 I,\ (\delta_1+\delta_2-1)I,\ 0\}$$

此外，由式 (5.7)，有

$$\tilde{r}^{\mathrm{T}}(k)\tilde{r}(k)=\xi^{\mathrm{T}}(k)\Xi_4\Xi_4^{\mathrm{T}}\xi(k) \tag{5.20}$$

于是，由式 (5.19) 和式 (5.20) 可得

$$\begin{aligned}&\Delta V(k)+\tilde{r}^{\mathrm{T}}(k)\tilde{r}(k)-\gamma^2 v^{\mathrm{T}}(k)v(k)\\&<\xi^{\mathrm{T}}(k)[\Xi_{1,\epsilon}+\Xi_{2,\epsilon}P_\epsilon\Xi_{2,\epsilon}^{\mathrm{T}}+(\lambda_1+\lambda_3)\Xi_3\Xi_3^{\mathrm{T}}+\Xi_4\Xi_4^{\mathrm{T}}]\xi(k)\end{aligned} \tag{5.21}$$

利用 Schur 补引理，可知

$$\Xi_{1,\epsilon}+\Xi_{2,\epsilon}P_\epsilon\Xi_{2,\epsilon}^{\mathrm{T}}+(\lambda_1+\lambda_3)\Xi_3\Xi_3^{\mathrm{T}}+\Xi_4\Xi_4^{\mathrm{T}}<0$$

当且仅当式 (5.13) 成立。进而，由式 (5.13) 和式 (5.21) 可得

$$\Delta V(k)+\tilde{r}^{\mathrm{T}}(k)\tilde{r}(k)-\gamma^2 v^{\mathrm{T}}(k)v(k)<0 \tag{5.22}$$

将式 (5.22) 两边关于 k 从 0 到 ∞ 求和，可得

$$\sum_{k=0}^{\infty}\tilde{r}^{\mathrm{T}}(k)\tilde{r}(k)<\gamma^2\sum_{k=0}^{\infty}v^{\mathrm{T}}(k)v(k)-V(\infty)+V(0) \tag{5.23}$$

在零初始条件下，由式 (5.23) 可得

$$\sum_{k=0}^{\infty}\tilde{r}^{\mathrm{T}}(k)\tilde{r}(k)\leqslant\gamma^2\sum_{k=0}^{\infty}v^{\mathrm{T}}(k)v(k)$$

这表明 H_∞ 性能要求 (5.8) 是满足的。

当 $w(k)=0$, $f(k)=0$ 时，运用类似的方法可知，如果式 (5.13) 成立，则 $\Delta V(k)<0$，这表明滤波误差系统 (5.7) 渐近稳定。证毕。

5.3.2　故障检测滤波器设计

以下定理给出了 FDF 参数的设计方法。

定理 5.2　对于 $\forall\epsilon\in[\epsilon_0,\epsilon_1]$ 以及满足 $0<\delta_1\leqslant\delta_2$、$\delta_1+\delta_2<1$、$0\leqslant\lambda_1\leqslant\lambda_3$ 和 $\lambda_2>0$ 的实数 δ_1、δ_2、λ_1、λ_2 和 λ_3，如果存在矩阵 $\breve{P}$、$\hat{P}$、V、K 和 $S=\begin{bmatrix} S_1 & S_2 \\ \alpha S_3 & \beta S_3 \end{bmatrix}$，其中 α 和 β 是给定的实数，使得如下 LMI 成立：

$$\breve{P}+\epsilon_0\hat{P}>0,\quad \breve{P}+\epsilon_1\hat{P}>0 \tag{5.24}$$

$$\Upsilon_\epsilon|_{\epsilon=\epsilon_0}<0,\quad \Upsilon_\epsilon|_{\epsilon=\epsilon_1}<0 \tag{5.25}$$

则在动态事件触发通信机制 (5.2) 下，滤波误差系统 (5.7) 渐近稳定并满足指定的 H_∞ 性能指标 γ。这里，

$$\Upsilon_\epsilon=\begin{bmatrix} \Upsilon_\epsilon^{(1,1)} & \Upsilon_\epsilon^{(1,2)} & \Xi_3 & \Xi_4 \\ * & \Upsilon_\epsilon^{(2,2)} & 0 & 0 \\ * & * & -(\lambda_1+\lambda_3)^{-1}I & 0 \\ * & * & * & -I \end{bmatrix}$$

其中

$$\Upsilon_\epsilon^{(1,1)}=\mathrm{diag}\{-\breve{P}-\epsilon\hat{P},\ -2\lambda_2 I,\ (\delta_1+\delta_2-1)I,\ -\gamma^2 I\}$$

$$\Upsilon_\epsilon^{(1,2)}=[\Gamma_{\epsilon,1}^{\mathrm{T}}\ \ \Gamma_2^{\mathrm{T}}\ \ 0\ \ \Gamma_{\epsilon,3}^{\mathrm{T}}]^{\mathrm{T}},\quad \Upsilon_\epsilon^{(2,2)}=\breve{P}+\epsilon\hat{P}-S^{\mathrm{T}}-S$$

$$\Gamma_{\epsilon,1}=\begin{bmatrix} A_\epsilon^{\mathrm{T}}S_1 & A_\epsilon^{\mathrm{T}}S_2 \\ \alpha A_\epsilon^{\mathrm{T}}S_3-\alpha C^{\mathrm{T}}V & \beta A_\epsilon^{\mathrm{T}}S_3-\beta C^{\mathrm{T}}V \end{bmatrix}$$

$$\Gamma_2=[\alpha V\ \ \beta V],\quad \Gamma_{\epsilon,3}=\begin{bmatrix} \Gamma_{\epsilon,3}^{(1)} & \Gamma_{\epsilon,3}^{(2)} \\ \Gamma_{\epsilon,3}^{(3)} & \Gamma_{\epsilon,3}^{(4)} \end{bmatrix}$$

$$\Gamma_{\epsilon,3}^{(1)}=B_\epsilon^{\mathrm{T}}S_1+\alpha B_\epsilon^{\mathrm{T}}S_3-\alpha D^{\mathrm{T}}V,\quad \Gamma_{\epsilon,3}^{(2)}=B_\epsilon^{\mathrm{T}}S_2+\beta B_\epsilon^{\mathrm{T}}S_3-\beta D^{\mathrm{T}}V$$

$$\Gamma_{\epsilon,3}^{(3)}=G_\epsilon^{\mathrm{T}}S_1+\alpha G_\epsilon^{\mathrm{T}}S_3,\quad \Gamma_{\epsilon,3}^{(4)}=G_\epsilon^{\mathrm{T}}S_2+\beta G_\epsilon^{\mathrm{T}}S_3$$

其余参数如定理 5.1 中所述。此时，通过求解 LMI，可直接获得 FDF 参数 K，同时，参数 L 可如下给出：

$$L=S_3^{-\mathrm{T}}V^{\mathrm{T}} \tag{5.26}$$

证明　由引理 3.5 以及式 (5.24) 和式 (5.25) 可得，对于 $\forall\epsilon\in[\epsilon_0,\epsilon_1]$，如下不等式成立：

$$\breve{P}+\epsilon\hat{P}>0 \tag{5.27}$$

$$\Upsilon_\epsilon<0 \tag{5.28}$$

令 $P_\epsilon = \breve{P} + \epsilon\hat{P}$。进一步可得，对于 $\forall\epsilon \in [\epsilon_0, \epsilon_1]$，有 $P_\epsilon > 0$ 以及

$$\begin{bmatrix} \varXi_{1,\epsilon} & \varUpsilon_\epsilon^{(1,2)} & \varXi_3 & \varXi_4 \\ * & \tilde{\varUpsilon}_\epsilon^{(2,2)} & 0 & 0 \\ * & * & -(\lambda_1+\lambda_3)^{-1}I & 0 \\ * & * & * & -I \end{bmatrix} < 0 \tag{5.29}$$

式中，$\tilde{\varUpsilon}_\epsilon^{(2,2)} = P_\epsilon - S^{\mathrm{T}} - S$，且 $\varXi_{1,\epsilon}$、$\varXi_3$ 和 $\varXi_4$ 如定理 5.1 中所示。

注意到

$$-S^{\mathrm{T}}P_\epsilon^{-1}S \leqslant P_\epsilon - S^{\mathrm{T}} - S = \tilde{\varUpsilon}_\epsilon^{(2,2)} \tag{5.30}$$

进而，由式 (5.29) 和式 (5.30) 可得

$$\begin{bmatrix} \varXi_{1,\epsilon} & \varUpsilon_\epsilon^{(1,2)} & \varXi_3 & \varXi_4 \\ * & -S^{\mathrm{T}}P_\epsilon^{-1}S & 0 & 0 \\ * & * & -(\lambda_1+\lambda_3)^{-1}I & 0 \\ * & * & * & -I \end{bmatrix} < 0 \tag{5.31}$$

又由于 $V = L^{\mathrm{T}}S_3$，$S = \begin{bmatrix} S_1 & S_2 \\ \alpha S_3 & \beta S_3 \end{bmatrix}$，于是可得

$$\begin{bmatrix} \varXi_{1,\epsilon} & \varXi_{2,\epsilon}S & \varXi_3 & \varXi_4 \\ * & -S^{\mathrm{T}}P_\epsilon^{-1}S & 0 & 0 \\ * & * & -(\lambda_1+\lambda_3)^{-1}I & 0 \\ * & * & * & -I \end{bmatrix} < 0 \tag{5.32}$$

由式 (5.29) 可知，$\tilde{\varUpsilon}_\epsilon^{(2,2)} = P_\epsilon - S^{\mathrm{T}} - S < 0$，又因 $P_\epsilon > 0$，这表明 S 是非奇异矩阵。令 $\varLambda = \mathrm{diag}\{I, S^{-1}, I, I\}$，对式 (5.32) 左侧矩阵分别左乘 $\varLambda^{\mathrm{T}}$ 和右乘 $\varLambda$，即可知式 (5.13) 成立。又由于对 $\forall\epsilon \in [\epsilon_0, \epsilon_1]$，$P_\epsilon > 0$ 恒成立，于是由定理 5.1 可知，滤波误差系统 (5.7) 渐近稳定且满足指定的 H_∞ 性能指标 γ。证毕。

5.4 仿真实例

本节将采用如下仿真实例来验证所提出的 FDF 设计方法的有效性。

考虑网络化奇异摄动系统 (5.1)，其相关参数如下：

$$A_\epsilon = \begin{bmatrix} 1-5\epsilon & -0.5\epsilon \\ -0.15 & 0.05 \end{bmatrix}, \quad B_\epsilon = \begin{bmatrix} 0.3\epsilon \\ 0.5 \end{bmatrix}, \quad G_\epsilon = \begin{bmatrix} -0.6\epsilon \\ -0.1 \end{bmatrix}$$

$$C = [1.5 \quad -1.5], \quad D = -0.4$$

假定外部扰动和故障分别为 $w(k)=\exp(-0.08k)\sin(0.8k)$ 和

$$f(k)=\begin{cases}3, & k=40,41,\cdots,60\\ 0, & \text{其他}\end{cases}$$

选取 $\epsilon=0.04$，并分别设置奇异摄动系统 (5.1) 和 $\theta(k)$ 的初值为 $x(0)=[-0.05,\ 0.05]^{\mathrm{T}}$ 和 $\theta(0)=10$。动态事件触发通信机制 (5.2) 中的参数设为 $\delta_1=0.1$、$\delta_2=0.7$、$\lambda_1=0.1$、$\lambda_2=0.2$ 和 $\lambda_3=3$。图 5.1 展示了在动态事件触发通信机制 (5.2) 下系统有故障和无故障情形下的触发时刻。

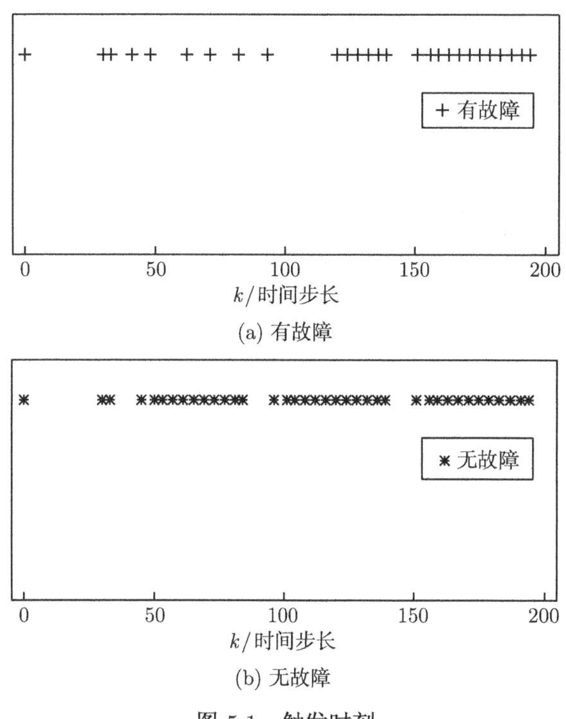

图 5.1　触发时刻

令定理 5.2 中 $\epsilon_0=0.001$、$\epsilon_1=0.05$、$\alpha=\beta=1$。此时，LMI (5.24) 和 (5.25) 存在可行解，且最优的 H_∞ 性能指标 $\gamma_{\mathrm{opt}}=2.5893$。当设定 H_∞ 性能指标 $\gamma=3.0000$ 时，通过求解 LMI (5.24) 和 (5.25)，可得如下 FDF 参数:

$$L=[0.0021\quad -0.0007]^{\mathrm{T}},\quad K=0.0239$$

由定理 5.2 可知，对于 $\forall\epsilon\in[0.001,0.05]$，滤波误差系统 (5.7) 渐近稳定且满足指定的 H_∞ 性能指标 γ。

下面采用所设计的 FDF 进行时域数值仿真。选取 $\epsilon = 0.04$ 以及 FDF (5.6) 的初始值 $\hat{x}(0) = [0 \quad 0]^{\mathrm{T}}$。图 5.2 和图 5.3 分别给出了相应的残差信号 $r(k)$ 和残差评估函数 $J(k)$ 的曲线。由图 5.2 和图 5.3 可知，$r(k)$ 和 $J(k)$ 在故障存在的区间内变化十分明显，这表明采用所设计的 FDF 易于检测故障。选取评估函数阈值为 $J_{\mathrm{th}} = \sup\limits_{f=0}\left\{\sum\limits_{k=0}^{200} r^{\mathrm{T}}(k)r(k)\right\}^{1/2}$。经计算可得 $J_{\mathrm{th}} = 0.0203$，$J(40) = 0.0201$，$J(41) = 0.0214$，可见 $J(40) < J_{\mathrm{th}} < J(41)$。于是，可知故障将在其发生后的 1 步内检测到，这表明所设计的 FDF 是有效的。

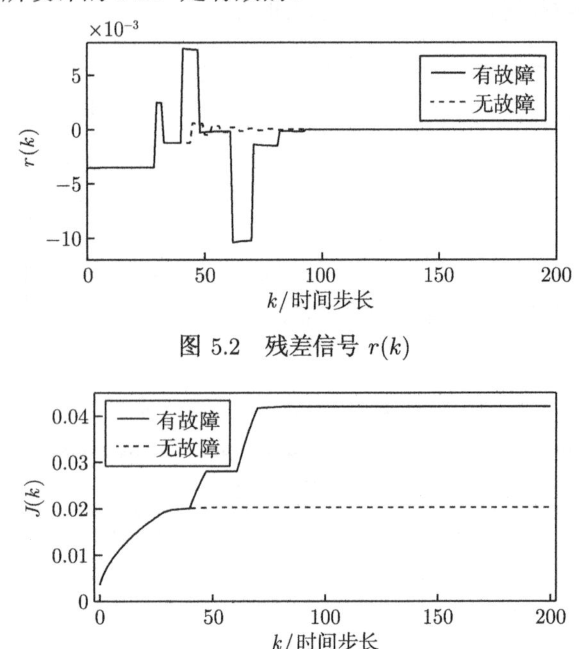

图 5.2　残差信号 $r(k)$

图 5.3　残差评估函数 $J(k)$ 的曲线

5.5 本章小结

本章讨论了动态事件触发通信机制下网络化离散时间奇异摄动系统的故障检测问题。首先，为节省有限的网络资源，提出了具有一般性且参数更灵活的动态事件触发通信机制，其将一些常见的事件触发通信机制作为特例。其次，通过构造与奇异摄动参数和动态事件触发通信机制中柔性变量相关的 Lyapunov 函数，以 LMI 的形式给出了使滤波误差系统渐近稳定且满足指定的 H_∞ 性能指标的充分条件，在这些 LMI 存在可行解时，给出了 FDF 参数的显式表达式，并可估计奇异摄动参数容许的上界和下界。最后，通过仿真实例验证了所设计的 FDF 的有效性。

参 考 文 献

[1] Girard A. Dynamic triggering mechanisms for event-triggered control[J]. IEEE Transactions on Automatic Control, 2015, 60(7): 1992-1997.

[2] Li Q, Shen B, Wang Z D, et al. Synchronization control for a class of discrete time-delay complex dynamical networks: A dynamic event-triggered approach[J]. IEEE Transactions on Cybernetics, 2019, 49(5): 1979-1986.

[3] Hu S L, Yue D, Yin X X, et al. Adaptive event-triggered control for nonlinear discrete-time systems[J]. International Journal of Robust and Nonlinear Control, 2016, 26(18): 4104-4125.

[4] Wang Y J, Jia Z X, Zuo Z Q. Dynamic event-triggered and self-triggered output feedback control of networked switched linear systems[J]. Neurocomputing, 2018, 314: 39-47.

[5] Ge X H, Han Q L. Distributed formation control of networked multi-agent systems using a dynamic event-triggered communication mechanism[J]. IEEE Transactions on Industrial Electronics, 2017, 64(10): 8118-8127.

[6] Ma L, Wang Z D, Cai C X, et al. Dynamic event-triggered state estimation for discrete-time singularly perturbed systems with distributed time-delays[J]. IEEE Transactions on Systems, Man, and Cybernetics: Systems, 2018, DOI: 10.1109/TSMC.2018.2876203.

[7] Ge X H, Han Q L, Wang Z D. A dynamic event-triggered transmission scheme for distributed set-membership estimation over wireless sensor networks[J]. IEEE Transactions on Cybernetics, 2019, 49(1): 171-183.

[8] Li H Y, Chen Z R, Wu L G, et al. Event-triggered fault detection of nonlinear networked systems[J]. IEEE Transactions on Cybernetics, 2017, 47(4): 1041-1052.

[9] Wang Y L, Shi P, Lim C C, et al. Event-triggered fault detection filter design for a continuous-time networked control system[J]. IEEE Transactions on Cybernetics, 2016, 46(12): 3414-3426.

[10] Qiu A B, Al-Dabbagh A W, Chen T W. A trade-off approach for optimal event-triggered fault detection[J]. IEEE Transactions on Industrial Electronics, 2019, 66(3): 2111-2121.

[11] Hajshirmohamadi S, Davoodi M, Meskin N, et al. Event-triggered fault detection and isolation for discrete-time linear systems[J]. IET Control Theory and Applications, 2016, 10(5): 526-533.

[12] Liu Y, He X, Wang Z D, et al. Fault detection and diagnosis for a class of nonlinear systems with decentralized event-triggered transmissions[J]. IFAC—Papers OnLine, 2015, 48(21): 1134-1139.

[13] Ren W J, Sun S B, Hou N, et al. Event-triggered non-fragile H_∞ fault detection for

discrete time-delayed nonlinear systems with channel fadings[J]. Journal of the Franklin Institute, 2018, 355: 436-457.

[14] Hajshirmohamadi S, Sheikholeslam F, Davoodi M, et al. Event-triggered simultaneous fault detection and tracking control for multi-agent systems[J]. International Journal of Control, 2019, 92(8): 1928-1944.

[15] Xiao S Y, Zhang Y J, Zhang B Y. Event-triggered networked fault detection for positive Markovian systems[J]. Signal Processing, 2019, 157: 161-169.

[16] Romeres D, Dörfler F, Bullo F. Novel results on slow coherency in consensus and power networks[C]. Proceedings of the 12th European Control Conference, Zurich, 2013: 742-747.

[17] Barany E, Schaffer S, Wedeward K, et al. Nonlinear controllability of singularly perturbed models of power flow networks[C]. 43rd IEEE Conference on Decision and Control, Nassau, 2004: 4826-4832.

[18] Cai C X, Wang Z D, Xu J, et al. An integrated approach to global synchronization and state estimation for nonlinear singularly perturbed complex networks[J]. IEEE Transactions on Cybernetics, 2015, 45(8): 1597-1609.

[19] Li F, Xu S Y, Zhang B Y. Resilient asynchronous H_∞ control for discrete-time Markov jump singularly perturbed systems based on hidden Markov model[J]. IEEE Transactions on Systems, Man, and Cybernetics: Systems, 2018, DOI: 10.1109/TSMC.2018.2837888.

[20] Shen H, Li F, Xu S Y, et al. Slow state variables feedback stabilization for semi-Markov jump systems with singular perturbations[J]. IEEE Transactions on Automatic Control, 2018, 63(8): 2709-2714.

[21] Xu J, Cai C X, Zou Y. A novel method for fault detection in singularly perturbed systems via the finite frequency strategy[J]. Journal of the Franklin Institute, 2015, 352(11): 5061-5084.

[22] Xu J, Niu Y G. A finite frequency approach for fault detection of fuzzy singularly perturbed systems with regional pole assignment[J]. Neurocomputing, 2019, 325: 200-210.

[23] Yuan Y, Wang Z D, Guo L. Distributed quantized multi-modal H_∞ fusion filtering for two-time-scale systems[J]. Information Sciences, 2018, 432: 572-583.

[24] Yu H W, Lu G P, Zheng Y F. On the model-based networked control for singularly perturbed systems with nonlinear uncertainties[J]. Systems and Control Letters, 2011, 60(9): 739-746.

第 6 章 Round-Robin 协议下的离散时间奇异摄动复杂网络 H_∞ 状态估计

6.1 引 言

复杂网络研究中，通常假设其存在唯一的时间尺度。事实上，一些实际的复杂网络如电力网络[1-3] 往往存在多时间尺度。目前，已提出连续时间奇异摄动复杂网络模型[4-7] 以描述具有多时间尺度的复杂网络，但实际应用中 (如网络通信和计算机仿真) 通常需要处理数字信号，需要提出新的离散时间奇异摄动复杂网络模型。此外，复杂网络的状态信息在揭示其复杂动力学行为的内在机理以及同步控制或牵引控制研究等方面发挥着重要作用，因此，需要在提出的离散时间奇异摄动复杂网络模型基础上，研究多时间尺度复杂网络的状态估计问题。

由于网络技术的快速发展，通过通信网络远程地执行状态估计变得易于实现。然而，由于通信网络带宽有限，传输过程中数据冲突现象通常是难以避免的，这可能引起“副作用”，如丢包和通信延迟[8-11]。缓解数据冲突的有效方法是引入通信协议，以调度数据包传输。工业界广泛采用的协议是 Round-Robin 协议，其主要思想是，每个时刻只允许一个节点按照循环次序获得对通信网络的访问权限，从而均匀地分配通信资源。目前 Round-Robin 协议已应用于诸多领域，如安全监控、负载平衡以及计算和服务器资源的调度等。最近，Round-Robin 协议下具有唯一时间尺度的人工神经网络 [12]、传感器网络 [13] 和复杂动态网络 [14] 的状态估计问题的重要研究成果已见诸报道。然而，Round-Robin 协议下离散时间奇异摄动复杂网络的状态估计问题的研究尚未引起足够的重视。

基于以上研究，本章讨论 Round-Robin 协议下一类离散时间非线性奇异摄动复杂网络的 H_∞ 状态估计问题。首先，基于两个不同的时间尺度提出离散时间非线性奇异摄动复杂网络模型，其中时间尺度差异由奇异摄动参数反映，网络测量输出通过具有有限带宽的通信网络进行传输。为缓解数据冲突现象，引入 Round-Robin 协议来调度通信网络的数据包传输。旨在设计状态估计器，使得对于任何不大于给定上限的奇异摄动参数，状态估计的误差系统渐近稳定且满足指定的 H_∞ 性能指标。通过构造与传输顺序和奇异摄动参数相关的新 Lyapunov 函数，并提出新的引理处理奇异摄动参数，建立待设计的状态估计器存在的 LMI 形式的充分条件，给出估计器参数的显式表达式，并可根据 LMI 条件评估奇异摄动参数的上界。作为推论，得到线性离散时间奇异摄动复杂网络的相应结果。最后，通过数值仿真验证离散时间奇异摄动复杂网络 H_∞ 状态估计器设计方法的有效性。值得指出的是，即使离散时间奇异摄动复杂网络不稳定，所得结果仍然是有效的。

6.2 离散时间非线性奇异摄动复杂网络 H_∞ 状态估计

在讨论状态估计问题之前，先探讨离散时间非线性奇异摄动复杂网络的建模问题。

6.2.1 离散时间非线性奇异摄动复杂网络建模

考虑以下由 N 个耦合节点组成的离散时间非线性奇异摄动复杂网络：

$$\begin{cases} x_i(k+1) = f(\epsilon, x_{si}(k), x_{fi}(k)) + \sum\limits_{j=1}^{N} w_{ij} \Gamma_\epsilon x_j(k) + B_{\epsilon,i} v(k) \\ y_i(k) = C_i x_i(k) + D_i v(k) \\ z_i(k) = M_i x_i(k) \\ i = 1, 2, \cdots, N \end{cases} \tag{6.1}$$

式中

$$x_i(k) = \begin{bmatrix} x_{si}(k) \\ x_{fi}(k) \end{bmatrix}, \quad \Gamma_\epsilon = \begin{bmatrix} \epsilon\Gamma_{11} & \epsilon\Gamma_{12} \\ \Gamma_{21} & \Gamma_{22} \end{bmatrix}$$

$$f(\epsilon, x_{si}(k), x_{fi}(k)) = \begin{bmatrix} x_{si}(k) + \epsilon(h(x_{si}(k)) + S x_{fi}(k)) \\ g(x_{si}(k)) + F x_{fi}(k) \end{bmatrix}$$

$$B_{\epsilon,i} = \begin{bmatrix} \epsilon B_{1,i} \\ B_{2,i} \end{bmatrix}, \quad C_i = \mathrm{diag}\{C_{si}, C_{fi}\}$$

$$D_i = \begin{bmatrix} D_{1,i} \\ D_{2,i} \end{bmatrix}, \quad M_i = [M_{1,i} \ \ M_{2,i}]$$

对于每个节点 $i \in \mathcal{I} = \{1, 2, \cdots, N\}$，$x_i(k) \in \mathbb{R}^n$ 表示状态向量，其包含慢状态向量 $x_{si}(k) \in \mathbb{R}^{n_1}$ 和快状态向量 $x_{fi}(k) \in \mathbb{R}^{n_2}$ $(n_1 + n_2 = n)$；$y_i(k) \in \mathbb{R}^m$ 是测量输出；$z_i(k) \in \mathbb{R}^q$ 表示待估计的输出向量；$v(k) \in \mathbb{R}^r$ 是外部干扰输入且满足 $v(k) \in l_2[0, \infty)$；Γ_ϵ 是内耦合矩阵；$W = [w_{ij}]_{N \times N}$ 是网络的耦合构造矩阵，并且如果节点 i 可以从节点 j 接收信息，那么 $w_{ij} > 0$ $(i \neq j)$，否则 $w_{ij} = 0$。假设 W 是对称矩阵且元素满足

$$w_{ii} = -\sum_{j=1, j \neq i}^{N} w_{ij}, \quad i = 1, 2, \cdots, N \tag{6.2}$$

$S \in \mathbb{R}^{n_1 \times n_2}$、$F \in \mathbb{R}^{n_2 \times n_2}$、$\Gamma_{ıȷ} \in \mathbb{R}^{n_ı \times n_ȷ}$ ($\forall\ ı, ȷ \in \{1,2\}$)、$B_{1,i} \in \mathbb{R}^{n_1 \times r}$、$B_{2,i} \in \mathbb{R}^{n_2 \times r}$、$C_{si} \in \mathbb{R}^{m_1 \times n_1}$、$C_{fi} \in \mathbb{R}^{m_2 \times n_2}$、$D_{1,i} \in \mathbb{R}^{m_1 \times r}$、$D_{2,i} \in \mathbb{R}^{m_2 \times r}$ ($m_1 + m_2 = m$)、$M_{1,i} \in \mathbb{R}^{q \times n_1}$、$M_{2,i} \in \mathbb{R}^{q \times n_2}$ 均为常矩阵；ϵ 是反映两个时间尺度之间差异的奇异摄动参数。

对于任意的 $x_{si}(k) \in \mathbb{R}^{n_1}$ 和 $x_{sj}(k) \in \mathbb{R}^{n_1}$，向量值函数 $h(\cdot) \in \mathbb{R}^{n_1}$ 和 $g(\cdot) \in \mathbb{R}^{n_2}$ 满足

$$
\begin{aligned}
&[h(x_{si}(k)) - h(x_{sj}(k)) - H_1(x_{si}(k) - x_{sj}(k))]^{\mathrm{T}}[h(x_{si}(k)) - h(x_{sj}(k)) \\
&\quad - H_2(x_{si}(k) - x_{sj}(k))] \leqslant 0 \qquad (6.3)\\
&[g(x_{si}(k)) - g(x_{sj}(k)) - G_1(x_{si}(k) - x_{sj}(k))]^{\mathrm{T}}[g(x_{si}(k)) - g(x_{sj}(k)) \\
&\quad - G_2(x_{si}(k) - x_{sj}(k))] \leqslant 0 \qquad (6.4)
\end{aligned}
$$

式中，$H_1, H_2 \in \mathbb{R}^{n_1 \times n_1}$ 和 $G_1, G_2 \in \mathbb{R}^{n_2 \times n_1}$ 均为常矩阵。

注释 6.1 奇异摄动复杂网络的状态估计/ 同步问题研究已取得一些开创性的成果[4-7]。然而，这些成果都是针对连续时间奇异摄动复杂网络建立的。在进行基于网络的通信或计算机模拟时，须考虑这些连续奇异摄动复杂网络对应的离散形式，即离散时间奇异摄动复杂网络，如奇异摄动复杂网络 (6.1)。目前，鲜有文献针对离散时间奇异摄动复杂网络展开研究。

注释 6.2 当 $v(k) \equiv 0$ 时，离散时间奇异摄动复杂网络 (6.1) 的首个方程可看作以下连续时间奇异摄动复杂网络的离散时间模拟:

$$
\begin{aligned}
\begin{bmatrix} I_{n_1} & 0 \\ 0 & \epsilon I_{n_2} \end{bmatrix}\begin{bmatrix} \dot{x}_{si}(t) \\ \dot{x}_{fi}(t) \end{bmatrix} &= \begin{bmatrix} \bar{h}(x_{si}(t)) + \bar{S}x_{fi}(t) \\ \bar{g}(x_{si}(t)) + \bar{F}x_{fi}(t) \end{bmatrix} \\
&\quad + \sum_{j=1}^{N} w_{ij} \begin{bmatrix} \bar{\Gamma}_{11} & \bar{\Gamma}_{12} \\ \bar{\Gamma}_{21} & \bar{\Gamma}_{22} \end{bmatrix}\begin{bmatrix} x_{sj}(t) \\ x_{fj}(t) \end{bmatrix}, \quad i = 1, 2, \cdots, N \qquad (6.5)
\end{aligned}
$$

式中，$\bar{S} \in \mathbb{R}^{n_1 \times n_2}$ 和 $\bar{F} \in \mathbb{R}^{n_2 \times n_2}$ 均为常矩阵；$\bar{h}(\cdot) \in \mathbb{R}^{n_1}$ 和 $\bar{g}(\cdot) \in \mathbb{R}^{n_2}$ 是非线性向量值函数，且满足类似于式 (6.3) 和式 (6.4) 的两个约束条件。式 (6.5) 是文献 [5] 中连续时间奇异摄动复杂网络 (当 $I(t) \equiv 0$ 时) 的更一般形式。值得指出的是，采用欧拉离散化[15,16] 等逼近法，由式 (6.5) 可得到当 $v(k) \equiv 0$ 时离散时间奇异摄动复杂网络 (6.1) 的首个方程，这说明了模型 (6.1) 的合理性。

6.2.2 非线性奇异摄动复杂网络的远程状态估计问题

为了实现远程状态估计，离散时间奇异摄动复杂网络 (6.1) 的测量输出通过通信网络进行传输。由于带宽有限，数据包传输过程中易发生数据冲突，进而产生网络诱导现象。为缓解数据冲突，采用 Round-Robin 协议来调度数据包传输(图 6.1)。

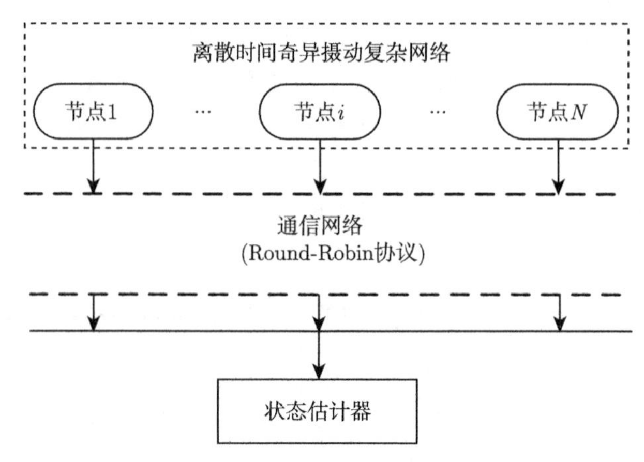

图 6.1　Round-Robin 协议下的状态估计

在该协议下，在每个时刻，物理上仅允许离散时间奇异摄动复杂网络 (6.1) 的一个节点通过通信网络发送其测量输出。令 $\sigma(k)$ ($\sigma(k) \in \mathcal{I}$) 为 k 时刻允许访问通信网络的节点序号，且假设满足以下条件：

$$\sigma(k) = \mathrm{mod}(k, N) + 1 \tag{6.6}$$

进而，在 Round-Robin 协议下通过通信网络传输的测量输出如图 6.2 所示。

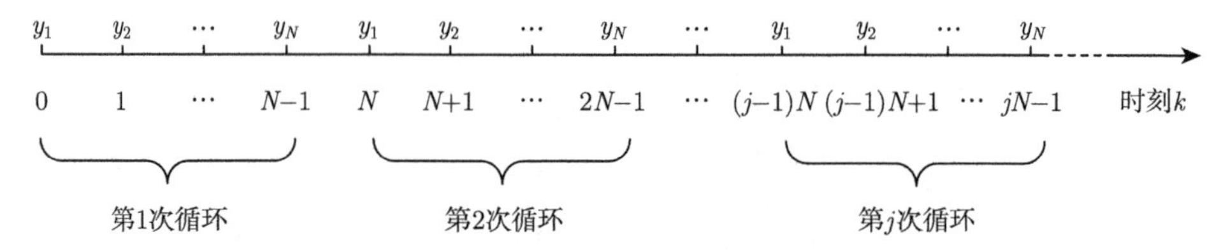

图 6.2　Round-Robin 协议下传输的测量输出

为实现 Round-Robin 协议下的状态估计，采用以下状态估计器：

$$\begin{cases} \hat{x}_i(k+1) = f(\epsilon, \hat{x}_{si}(k), \hat{x}_{fi}(k)) + \sum_{j=1}^{N} w_{ij} \Gamma_\epsilon \hat{x}_j(k) \\ \qquad\qquad + L^i_{\sigma(k)} \delta(i - \sigma(k))(y_i(k) - C_i \hat{x}_i(k)) \\ \hat{z}_i(k) = M_i \hat{x}_i(k) \\ i = 1, 2, \cdots, N \end{cases} \tag{6.7}$$

式中，$\hat{x}_i(k) = [\hat{x}^{\mathrm{T}}_{si}(k), \hat{x}^{\mathrm{T}}_{fi}(k)]^{\mathrm{T}}$，这里，$\hat{x}_{si}(k)$ 和 $\hat{x}_{fi}(k)$ 分别是 $x_{si}(k)$ 和 $x_{fi}(k)$ 的估计；$\hat{z}_i(k)$ 是输出 $z_i(k)$ 的估计；$L^i_{\sigma(k)} = \mathrm{diag}\{L^i_{s\sigma(k)}, L^i_{f\sigma(k)}\}$ 是待确定的状态估计器参数；$\delta(\cdot) \in \{0, 1\}$ 是 Kronecker-δ 函数。

由离散时间奇异摄动复杂网络 (6.1) 和状态估计器 (6.7) 可得如下状态估计误差系统:

$$\begin{cases} e_i(k+1) = \tilde{f}(\epsilon, \sigma(k), e_{si}(k), e_{fi}(k)) + \sum_{j=1}^{N} w_{ij} \Gamma_\epsilon e_j(k) \\ \qquad\qquad +(B_{\epsilon,i} - L^i_{\sigma(k)} \delta(i-\sigma(k)) D_i) v(k) \\ \tilde{z}_i(k) = M_i e_i(k) \\ i = 1, 2, \cdots, N \end{cases} \tag{6.8}$$

式中

$$e_{si}(k) = x_{si}(k) - \hat{x}_{si}(k), \quad e_{fi}(k) = x_{fi}(k) - \hat{x}_{fi}(k)$$
$$e_i(k) = [e^{\mathrm{T}}_{si}(k), e^{\mathrm{T}}_{fi}(k)]^{\mathrm{T}}, \quad \tilde{z}_i(k) = z_i(k) - \hat{z}_i(k)$$
$$\tilde{f}(\epsilon, \sigma(k), e_{si}(k), e_{fi}(k)) = \begin{bmatrix} \tilde{f}_1(\epsilon, \sigma(k), e_{si}(k), e_{fi}(k)) \\ \tilde{f}_2(\sigma(k), e_{si}(k), e_{fi}(k)) \end{bmatrix}$$
$$\tilde{f}_1(\epsilon, \sigma(k), e_{si}(k), e_{fi}(k)) = (I_{n_1} - L^i_{s\sigma(k)} \delta(i-\sigma(k)) C_{si}) e_{si}(k) + \epsilon(\tilde{h}(e_{si}(k)) + S e_{fi}(k))$$
$$\tilde{f}_2(\sigma(k), e_{si}(k), e_{fi}(k)) = (F - L^i_{f\sigma(k)} \delta(i-\sigma(k)) C_{fi}) e_{fi}(k) + \tilde{g}(e_{si}(k))$$
$$\tilde{h}(e_{si}(k)) = h(x_{si}(k)) - h(\hat{x}_{si}(k)), \quad \tilde{g}(e_{si}(k)) = g(x_{si}(k)) - g(\hat{x}_{si}(k))$$

记

$$e(k) = [e^{\mathrm{T}}_1(k), e^{\mathrm{T}}_2(k), \cdots, e^{\mathrm{T}}_N(k)]^{\mathrm{T}}, \quad \tilde{z}(k) = [\tilde{z}^{\mathrm{T}}_1(k), \tilde{z}^{\mathrm{T}}_2(k), \cdots, \tilde{z}^{\mathrm{T}}_N(k)]^{\mathrm{T}}$$
$$\Phi_{\sigma(k)} = \mathrm{diag}\{\delta(1-\sigma(k)) I_m,\ \delta(2-\sigma(k)) I_m,\ \cdots,\ \delta(N-\sigma(k)) I_m\}$$
$$B_\epsilon = [B^{\mathrm{T}}_{\epsilon,1}\ \ B^{\mathrm{T}}_{\epsilon,2}\ \ \cdots\ \ B^{\mathrm{T}}_{\epsilon,N}]^{\mathrm{T}}, \quad L_{\sigma(k)} = \mathrm{diag}\{L^1_{\sigma(k)}, L^2_{\sigma(k)}, \cdots, L^N_{\sigma(k)}\}$$
$$A_\epsilon = \begin{bmatrix} I_{n_1} & \epsilon S \\ 0 & F \end{bmatrix}, \quad C = \mathrm{diag}\{C_1, C_2, \cdots, C_N\}$$
$$M = \mathrm{diag}\{M_1, M_2, \cdots, M_N\}, \quad D = [D^{\mathrm{T}}_1\ \ D^{\mathrm{T}}_2\ \ \cdots\ \ D^{\mathrm{T}}_N]^{\mathrm{T}}$$
$$\varphi_\epsilon(e_s(k)) = [\varphi^{\mathrm{T}}_{\epsilon,1}(e_{s1}(k)), \varphi^{\mathrm{T}}_{\epsilon,2}(e_{s2}(k)), \cdots, \varphi^{\mathrm{T}}_{\epsilon,N}(e_{sN}(k))]^{\mathrm{T}}$$
$$\varphi_{\epsilon,i}(e_{si}(k)) = [\epsilon \tilde{h}^{\mathrm{T}}(e_{si}(k)), \tilde{g}^{\mathrm{T}}(e_{si}(k))]^{\mathrm{T}}$$

则状态估计误差系统 (6.8) 可以化为以下紧凑形式:

$$\begin{cases} e(k+1) = (I_N \otimes A_\epsilon - L_{\sigma(k)} \Phi_{\sigma(k)} C) e(k) + \varphi_\epsilon(e_s(k)) + (W \otimes \Gamma_\epsilon) e(k) \\ \qquad\qquad +(B_\epsilon - L_{\sigma(k)} \Phi_{\sigma(k)} D) v(k) \\ \tilde{z}(k) = M e(k) \end{cases} \tag{6.9}$$

令 $\tilde{T}=T_1T_2\cdots T_N$，其中 $T_i\in\mathbb{R}^{N(n_1+n_2)\times N(n_1+n_2)}$ $(i=1,2,\cdots,N)$ 是一些行交换初等矩阵，使得

$$\tilde{e}(k)=\tilde{T}e(k) \tag{6.10}$$

式中

$$\tilde{e}(k)=[e_s^{\mathrm{T}}(k),e_f^{\mathrm{T}}(k)]^{\mathrm{T}}$$
$$e_s(k)=[e_{s1}^{\mathrm{T}}(k),e_{s2}^{\mathrm{T}}(k),\cdots,e_{sN}^{\mathrm{T}}(k)]^{\mathrm{T}},\quad e_f(k)=[e_{f1}^{\mathrm{T}}(k),e_{f2}^{\mathrm{T}}(k),\cdots,e_{fN}^{\mathrm{T}}(k)]^{\mathrm{T}}$$

根据行交换初等变换的性质，有 $T_i^{-1}=T_i$。于是，由式 (6.9) 和式 (6.10) 可得

$$\begin{cases}\tilde{T}e(k+1)=\tilde{T}(I_N\otimes A_\epsilon-L_{\sigma(k)}\varPhi_{\sigma(k)}C)\tilde{T}^{-1}\tilde{T}e(k)+\tilde{T}\varphi_\epsilon(e_s(k))\\ \qquad\qquad +\tilde{T}(W\otimes\varGamma_\epsilon)\tilde{T}^{-1}\tilde{T}e(k)+\tilde{T}(B_\epsilon-L_{\sigma(k)}\varPhi_{\sigma(k)}D)v(k)\\ \tilde{z}(k)=M\tilde{T}^{-1}\tilde{T}e(k)\end{cases} \tag{6.11}$$

即

$$\begin{cases}\tilde{e}(k+1)=\tilde{A}_{\epsilon,\sigma(k)}\tilde{e}(k)+\tilde{\varphi}_\epsilon(e_s(k))+\tilde{B}_{\epsilon,\sigma(k)}v(k)\\ \tilde{z}(k)=\tilde{M}\tilde{e}(k)\end{cases} \tag{6.12}$$

式中

$$\tilde{A}_{\epsilon,\sigma(k)}=\begin{bmatrix}\tilde{A}_{\epsilon,\sigma(k)}^{11} & \epsilon(I_N\otimes S+W\otimes\varGamma_{12})\\ W\otimes\varGamma_{21} & \tilde{A}_{\sigma(k)}^{22}\end{bmatrix},\quad \tilde{\varphi}_\epsilon(e_s(k))=[\epsilon\tilde{h_{\mathrm{c}}}^{\mathrm{T}}(e_s(k)),\tilde{g_{\mathrm{c}}}^{\mathrm{T}}(e_s(k))]^{\mathrm{T}}$$

$$\tilde{B}_{\epsilon,\sigma(k)}=\begin{bmatrix}\epsilon B_{s1}-L_{s\sigma(k)}\varPhi_{s\sigma(k)}D_{s1}\\ B_{f2}-L_{f\sigma(k)}\varPhi_{f\sigma(k)}D_{f2}\end{bmatrix},\quad \tilde{M}=[M_{s1}\ \ M_{f2}]$$

这里

$$\tilde{A}_{\epsilon,\sigma(k)}^{11}=I_{Nn_1}-L_{s\sigma(k)}\varPhi_{s\sigma(k)}C_s+\epsilon(W\otimes\varGamma_{11}),\quad C_s=\mathrm{diag}\{C_{s1},C_{s2},\cdots,C_{sN}\}$$
$$\tilde{A}_{\sigma(k)}^{22}=I_N\otimes F-L_{f\sigma(k)}\varPhi_{f\sigma(k)}C_f+W\otimes\varGamma_{22},\quad C_f=\mathrm{diag}\{C_{f1},C_{f2},\cdots,C_{fN}\}$$
$$\tilde{h_{\mathrm{c}}}(e_s(k))=[\tilde{h}^{\mathrm{T}}(e_{s1}(k)),\tilde{h}^{\mathrm{T}}(e_{s2}(k)),\cdots,\tilde{h}^{\mathrm{T}}(e_{sN}(k))]^{\mathrm{T}}$$
$$\tilde{g_{\mathrm{c}}}(e_s(k))=[\tilde{g}^{\mathrm{T}}(e_{s1}(k)),\tilde{g}^{\mathrm{T}}(e_{s2}(k)),\cdots,\tilde{g}^{\mathrm{T}}(e_{sN}(k))]^{\mathrm{T}}$$
$$L_{s\sigma(k)}=\mathrm{diag}\{L_{s\sigma(k)}^1,L_{s\sigma(k)}^2,\cdots,L_{s\sigma(k)}^N\}$$
$$L_{f\sigma(k)}=\mathrm{diag}\{L_{f\sigma(k)}^1,L_{f\sigma(k)}^2,\cdots,L_{f\sigma(k)}^N\}$$
$$B_{s1}=[B_{1,1}^{\mathrm{T}}\quad B_{1,2}^{\mathrm{T}}\quad\cdots\quad B_{1,N}^{\mathrm{T}}]^{\mathrm{T}},\quad B_{f2}=[B_{2,1}^{\mathrm{T}}\ \ B_{2,2}^{\mathrm{T}}\ \ \cdots\ \ B_{2,N}^{\mathrm{T}}]^{\mathrm{T}}$$
$$\varPhi_{s\sigma(k)}=\mathrm{diag}\{\delta(1-\sigma(k))I_{m_1},\delta(2-\sigma(k))I_{m_1},\cdots,\delta(N-\sigma(k))I_{m_1}\}$$
$$\varPhi_{f\sigma(k)}=\mathrm{diag}\{\delta(1-\sigma(k))I_{m_2},\delta(2-\sigma(k))I_{m_2},\cdots,\delta(N-\sigma(k))I_{m_2}\}$$

$$D_{s1} = [D_{1,1}^{\mathrm{T}}\ \ D_{1,2}^{\mathrm{T}}\ \ \cdots\ \ D_{1,N}^{\mathrm{T}}]^{\mathrm{T}},\quad D_{f2} = [D_{2,1}^{\mathrm{T}}\ \ D_{2,2}^{\mathrm{T}}\ \ \cdots\ \ D_{2,N}^{\mathrm{T}}]^{\mathrm{T}}$$
$$M_{s1} = \mathrm{diag}\{M_{1,1}, M_{1,2}, \cdots, M_{1,N}\},\quad M_{f2} = \mathrm{diag}\{M_{2,1}, M_{2,2}, \cdots, M_{2,N}\}$$

状态估计的关键是设计形如式 (6.7) 的状态估计器，使得对于指定的性能指标 $\gamma > 0$ 和 $\forall \epsilon \in (0, \epsilon_0]$，其中，$\epsilon_0$ 是预定的上界，同时满足以下条件。

(1) 当 $v(k) \equiv 0$ 时，估计误差系统 (6.12) 渐近稳定；

(2) 在零初始条件下，输出的估计误差 $\tilde{z}(k)$ 满足

$$\sum_{k=0}^{\infty} \|\tilde{z}(k)\|^2 < \gamma^2 \sum_{k=0}^{\infty} \|v(k)\|^2 \tag{6.13}$$

下面的引理将奇异摄动参数 ϵ 的影响转化到矩阵不等式中，对后续结论推导具有重要的作用。

引理 6.1　对于正实数 ϵ_0 和具有适当维数的对称矩阵 M_1 和 M_2，矩阵不等式

$$M_1 + \epsilon M_2 < 0,\quad \forall \epsilon \in (0, \epsilon_0] \tag{6.14}$$

成立当且仅当 $M_1 \leqslant 0$ 和 $M_1 + \epsilon_0 M_2 < 0$。

证明　(充分性) 对于任意给定的向量 $x(k) \neq 0$，当 $M_1 \leqslant 0$ 和 $M_1 + \epsilon_0 M_2 < 0$ 时，有

$$x^{\mathrm{T}}(k) M_1 x(k) \leqslant 0,\quad x^{\mathrm{T}}(k)(M_1 + \epsilon_0 M_2) x(k) < 0 \tag{6.15}$$

如果 $x^{\mathrm{T}}(k) M_2 x(k) \geqslant 0$ 成立，那么对于 $\forall \epsilon \in (0, \epsilon_0]$，由式 (6.15) 可得

$$x^{\mathrm{T}}(k)(M_1 + \epsilon M_2) x(k) \leqslant x^{\mathrm{T}}(k)(M_1 + \epsilon_0 M_2) x(k) < 0 \tag{6.16}$$

如果 $x^{\mathrm{T}}(k) M_2 x(k) < 0$，那么对于 $\forall \epsilon \in (0, \epsilon_0]$，由式 (6.15) 可得

$$x^{\mathrm{T}}(k)(M_1 + \epsilon M_2) x(k) < x^{\mathrm{T}}(k) M_1 x(k) \leqslant 0 \tag{6.17}$$

于是，由式 (6.16) 和式 (6.17) 可得，对于 $\forall \epsilon \in (0, \epsilon_0]$ 和任意向量 $x(k) \neq 0$，不等式

$$x^{\mathrm{T}}(k)(M_1 + \epsilon M_2) x(k) < 0 \tag{6.18}$$

成立，这表明 $M_1 + \epsilon M_2 < 0, \forall \epsilon \in (0, \epsilon_0]$。

(必要性) 令 $\epsilon = \epsilon_0$，于是根据式 (6.14) 可得 $M_1 + \epsilon_0 M_2 < 0$。现在，通过反证法证明 $M_1 \leqslant 0$。假设 $\exists x_*(k) \neq 0$ 使得 $x_*^{\mathrm{T}}(k) M_1 x_*(k) > 0$。由实数连续性可知，必然存在足够小的 $\epsilon_* \in (0, \epsilon_0]$，使得

$$x_*^{\mathrm{T}}(k) M_1 x_*(k) + \epsilon_* x_*^{\mathrm{T}}(k) M_2 x_*(k) \geqslant 0 \tag{6.19}$$

此外，由于 $\epsilon_* \in (0, \epsilon_0]$，由式 (6.14) 可得 $M_1 + \epsilon_* M_2 < 0$，这反过来保证了

$$x_*^{\mathrm{T}}(k) M_1 x_*(k) + \epsilon_* x_*^{\mathrm{T}}(k) M_2 x_*(k) < 0 \tag{6.20}$$

显然，式(6.20)与式(6.19)相互矛盾，这表明，对任意向量 $x(k) \neq 0$，有 $x^{\mathrm{T}}(k) M_1 x(k) \leqslant 0$。因此，$M_1 \leqslant 0$。证毕。

6.2.3 H_∞ 性能分析与状态估计器设计

在本节中，首先推导出使 Round-Robin 协议下的估计误差系统 (6.12) 渐近稳定且满足 H_∞ 性能约束 (6.13) 的充分条件。

定理 6.1 对于给定的 $\epsilon > 0$，如果存在正实数 λ_h 和 λ_g 以及正定矩阵 $P_{\epsilon,i}$ $(i \in \mathcal{I})$，使得对 $\forall i \in \mathcal{I}$，下式均成立：

$$\Xi_i = \begin{bmatrix} \Xi_i^{11} & \Xi_i^{12} & \Xi_i^{13} & \Xi_i^{14} \\ * & \Xi_i^{22} & \epsilon Z_s^{\mathrm{T}} P_{\epsilon,i+1} Z_f & \epsilon Z_s^{\mathrm{T}} P_{\epsilon,i+1} \tilde{B}_{\epsilon,i} \\ * & * & \Xi_i^{33} & Z_f^{\mathrm{T}} P_{\epsilon,i+1} \tilde{B}_{\epsilon,i} \\ * & * & * & \Xi_i^{44} \end{bmatrix} < 0 \tag{6.21}$$

这里

$$\begin{aligned}
\Xi_i^{11} &= \tilde{A}_{\epsilon,i}^{\mathrm{T}} P_{\epsilon,i+1} \tilde{A}_{\epsilon,i} - P_{\epsilon,i} - \lambda_h Z_s (I_N \otimes \tilde{H}_1) Z_s^{\mathrm{T}} - \lambda_g Z_s (I_N \otimes \tilde{G}_1) Z_s^{\mathrm{T}} + \tilde{M}^{\mathrm{T}} \tilde{M} \\
\Xi_i^{12} &= \epsilon \tilde{A}_{\epsilon,i}^{\mathrm{T}} P_{\epsilon,i+1} Z_s + \lambda_h Z_s (I_N \otimes \tilde{H}_2) \\
\Xi_i^{13} &= \tilde{A}_{\epsilon,i}^{\mathrm{T}} P_{\epsilon,i+1} Z_f + \lambda_g Z_s (I_N \otimes \tilde{G}_2) \\
\Xi_i^{14} &= \tilde{A}_{\epsilon,i}^{\mathrm{T}} P_{\epsilon,i+1} \tilde{B}_{\epsilon,i}, \quad \Xi_i^{22} = \epsilon^2 Z_s^{\mathrm{T}} P_{\epsilon,i+1} Z_s - \lambda_h I_{Nn_1} \\
\Xi_i^{33} &= Z_f^{\mathrm{T}} P_{\epsilon,i+1} Z_f - \lambda_g I_{Nn_2}, \quad \Xi_i^{44} = \tilde{B}_{\epsilon,i}^{\mathrm{T}} P_{\epsilon,i+1} \tilde{B}_{\epsilon,i} - \gamma^2 I_r \\
Z_s &= \begin{bmatrix} I_{Nn_1} \\ 0_{Nn_2 \times Nn_1} \end{bmatrix}, \quad Z_f = \begin{bmatrix} 0_{Nn_1 \times Nn_2} \\ I_{Nn_2} \end{bmatrix} \\
\tilde{H}_1 &= \frac{H_1^{\mathrm{T}} H_2 + H_2^{\mathrm{T}} H_1}{2}, \quad \tilde{H}_2 = \frac{H_1^{\mathrm{T}} + H_2^{\mathrm{T}}}{2} \\
\tilde{G}_1 &= \frac{G_1^{\mathrm{T}} G_2 + G_2^{\mathrm{T}} G_1}{2}, \quad \tilde{G}_2 = \frac{G_1^{\mathrm{T}} + G_2^{\mathrm{T}}}{2}
\end{aligned}$$

且 $P_{\epsilon,N+1} = P_{\epsilon,1}$，则 Round-Robin 协议下的估计误差系统 (6.12) 渐近稳定且满足 H_∞ 性能约束条件(6.13)。

证明 根据式 (6.3)、式 (6.4) 以及

$$\tilde{h}(e_{si}(k)) = h(x_{si}(k)) - h(\hat{x}_{si}(k)), \quad \tilde{g}(e_{si}(k)) = g(x_{si}(k)) - g(\hat{x}_{si}(k))$$

可得，对于 $\forall i \in \mathcal{I}$，有

$$\begin{bmatrix} e_{si}(k) \\ \tilde{h}(e_{si}(k)) \end{bmatrix}^{\mathrm{T}} \begin{bmatrix} \tilde{H}_1 & -\tilde{H}_2 \\ * & I_{n_1} \end{bmatrix} \begin{bmatrix} e_{si}(k) \\ \tilde{h}(e_{si}(k)) \end{bmatrix} \leqslant 0 \tag{6.22}$$

$$\begin{bmatrix} e_{si}(k) \\ \tilde{g}(e_{si}(k)) \end{bmatrix}^{\mathrm{T}} \begin{bmatrix} \tilde{G}_1 & -\tilde{G}_2 \\ * & I_{n_2} \end{bmatrix} \begin{bmatrix} e_{si}(k) \\ \tilde{g}(e_{si}(k)) \end{bmatrix} \leqslant 0 \tag{6.23}$$

式中，$\tilde{H}_1$、$\tilde{H}_2$、$\tilde{G}_1$ 和 $\tilde{G}_2$ 的定义见定理 6.1。由式 (6.22) 和式 (6.23) 进一步可得

$$\begin{bmatrix} e_s(k) \\ \tilde{h}_{\mathrm{c}}(e_s(k)) \end{bmatrix}^{\mathrm{T}} \begin{bmatrix} I_N \otimes \tilde{H}_1 & -I_N \otimes \tilde{H}_2 \\ * & I_{Nn_1} \end{bmatrix} \begin{bmatrix} e_s(k) \\ \tilde{h}_{\mathrm{c}}(e_s(k)) \end{bmatrix} \leqslant 0 \tag{6.24}$$

$$\begin{bmatrix} e_s(k) \\ \tilde{g}_{\mathrm{c}}(e_s(k)) \end{bmatrix}^{\mathrm{T}} \begin{bmatrix} I_N \otimes \tilde{G}_1 & -I_N \otimes \tilde{G}_2 \\ * & I_{Nn_2} \end{bmatrix} \begin{bmatrix} e_s(k) \\ \tilde{g}_{\mathrm{c}}(e_s(k)) \end{bmatrix} \leqslant 0 \tag{6.25}$$

选取如下的 Lyapunov 函数：

$$V(k) = \tilde{e}^{\mathrm{T}}(k) P_{\epsilon,\sigma(k)} \tilde{e}(k) \tag{6.26}$$

注意到

$$\tilde{\varphi}_\epsilon(e_s(k)) = \epsilon Z_s \tilde{h}_{\mathrm{c}}(e_s(k)) + Z_f \tilde{g}_{\mathrm{c}}(e_s(k)) \tag{6.27}$$

$$e_s(k) = Z_s^{\mathrm{T}} \tilde{e}(k) \tag{6.28}$$

式中，Z_s 和 Z_f 的定义见定理 6.1。

令 $\sigma(k) = i$，根据式 (6.24)、式 (6.25)、式 (6.27) 和式 (6.28)，计算并处理 $V(k)$ 的差分如下：

$$\begin{aligned}
\Delta V(k) &= \tilde{e}^{\mathrm{T}}(k+1) P_{\epsilon,i+1} \tilde{e}(k+1) - \tilde{e}^{\mathrm{T}}(k) P_{\epsilon,i} \tilde{e}(k) \\
&\leqslant [\tilde{A}_{\epsilon,i} \tilde{e}(k) + \epsilon Z_s \tilde{h}_{\mathrm{c}}(e_s(k)) + Z_f \tilde{g}_{\mathrm{c}}(e_s(k)) + \tilde{B}_{\epsilon,i} v(k)]^{\mathrm{T}} \\
&\quad \times P_{\epsilon,i+1} [\tilde{A}_{\epsilon,i} \tilde{e}(k) + \epsilon Z_s \tilde{h}_{\mathrm{c}}(e_s(k)) + Z_f \tilde{g}_{\mathrm{c}}(e_s(k)) + \tilde{B}_{\epsilon,i} v(k)] - \tilde{e}^{\mathrm{T}}(k) P_{\epsilon,i} \tilde{e}(k) \\
&\quad - \lambda_h \begin{bmatrix} e_s(k) \\ \tilde{h}_{\mathrm{c}}(e_s(k)) \end{bmatrix}^{\mathrm{T}} \begin{bmatrix} I_N \otimes \tilde{H}_1 & -I_N \otimes \tilde{H}_2 \\ * & I_{Nn_1} \end{bmatrix} \begin{bmatrix} e_s(k) \\ \tilde{h}_{\mathrm{c}}(e_s(k)) \end{bmatrix} \\
&\quad - \lambda_g \begin{bmatrix} e_s(k) \\ \tilde{g}_{\mathrm{c}}(e_s(k)) \end{bmatrix}^{\mathrm{T}} \begin{bmatrix} I_N \otimes \tilde{G}_1 & -I_N \otimes \tilde{G}_2 \\ * & I_{Nn_2} \end{bmatrix} \begin{bmatrix} e_s(k) \\ \tilde{g}_{\mathrm{c}}(e_s(k)) \end{bmatrix} \\
&= \xi^{\mathrm{T}}(k) \tilde{\Xi}_i \xi(k)
\end{aligned} \tag{6.29}$$

式中

$$\xi(k) = [\tilde{e}^{\mathrm{T}}(k), \tilde{h_{\mathrm{c}}}^{\mathrm{T}}(e_s(k)), \tilde{g_{\mathrm{c}}}^{\mathrm{T}}(e_s(k)), v^{\mathrm{T}}(k)]^{\mathrm{T}}$$

$$\tilde{\Xi}_i = \begin{bmatrix} \tilde{\Xi}_i^{11} & \Xi_i^{12} & \Xi_i^{13} & \Xi_i^{14} \\ * & \Xi_i^{22} & \epsilon Z_s^{\mathrm{T}} P_{\epsilon,i+1} Z_f & \epsilon Z_s^{\mathrm{T}} P_{\epsilon,i+1} \tilde{B}_{\epsilon,i} \\ * & * & \Xi_i^{33} & Z_f^{\mathrm{T}} P_{\epsilon,i+1} \tilde{B}_{\epsilon,i} \\ * & * & * & \tilde{B}_{\epsilon,i}^{\mathrm{T}} P_{\epsilon,i+1} \tilde{B}_{\epsilon,i} \end{bmatrix}$$

$$\tilde{\Xi}_i^{11} = \tilde{A}_{\epsilon,i}^{\mathrm{T}} P_{\epsilon,i+1} \tilde{A}_{\epsilon,i} - P_{\epsilon,i} - \lambda_h Z_s (I_N \otimes \tilde{H}_1) Z_s^{\mathrm{T}} - \lambda_g Z_s (I_N \otimes \tilde{G}_1) Z_s^{\mathrm{T}}$$

这里，Ξ_i^{12}、Ξ_i^{13}、Ξ_i^{14}、Ξ_i^{22} 和 Ξ_i^{33} 的定义见定理 6.1。

当 $v(k) \equiv 0$ 时，根据式 (6.29) 可得

$$\Delta V(k) \leqslant \zeta^{\mathrm{T}}(k) \bar{\Xi}_i \zeta(k) \tag{6.30}$$

式中

$$\zeta(k) = [\tilde{e}^{\mathrm{T}}(k), \tilde{h_{\mathrm{c}}}^{\mathrm{T}}(e_s(k)), \tilde{g_{\mathrm{c}}}^{\mathrm{T}}(e_s(k))]^{\mathrm{T}}$$

$$\bar{\Xi}_i = \begin{bmatrix} \tilde{\Xi}_i^{11} & \Xi_i^{12} & \Xi_i^{13} \\ * & \Xi_i^{22} & \epsilon Z_s^{\mathrm{T}} P_{\epsilon,i+1} Z_f \\ * & * & Z_f^{\mathrm{T}} P_{\epsilon,i+1} Z_f - \lambda_g I_{Nn_2} \end{bmatrix}$$

由式 (6.21) 可得 $\bar{\Xi}_i < 0$。当 $v(k) \equiv 0$ 时，进一步由式 (6.30) 可知 $\Delta V(k) < 0$。根据 Lyapunov 稳定性理论，估计误差系统 (6.12) 渐近稳定。

现在考虑零初始条件下的 H_∞ 性能约束条件。直接计算可得

$$\begin{aligned} J_T &\stackrel{\text{def}}{=\!=} \sum_{k=0}^{T} \left(\tilde{z}^{\mathrm{T}}(k)\tilde{z}(k) - \gamma^2 v^{\mathrm{T}}(k) v(k) \right) \\ &\leqslant \sum_{k=0}^{T} \left(\tilde{z}^{\mathrm{T}}(k)\tilde{z}(k) - \gamma^2 v^{\mathrm{T}}(k) v(k) + \Delta V(k) \right) \\ &\leqslant \sum_{k=0}^{T} \xi^{\mathrm{T}}(k) \Xi_i \xi(k) \end{aligned} \tag{6.31}$$

式中，Ξ_i 的定义见定理 6.1。

由式 (6.21) 和式 (6.31) 可得

$$\sum_{k=0}^{T} \left(\tilde{z}^{\mathrm{T}}(k)\tilde{z}(k) - \gamma^2 v^{\mathrm{T}}(k) v(k) \right) < 0 \tag{6.32}$$

在式 (6.32) 中，令 $T \to \infty$，可知 H_∞ 性能约束条件 (6.13) 成立。证毕。

基于定理 6.1 和引理 6.1，给出如下定理，其为 Round-Robin 协议下的离散时间奇异摄动复杂网络 (6.1) 提供了状态估计器设计方案。

定理 6.2 对于 $\forall\epsilon \in (0, \epsilon_0]$，其中，$\epsilon_0$ 是预定上界，如果存在正实数 λ_h 和 λ_g 以及以下形式的矩阵 $\breve{P}_i$、$\hat{P}_i$、X_i、Y_{si} 和 Y_{fi}:

$$\breve{P}_i = \begin{bmatrix} \breve{P}_i^{11} & \breve{P}_i^{12} \\ * & \breve{P}_i^{22} \end{bmatrix}, \quad \hat{P}_i = \begin{bmatrix} \hat{P}_i^{11} & \hat{P}_i^{12} \\ * & \hat{P}_i^{22} \end{bmatrix}, \quad X_i = \mathrm{diag}\{X_i^1, X_i^2\}$$

$$Y_{si} = \mathrm{diag}\{Y_{si}^1, Y_{si}^2, \cdots, Y_{si}^N\}, \quad Y_{fi} = \mathrm{diag}\{Y_{fi}^1, Y_{fi}^2, \cdots, Y_{fi}^N\}$$

$$X_i^1 = \mathrm{diag}\{X_i^{1,1}, X_i^{1,2}, \cdots, X_i^{1,N}\}, \quad X_i^2 = \mathrm{diag}\{X_i^{2,1}, X_i^{2,2}, \cdots, X_i^{2,N}\}$$

使得对 $\forall i \in \mathcal{I}$，下列 LMI 成立:

$$\breve{P}_i \geqslant 0,\ \breve{P}_i + \varepsilon_0 \hat{P}_i > 0 \tag{6.33}$$

$$\begin{bmatrix} \breve{\Omega}_{11,i} & \breve{\Omega}_{12} & \breve{\Omega}_{13} & 0 & \breve{\Omega}_{15,i} & \tilde{M}^{\mathrm{T}} \\ * & \breve{\Omega}_{22} & 0 & 0 & 0 & 0 \\ * & * & \breve{\Omega}_{33} & 0 & \breve{\Omega}_{35,i} & 0 \\ * & * & * & -\gamma^2 I_r & \breve{\Omega}_{45,i} & 0 \\ * & * & * & * & \breve{\Omega}_{55,i} & 0 \\ * & * & * & * & * & -I_{Nq} \end{bmatrix} \leqslant 0 \tag{6.34}$$

$$\begin{bmatrix} \tilde{\Omega}_{\epsilon_0,i}^{11} & \breve{\Omega}_{12} & \breve{\Omega}_{13} & 0 & \tilde{\Omega}_{\epsilon_0,i}^{15} & \tilde{M}^{\mathrm{T}} \\ * & \breve{\Omega}_{22} & 0 & 0 & \epsilon_0 \hat{\Omega}_{25,i} & 0 \\ * & * & \breve{\Omega}_{33} & 0 & \breve{\Omega}_{35,i} & 0 \\ * & * & * & -\gamma^2 I_r & \tilde{\Omega}_{\epsilon_0,i}^{45} & 0 \\ * & * & * & * & \tilde{\Omega}_{\epsilon_0,i}^{55} & 0 \\ * & * & * & * & * & -I_{Nq} \end{bmatrix} < 0 \tag{6.35}$$

则 Round-Robin 协议下的估计误差系统 (6.12) 渐近稳定且满足 H_∞ 性能约束条件 (6.13)。这里，

$$\breve{\Omega}_{11,i} = -\breve{P}_i - \lambda_h Z_s (I_N \otimes \tilde{H}_1) Z_s^{\mathrm{T}} - \lambda_g Z_s (I_N \otimes \tilde{G}_1) Z_s^{\mathrm{T}}$$

$$\breve{\Omega}_{12} = \lambda_h Z_s (I_N \otimes \tilde{H}_2), \quad \breve{\Omega}_{13} = \lambda_g Z_s (I_N \otimes \tilde{G}_2)$$

$$\breve{\Omega}_{15,i} = \begin{bmatrix} \breve{\Omega}_{15,i}^{11} & (W \otimes \Gamma_{21}^{\mathrm{T}}) X_i^2 \\ 0 & (I_N \otimes F^{\mathrm{T}} + W \otimes \Gamma_{22}^{\mathrm{T}}) X_i^2 - C_f^{\mathrm{T}} \Phi_{fi} Y_{fi} \end{bmatrix}$$

$$
\begin{aligned}
&\breve{\Omega}^{11}_{15,i} = X_i^1 - C_s^{\mathrm{T}}\Phi_{si}Y_{si}\\
&\breve{\Omega}_{22} = -\lambda_h I_{Nn_1},\quad \breve{\Omega}_{33} = -\lambda_g I_{Nn_2}\\
&\hat{\Omega}_{25,i} = [X_i^1 \ \ 0],\quad \breve{\Omega}_{35,i} = [0 \ \ X_i^2]\\
&\breve{\Omega}_{45,i} = [-D_{s1}^{\mathrm{T}}\Phi_{si}Y_{si} \ \ B_{f2}^{\mathrm{T}}X_i^2 - D_{f2}^{\mathrm{T}}\Phi_{fi}Y_{fi}],\quad \breve{\Omega}_{55,i} = \breve{P}_{i+1} - X_i - X_i^{\mathrm{T}}\\
&\tilde{\Omega}^{11}_{\epsilon_0,i} = \breve{\Omega}_{11,i} - \epsilon_0\hat{P}_i,\quad \tilde{\Omega}^{15}_{\epsilon_0,i} = \breve{\Omega}_{15,i} + \epsilon_0\hat{\Omega}_{15,i}\\
&\hat{\Omega}_{15,i} = \begin{bmatrix} (W\otimes\Gamma_{11}^{\mathrm{T}})X_i^1 & 0\\ (I_N\otimes S^{\mathrm{T}} + W\otimes\Gamma_{12}^{\mathrm{T}})X_i^1 & 0\end{bmatrix},\quad \tilde{\Omega}^{45}_{\epsilon_0,i} = \breve{\Omega}_{45,i} + \epsilon_0\hat{\Omega}_{45,i}\\
&\hat{\Omega}_{45,i} = [B_{s1}^{\mathrm{T}}X_i^1 \ \ 0],\quad \tilde{\Omega}^{55}_{\epsilon_0,i} = \breve{\Omega}_{55,i} + \epsilon_0\hat{P}_{i+1}\\
&\breve{P}_{N+1} = \breve{P}_1,\quad \hat{P}_{N+1} = \hat{P}_1
\end{aligned}
$$

矩阵 $\tilde{H}_1$、$\tilde{H}_2$、$\tilde{G}_1$、$\tilde{G}_2$ 和 Z_s 的定义如定理 6.1 中所示。在这种情况下，待设计的状态估计器参数可如下给出：

$$
L_{si} = (X_i^1)^{-\mathrm{T}}Y_{si}^{\mathrm{T}},\quad L_{fi} = (X_i^2)^{-\mathrm{T}}Y_{fi}^{\mathrm{T}} \tag{6.36}
$$

证明　由式 (6.34)、式 (6.35) 和引理 6.1 可得，对于 $\forall\epsilon\in(0,\epsilon_0]$，下列矩阵不等式成立：

$$
\begin{bmatrix}
\tilde{\Omega}^{11}_{\epsilon,i} & \breve{\Omega}_{12} & \breve{\Omega}_{13} & 0 & \tilde{\Omega}^{15}_{\epsilon,i} & \tilde{M}^{\mathrm{T}}\\
* & \breve{\Omega}_{22} & 0 & 0 & \epsilon\hat{\Omega}_{25,i} & 0\\
* & * & \breve{\Omega}_{33} & 0 & \breve{\Omega}_{35,i} & 0\\
* & * & * & -\gamma^2 I_r & \tilde{\Omega}^{45}_{\epsilon,i} & 0\\
* & * & * & * & \tilde{\Omega}^{55}_{\epsilon,i} & 0\\
* & * & * & * & * & -I_{Nq}
\end{bmatrix} < 0 \tag{6.37}
$$

式中

$$
\begin{aligned}
&\tilde{\Omega}^{11}_{\epsilon,i} = \breve{\Omega}_{11,i} - \epsilon\hat{P}_i,\quad \tilde{\Omega}^{15}_{\epsilon,i} = \breve{\Omega}_{15,i} + \epsilon\hat{\Omega}_{15,i}\\
&\tilde{\Omega}^{45}_{\epsilon,i} = \breve{\Omega}_{45,i} + \epsilon\hat{\Omega}_{45,i},\quad \tilde{\Omega}^{55}_{\epsilon,i} = \breve{P}_{i+1} + \epsilon\hat{P}_{i+1} - X_i - X_i^{\mathrm{T}}
\end{aligned}
$$

根据式 (6.33) 和引理 6.1, 对 $\forall\epsilon\in(0,\epsilon_0]$，有 $P_{\epsilon,i} \overset{\text{def}}{=\!=} \breve{P}_i + \epsilon\hat{P}_i > 0$ 和 $P_{\epsilon,i+1} \overset{\text{def}}{=\!=} \breve{P}_{i+1} + \epsilon\hat{P}_{i+1} > 0$。

由式 (6.36) 和式 (6.37) 可得

$$\begin{bmatrix} \tilde{\Omega}_{\epsilon,i}^{11,c} & \breve{\Omega}_{12} & \breve{\Omega}_{13} & 0 & \tilde{A}_{\epsilon,i}^{\mathrm{T}} X_i & \tilde{M}^{\mathrm{T}} \\ * & \breve{\Omega}_{22} & 0 & 0 & \epsilon Z_s^{\mathrm{T}} X_i & 0 \\ * & * & \breve{\Omega}_{33} & 0 & Z_f^{\mathrm{T}} X_i & 0 \\ * & * & * & -\gamma^2 I_r & \tilde{B}_{\epsilon,i}^{\mathrm{T}} X_i & 0 \\ * & * & * & * & \tilde{\Omega}_{\epsilon,i}^{55,c} & 0 \\ * & * & * & * & * & -I_{Nq} \end{bmatrix} < 0 \tag{6.38}$$

式中

$$\tilde{\Omega}_{\epsilon,i}^{11,c} = -P_{\epsilon,i} - \lambda_h Z_s (I_N \otimes \tilde{H}_1) Z_s^{\mathrm{T}} - \lambda_g Z_s (I_N \otimes \tilde{G}_1) Z_s^{\mathrm{T}}$$
$$\tilde{\Omega}_{\epsilon,i}^{55,c} = P_{\epsilon,i+1} - X_i - X_i^{\mathrm{T}}$$

考虑到

$$-X_i^{\mathrm{T}} P_{\epsilon,i+1}^{-1} X_i \leqslant P_{\epsilon,i+1} - X_i - X_i^{\mathrm{T}} \tag{6.39}$$

根据式 (6.38) 和式 (6.39)，有

$$\begin{bmatrix} \tilde{\Omega}_{\epsilon,i}^{11,c} & \breve{\Omega}_{12} & \breve{\Omega}_{13} & 0 & \tilde{A}_{\epsilon,i}^{\mathrm{T}} X_i & \tilde{M}^{\mathrm{T}} \\ * & \breve{\Omega}_{22} & 0 & 0 & \epsilon Z_s^{\mathrm{T}} X_i & 0 \\ * & * & \breve{\Omega}_{33} & 0 & Z_f^{\mathrm{T}} X_i & 0 \\ * & * & * & -\gamma^2 I_r & \tilde{B}_{\epsilon,i}^{\mathrm{T}} X_i & 0 \\ * & * & * & * & \tilde{\Omega}_{\epsilon,i}^{55,d} & 0 \\ * & * & * & * & * & -I_{Nq} \end{bmatrix} < 0 \tag{6.40}$$

式中

$$\tilde{\Omega}_{\epsilon,i}^{55,d} = -X_i^{\mathrm{T}} P_{\epsilon,i+1}^{-1} X_i$$

由式 (6.38) 可知 $P_{\epsilon,i+1} - X_i - X_i^{\mathrm{T}} < 0$，又 $P_{\epsilon,i+1} > 0$，表明 X_i 是可逆矩阵。定义 $J = \mathrm{diag}\{I_{N(n_1+n_2)}, I_{Nn_1}, I_{Nn_2}, I_r, X_i^{-1}, I_{Nq}\}$。进而，将式 (6.40) 的左侧矩阵分别左乘 J^{T} 和右乘 J，可得

$$\begin{bmatrix} \tilde{\Omega}_{\epsilon,i}^{11,c} & \breve{\Omega}_{12} & \breve{\Omega}_{13} & 0 & \tilde{A}_{\epsilon,i}^{\mathrm{T}} & \tilde{M}^{\mathrm{T}} \\ * & \breve{\Omega}_{22} & 0 & 0 & \epsilon Z_s^{\mathrm{T}} & 0 \\ * & * & \breve{\Omega}_{33} & 0 & Z_f^{\mathrm{T}} & 0 \\ * & * & * & -\gamma^2 I_r & \tilde{B}_{\epsilon,i}^{\mathrm{T}} & 0 \\ * & * & * & * & -P_{\epsilon,i+1}^{-1} & 0 \\ * & * & * & * & * & -I_{Nq} \end{bmatrix} < 0 \tag{6.41}$$

根据 Schur 补引理，式 (6.21) 成立当且仅当式 (6.41) 成立。由于对 $\forall \epsilon \in (0, \epsilon_0]$ 和 $\forall i \in \mathcal{I}$，$P_{\epsilon,i} > 0$，根据定理 6.1 可知 Round-Robin 协议下的估计误差系统 (6.12) 渐近稳定且满足 H_∞ 性能约束条件 (6.13)。证毕。

6.3 离散时间线性奇异摄动复杂网络 H_∞ 状态估计

本节考虑离散时间线性奇异摄动复杂网络的 H_∞ 状态估计问题。为此，先给出离散时间线性奇异摄动复杂网络的模型。

6.3.1 线性奇异摄动复杂网络模型及估计误差系统

令

$$H_1 = A_{11}, \quad S = A_{12}, \quad G_1 = A_{21}, \quad F = A_{22}$$
$$h(x_{si}(k)) = A_{11}x_{si}(k), \quad g(x_{si}(k)) = A_{21}x_{si}(k)$$

模型 (6.1) 可特殊化为以下离散时间线性奇异摄动复杂网络:

$$\begin{cases} x_i(k+1) = \breve{A}_\epsilon x_i(k) + \sum_{j=1}^{N} w_{ij}\Gamma_\epsilon x_j(k) + B_{\epsilon i}v(k) \\ y_i(k) = C_i x_i(k) + D_i v(k) \\ z_i(k) = M_i x_i(k) \\ i = 1, 2, \cdots, N \end{cases} \tag{6.42}$$

式中

$$\breve{A}_\epsilon = \begin{bmatrix} I + \epsilon A_{11} & \epsilon A_{12} \\ A_{21} & A_{22} \end{bmatrix}$$

$A_{11} \in \mathbb{R}^{n_1\times n_1}$、$A_{12} \in \mathbb{R}^{n_1\times n_2}$、$A_{21} \in \mathbb{R}^{n_2\times n_1}$、$A_{22} \in \mathbb{R}^{n_2\times n_2}$ 是常矩阵；其他符号与模型 (6.1) 中相同。

对于离散时间线性奇异摄动复杂网络 (6.42)，采用以下线性状态估计器:

$$\begin{cases} \hat{x}_i(k+1) = \breve{A}_\epsilon \hat{x}_i(k) + \sum_{j=1}^{N} w_{ij}\Gamma_\epsilon \hat{x}_j(k) + L^i_{\sigma(k)}\delta(i-\sigma(k))(y_i(k) - C_i\hat{x}_i(k)) \\ \hat{z}_i(k) = M_i\hat{x}_i(k) \\ i = 1, 2, \cdots, N \end{cases} \tag{6.43}$$

式中，$\hat{x}_i(k)$、$\hat{z}_i(k)$、$L^i_{\sigma(k)}$、$\delta(\cdot)$ 与式 (6.7) 中相同，并利用推导式 (6.12) 时使用的类似方法，可得估计误差系统如下:

$$\begin{cases} \tilde{e}(k+1) = \bar{A}_{\epsilon,\sigma(k)}\tilde{e}(k) + \tilde{B}_{\epsilon,\sigma(k)}v(k) \\ \tilde{z}(k) = \tilde{M}\tilde{e}(k) \end{cases} \tag{6.44}$$

这里

$$\bar{A}_{\epsilon,\sigma(k)} = \begin{bmatrix} \bar{A}^{11}_{\epsilon,\sigma(k)} & \bar{A}^{12}_{\epsilon,\sigma(k)} \\ I_N \otimes A_{21} + W \otimes \Gamma_{21} & \bar{A}^{22}_{\sigma(k)} \end{bmatrix}$$

$$
\begin{aligned}
\bar{A}^{11}_{\epsilon,\sigma(k)} &= I_{Nn_1} - L_{s\sigma(k)}\Phi_{s\sigma(k)}C_s + \epsilon(I_N \otimes A_{11} + W \otimes \Gamma_{11}) \\
\bar{A}^{12}_{\epsilon,\sigma(k)} &= \epsilon(I_N \otimes A_{12} + W \otimes \Gamma_{12}) \\
\bar{A}^{22}_{\sigma(k)} &= I_N \otimes A_{22} - L_{f\sigma(k)}\Phi_{f\sigma(k)}C_f + W \otimes \Gamma_{22}
\end{aligned}
$$

式 (6.44) 和 $\bar{A}_{\epsilon,\sigma(k)}$ 中的其他符号与式 (6.12) 中相同。

6.3.2 H_∞ 性能分析与状态估计器设计

下述定理给出了使估计误差系统 (6.44) 渐近稳定且满足 H_∞ 性能约束条件 (6.13) 的充分条件。

定理 6.3 对于给定的 $\epsilon > 0$，如果存在正定矩阵 $P_{\epsilon,i}$ $(i \in \mathcal{I})$ 使得对于 $\forall i \in \mathcal{I}$，以下矩阵不等式成立:

$$
\begin{bmatrix} \bar{A}^{\mathrm{T}}_{\epsilon,i}P_{\epsilon,i+1}\bar{A}_{\epsilon,i} - P_{\epsilon,i} + \tilde{M}^{\mathrm{T}}\tilde{M} & \bar{A}^{\mathrm{T}}_{\epsilon,i}P_{\epsilon,i+1}\tilde{B}_{\epsilon,i} \\ * & \tilde{B}^{\mathrm{T}}_{\epsilon,i}P_{\epsilon,i+1}\tilde{B}_{\epsilon,i} - \gamma^2 I \end{bmatrix} < 0 \tag{6.45}
$$

式中，$P_{\epsilon,N+1} = P_{\epsilon,1}$，则 Round-Robin 协议下的估计误差系统 (6.44) 渐近稳定且满足 H_∞ 性能约束条件 (6.13)。

证明　该定理的证明与定理 6.1 的证明类似，为简洁起见，在此省略。

现给出以下定理，为 Round-Robin 协议下的离散时间线性奇异摄动复杂网络 (6.42) 提供状态估计器设计方法。

定理 6.4 对于 $\forall \epsilon \in (0, \epsilon_0]$，其中，$\epsilon_0$ 是预定上界，如果存在形如定理 6.2 中描述的矩阵 $\breve{P}_i$、$\hat{P}_i$、X_i、Y_{si}、Y_{fi}，使得对于 $\forall i \in \mathcal{I}$，下列 LMI 成立:

$$
\begin{bmatrix} -\breve{P}_i & 0 & \breve{\Pi}_{13,i} & \tilde{M}^{\mathrm{T}} \\ * & -\gamma^2 I & \breve{\Pi}_{23,i} & 0 \\ * & * & \breve{P}_{i+1} - X_i - X_i^{\mathrm{T}} & 0 \\ * & * & * & -I \end{bmatrix} \leqslant 0 \tag{6.46}
$$

$$
\begin{bmatrix} -\breve{P}_i - \epsilon_0\hat{P}_i & 0 & \breve{\Pi}_{13,i} + \epsilon_0\hat{\Pi}_{13,i} & \tilde{M}^{\mathrm{T}} \\ * & -\gamma^2 I & \breve{\Pi}_{23,i} + \epsilon_0\hat{\Pi}_{23,i} & 0 \\ * & * & \tilde{\Pi}^{33}_{\epsilon_0,i} & 0 \\ * & * & * & -I \end{bmatrix} < 0 \tag{6.47}
$$

则 Round-Robin 协议下的估计误差系统 (6.44) 渐近稳定且满足 H_∞ 性能约束条件 (6.13)。这里，

$$
\breve{\Pi}_{13,i} = \begin{bmatrix} X_i^1 - C_s^{\mathrm{T}}\Phi_{si}Y_{si} & (I_N \otimes A_{21}^{\mathrm{T}} + W \otimes \Gamma_{21}^{\mathrm{T}})X_i^2 \\ 0 & \breve{\Pi}^{22}_{13,i} \end{bmatrix}
$$

$$
\begin{aligned}
&\breve{\Pi}_{13,i}^{22}=(I_N\otimes A_{22}^{\mathrm{T}}+W\otimes \Gamma_{22}^{\mathrm{T}})X_i^2-C_f^{\mathrm{T}}\Phi_{fi}Y_{fi}\\
&\hat{\Pi}_{13,i}=\begin{bmatrix}(I_N\otimes A_{11}^{\mathrm{T}}+W\otimes \Gamma_{11}^{\mathrm{T}})X_i^1 & 0\\ (I_N\otimes A_{12}^{\mathrm{T}}+W\otimes \Gamma_{12}^{\mathrm{T}})X_i^1 & 0\end{bmatrix}\\
&\breve{\Pi}_{23,i}=[-D_{s1}^{\mathrm{T}}\Phi_{si}Y_{si}\ \ B_{f2}^{\mathrm{T}}X_i^2-D_{f2}^{\mathrm{T}}\Phi_{fi}Y_{fi}]\\
&\hat{\Pi}_{23,i}=[B_{s1}^{\mathrm{T}}X_i^1\ \ 0],\quad \tilde{\Pi}_{\epsilon_0,i}^{33}=\breve{P}_{i+1}+\epsilon_0\hat{P}_{i+1}-X_i-X_i^{\mathrm{T}}\\
&\breve{P}_{N+1}=\breve{P}_1,\quad \hat{P}_{N+1}=\hat{P}_1
\end{aligned}
$$

式中，C_s、C_f、D_{s1}、D_{f2}、Φ_{si}、Φ_{fi}、B_{f2} 和 B_{s1} 的定义见式 (6.12)。在这种情况下，状态估计器的参数可通过式 (6.36) 给出。

证明 基于定理 6.3 并采用与推导定理 6.2 类似的方法，该定理易证之，因此省略。

注释 6.3 为建立保守性更小的结果，构造了传输顺序相关的即考虑了 Round-Robin 协议信息的 Lyapunov 函数。此外，为进一步降低定理 6.2 和定理 6.4 可能产生的保守性，采用了新的引理，即引理 6.1。该引理提出了消除奇异摄动参数影响的充分必要条件，并可估计奇异摄动参数上界。值得指出的是，在一些现有的文献中，推导相应结论时仅采用了处理奇异摄动参数的一些充分条件[17-21]。

注释 6.4 在定理 6.2 和定理 6.4 中，分别针对 Round-Robin 协议下的非线性和线性离散时间奇异摄动复杂网络解决 H_∞ 状态估计问题。定理 6.2 和定理 6.4 的主要结果涵盖面广，包含系统参数、非线性约束界、干扰抑制衰减水平和奇异摄动参数的上界等信息。与现有文献相比，主要特点概述如下: ① 在离散时间背景下讨论奇异摄动复杂网络; ② 对于离散时间奇异摄动复杂网络而言，解决了其 H_∞ 状态估计这一新问题; ③ 在基于通信网络的从传感器到远程估计器的信号传输过程中，考虑了 Round-Robin 协议，以缓解网络拥塞现象; ④ 引理 6.1 中提出了一个充要条件，可消除奇异摄动参数的影响，且便于估计奇异摄动参数的容许上界。

注释 6.5 本章的结果可推广到更一般的复杂网络，如含有时滞、参数不确定性和随机干扰等因素的复杂网络。此外，在本章建立的框架下，还可开展不同通信协议 (如 SCP [22]) 和事件触发机制 [23] 下的奇异摄动复杂网络的其他动力学分析问题 (如同步、一致性和牵引控制等) 的研究。

6.4 仿真实例

本节给出仿真实例以验证所提状态估计器设计方法的有效性。

考虑具有 3 个节点的离散时间非线性奇异摄动复杂网络 (6.1)，其中

$F=\begin{bmatrix}1.2 & 0.4\\ -0.2 & 0.6\end{bmatrix},\quad \Gamma_{11}=0.4,\quad \Gamma_{22}=\begin{bmatrix}0.6 & 0.5\\ 0.4 & 0.25\end{bmatrix},\quad \Gamma_{12}=[0.12\quad 0.4]$

$\Gamma_{21}=[0.3\quad 0.6]^{\mathrm{T}},\quad S=[0.3417\quad 0.2658],\quad B_{1,1}=0.22,\quad B_{1,2}=0.3,\quad B_{1,3}=0.4$

$B_{2,1}=[0.62\quad 0.45]^{\mathrm{T}},\quad B_{2,2}=[0.3\quad 0.15]^{\mathrm{T}},\quad B_{2,3}=[0.02\quad 0.05]^{\mathrm{T}},\quad C_{s1}=[1\quad 0.4]^{\mathrm{T}}$

$C_{s2}=[0.4\quad 0.1]^{\mathrm{T}},\quad C_{s3}=[0.2\quad 0.62]^{\mathrm{T}},\quad C_{f1}=[1\quad -1],\quad C_{f2}=[-0.4\quad 0.6]$

$C_{f3}=[0.1\quad 0.2],\quad D_{1,1}=[0.8\quad 1]^{\mathrm{T}},\quad D_{1,2}=[0.5\quad 0.1]^{\mathrm{T}},\quad D_{1,3}=[0.4\quad -1]^{\mathrm{T}}$

$M_{1,1}=0.2,\quad M_{1,2}=-0.1,\quad M_{1,3}=0.3$

$M_{2,1}=[0.24\quad 0.4],\quad M_{2,2}=[0.1\quad -0.2],\quad M_{2,3}=[0.25\quad 0.2]$

$D_{2,1}=0.2,\quad D_{2,2}=0.4,\quad D_{2,3}=0.25$

网络的耦合构造矩阵 W 为

$$W=\begin{bmatrix}-0.2 & 0.1 & 0.1\\ 0.1 & -0.2 & 0.1\\ 0.1 & 0.1 & -0.2\end{bmatrix}$$

非线性向量值函数设置为

$$h(x_{si}(k))=0.8x_{si}(k)-\tanh(0.4x_{si}(k)),\quad i=1,2,3$$

$$g(x_{si}(k))=\begin{bmatrix}0.3x_{si}(k)-\tanh(0.1x_{si}(k))\\ 0.4x_{si}(k)-\tanh(0.2x_{si}(k))\end{bmatrix},\quad i=1,2,3$$

于是，约束条件 (6.3) 和 (6.4) 得到满足，其中

$$H_1=0.4,\quad H_2=0.8,\quad G_1=[0.2\quad 0.2]^{\mathrm{T}},\quad G_2=[0.3\quad 0.4]^{\mathrm{T}}$$

当 $\epsilon_0=0.05$ 时，LMI (6.33)~(6.35) 有可行解且最优 H_∞ 性能指标 $\gamma_{\mathrm{opt}}=1.0945$。值得指出的是，在无 Round-Robin 协议的情况下，如果测量输出通过足够容量的通信网络传输，则最优 H_∞ 性能指标变为 0.4977。这表明，为保障“大数据”通过具有有限带宽的通信网络传输，状态估计性能可能会有所下降。

基于式 (6.36)，可得状态估计器参数如下：

$L_{s1}^1=[1.9431\quad -1.5074],\quad L_{s2}^2=[-10.9103\quad 55.2391],\quad L_{s3}^3=[3.2669\quad 1.3003]$

$L_{f1}^1=[1.0922\quad -0.1375]^{\mathrm{T}},\quad L_{f2}^2=[-2.1360\quad 0.6481]^{\mathrm{T}},\quad L_{f3}^3=[2.5624\quad -0.6066]^{\mathrm{T}}$

$L_{s1}^2=L_{s1}^3=L_{s2}^1=L_{s2}^3=L_{s3}^1=L_{s3}^2=[0\quad 0]$

$L_{f1}^2=L_{f1}^3=L_{f2}^1=L_{f2}^3=L_{f3}^1=L_{f3}^2=[0\quad 0]^{\mathrm{T}}$

由定理 6.2 可知，对于 $\forall\epsilon\in(0,0.05]$，状态估计误差系统 (6.12) 渐近稳定且满足 H_∞ 性能指标 γ_{opt}。

现在采用设计的状态估计器给出数值仿真结果。选取 $\epsilon = 0.04$，假定外部扰动输入为

$$v(k) = \begin{cases} 1.5\sin k, & 0 \leqslant k \leqslant 10 \\ 0, & k > 10 \end{cases}$$

系统 (6.1) 和状态估计器 (6.7) 的初始状态设置为

$$x_1(0) = [0.8 \quad 0.1 \quad -0.5]^{\mathrm{T}}, \quad x_2(0) = [0.5 \quad -0.5 \quad 1]^{\mathrm{T}}$$
$$x_3(0) = [-1.5 \quad 1 \quad 3.5]^{\mathrm{T}}, \quad \hat{x}_1(0) = \hat{x}_2(0) = \hat{x}_3(0) = [0 \quad 0 \quad 0]^{\mathrm{T}}$$

基于设计的状态估计器，分别在图 6.3~图 6.5 中给出了节点 1~3 的状态及其估计的曲线，其中，对于 $\forall i, j \in \{1,2,3\}$，$x_{ij}$ 表示节点 i 的状态向量的第 j 个元素。图 6.6 给出了输出的估计误差 $\tilde{z}_i(k)$ $(i = 1,2,3)$ 的曲线。由图 6.3~图 6.6 可见，所设计的状态估计器估计效果非常好。

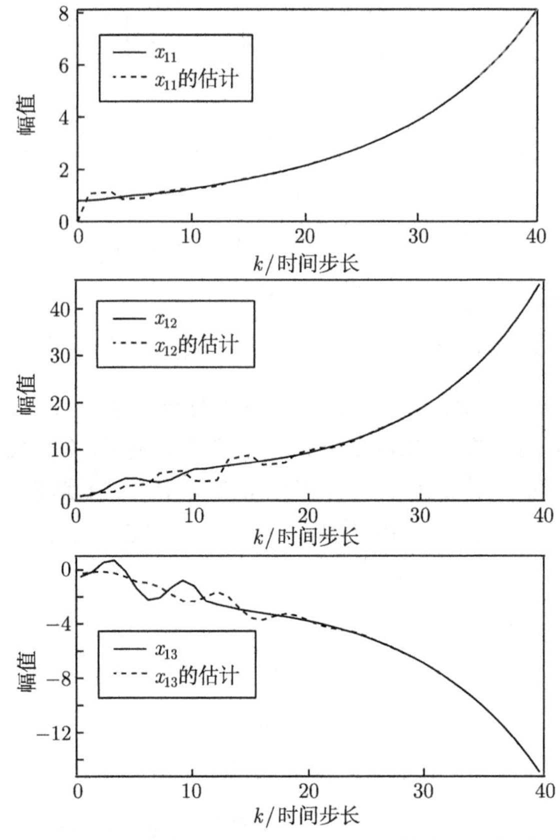

图 6.3　状态 $x_{1j}(k)$ $(j = 1,2,3)$ 及其估计的曲线

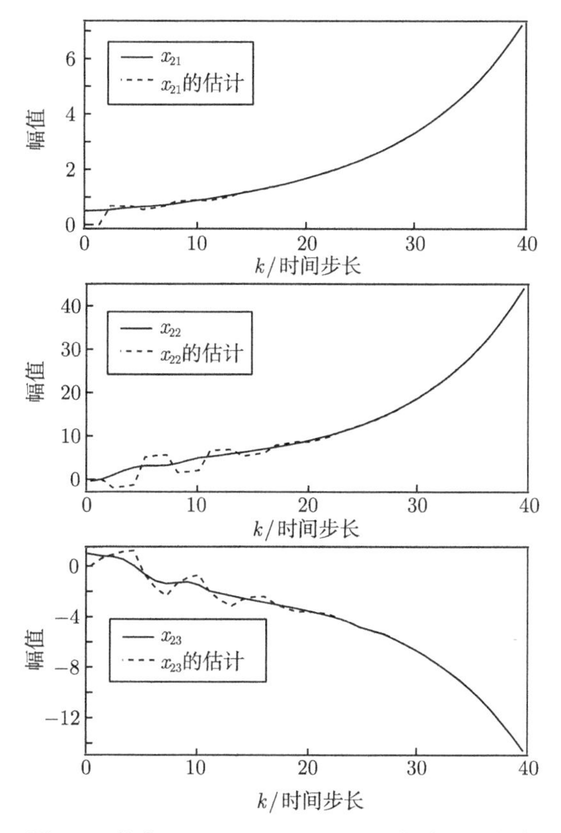

图 6.4 状态 $x_{2j}(k)$ $(j=1,2,3)$ 及其估计的曲线

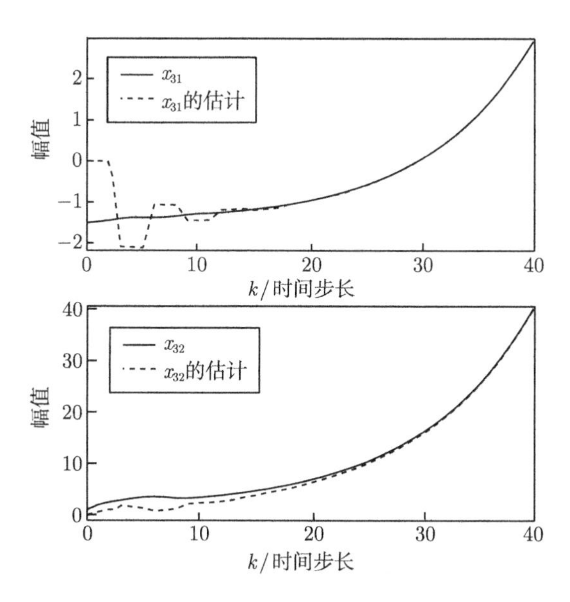

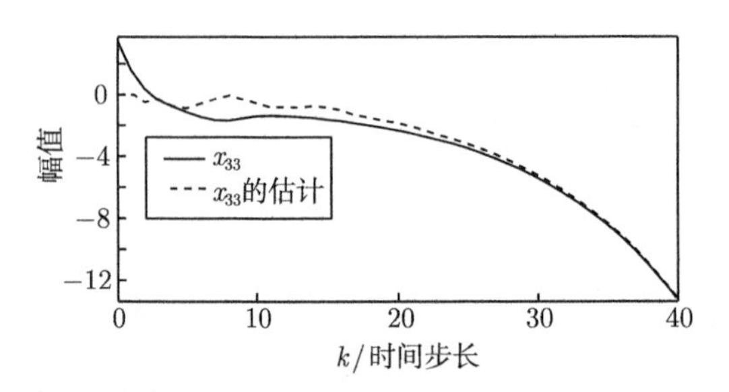

图 6.5　状态 $x_{3j}(k)$ $(j=1,2,3)$ 及其估计的曲线

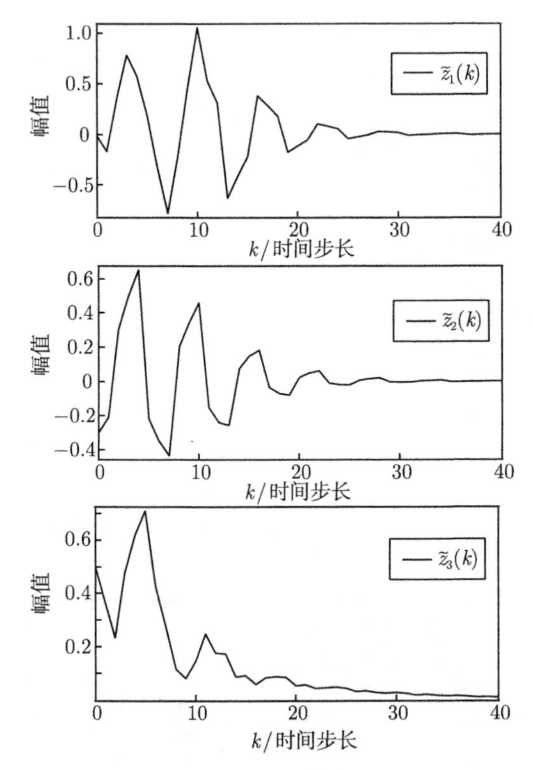

图 6.6　输出估计误差 $\tilde{z}_i(k)$ $(i=1,2,3)$ 的曲线

现在讨论 H_∞ 性能。在零初始条件下，可得

$$\sqrt{\frac{\sum_{k=0}^{40}\|\tilde{z}(k)\|^2}{\sum_{k=0}^{40}\|v(k)\|^2}}=0.6943<\gamma_{\rm opt}=1.0945$$

这意味着满足 H_∞ 性能约束条件 (6.13)。上述仿真结果表明，所设计的状态估计

器对 Round-Robin 协议下离散时间非线性奇异摄动复杂网络的 H_∞ 状态估计是有效的。

6.5　本章小结

本章讨论了 Round-Robin 协议下的一类离散时间奇异摄动复杂网络的 H_∞ 状态估计问题。首先，考虑两个时间尺度并提出了离散时间非线性奇异摄动复杂网络模型。其次，为了减少数据冲突，采用 Round-Robin 协议调度奇异摄动复杂网络与状态估计器之间通信网络的数据包传输，并将状态估计误差系统建模成具有周期性切换参数的切换系统。然后采用处理奇异摄动参数新的关键引理，并构造与传输顺序和奇异摄动参数相关的 Lyapunov 函数，建立了使得对于任意小于或等于预定上界的奇异摄动参数，状态估计误差系统渐近稳定且满足指定的 H_∞ 性能指标的 LMI 形式的充分条件，在这些 LMI 有可行解时，给出了待设计的状态估计器参数，并可估计奇异摄动参数的容许上界。此外，还给出了离散时间线性奇异摄动复杂网络的 H_∞ 状态估计的相应结果。最后，通过仿真实验验证了所提状态估计器设计方法的有效性。

参 考 文 献

[1] Romeres D, Dörfler F, Bullo F. Novel results on slow coherency in consensus and power networks[C]. Proceedings of the 12th European Control Conference, Zurich, 2013: 742-747.

[2] Barany E, Schaffer S, Wedeward K, et al. Nonlinear controllability of singularly perturbed models of power flow networks[C]. 43rd IEEE Conference on Decision and Control, Nassau, 2004: 4826-4832.

[3] Chow J, Kokotovic P. Time scale modeling of sparse dynamic networks[J]. IEEE Transactions on Automatic Control, 1985, 30(8): 714-722.

[4] Cai C X, Wang Z D, Xu J, et al. Decomposition approach to exponential synchronisation for a class of non-linear singularly perturbed complex networks[J]. IET Control Theory and Applications, 2014, 8(16): 1639-1647.

[5] Cai C X, Wang Z D, Xu J, et al. An integrated approach to global synchronization and state estimation for nonlinear singularly perturbed complex networks[J]. IEEE Transactions on Cybernetics, 2015, 45(8): 1597-1609.

[6] Cai C X, Xu J, Liu Y R. Synchronization for linear singularly perturbed complex networks with coupling delays[J]. International Journal of General Systems, 2015, 44(2): 240-253.

[7] Zhai S D, Yang X S. Bounded synchronisation of singularly perturbed complex network with an application to power systems[J]. IET Control Theory and Applications, 2014, 8(1): 61-66.

[8] Shen B, Wang Z D, Ding D R, et al. H_∞ state estimation for complex networks with uncertain inner coupling and incomplete measurements[J]. IEEE Transactions on Neural Networks and Learning Systems, 2013, 24(12): 2027-2037.

[9] Zhang D, Wang Q G, Srinivasan D, et al. Asynchronous state estimation for discrete-time switched complex networks with communication constraints[J]. IEEE Transactions on Neural Networks and Learning Systems, 2018, 29(5): 1732-1746.

[10] Pang Z H, Liu G P, Zhou D. Data-based predictive control for networked nonlinear systems with network-induced delay and packet dropout[J]. IEEE Transactions on Industrial Electronics, 2016, 63(2): 1249-1257.

[11] Zheng X J, Fang H J. Recursive state estimation for discrete-time nonlinear systems with event-triggered data transmission, norm-bounded uncertainties and multiple missing measurements[J]. International Journal of Robust and Nonlinear Control, 2016, 26(17): 3673-3695.

[12] Luo Y Q, Wang Z D, Wei G L, et al. State estimation for a class of artificial neural networks with stochastically corrupted measurements under Round-Robin protocol[J]. Neural Networks, 2016, 77: 70-79.

[13] Xu Y, Lu R Q, Shi P, et al. Finite-time distributed state estimation over sensor networks with Round-Robin protocol and fading channels[J]. IEEE Transactions on Cybernetics, 2016, 48(1): 336-345.

[14] Zou L, Wang Z D, Gao H J, et al. State estimation for discrete-time dynamical networks with time-varying delays and stochastic disturbances under the Round-Robin protocol[J]. IEEE Transactions on Neural Networks and Learning Systems, 2017, 28(5): 1139-1151.

[15] Blankenship G. Singularly perturbed difference equations in optimal control problems[J]. IEEE Transactions on Automatic Control, 1981, 26(4): 911-917.

[16] Litkouhi B, Khalil H. Multirate and composite control of two-time-scale discrete-time systems[J]. IEEE Transactions on Automatic Control, 1985, 30(7): 645-651.

[17] Lian J, Wang X N. Exponential stabilization of singularly perturbed switched systems subject to actuator saturation[J]. Information Sciences, 2015, 320: 235-243.

[18] Yang C Y, Sun J, Ma X P. Stabilization bound of singularly perturbed systems subject to actuator saturation[J]. Automatica, 2013, 49(2): 457-462.

[19] Yang C Y, Zhang Q L. Multiobjective control for T-S fuzzy singularly perturbed systems[J]. IEEE Transactions on Fuzzy Systems, 2009, 17(1): 104-115.

[20] Yuan Y, Sun F C, Liu H P, et al. Low-frequency robust control for singularly perturbed system[J]. IET Control Theory and Applications, 2015, 9(2): 203-210.

[21] Yuan Y, Wang Z D, Guo L. Distributed quantized multi-modal H_∞ fusion filtering for two-time-scale systems[J]. Information Sciences, 2018, 432: 572-583.

[22] Zou L, Wang Z D, Hu J, et al. On H_∞ finite-horizon filtering under stochastic protocol: Dealing with high-rate communication networks[J]. IEEE Transactions on Automatic Control, 2017, 62(9): 4884-4890.

[23] Wang D, Mu C X, Liu D R, et al. On mixed data and event driven design for adaptive-critic-based nonlinear H_∞ control[J]. IEEE Transactions on Neural Networks and Learning Systems, 2018, 29(4): 993-1005.

第 7 章　马尔可夫跳变时滞型基因调控网络鲁棒非脆弱 H_∞ 状态估计

7.1 引　　言

由于基因转录、翻译、扩散和易位等缓慢的生化反应过程，GRN 中普遍存在时滞，不考虑时滞的 GRN 模型甚至可能导致错误的预测结果[1,2]。具有时滞的 GRN 研究已取得丰硕的成果[3-7]。然而，一方面，这些成果针对的 GRN 都是具有确定性时滞的。但正如 Ribeiro 等[8] 指出的，某些 GRN 中时滞通常呈现随机特性。另一方面，以上讨论的时滞 GRN 都是连续的，但对其进行计算机仿真或考虑网络通信时，必须研究对应的离散时间 GRN。因此，具有随机时滞的离散时间 GRN 研究具有重要意义，目前已取得了一些成果[9-14]。例如，Liu 等[11,14] 假设反馈调节时滞和翻译时滞相同，且取值于有限状态空间，进而研究了具有马尔可夫跳变时滞的离散时间 GRN 的滤波与控制问题。

如上所述，相比于具有确定性时滞的 GRN，具有随机时滞，尤其是马尔可夫跳变时滞的离散时间 GRN 的研究成果相对少一些。Liu 等[11,14] 研究的具有马尔可夫跳变时滞的离散时间 GRN，其关于时滞的假设有较大局限性：① 反馈调节时滞和翻译时滞可能并不相同，且具有不同的概率分布；② 文献 [11] 假设转移概率完全可知，但在实践中往往仅可获得模态转移概率的估计值，并且估计误差 (转移概率不确定性) 可能导致系统性能下降甚至失稳[15]；③ 文献 [14] 虽然也假设转移概率部分未知，但仅考虑了有限时间 H_∞ 控制问题。综上，为获得 GRN 的状态信息，研究转移概率具有不确定性的不同马尔可夫链描述的随机时滞型离散时间 GRN 的状态估计问题是十分必要的。其次，由于存在不可避免的建模误差和参数波动，GRN 状态估计研究中也应考虑网络参数的不确定性。此外，所设计的滤波器/估计器可能对增益矩阵中的扰动具有敏感性，即需要考虑非脆弱滤波器/估计器设计问题[16]。

基于以上讨论，本章介绍具有随机时滞和参数不确定性的离散时间 GRN 的鲁棒非脆弱 H_∞ 状态估计问题，分别采用转移概率具有范数有界不确定性的两个马尔可夫链描述反馈调节时滞和翻译时滞。为利用可获取的测量输出逼近 mRNA 和蛋白质浓度，设计非脆弱 H_∞ 状态估计器，使得估计误差系统随机稳定且达到指

定的 H_∞ 性能指标。通过构造模态相关的 Lyapunov-Krasovskii 泛函，以 LMI 的形式给出估计器存在的充分条件。当这些 LMI 有可行解时，可得状态估计器的增益矩阵。最后，通过仿真实例验证结果的有效性。

7.2　具有马尔可夫跳变时滞的基因调控网络的状态估计问题

在讨论具有马尔可夫跳变时滞的 GRN 状态估计问题之前，先探讨其建模问题。

7.2.1　具有马尔可夫跳变时滞的基因调控网络建模

考虑以下差分方程描述的具有 n 个 mRNA 和 n 个蛋白质的离散时滞 GRN[17]：

$$\begin{cases} M_i(k+1) = \mathrm{e}^{-a_i h} M_i(k) + \phi_i(h) \left[\displaystyle\sum_{j=1}^{n} b_{ij} f_j(P_j(k-d(k))) + W_i \right] \\ P_i(k+1) = \mathrm{e}^{-c_i h} P_i(k) + \varphi_i(h)[d_i M_i(k-\tau(k))] \end{cases} \tag{7.1}$$

式中，$M_i(k)\in\mathbb{R}$ 和 $P_i(k)\in\mathbb{R}$ 分别表示第 i 个节点 mRNA 和蛋白质的浓度；h 是任意的正实数且表示离散化一致步长；$a_i>0$ 和 $c_i>0$ 表示 mRNA 和蛋白质的降解率；d_i 为翻译率；$d(k)>0$ 和 $\tau(k)>0$ 分别表示转录时滞和翻译时滞；$W_i=\sum\limits_{j\in I_i} v_{ij}$，其中 v_{ij} 表示转录因子 j 到 i 的无量纲转录率，且为有界常数，I_i 为基因 i 所有的阻遏因子 j 的集合；$\phi_i(h)=\dfrac{1-\mathrm{e}^{-a_i h}}{a_i}$，$\varphi_i(h)=\dfrac{1-\mathrm{e}^{-c_i h}}{c_i}$，显然有 $\phi_i(h)>0$，$\varphi_i(h)>0$；耦合系数 $b_{ij}\ (i,j=1,2,\cdots,n)$ 定义如下：

$$b_{ij} = \begin{cases} v_{ij}, & \text{转录因子 } j \text{ 是基因 } i \text{ 的激活子} \\ 0, & \text{节点 } j \text{ 到节点 } i \text{ 无关联} \\ -v_{ij}, & \text{转录因子 } j \text{ 是基因 } i \text{ 的阻遏物} \end{cases} \tag{7.2}$$

非线性函数 $f_j(\cdot)\in\mathbb{R}$ 表示转录过程中蛋白质的反馈调节作用，其为 Hill 形式的单调函数，且有 $f_j(x)=\dfrac{(x/\beta_j)^{H_j}}{1+(x/\beta_j)^{H_j}}$，其中，$H_j$ 为 Hill 系数，β_j 是正常数。

将系统 (7.1) 改写为如下紧凑的矩阵表达形式：

$$\begin{cases} M(k+1) = AM(k) + Bf(P(k-d(k))) + V \\ P(k+1) = CP(k) + DM(k-\tau(k)) \end{cases} \tag{7.3}$$

式中

$$M(k)=\left[M_1(k),M_2(k),\cdots,M_n(k)\right]^{\mathrm{T}},\quad P(k)=\left[P_1(k),P_2(k),\cdots,P_n(k)\right]^{\mathrm{T}}$$

$$V=\left[\phi_1(h)W_1,\phi_2(h)W_2,\cdots,\phi_n(h)W_n\right]^{\mathrm{T}},\quad A=\mathrm{diag}\left\{\mathrm{e}^{-a_1h},\mathrm{e}^{-a_2h},\cdots,\mathrm{e}^{-a_nh}\right\}$$

$$f(P(k-d(k)))=\left[f_1(P_1(k-d(k))),f_2(P_2(k-d(k))),\cdots,f_n(P_n(k-d(k)))\right]^{\mathrm{T}}$$

$$C=\mathrm{diag}\left\{\mathrm{e}^{-c_1h},\mathrm{e}^{-c_2h},\cdots,\mathrm{e}^{-c_nh}\right\},\quad D=\mathrm{diag}\left\{\varphi_1(h)d_1,\varphi_2(h)d_2,\cdots,\varphi_n(h)d_n\right\}$$

$$B=\begin{bmatrix}\phi_1(h)b_{11} & \phi_1(h)b_{12} & \cdots & \phi_1(h)b_{1n}\\ \phi_2(h)b_{21} & \phi_2(h)b_{22} & \cdots & \phi_2(h)b_{2n}\\ \vdots & \vdots & & \vdots\\ \phi_n(h)b_{n1} & \phi_n(h)b_{n2} & \cdots & \phi_n(h)b_{nn}\end{bmatrix}$$

令 $[M^{*\mathrm{T}},P^{*\mathrm{T}}]=[M_1^*,M_2^*,\cdots,M_n^*,P_1^*,P_2^*,\cdots,P_n^*]$ 为系统 (7.3) 的平衡点。于是有

$$\begin{cases}M^*=AM^*+Bf(P^*)+V\\ P^*=CP^*+DM^*\end{cases}\tag{7.4}$$

通过变换 $x(k)=M(k)-M^*$ 和 $y(k)=P(k)-P^*$，将系统 (7.3) 的平衡点 $[M^{*\mathrm{T}},P^{*\mathrm{T}}]$ 转移到原点。于是，系统 (7.3) 可转换成如下形式：

$$\begin{cases}x(k+1)=Ax(k)+Bg(y(k-d(k)))\\ y(k+1)=Cy(k)+Dx(k-\tau(k))\end{cases}\tag{7.5}$$

式中，$g(y(k))=[g_1(y_1(k)),g_2(y_2(k)),\cdots,g_n(y_n(k))]^{\mathrm{T}}=f(y(k)+P^*)-f(P^*)$。

假设 7.1 $f_i(\cdot)$ $(i=1,2,\cdots,n)$ 为单调递增函数，且对 $\forall s_1,s_2\in\mathbb{R}$, $s_1\neq s_2$，则有

$$0\leqslant\frac{f_i(s_1)-f_i(s_2)}{s_1-s_2}\leqslant u_i,\quad f_i(0)=0\tag{7.6}$$

式中，u_i 是已知常数。由 f 和 g 的关系可知，$g_i(\cdot)$ 满足扇区条件 $0\leqslant g_i(s)/s\leqslant u_i$，或等价地，

$$g_i(s)(g_i(s)-u_is)\leqslant 0,\quad s\neq 0\tag{7.7}$$

假设 7.2 时滞 $d(k)$ 和 $\tau(k)$ 满足 $d(k)=\delta_{r(k)}$，$\tau(k)=\eta_{\theta(k)}$，其中，$r(k)$ 和 $\theta(k)$ 根据两个相互独立的离散齐次马尔可夫链取值于两个有限的状态空间，即 $r(k)\in\{1,2,\cdots,q\}$ 和 $\theta(k)\in\{1,2,\cdots,m\}$ 且转移概率如下：

$$\begin{cases}\mathrm{Prob}\left\{r(k+1)=j\middle|r(k)=i\right\}=\pi_{ij}+\Delta\pi_{ij}(k),\quad i,j=1,2,\cdots,q\\ \mathrm{Prob}\left\{\theta(k+1)=t\middle|\theta(k)=s\right\}=\lambda_{st}+\Delta\lambda_{st}(k),\quad s,t=1,2,\cdots,m\end{cases}\tag{7.8}$$

式中，π_{ij}、λ_{st}、$\Delta\pi_{ij}(k)$、$\Delta\lambda_{st}(k)$ 是实数且满足 $\pi_{ij}\geqslant 0$、$\lambda_{st}\geqslant 0$、$0\leqslant\pi_{ij}+\Delta\pi_{ij}(k)\leqslant 1$、$0\leqslant\lambda_{st}+\Delta\lambda_{st}(k)\leqslant 1$、$|\Delta\pi_{ij}(k)|\leqslant\alpha_{ij}$、$|\Delta\lambda_{st}(k)|\leqslant\beta_{st}$、$\sum\limits_{j=1}^{q}(\pi_{ij}+\Delta\pi_{ij}(k))=1$ 以及 $\sum\limits_{t=1}^{m}(\lambda_{st}+\Delta\lambda_{st}(k))=1$；$\delta_i$ $(i=1,2,\cdots,q)$ 和 η_s $(s=1,2,\cdots,m)$ 满足 $0\leqslant\delta_1\leqslant\delta_2\leqslant\cdots\leqslant\delta_q$ 及 $0\leqslant\eta_1\leqslant\eta_2\leqslant\cdots\leqslant\eta_m$，分别表示 $d(k)$ 和 $\tau(k)$ 可能的取值。

考虑建模误差、外部扰动和参数波动，系统 (7.5) 变为

$$\begin{cases} x(k+1)=(A+\Delta A(k))x(k)+(B+\Delta B(k))g(y(k-\delta_{r(k)}))+(G_1+\Delta G_1(k))v(k) \\ y(k+1)=(C+\Delta C(k))y(k)+(D+\Delta D(k))x(k-\eta_{\theta(k)})+(G_2+\Delta G_2(k))v(k) \end{cases} \tag{7.9}$$

式中，$v(k)\in l_2[0,\infty)$ 是外部干扰信号；G_1 和 G_2 是具有合适维数的常矩阵；$\Delta A(k)$、$\Delta B(k)$、$\Delta C(k)$、$\Delta D(k)$、$\Delta G_1(k)$、$\Delta G_2(k)$ 表示时变参数不确定性，这些将在后面进行讨论。

为了获得 mRNA 和蛋白质的真实浓度，可利用的网络测量输出如下：

$$\begin{cases} z_x(k)=(C_1+\Delta C_1(k))x(k)+(G_3+\Delta G_3(k))v(k) \\ z_y(k)=(C_2+\Delta C_2(k))y(k)+(G_4+\Delta G_4(k))v(k) \end{cases} \tag{7.10}$$

式中，$z_x(k)$ 和 $z_y(k)\in\mathbb{R}^l$ 是网络的实际测量输出；C_1、C_2、G_3、G_4 是具有合适维数的常矩阵。

假设系统 (7.9) 和 (7.10) 中的参数不确定性满足

$$\begin{aligned} &\begin{bmatrix} \Delta A(k) & \Delta B(k) \\ \Delta D(k) & \Delta C(k) \\ \Delta C_1(k) & \Delta C_2(k) \end{bmatrix}=\begin{bmatrix} M_1 \\ M_2 \\ M_3 \end{bmatrix}F_1(k)\begin{bmatrix} N_1 & N_2 \end{bmatrix} \\ &\begin{bmatrix} \Delta G_1(k) \\ \Delta G_2(k) \\ \Delta G_3(k) \\ \Delta G_4(k) \end{bmatrix}=\begin{bmatrix} M_4 \\ M_5 \\ M_6 \\ M_7 \end{bmatrix}F_1(k)N_3 \end{aligned} \tag{7.11}$$

式中，M_i $(i=1,2,\cdots,7)$ 和 N_j $(j=1,2,3)$ 是已知的常矩阵；$F_1(k)$ 是未知的时变矩阵值函数且满足 $F_1^{\mathrm{T}}(k)F_1(k)\leqslant I$。

7.2.2　状态估计器及估计误差系统

为利用实际的网络输出 (7.10) 估计 mRNA 和蛋白质的浓度，采用如下形式的状态估计器：

$$\begin{cases} \hat{x}(k+1)=(A_f+\Delta A_f(k))\hat{x}(k)+B_f z_x(k) \\ \hat{y}(k+1)=(C_f+\Delta C_f(k))\hat{y}(k)+D_f z_y(k) \end{cases} \tag{7.12}$$

式中，$\hat{x}(k)$ 和 $\hat{y}(k)$ 分别是 $x(k)$ 和 $y(k)$ 的估计；A_f、B_f、C_f、D_f 是待确定的估计器增益矩阵；$\Delta A_f(k)$ 和 $\Delta C_f(k)$ 是时变实值矩阵函数，表示增益变化且满足

$$\begin{bmatrix} \Delta A_f(k) \\ \Delta C_f(k) \end{bmatrix} = \begin{bmatrix} M_8 \\ M_9 \end{bmatrix} F_2(k) N_4 \tag{7.13}$$

M_8、M_9 和 N_4 是具有合适维数的矩阵；$F_2(k)$ 是未知的时变矩阵值函数，满足 $F_2^{\mathrm{T}}(k)F_2(k) \leqslant I$。

令估计误差向量为 $\tilde{x}(k) = x(k) - \hat{x}(k)$ 和 $\tilde{y}(k) = y(k) - \hat{y}(k)$。由式 (7.9)、式 (7.10) 和式 (7.12)，可得估计误差系统为

$$\begin{cases} \tilde{x}(k+1) = \big(A_f + \Delta A_f(k)\big)\tilde{x}(k) + \big(A + \Delta A(k) - A_f - \Delta A_f(k) - B_f C_1 \\ \qquad\qquad -B_f \Delta C_1(k)\big)x(k) + \big(B + \Delta B(k)\big)g\big(y(k-\delta_{r(k)})\big) \\ \qquad\qquad +\big(G_1 + \Delta G_1(k) - B_f G_3 - B_f \Delta G_3(k)\big)v(k) \\ \tilde{y}(k+1) = \big(C_f + \Delta C_f(k)\big)\tilde{y}(k) + \big(C + \Delta C(k) - C_f - \Delta C_f(k) - D_f C_2 \\ \qquad\qquad -D_f \Delta C_2(k)\big)y(k) + \big(D + \Delta D(k)\big)x(k-\eta_{\theta(k)}) \\ \qquad\qquad +\big(G_2 + \Delta G_2(k) - D_f G_4 - D_f \Delta G_4(k)\big)v(k) \end{cases} \tag{7.14}$$

定义 $\bar{x}(k) = [x^{\mathrm{T}}(k), \tilde{x}^{\mathrm{T}}(k)]^{\mathrm{T}}$, $\bar{y}(k) = [y^{\mathrm{T}}(k), \tilde{y}^{\mathrm{T}}(k)]^{\mathrm{T}}$, 联立式 (7.9) 和式 (7.14)，可得包含估计误差的如下增广系统：

$$\begin{cases} \bar{x}(k+1) = \big(\bar{A} + \Delta\bar{A}(k)\big)\bar{x}(k) + \big(\bar{B} + \Delta\bar{B}(k)\big)g(H\bar{y}(k-\delta_{r(k)})) \\ \qquad\qquad +\big(\bar{G}_1 + \Delta\bar{G}_1(k)\big)v(k) \\ \bar{y}(k+1) = \big(\bar{C} + \Delta\bar{C}(k)\big)\bar{y}(k) + \big(\bar{D} + \Delta\bar{D}(k)\big)H\bar{x}(k-\eta_{\theta(k)}) \\ \qquad\qquad +\big(\bar{G}_2 + \Delta\bar{G}_2(k)\big)v(k) \end{cases} \tag{7.15}$$

式中

$$\bar{A} = \begin{bmatrix} A & 0 \\ A - A_f - B_f C_1 & A_f \end{bmatrix}, \quad \bar{B} = \begin{bmatrix} B \\ B \end{bmatrix}$$

$$H = \begin{bmatrix} I & 0 \end{bmatrix}, \quad \bar{C} = \begin{bmatrix} C & 0 \\ C - C_f - D_f C_2 & C_f \end{bmatrix}, \quad \bar{D} = \begin{bmatrix} D \\ D \end{bmatrix}$$

$$\bar{G}_1 = \begin{bmatrix} G_1 \\ G_1 - B_f G_3 \end{bmatrix}, \quad \bar{G}_2 = \begin{bmatrix} G_2 \\ G_2 - D_f G_4 \end{bmatrix}$$

$$\Delta\bar{A}(k) = \begin{bmatrix} \Delta A(k) & 0 \\ \Delta A(k) - \Delta A_f(k) - B_f \Delta C_1(k) & \Delta A_f(k) \end{bmatrix} \overset{\text{def}}{=\!=} E_a \bar{F}(k) U_a$$

$$\Delta\bar{B}(k)=\begin{bmatrix}\Delta B(k)\\ \Delta B(k)\end{bmatrix}\overset{\text{def}}{=\!=}E_b\bar{F}(k)U_b$$

$$\Delta\bar{C}(k)=\begin{bmatrix}\Delta C(k) & 0\\ \Delta C(k)-\Delta C_f(k)-D_f\Delta C_2(k) & \Delta C_f(k)\end{bmatrix}\overset{\text{def}}{=\!=}E_c\bar{F}(k)U_c$$

$$\Delta\bar{D}(k)=\begin{bmatrix}\Delta D(k)\\ \Delta D(k)\end{bmatrix}\overset{\text{def}}{=\!=}E_d\bar{F}(k)U_d$$

$$\Delta\bar{G}_1(k)=\begin{bmatrix}\Delta G_1(k)\\ \Delta G_1(k)-B_f\Delta G_3(k)\end{bmatrix}\overset{\text{def}}{=\!=}E_{g1}\bar{F}(k)U_g$$

$$\Delta\bar{G}_2(k)=\begin{bmatrix}\Delta G_2(k)\\ \Delta G_2(k)-D_f\Delta G_4(k)\end{bmatrix}\overset{\text{def}}{=\!=}E_{g2}\bar{F}(k)U_g$$

这里

$$E_a=\begin{bmatrix}M_1 & 0\\ M_1-B_fM_3 & M_8\end{bmatrix},\quad U_a=\begin{bmatrix}N_1 & 0\\ -N_4 & N_4\end{bmatrix},\quad E_b=\begin{bmatrix}M_1 & 0\\ M_1 & 0\end{bmatrix}$$

$$U_b=\begin{bmatrix}N_2\\ N_2\end{bmatrix},\quad E_{g1}=\begin{bmatrix}M_4 & 0\\ M_4-B_fM_6 & 0\end{bmatrix},\quad U_g=\begin{bmatrix}N_3\\ N_3\end{bmatrix}$$

$$E_c=\begin{bmatrix}M_2 & 0\\ M_2-D_fM_3 & M_9\end{bmatrix},\quad E_d=\begin{bmatrix}M_2 & 0\\ M_2 & 0\end{bmatrix}$$

$$U_c=\begin{bmatrix}N_2 & 0\\ -N_4 & N_4\end{bmatrix}, U_d=\begin{bmatrix}N_1\\ N_1\end{bmatrix}, E_{g2}=\begin{bmatrix}M_5 & 0\\ M_5-D_fM_7 & 0\end{bmatrix}$$

$$\bar{F}(k)=\text{diag}\{F_1(k),\ F_2(k)\}$$

注释 7.1　文献[11]基于反馈调节时滞和翻译时滞相同且根据转移概率已知的马尔可夫链取值于有限的集合的假设，研究了离散时间 GRN 的 H_∞ 滤波问题。本章假设反馈调节时滞和翻译时滞是不同的，并且服从两个具有范数有界不确定转移概率的独立马尔可夫链，在此基础上讨论了非脆弱 H_∞ 状态估计问题。

本章的主要目标是设计非脆弱 H_∞ 状态估计器，使得增广系统 (7.15) 随机稳定且估计误差满足指定的 H_∞ 性能指标 γ。为此，介绍如下定义。

定义 7.1　对任意初始状态 $\Theta_0=\{\bar{x}(k),\bar{y}(k),k=-d,-d+1,\cdots,0\}$ 和初始模态 $\{r(0),\theta(0)\}$，其中，$d=\max\{\delta_q,\eta_m\}$，如果条件

$$\mathrm{E}\left\{\sum_{k=0}^{\infty}\|\bar{x}(k)\|^2+\|\bar{y}(k)\|^2\Big|\Theta_0,r(0),\theta(0)\right\}<\infty$$

成立，那么当 $v(k)\equiv 0$ 时，就称增广系统 (7.15) 随机稳定。

定义 7.2 如果当 $v(k)\equiv 0$ 时增广系统 (7.15) 随机稳定，且在零初始条件下，对所有非零 $v(k)\in l_2[0,+\infty)$，满足

$$\mathrm{E}\left\{\sum_{k=0}^{\infty}\begin{bmatrix}\tilde{x}(k)\\ \tilde{y}(k)\end{bmatrix}^{\mathrm{T}}\begin{bmatrix}\tilde{x}(k)\\ \tilde{y}(k)\end{bmatrix}\right\}<\gamma^2\sum_{k=0}^{\infty}v^{\mathrm{T}}(k)v(k)$$

就称增广系统 (7.15) 随机稳定且估计误差满足指定的 H_∞ 性能指标 γ。

7.3 H_∞ 性能分析及鲁棒非脆弱估计器设计

7.3.1 H_∞ 性能分析

下面给出不考虑不确定性时增广系统 (7.15) 随机稳定且估计误差满足指定的 H_∞ 性能指标 γ 的充分条件。

定理 7.1 给定非负实数 π_{ij}、α_{ij}、λ_{st}、β_{st}、δ_i、η_s 以及矩阵 $U=\mathrm{diag}\{u_1,u_2,\cdots,u_n\}\geqslant 0$，如果对 $\forall i\in\{1,2,\cdots,q\}$、$\forall s\in\{1,2,\cdots,m\}$，存在矩阵 $K_0=\mathrm{diag}\{k_{01},k_{02},\cdots,k_{0n}\}>0$、$K_i=\mathrm{diag}\{k_{i1},k_{i2},\cdots,k_{in}\}>0$、$P_{1is}>0$、$P_{2is}>0$、$Q>0$、$R>0$、$W>0$，使得下式成立：

$$\Omega_{is}=\begin{bmatrix}\Omega_{is}^{(11)} & 0 & 0 & 0 & 0 & 0 & 0 & \bar{A}^{\mathrm{T}} & 0\\ * & \Omega_{is}^{(22)} & 0 & 0 & H^{\mathrm{T}}UK_0 & 0 & 0 & 0 & \bar{C}^{\mathrm{T}}\\ * & * & -Q & 0 & 0 & 0 & 0 & 0 & H^{\mathrm{T}}\bar{D}^{\mathrm{T}}\\ * & * & * & -R & 0 & H^{\mathrm{T}}UK_i & 0 & 0 & 0\\ * & * & * & * & \Omega^{(55)} & 0 & 0 & 0 & 0\\ * & * & * & * & * & \Omega_i^{(66)} & 0 & \bar{B}^{\mathrm{T}} & 0\\ * & * & * & * & * & * & -\gamma^2 I & \bar{G}_1^{\mathrm{T}} & \bar{G}_2^{\mathrm{T}}\\ * & * & * & * & * & * & * & -\tilde{P}_{1is}^{-1} & 0\\ * & * & * & * & * & * & * & * & -\tilde{P}_{2is}^{-1}\end{bmatrix}<0 \quad (7.16)$$

这里

$$\tilde{P}_{1is}=\sum_{j=1}^{q}\sum_{t=1}^{m}(\pi_{ij}+\alpha_{ij})(\lambda_{st}+\beta_{st})P_{1jt},\quad \tilde{P}_{2is}=\sum_{j=1}^{q}\sum_{t=1}^{m}(\pi_{ij}+\alpha_{ij})(\lambda_{st}+\beta_{st})P_{2jt}$$

$$\varOmega_{is}^{(11)}=-P_{1is}+(1+\eta_m\bar{\lambda})Q+Z^{\mathrm{T}}Z,\quad \varOmega_{is}^{(22)}=-P_{2is}+(1+\delta_q\bar{\pi})R+Z^{\mathrm{T}}Z$$

$$\varOmega^{(55)}=(1+\delta_q\bar{\pi})W-2K_0,\quad \varOmega_i^{(66)}=-W-2K_i,\quad Z=[0\ \ I]$$

$$\bar{\lambda}=\max\{1-\lambda_{ss}+\beta_{ss}\},\quad s\in\{1,2,\cdots,m\}$$

$$\bar{\pi}=\max\{1-\pi_{ii}+\alpha_{ii}\},\quad i\in\{1,2,\cdots,q\}$$

则不考虑参数不确定性的增广系统 (7.15) 随机稳定且估计误差满足指定的 H_∞ 性能指标 γ。

证明　选取如下 Lyapunov-Krasovskii 泛函:

$$V(k,r(k),\theta(k))=\sum_{\ell=1}^{3}\left[V_{x\ell}(k,r(k),\theta(k))+V_{y\ell}(k,r(k),\theta(k))\right]+\sum_{\mu=2}^{3}V_{gy\mu}(k,r(k),\theta(k)) \tag{7.17}$$

式中

$$V_{x1}(k,r(k),\theta(k))=\bar{x}^{\mathrm{T}}(k)P_{1r(k)\theta(k)}\bar{x}(k)$$

$$V_{y1}(k,r(k),\theta(k))=\bar{y}^{\mathrm{T}}(k)P_{2r(k)\theta(k)}\bar{y}(k)$$

$$V_{x2}(k,r(k),\theta(k))=\sum_{\mu=k-\eta_{\theta(k)}}^{k-1}\bar{x}^{\mathrm{T}}(\mu)Q\bar{x}(\mu)$$

$$V_{y2}(k,r(k),\theta(k))=\sum_{\mu=k-\delta_{r(k)}}^{k-1}\bar{y}^{\mathrm{T}}(\mu)R\bar{y}(\mu)$$

$$V_{x3}(k,r(k),\theta(k))=\bar{\lambda}\sum_{\mu=-\eta_m+1}^{-1}\sum_{\ell=k+\mu}^{k-1}\bar{x}^{\mathrm{T}}(\ell)Q\bar{x}(\ell)$$

$$V_{y3}(k,r(k),\theta(k))=\bar{\pi}\sum_{\mu=-\delta_q+1}^{-1}\sum_{\ell=k+\mu}^{k-1}\bar{y}^{\mathrm{T}}(\ell)R\bar{y}(\ell)$$

$$V_{gy2}(k,r(k),\theta(k))=\sum_{\mu=k-\delta_{r(k)}}^{k-1}g^{\mathrm{T}}(H\bar{y}(\mu))Wg(H\bar{y}(\mu))$$

$$V_{gy3}(k,r(k),\theta(k))=\bar{\pi}\sum_{\mu=-\delta_q+1}^{-1}\sum_{\ell=k+\mu}^{k-1}g^{\mathrm{T}}(H\bar{y}(\ell))Wg(H\bar{y}(\ell))$$

这里，P_{1is}、$P_{2is}(i\in\{1,2,\cdots,q\},s\in\{1,2,\cdots,m\})$、$Q$、$R$、$W$ 是正定矩阵。定义 $\Re_k$ 为 $\{\bar{x}(l),\bar{y}(l),r(l),\theta(l),0\leqslant l\leqslant k\}$ 生成的 σ 代数，即 $\Re_k=\sigma\{\bar{x}(0),\bar{y}(0),r(0),\theta(0),\cdots,$

$\bar{x}(k),\bar{y}(k),r(k),\theta(k)\}$。令 $r(k)=i$，$\theta(k)=s$。当 $v(k)\equiv 0$ 时，可得

$$
\begin{aligned}
&\mathrm{E}\big\{V_{x1}(k+1,r(k+1),\theta(k+1))-V_{x1}(k,r(k),\theta(k))\big|\Re_k\big\}\\
&=\big(\bar{A}\bar{x}(k)+\bar{B}g(H\bar{y}(k-\delta_i))\big)^{\mathrm{T}}\left[\sum_{j=1}^{q}\sum_{t=1}^{m}(\pi_{ij}+\Delta\pi_{ij})(\lambda_{st}+\Delta\lambda_{st})P_{1jt}\right]\big(\bar{A}\bar{x}(k)\\
&\quad+\bar{B}g(H\bar{y}(k-\delta_i))\big)-\bar{x}^{\mathrm{T}}(k)P_{1is}\bar{x}(k)\\
&\leqslant\big(\bar{A}\bar{x}(k)+\bar{B}g(H\bar{y}(k-\delta_i))\big)^{\mathrm{T}}\tilde{P}_{1is}\big(\bar{A}\bar{x}(k)+\bar{B}g(H\bar{y}(k-\delta_i))\big)\\
&\quad-\bar{x}^{\mathrm{T}}(k)P_{1is}\bar{x}(k)
\end{aligned}\tag{7.18}
$$

$$
\begin{aligned}
&\mathrm{E}\big\{V_{x2}(k+1,r(k+1),\theta(k+1))-V_{x2}(k,r(k),\theta(k))\big|\Re_k\big\}\\
&=\sum_{t=1}^{m}(\lambda_{st}+\Delta\lambda_{st})\sum_{\mu=k+1-\eta_t}^{k}\bar{x}^{\mathrm{T}}(\mu)Q\bar{x}(\mu)-\sum_{\mu=k-\eta_s}^{k-1}\bar{x}^{\mathrm{T}}(\mu)Q\bar{x}(\mu)\\
&=(\lambda_{ss}+\Delta\lambda_{ss})\left(\sum_{\mu=k+1-\eta_s}^{k}-\sum_{\mu=k-\eta_s}^{k-1}\right)\bar{x}^{\mathrm{T}}(\mu)Q\bar{x}(\mu)\\
&\quad+\sum_{t=1,t\neq s}^{m}(\lambda_{st}+\Delta\lambda_{st})\left(\sum_{\mu=k+1-\eta_t}^{k}-\sum_{\mu=k-\eta_s}^{k-1}\right)\bar{x}^{\mathrm{T}}(\mu)Q\bar{x}(\mu)\\
&\leqslant\bar{x}^{\mathrm{T}}(k)Q\bar{x}(k)-\bar{x}^{\mathrm{T}}(k-\eta_s)Q\bar{x}(k-\eta_s)\\
&\quad+\sum_{t=1,t\neq s}^{m}(\lambda_{st}+\Delta\lambda_{st})\left(\sum_{\mu=k+1-\eta_t}^{k-1}-\sum_{\mu=k-\eta_s+1}^{k-1}\right)\bar{x}^{\mathrm{T}}(\mu)Q\bar{x}(\mu)\\
&\leqslant\bar{x}^{\mathrm{T}}(k)Q\bar{x}(k)-\bar{x}^{\mathrm{T}}(k-\eta_s)Q\bar{x}(k-\eta_s)\\
&\quad+\sum_{t=1,t\neq s}^{m}(\lambda_{st}+\Delta\lambda_{st})\sum_{\mu=k+1-\eta_m}^{k}\bar{x}^{\mathrm{T}}(\mu)Q\bar{x}(\mu)\\
&=\bar{x}^{\mathrm{T}}(k)Q\bar{x}(k)-\bar{x}^{\mathrm{T}}(k-\eta_s)Q\bar{x}(k-\eta_s)+(1-\lambda_{ss}-\Delta\lambda_{ss})\sum_{\mu=k+1-\eta_m}^{k}\bar{x}^{\mathrm{T}}(\mu)Q\bar{x}(\mu)\\
&\leqslant\bar{x}^{\mathrm{T}}(k)Q\bar{x}(k)-\bar{x}^{\mathrm{T}}(k-\eta_s)Q\bar{x}(k-\eta_s)+\bar{\lambda}\sum_{\mu=k+1-\eta_m}^{k}\bar{x}^{\mathrm{T}}(\mu)Q\bar{x}(\mu)
\end{aligned}\tag{7.19}
$$

$$
\begin{aligned}
&\mathrm{E}\big\{V_{x3}(k+1,r(k+1),\theta(k+1))-V_{x3}(k,r(k),\theta(k))\big|\Re_k\big\}\\
&=\bar{\lambda}\sum_{\mu=-\eta_m+1}^{-1}\sum_{\ell=k+1+\mu}^{k}\bar{x}^{\mathrm{T}}(\ell)Q\bar{x}(\ell)-\bar{\lambda}\sum_{\mu=-\eta_m+1}^{-1}\sum_{\ell=k+\mu}^{k-1}\bar{x}^{\mathrm{T}}(\ell)Q\bar{x}(\ell)\\
&=\bar{\lambda}\sum_{\mu=-\eta_m+1}^{-1}\big(\bar{x}^{\mathrm{T}}(k)Q\bar{x}(k)-\bar{x}^{\mathrm{T}}(k+\mu)Q\bar{x}(k+\mu)\big)\\
&=\eta_m\bar{\lambda}\bar{x}^{\mathrm{T}}(k)Q\bar{x}(k)-\bar{\lambda}\sum_{\mu=k+1-\eta_m}^{k}\bar{x}^{\mathrm{T}}(\mu)Q\bar{x}(\mu)
\end{aligned}\tag{7.20}
$$

利用类似的方法，可得

$$\begin{aligned}
&\mathrm{E}\big\{V_{y1}(k+1,r(k+1),\theta(k+1))-V_{y1}(k,r(k),\theta(k))\big|\Re_k\big\}\\
&\leqslant \big(\bar{C}\bar{y}(k)+\bar{D}H\bar{x}(k-\eta_s)\big)^{\mathrm{T}}\tilde{P}_{2is}\big(\bar{C}\bar{y}(k)+\bar{D}H\bar{x}(k-\eta_s)\big)\\
&\quad -\bar{y}^{\mathrm{T}}(k)P_{2is}\bar{y}(k)
\end{aligned} \tag{7.21}$$

$$\begin{aligned}
&\mathrm{E}\big\{V_{y2}(k+1,r(k+1),\theta(k+1))-V_{y2}(k,r(k),\theta(k))\big|\Re_k\big\}\\
&\leqslant \bar{y}^{\mathrm{T}}(k)R\bar{y}(k)-\bar{y}^{\mathrm{T}}(k-\delta_i)R\bar{y}(k-\delta_i)+\bar{\pi}\sum_{\mu=k+1-\delta_q}^{k}\bar{y}^{\mathrm{T}}(\mu)R\bar{y}(\mu)
\end{aligned} \tag{7.22}$$

$$\begin{aligned}
&\mathrm{E}\big\{V_{y3}(k+1,r(k+1),\theta(k+1))-V_{y3}(k,r(k),\theta(k))\big|\Re_k\big\}\\
&=\delta_q\bar{\pi}\bar{y}^{\mathrm{T}}(k)R\bar{y}(k)-\bar{\pi}\sum_{\mu=k+1-\delta_q}^{k}\bar{y}^{\mathrm{T}}(\mu)R\bar{y}(\mu)
\end{aligned} \tag{7.23}$$

$$\begin{aligned}
&\mathrm{E}\big\{V_{gy2}(k+1,r(k+1),\theta(k+1))-V_{gy2}(k,r(k),\theta(k))\big|\Re_k\big\}\\
&\leqslant g^{\mathrm{T}}(H\bar{y}(k))Wg(H\bar{y}(k))-g^{\mathrm{T}}(H\bar{y}(k-\delta_i))Wg(H\bar{y}(k-\delta_i))\\
&\quad +\bar{\pi}\sum_{\mu=k+1-\delta_q}^{k}g^{\mathrm{T}}(H\bar{y}(\mu))Wg(H\bar{y}(\mu))
\end{aligned} \tag{7.24}$$

$$\begin{aligned}
&\mathrm{E}\big\{V_{gy3}(k+1,r(k+1),\theta(k+1))-V_{gy3}(k,r(k),\theta(k))\big|\Re_k\big\}\\
&=\delta_q\bar{\pi}g^{\mathrm{T}}(H\bar{y}(k))Wg(H\bar{y}(k))-\bar{\pi}\sum_{\mu=k+1-\delta_q}^{k}g^{\mathrm{T}}(H\bar{y}(\mu))Wg(H\bar{y}(\mu))
\end{aligned} \tag{7.25}$$

根据假设 7.1，可得

$$2\bar{y}^{\mathrm{T}}(k)H^{\mathrm{T}}UK_0g(H\bar{y}(k))-2g^{\mathrm{T}}(H\bar{y}(k))K_0g(H\bar{y}(k))\geqslant 0 \tag{7.26}$$

$$2\bar{y}^{\mathrm{T}}(k-\delta_i)H^{\mathrm{T}}UK_ig(H\bar{y}(k-\delta_i))-2g^{\mathrm{T}}(H\bar{y}(k-\delta_i))K_ig(H\bar{y}(k-\delta_i))\geqslant 0 \tag{7.27}$$

式中，$U=\mathrm{diag}\{u_1,u_2,\cdots,u_n\}$ 由式 (7.6) 确定，且

$$K_0=\mathrm{diag}\{k_{01},k_{02},\cdots,k_{0n}\}>0,\quad K_i=\mathrm{diag}\{k_{i1},k_{i2},\cdots,k_{in}\}>0$$

于是，由式 (7.17)~式 (7.27)，有

$$\mathrm{E}\big\{V(k+1,r(k+1),\theta(k+1))-V(k,r(k),\theta(k))\big|\Re_k\big\}\leqslant \zeta^{\mathrm{T}}(k)\tilde{\Omega}_{is}\zeta(k) \tag{7.28}$$

式中

$$\zeta(k)=\big[\bar{x}^{\mathrm{T}}(k),\ \bar{y}^{\mathrm{T}}(k),\ \bar{x}^{\mathrm{T}}(k-\eta_s),\ \bar{y}^{\mathrm{T}}(k-\delta_i),\ g^{\mathrm{T}}(H\bar{y}(k)),\ g^{\mathrm{T}}(H\bar{y}(k-\delta_i))\big]^{\mathrm{T}}$$

$$\tilde{\Omega}_{is} = \begin{bmatrix} \tilde{\Omega}_{is}^{(11)} & 0 & 0 & 0 & 0 & \tilde{\Omega}_{is}^{(16)} \\ * & \tilde{\Omega}_{is}^{(22)} & \tilde{\Omega}_{is}^{(23)} & 0 & H^{\mathrm{T}}UK_0 & 0 \\ * & * & \tilde{\Omega}_{is}^{(33)} & 0 & 0 & 0 \\ * & * & * & -R & 0 & H^{\mathrm{T}}UK_i \\ * & * & * & * & (1+\delta_q\bar{\pi})W - 2K_0 & 0 \\ * & * & * & * & * & \tilde{\Omega}_{is}^{(66)} \end{bmatrix}$$

这里

$$\begin{aligned} \tilde{\Omega}_{is}^{(11)} &= \bar{A}^{\mathrm{T}}\tilde{P}_{1is}\bar{A} - P_{1is} + (1+\eta_m\bar{\lambda})Q, \quad \tilde{\Omega}_{is}^{(16)} = \bar{A}^{\mathrm{T}}\tilde{P}_{1is}\bar{B} \\ \tilde{\Omega}_{is}^{(22)} &= \bar{C}^{\mathrm{T}}\tilde{P}_{2is}\bar{C} - P_{2is} + (1+\delta_q\bar{\pi})R, \quad \tilde{\Omega}_{is}^{(23)} = \bar{C}^{\mathrm{T}}\tilde{P}_{2is}\bar{D}H \\ \tilde{\Omega}_{is}^{(33)} &= -Q + H^{\mathrm{T}}\bar{D}^{\mathrm{T}}\tilde{P}_{2is}\bar{D}H, \quad \tilde{\Omega}_{is}^{(66)} = -W - 2K_i + \bar{B}^{\mathrm{T}}\tilde{P}_{1is}\bar{B} \end{aligned}$$

根据 Schur 补引理，由式 (7.16) 可得 $\tilde{\Omega}_{is} < 0$。因此，由式 (7.28) 可得

$$\begin{aligned} &\mathrm{E}\{V(k+1, r(k+1), \theta(k+1)) - V(k, r(k), \theta(k)) | \Re_k\} \\ &\leqslant -\lambda_{\min}(-\tilde{\Omega}_{is})\mathrm{E}\{\zeta^{\mathrm{T}}(k)\zeta(k) | \Re_k\} \\ &\leqslant -\lambda_{\min}(-\tilde{\Omega}_{is})\mathrm{E}\{\bar{x}^{\mathrm{T}}(k)\bar{x}(k) + \bar{y}^{\mathrm{T}}(k)\bar{y}(k) | \Re_k\} \\ &\leqslant \underset{i\in\{1,2,\cdots,q\}, s\in\{1,2,\cdots,m\}}{-\min} \lambda_{\min}(-\tilde{\Omega}_{is})\mathrm{E}\{\bar{x}^{\mathrm{T}}(k)\bar{x}(k) + \bar{y}^{\mathrm{T}}(k)\bar{y}(k) | \Re_k\} \end{aligned} \tag{7.29}$$

式中，对于 $\forall i \in \{1, 2, \cdots, q\}$ 和 $\forall s \in \{1, 2, \cdots, m\}$，$\lambda_{\min}(-\tilde{\Omega}_{is})$ 表示 $-\tilde{\Omega}_{is}$ 的最小特征值。

将式 (7.29) 左右两边关于 k 从 0 到 ∞ 求和，可得

$$\begin{aligned} &\mathrm{E}\left\{V(\infty, r(\infty), \theta(\infty)) - V(0, r(0), \theta(0)) | \Re_0\right\} \\ &\leqslant \underset{i\in\{1,2,\cdots,q\}, s\in\{1,2,\cdots,m\}}{-\min} \lambda_{\min}(-\tilde{\Omega}_{is})\mathrm{E}\left\{\sum_{k=0}^{\infty} \|\bar{x}(k)\|^2 + \|\bar{y}(k)\|^2 | \Re_0\right\} \end{aligned} \tag{7.30}$$

这进一步表明

$$\mathrm{E}\left\{\sum_{k=0}^{\infty} \|\bar{x}(k)\|^2 + \|\bar{y}(k)\|^2 | \Re_0\right\} \leqslant \frac{V(0, r(0), \theta(0))}{\underset{i\in\{1,2,\cdots,q\}, s\in\{1,2,\cdots,m\}}{\min} \lambda_{\min}(-\tilde{\Omega}_{is})} < \infty \tag{7.31}$$

由式 (7.31) 可知，增广系统 (7.15) 是随机稳定的。

下面证明估计误差满足指定的 H_∞ 性能指标 γ。选取相同的 Lyapunov-Krasovskii 泛函，并计算差分 $\Delta V(k) = \mathrm{E}\{V(k+1, r(k+1), \theta(k+1)) - V(k, r(k), \theta(k)) | \Re_k\}$。进而，在零初始条件下考虑以下性能指标：

$$
\begin{aligned}
J_T &= \mathrm{E}\left\{\sum_{k=0}^{T}\left(\begin{bmatrix}\tilde{x}(k)\\ \tilde{y}(k)\end{bmatrix}^{\mathrm{T}}\begin{bmatrix}\tilde{x}(k)\\ \tilde{y}(k)\end{bmatrix}-\gamma^2 v^{\mathrm{T}}(k)v(k)\right)\middle|\Re_k\right\}\\
&= \mathrm{E}\left\{\sum_{k=0}^{T}\left(\begin{bmatrix}\tilde{x}(k)\\ \tilde{y}(k)\end{bmatrix}^{\mathrm{T}}\begin{bmatrix}\tilde{x}(k)\\ \tilde{y}(k)\end{bmatrix}-\gamma^2 v^{\mathrm{T}}(k)v(k)+\Delta V(k)\right)\middle|\Re_k\right\}\\
&\quad -\mathrm{E}\left\{\sum_{k=0}^{T}\Delta V(k)\middle|\Re_k\right\}\\
&\leqslant \mathrm{E}\left\{\sum_{k=0}^{T}\left(\begin{bmatrix}\tilde{x}(k)\\ \tilde{y}(k)\end{bmatrix}^{\mathrm{T}}\begin{bmatrix}\tilde{x}(k)\\ \tilde{y}(k)\end{bmatrix}-\gamma^2 v^{\mathrm{T}}(k)v(k)+\Delta V(k)\right)\middle|\Re_k\right\}\\
&\leqslant \mathrm{E}\left\{\sum_{k=0}^{T}\xi^{\mathrm{T}}(k)\hat{\Omega}_{is}\xi(k)\middle|\Re_k\right\}
\end{aligned}
\tag{7.32}
$$

式中

$$
\xi(k)=[\zeta^{\mathrm{T}}(k), v^{\mathrm{T}}(k)]^{\mathrm{T}}
$$

$$
\hat{\Omega}_{is}=\begin{bmatrix}
\hat{\Omega}_{is}^{(11)} & 0 & 0 & 0 & 0 & \tilde{\Omega}_{is}^{(16)} & \hat{\Omega}_{is}^{(17)}\\
* & \hat{\Omega}_{is}^{(22)} & \tilde{\Omega}_{is}^{(23)} & 0 & H^{\mathrm{T}}UK_0 & 0 & \hat{\Omega}_{is}^{(27)}\\
* & * & \tilde{\Omega}_{is}^{(33)} & 0 & 0 & 0 & \hat{\Omega}_{is}^{(37)}\\
* & * & * & -R & 0 & H^{\mathrm{T}}UK_i & 0\\
* & * & * & * & (1+\delta_q\bar{\pi})W-2K_0 & 0 & 0\\
* & * & * & * & * & \tilde{\Omega}_{is}^{(66)} & \hat{\Omega}_{is}^{(67)}\\
* & * & * & * & * & * & \hat{\Omega}_{is}^{(77)}
\end{bmatrix}
$$

这里

$$
\hat{\Omega}_{is}^{(11)}=\bar{A}^{\mathrm{T}}\tilde{P}_{1is}\bar{A}-P_{1is}+(1+\eta_m\bar{\lambda})Q+Z^{\mathrm{T}}Z,\quad Z=[0\ \ I],\quad \hat{\Omega}_{is}^{(17)}=\bar{A}^{\mathrm{T}}\tilde{P}_{1is}\bar{G}_1
$$

$$
\hat{\Omega}_{is}^{(22)}=\bar{C}^{\mathrm{T}}\tilde{P}_{2is}\bar{C}-P_{2is}+(1+\delta_q\bar{\pi})R+Z^{\mathrm{T}}Z,\quad \hat{\Omega}_{is}^{(27)}=\bar{C}^{\mathrm{T}}\tilde{P}_{2is}\bar{G}_2
$$

$$
\hat{\Omega}_{is}^{(37)}=H^{\mathrm{T}}\bar{D}^{\mathrm{T}}\tilde{P}_{2is}\bar{G}_2,\quad \hat{\Omega}_{is}^{(67)}=\bar{B}^{\mathrm{T}}\tilde{P}_{1is}\bar{G}_1,\quad \hat{\Omega}_{is}^{(77)}=\bar{G}_1^{\mathrm{T}}\tilde{P}_{1is}\bar{G}_1+\bar{G}_2^{\mathrm{T}}\tilde{P}_{2is}\bar{G}_2-\gamma^2 I
$$

根据 Schur 补引理，可知 $\hat{\Omega}_{is}<0$ 当且仅当式 (7.16) 成立。于是，有 $J_T<0$，即

$$
\mathrm{E}\left\{\sum_{k=0}^{T}\left(\begin{bmatrix}\tilde{x}(k)\\ \tilde{y}(k)\end{bmatrix}^{\mathrm{T}}\begin{bmatrix}\tilde{x}(k)\\ \tilde{y}(k)\end{bmatrix}\right)\middle|\Re_k\right\}<\gamma^2\sum_{k=0}^{T}v^{\mathrm{T}}(k)v(k)
\tag{7.33}
$$

令 $T \to \infty$，由定义 7.2 可知，增广系统 (7.15) 随机稳定且估计误差满足指定的 H_∞ 性能指标 γ。证毕。

7.3.2 状态估计器设计

下述定理给出了基于具有范数有界不确定性的增广系统 (7.15) 的估计器设计方法。

定理 7.2 给定非负实数 π_{ij}、α_{ij}、λ_{st}、β_{st}、δ_i、η_s 和对角矩阵 $U = \mathrm{diag}\{u_1, u_2, \cdots, u_n\} \geqslant 0$，如果对 $\forall i \in \{1, 2, \cdots, q\}$、$\forall s \in \{1, 2, \cdots, m\}$，存在实数 $\varepsilon_a > 0$、$\varepsilon_b > 0$、$\varepsilon_c > 0$、$\varepsilon_d > 0$、$\varepsilon_g > 0$，对角矩阵 $K_0 = \mathrm{diag}\{k_{01}, k_{02}, \cdots, k_{0n}\} > 0$、$K_i = \mathrm{diag}\{k_{i1}, k_{i2}, \cdots, k_{in}\} > 0$ 以及矩阵 $P_{1is} > 0$、$P_{2is} > 0$、$Q > 0$、$R > 0$、$W > 0$、F_A、F_B、F_C、F_D、$S = \begin{bmatrix} S_1 & S_2 \\ S_3 & S_3 \end{bmatrix}$ 和 $T = \begin{bmatrix} T_1 & T_2 \\ T_3 & T_3 \end{bmatrix}$，使得如下 LMI 成立:

$$\begin{bmatrix} \Phi_{is}^{(1)} & \Phi^{(2)} \\ * & \Phi_{is}^{(3)} \end{bmatrix} < 0 \tag{7.34}$$

则增广系统 (7.15) 随机稳定且估计误差满足指定的 H_∞ 性能指标 γ。这里，

$$\Phi_{is}^{(1)} = \begin{bmatrix} \varphi_{is}^{(11)} & 0 & 0 & 0 & 0 & 0 & 0 \\ * & \varphi_{is}^{(22)} & 0 & 0 & H^{\mathrm{T}}UK_0 & 0 & 0 \\ * & * & \varphi^{(33)} & 0 & 0 & 0 & 0 \\ * & * & * & -R & 0 & H^{\mathrm{T}}UK_i & 0 \\ * & * & * & * & \varphi^{(55)} & 0 & 0 \\ * & * & * & * & * & \varphi_i^{(66)} & 0 \\ * & * & * & * & * & * & \varphi^{(77)} \end{bmatrix}$$

$$\Phi^{(2)} = \begin{bmatrix} \varphi^{(18)} & 0 & 0 & 0 & 0 & 0 & 0 \\ 0 & \varphi^{(29)} & 0 & 0 & 0 & 0 & 0 \\ 0 & \varphi^{(39)} & 0 & 0 & 0 & 0 & 0 \\ 0 & 0 & 0 & 0 & 0 & 0 & 0 \\ 0 & 0 & 0 & 0 & 0 & 0 & 0 \\ \varphi^{(68)} & 0 & 0 & 0 & 0 & 0 & 0 \\ \varphi^{(78)} & \varphi^{(79)} & 0 & 0 & 0 & 0 & 0 \end{bmatrix}$$

$$\varPhi_{is}^{(3)} = \begin{bmatrix} \varphi_{is}^{(88)} & 0 & \varphi^{(8,10)} & \varphi^{(8,11)} & 0 & 0 & \varphi^{(8,14)} \\ * & \varphi_{is}^{(99)} & 0 & 0 & \varphi^{(9,12)} & \varphi^{(9,13)} & \varphi^{(9,14)} \\ * & * & -\varepsilon_a I & 0 & 0 & 0 & 0 \\ * & * & * & -\varepsilon_b I & 0 & 0 & 0 \\ * & * & * & * & -\varepsilon_c I & 0 & 0 \\ * & * & * & * & * & -\varepsilon_d I & 0 \\ * & * & * & * & * & * & -\varepsilon_g I \end{bmatrix}$$

其中

$$\varphi_{is}^{(11)} = -P_{1is} + (1+\eta_m\bar{\lambda})Q + Z^{\mathrm{T}}Z + \varepsilon_a U_a^{\mathrm{T}} U_a$$

$$\varphi_{is}^{(22)} = -P_{2is} + (1+\delta_q\bar{\pi})R + Z^{\mathrm{T}}Z + \varepsilon_c U_c^{\mathrm{T}} U_c, \quad \varphi_i^{(66)} = -W - 2K_i + \varepsilon_b U_b^{\mathrm{T}} U_b$$

$$\varphi_{is}^{(88)} = \tilde{P}_{1is} - S - S^{\mathrm{T}}, \quad \varphi_{is}^{(99)} = \tilde{P}_{2is} - T - T^{\mathrm{T}}$$

$$\varphi^{(18)} = \begin{bmatrix} A^{\mathrm{T}}S_1 + A^{\mathrm{T}}S_3 - F_A^{\mathrm{T}} - C_1^{\mathrm{T}}F_B^{\mathrm{T}} & A^{\mathrm{T}}S_2 + A^{\mathrm{T}}S_3 - F_A^{\mathrm{T}} - C_1^{\mathrm{T}}F_B^{\mathrm{T}} \\ F_A^{\mathrm{T}} & F_A^{\mathrm{T}} \end{bmatrix}$$

$$\varphi^{(29)} = \begin{bmatrix} C^{\mathrm{T}}T_1 + C^{\mathrm{T}}T_3 - F_C^{\mathrm{T}} - C_2^{\mathrm{T}}F_D^{\mathrm{T}} & C^{\mathrm{T}}T_2 + C^{\mathrm{T}}T_3 - F_C^{\mathrm{T}} - C_2^{\mathrm{T}}F_D^{\mathrm{T}} \\ F_C^{\mathrm{T}} & F_C^{\mathrm{T}} \end{bmatrix}$$

$$\varphi^{(33)} = -Q + \varepsilon_d H^{\mathrm{T}} U_d^{\mathrm{T}} U_d H, \quad \varphi^{(39)} = \begin{bmatrix} D^{\mathrm{T}}T_1 + D^{\mathrm{T}}T_3 & D^{\mathrm{T}}T_2 + D^{\mathrm{T}}T_3 \\ 0 & 0 \end{bmatrix}$$

$$\varphi^{(55)} = (1+\delta_q\bar{\pi})W - 2K_0$$

$$\varphi^{(68)} = [B^{\mathrm{T}}S_1 + B^{\mathrm{T}}S_3 \ \ B^{\mathrm{T}}S_2 + B^{\mathrm{T}}S_3]$$

$$\varphi^{(77)} = -\gamma^2 I + \varepsilon_g U_g^{\mathrm{T}} U_g$$

$$\varphi^{(78)} = [G_1^{\mathrm{T}}S_1 + G_1^{\mathrm{T}}S_3 - G_3^{\mathrm{T}}F_B^{\mathrm{T}} \ \ G_1^{\mathrm{T}}S_2 + G_1^{\mathrm{T}}S_3 - G_3^{\mathrm{T}}F_B^{\mathrm{T}}]$$

$$\varphi^{(79)} = [G_2^{\mathrm{T}}T_1 + G_2^{\mathrm{T}}T_3 - G_4^{\mathrm{T}}F_D^{\mathrm{T}} \ \ G_2^{\mathrm{T}}T_2 + G_2^{\mathrm{T}}T_3 - G_4^{\mathrm{T}}F_D^{\mathrm{T}}]$$

$$\varphi^{(8,10)} = \begin{bmatrix} S_1^{\mathrm{T}}M_1 + S_3^{\mathrm{T}}M_1 - F_B M_3 & S_3^{\mathrm{T}}M_8 \\ S_2^{\mathrm{T}}M_1 + S_3^{\mathrm{T}}M_1 - F_B M_3 & S_3^{\mathrm{T}}M_8 \end{bmatrix}, \quad \varphi^{(8,11)} = \begin{bmatrix} S_1^{\mathrm{T}}M_1 + S_3^{\mathrm{T}}M_1 & 0 \\ S_2^{\mathrm{T}}M_1 + S_3^{\mathrm{T}}M_1 & 0 \end{bmatrix}$$

$$\varphi^{(8,14)} = \begin{bmatrix} S_1^{\mathrm{T}}M_4 + S_3^{\mathrm{T}}M_4 - F_B M_6 & 0 \\ S_2^{\mathrm{T}}M_4 + S_3^{\mathrm{T}}M_4 - F_B M_6 & 0 \end{bmatrix}$$

$$\varphi^{(9,12)} = \begin{bmatrix} T_1^{\mathrm{T}}M_2 + T_3^{\mathrm{T}}M_2 - F_D M_3 & T_3^{\mathrm{T}}M_9 \\ T_2^{\mathrm{T}}M_2 + T_3^{\mathrm{T}}M_2 - F_D M_3 & T_3^{\mathrm{T}}M_9 \end{bmatrix}$$

$$\varphi^{(9,13)} = \begin{bmatrix} T_1^{\mathrm{T}}M_2 + T_3^{\mathrm{T}}M_2 & 0 \\ T_2^{\mathrm{T}}M_2 + T_3^{\mathrm{T}}M_2 & 0 \end{bmatrix}, \quad \varphi^{(9,14)} = \begin{bmatrix} T_1^{\mathrm{T}}M_5 + T_3^{\mathrm{T}}M_5 - F_D M_7 & 0 \\ T_2^{\mathrm{T}}M_5 + T_3^{\mathrm{T}}M_5 - F_D M_7 & 0 \end{bmatrix}$$

$\tilde{P}_{1is}$、$\tilde{P}_{2is}$、$\bar{\lambda}$ 和 $\bar{\pi}$ 如定理 7.1 中所示。此时，该 H_∞ 估计器增益矩阵为

$$A_f = S_3^{-\mathrm{T}} F_A, \quad B_f = S_3^{-\mathrm{T}} F_B, \quad C_f = T_3^{-\mathrm{T}} F_C, \quad D_f = T_3^{-\mathrm{T}} F_D$$

证明 采用 $\bar{A}+\Delta\bar{A}(k)$、$\bar{B}+\Delta\bar{B}(k)$、$\bar{C}+\Delta\bar{C}(k)$、$\bar{D}+\Delta\bar{D}(k)$、$\bar{G}_1+\Delta\bar{G}_1(k)$ 和 $\bar{G}_2+\Delta\bar{G}_2(k)$，依次替换式 (7.16) 中的 $\bar{A}$、$\bar{B}$、$\bar{C}$、$\bar{D}$、$\bar{G}_1$、$\bar{G}_2$，可得如下不等式：

$$\begin{aligned}&\Omega_{is} + \Gamma_a \bar{F}(k) \Upsilon_a + \Upsilon_a^{\mathrm{T}} \bar{F}^{\mathrm{T}}(k) \Gamma_a^{\mathrm{T}} + \Gamma_b \bar{F}(k) \Upsilon_b + \Upsilon_b^{\mathrm{T}} \bar{F}^{\mathrm{T}}(k) \Gamma_b^{\mathrm{T}} + \Gamma_c \bar{F}(k) \Upsilon_c \\ &\quad + \Upsilon_c^{\mathrm{T}} \bar{F}^{\mathrm{T}}(k) \Gamma_c^{\mathrm{T}} + \Gamma_d \bar{F}(k) \Upsilon_d + \Upsilon_d^{\mathrm{T}} \bar{F}^{\mathrm{T}}(k) \Gamma_d^{\mathrm{T}} + \Gamma_g \bar{F}(k) \Upsilon_g + \Upsilon_g^{\mathrm{T}} \bar{F}^{\mathrm{T}}(k) \Gamma_g^{\mathrm{T}} < 0\end{aligned} \tag{7.35}$$

式中

$$\begin{aligned}
\Gamma_a &= \begin{bmatrix} 0 & 0 & 0 & 0 & 0 & 0 & 0 & E_a^{\mathrm{T}} & 0 \end{bmatrix}^{\mathrm{T}}, \quad \Upsilon_a = \begin{bmatrix} U_a & 0 & 0 & 0 & 0 & 0 & 0 & 0 & 0 \end{bmatrix} \\
\Gamma_b &= \begin{bmatrix} 0 & 0 & 0 & 0 & 0 & 0 & 0 & E_b^{\mathrm{T}} & 0 \end{bmatrix}^{\mathrm{T}}, \quad \Upsilon_b = \begin{bmatrix} 0 & 0 & 0 & 0 & 0 & U_b & 0 & 0 & 0 \end{bmatrix} \\
\Gamma_c &= \begin{bmatrix} 0 & 0 & 0 & 0 & 0 & 0 & 0 & 0 & E_c^{\mathrm{T}} \end{bmatrix}^{\mathrm{T}}, \quad \Upsilon_c = \begin{bmatrix} 0 & U_c & 0 & 0 & 0 & 0 & 0 & 0 & 0 \end{bmatrix} \\
\Gamma_d &= \begin{bmatrix} 0 & 0 & 0 & 0 & 0 & 0 & 0 & 0 & E_d^{\mathrm{T}} \end{bmatrix}^{\mathrm{T}}, \quad \Upsilon_d = \begin{bmatrix} 0 & 0 & U_d H & 0 & 0 & 0 & 0 & 0 & 0 \end{bmatrix} \\
\Gamma_g &= \begin{bmatrix} 0 & 0 & 0 & 0 & 0 & 0 & 0 & E_{g1}^{\mathrm{T}} & E_{g2}^{\mathrm{T}} \end{bmatrix}^{\mathrm{T}}, \quad \Upsilon_g = \begin{bmatrix} 0 & 0 & 0 & 0 & 0 & 0 & U_g & 0 & 0 \end{bmatrix}
\end{aligned}$$

于是，由引理 4.1 可知，式 (7.35) 成立当且仅当存在正实数 ε_a、ε_b、ε_c、ε_d 和 ε_g，使得下列不等式成立：

$$\begin{aligned}&\Omega_{is} + \varepsilon_a^{-1} \Gamma_a \Gamma_a^{\mathrm{T}} + \varepsilon_a \Upsilon_a^{\mathrm{T}} \Upsilon_a + \varepsilon_b^{-1} \Gamma_b \Gamma_b^{\mathrm{T}} + \varepsilon_b \Upsilon_b^{\mathrm{T}} \Upsilon_b + \varepsilon_c^{-1} \Gamma_c \Gamma_c^{\mathrm{T}} + \varepsilon_c \Upsilon_c^{\mathrm{T}} \Upsilon_c \\ &\quad + \varepsilon_d^{-1} \Gamma_d \Gamma_d^{\mathrm{T}} + \varepsilon_d \Upsilon_d^{\mathrm{T}} \Upsilon_d + \varepsilon_g^{-1} \Gamma_g \Gamma_g^{\mathrm{T}} + \varepsilon_g \Upsilon_g^{\mathrm{T}} \Upsilon_g < 0\end{aligned} \tag{7.36}$$

由 Schur 补引理，式 (7.36) 成立当且仅当

$$\begin{bmatrix} \Phi_{is}^{(1)} & \Psi^{(2)} \\ * & \Psi_{is}^{(3)} \end{bmatrix} < 0 \tag{7.37}$$

式中

$$\Psi^{(2)} = \begin{bmatrix} \bar{A}^{\mathrm{T}} & 0 & 0 & 0 & 0 & 0 & 0 \\ 0 & \bar{C}^{\mathrm{T}} & 0 & 0 & 0 & 0 & 0 \\ 0 & H^{\mathrm{T}} \bar{D}^{\mathrm{T}} & 0 & 0 & 0 & 0 & 0 \\ 0 & 0 & 0 & 0 & 0 & 0 & 0 \\ 0 & 0 & 0 & 0 & 0 & 0 & 0 \\ \bar{B}^{\mathrm{T}} & 0 & 0 & 0 & 0 & 0 & 0 \\ \bar{G}_1^{\mathrm{T}} & \bar{G}_2^{\mathrm{T}} & 0 & 0 & 0 & 0 & 0 \end{bmatrix}$$

$$\Psi_{is}^{(3)}=\begin{bmatrix} -\tilde{P}_{1is}^{-1} & 0 & E_a & E_b & 0 & 0 & E_{g1} \\ * & -\tilde{P}_{2is}^{-1} & 0 & 0 & E_c & E_d & E_{g2} \\ * & * & -\varepsilon_a I & 0 & 0 & 0 & 0 \\ * & * & * & -\varepsilon_b I & 0 & 0 & 0 \\ * & * & * & * & -\varepsilon_c I & 0 & 0 \\ * & * & * & * & * & -\varepsilon_d I & 0 \\ * & * & * & * & * & * & -\varepsilon_g I \end{bmatrix}$$

由式 (7.34) 中的 $\varphi_{is}^{(88)}$ 和 $\varphi_{is}^{(99)}$ 可知，满足

$$S=\begin{bmatrix} S_1 & S_2 \\ S_3 & S_3 \end{bmatrix},\quad T=\begin{bmatrix} T_1 & T_2 \\ T_3 & T_3 \end{bmatrix}$$

的矩阵 S 和 T 都是非奇异矩阵。定义

$$J=\mathrm{diag}\{I,I,I,I,I,I,I,S,T,I,I,I,I,I\}$$

于是，在式 (7.37) 左侧矩阵的左右两边分别乘以 J^{T} 和 J，并利用不等式

$$-S^{\mathrm{T}}\tilde{P}_{1is}^{-1}S\leqslant\tilde{P}_{1is}-S-S^{\mathrm{T}},\quad -T^{\mathrm{T}}\tilde{P}_{2is}^{-1}T\leqslant\tilde{P}_{2is}-T-T^{\mathrm{T}}$$

可知如果下述不等式成立：

$$\begin{bmatrix} \Phi_{is}^{(1)} & \tilde{\Psi}^{(2)} \\ * & \tilde{\Psi}_{is}^{(3)} \end{bmatrix}<0 \tag{7.38}$$

则式 (7.37) 也成立，其中

$$\tilde{\Psi}^{(2)}=\begin{bmatrix} \bar{A}^{\mathrm{T}}S & 0 & 0 & 0 & 0 & 0 & 0 \\ 0 & \bar{C}^{\mathrm{T}}T & 0 & 0 & 0 & 0 & 0 \\ 0 & H^{\mathrm{T}}\bar{D}^{\mathrm{T}}T & 0 & 0 & 0 & 0 & 0 \\ 0 & 0 & 0 & 0 & 0 & 0 & 0 \\ 0 & 0 & 0 & 0 & 0 & 0 & 0 \\ \bar{B}^{\mathrm{T}}S & 0 & 0 & 0 & 0 & 0 & 0 \\ \bar{G}_1^{\mathrm{T}}S & \bar{G}_2^{\mathrm{T}}T & 0 & 0 & 0 & 0 & 0 \end{bmatrix}$$

$$\tilde{\Psi}_{is}^{(3)}=\begin{bmatrix}\varphi_{is}^{(88)} & 0 & S^{\mathrm{T}}E_a & S^{\mathrm{T}}E_b & 0 & 0 & S^{\mathrm{T}}E_{g1}\\ * & \varphi_{is}^{(99)} & 0 & 0 & T^{\mathrm{T}}E_c & T^{\mathrm{T}}E_d & T^{\mathrm{T}}E_{g2}\\ * & * & -\varepsilon_a I & 0 & 0 & 0 & 0\\ * & * & * & -\varepsilon_b I & 0 & 0 & 0\\ * & * & * & * & -\varepsilon_c I & 0 & 0\\ * & * & * & * & * & -\varepsilon_d I & 0\\ * & * & * & * & * & * & -\varepsilon_g I\end{bmatrix}$$

通过计算易得

$$\bar{A}^{\mathrm{T}}S=\begin{bmatrix}A^{\mathrm{T}}S_1+A^{\mathrm{T}}S_3-A_f^{\mathrm{T}}S_3-C_1^{\mathrm{T}}B_f^{\mathrm{T}}S_3 & A^{\mathrm{T}}S_2+A^{\mathrm{T}}S_3-A_f^{\mathrm{T}}S_3-C_1^{\mathrm{T}}B_f^{\mathrm{T}}S_3\\ A_f^{\mathrm{T}}S_3 & A_f^{\mathrm{T}}S_3\end{bmatrix}$$

$$H^{\mathrm{T}}\bar{D}^{\mathrm{T}}T=\begin{bmatrix}D^{\mathrm{T}}T_1+D^{\mathrm{T}}T_3 & D^{\mathrm{T}}T_2+D^{\mathrm{T}}T_3\\ 0 & 0\end{bmatrix}$$

$$\bar{B}^{\mathrm{T}}S=[B^{\mathrm{T}}S_1+B^{\mathrm{T}}S_3\ \ B^{\mathrm{T}}S_2+B^{\mathrm{T}}S_3]$$

$$\bar{G}_1^{\mathrm{T}}S=[G_1^{\mathrm{T}}S_1+G_1^{\mathrm{T}}S_3-G_3^{\mathrm{T}}B_f^{\mathrm{T}}S_3\ \ G_1^{\mathrm{T}}S_2+G_1^{\mathrm{T}}S_3-G_3^{\mathrm{T}}B_f^{\mathrm{T}}S_3]$$

$$\bar{C}^{\mathrm{T}}T=\begin{bmatrix}C^{\mathrm{T}}T_1+C^{\mathrm{T}}T_3-C_f^{\mathrm{T}}T_3-C_2^{\mathrm{T}}D_f^{\mathrm{T}}T_3 & C^{\mathrm{T}}T_2+C^{\mathrm{T}}T_3-C_f^{\mathrm{T}}T_3-C_2^{\mathrm{T}}D_f^{\mathrm{T}}T_3\\ C_f^{\mathrm{T}}T_3 & C_f^{\mathrm{T}}T_3\end{bmatrix}$$

$$\bar{G}_2^{\mathrm{T}}T=[G_2^{\mathrm{T}}T_1+G_2^{\mathrm{T}}T_3-G_4^{\mathrm{T}}D_f^{\mathrm{T}}T_3\ \ G_2^{\mathrm{T}}T_2+G_2^{\mathrm{T}}T_3-G_4^{\mathrm{T}}D_f^{\mathrm{T}}T_3]$$

$$S^{\mathrm{T}}E_a=\begin{bmatrix}S_1^{\mathrm{T}}M_1+S_3^{\mathrm{T}}M_1-S_3^{\mathrm{T}}B_fM_3 & S_3^{\mathrm{T}}M_8\\ S_2^{\mathrm{T}}M_1+S_3^{\mathrm{T}}M_1-S_3^{\mathrm{T}}B_fM_3 & S_3^{\mathrm{T}}M_8\end{bmatrix}$$

$$T^{\mathrm{T}}E_{g2}=\begin{bmatrix}T_1^{\mathrm{T}}M_5+T_3^{\mathrm{T}}M_5-T_3^{\mathrm{T}}D_fM_7 & 0\\ T_2^{\mathrm{T}}M_5+T_3^{\mathrm{T}}M_5-T_3^{\mathrm{T}}D_fM_7 & 0\end{bmatrix}$$

$$S^{\mathrm{T}}E_b=\begin{bmatrix}S_1^{\mathrm{T}}M_1+S_3^{\mathrm{T}}M_1 & 0\\ S_2^{\mathrm{T}}M_1+S_3^{\mathrm{T}}M_1 & 0\end{bmatrix},\quad T^{\mathrm{T}}E_c=\begin{bmatrix}T_1^{\mathrm{T}}M_2+T_3^{\mathrm{T}}M_2-T_3^{\mathrm{T}}D_fM_3 & T_3^{\mathrm{T}}M_9\\ T_2^{\mathrm{T}}M_2+T_3^{\mathrm{T}}M_2-T_3^{\mathrm{T}}D_fM_3 & T_3^{\mathrm{T}}M_9\end{bmatrix}$$

$$T^{\mathrm{T}}E_d=\begin{bmatrix}T_1^{\mathrm{T}}M_2+T_3^{\mathrm{T}}M_2 & 0\\ T_2^{\mathrm{T}}M_2+T_3^{\mathrm{T}}M_2 & 0\end{bmatrix},\quad S^{\mathrm{T}}E_{g1}=\begin{bmatrix}S_1^{\mathrm{T}}M_4+S_3^{\mathrm{T}}M_4-S_3^{\mathrm{T}}B_fM_6 & 0\\ S_2^{\mathrm{T}}M_4+S_3^{\mathrm{T}}M_4-S_3^{\mathrm{T}}B_fM_6 & 0\end{bmatrix}$$

于是，将式 (7.34) 中的 F_A、F_B、F_C 和 F_D 分别用 $F_A=S_3^{\mathrm{T}}A_f$、$F_B=S_3^{\mathrm{T}}B_f$、$F_C=T_3^{\mathrm{T}}C_f$ 和 $F_D=T_3^{\mathrm{T}}D_f$ 进行替换，可知如果式 (7.34) 成立，则式 (7.38) 也成立。证毕。

注释 7.2 式 (7.34) 是关于矩阵变量和 γ^2 的 LMI，这意味着 γ^2 可以作为优化变量以获得最小 H_∞ 性能指标。具体地，可以通过求解以下凸优化问题获得最

小 H_∞ 性能指标，即在 LMI (7.34) 约束下，求解

$$\min_{\substack{Q>0,R>0,W>0,P_{1is}>0,P_{2is}>0,\varepsilon_a>0,\varepsilon_b>0,\varepsilon_c>0,\\ \varepsilon_d>0,\varepsilon_g>0,K_0>0,K_i>0,F_A,F_B,F_C,F_D,S,T}} \rho \tag{7.39}$$

式中，$\rho=\gamma^2$。如果优化问题 (7.39) 存在解 ρ^*，那么最小 H_∞ 性能指标为 $\sqrt{\rho^*}$。

7.4 仿真实例

本节通过一个仿真实例来说明结果的有效性。

Repressilator 动力学系统已得到了理论预测并在大肠杆菌中进行了实验研究[18]。该系统为周期性负反馈回路，包括 3 个阻遏基因 (lacl、tetR 和 cl) 及其启动子。Repressilator 模型如下：

$$\begin{cases} \dot{m}_i = -m_i + \dfrac{\alpha_i}{1+p_j^H} \\ \dot{p}_i = -\beta_i(p_i - m_i) \end{cases} \tag{7.40}$$

式中，$i=\mathrm{lacl},\mathrm{tetR},\mathrm{cl}$；$j=\mathrm{cl},\mathrm{lacl},\mathrm{tetR}$；$m_i$ 和 p_i 是三种 mRNA 和阻遏蛋白的浓度；$\beta_i>0$ 表示蛋白质降解率与 mRNA 降解率的比率；α_i 为反馈调节系数。基于文献 [17] 中的方法，并考虑翻译时滞和反馈调节时滞，可得如下离散时间 GRN 模型：

$$\begin{cases} M_i(k+1) = \mathrm{e}^{-h}M_i(k) + (1-\mathrm{e}^{-h})\dfrac{\alpha_i}{1+P_j^H(k-d(k))} \\ P_i(k+1) = \mathrm{e}^{-\beta_i h}P_i(k) + (1-\mathrm{e}^{-\beta_i h})M_i(k-\tau(k)) \end{cases} \tag{7.41}$$

假设反馈调节时滞 $d(k)=\delta_{r(k)}\in\{0,1\}$，翻译时滞 $\tau(k)=\eta_{\theta(k)}\in\{0,1,2\}$，并且式 (7.8) 所描述的转移概率矩阵为

$$\varPi(k)=\begin{bmatrix} \pi_{11}+\Delta\pi_{11}(k) & \pi_{12}+\Delta\pi_{12}(k) \\ \pi_{21}+\Delta\pi_{21}(k) & \pi_{22}+\Delta\pi_{22}(k) \end{bmatrix}=\begin{bmatrix} 0.4+0.01\mathrm{sin}k & 0.6-0.01\mathrm{sin}k \\ 0.7-0.01\mathrm{cos}k & 0.3+0.01\mathrm{cos}k \end{bmatrix}$$

$$\begin{aligned} \varLambda(k) &= \begin{bmatrix} \lambda_{11}+\Delta\lambda_{11}(k) & \lambda_{12}+\Delta\lambda_{12}(k) & \lambda_{13}+\Delta\lambda_{13}(k) \\ \lambda_{21}+\Delta\lambda_{21}(k) & \lambda_{22}+\Delta\lambda_{22}(k) & \lambda_{23}+\Delta\lambda_{23}(k) \\ \lambda_{31}+\Delta\lambda_{31}(k) & \lambda_{32}+\Delta\lambda_{32}(k) & \lambda_{33}+\Delta\lambda_{33}(k) \end{bmatrix} \\ &= \begin{bmatrix} 0.3+0.01\mathrm{cos}(2k) & 0.5-0.02\mathrm{cos}(2k) & 0.2+0.01\mathrm{cos}(2k) \\ 0.4+0.02\mathrm{sin}k & 0.3-0.01\mathrm{sin}k & 0.3-0.01\mathrm{sin}k \\ 0.2+0.02\mathrm{sin}(2k) & 0.5-0.01\mathrm{sin}(2k) & 0.3-0.01\mathrm{sin}(2k) \end{bmatrix} \end{aligned}$$

根据转移概率矩阵 $\Pi(k)$ 和 $\Lambda(k)$，图 7.1 给出了马尔可夫跳变时滞 $d(k)$ 和 $\tau(k)$ 的可能实现。此外，可得 $\delta_1=0$、$\delta_2=1$、$\eta_1=0$、$\eta_2=1$、$\eta_3=2$、$\bar{\lambda}=\bar{\pi}=0.71$ 和如下矩阵：

$$\begin{bmatrix} \pi_{11} & \pi_{12} \\ \pi_{21} & \pi_{22} \end{bmatrix}=\begin{bmatrix} 0.4 & 0.6 \\ 0.7 & 0.3 \end{bmatrix},\quad \begin{bmatrix} \lambda_{11} & \lambda_{12} & \lambda_{13} \\ \lambda_{21} & \lambda_{22} & \lambda_{23} \\ \lambda_{31} & \lambda_{32} & \lambda_{33} \end{bmatrix}=\begin{bmatrix} 0.3 & 0.5 & 0.2 \\ 0.4 & 0.3 & 0.3 \\ 0.2 & 0.5 & 0.3 \end{bmatrix}$$

$$\begin{bmatrix} \alpha_{11} & \alpha_{12} \\ \alpha_{21} & \alpha_{22} \end{bmatrix}=\begin{bmatrix} 0.01 & 0.01 \\ 0.01 & 0.01 \end{bmatrix},\quad \begin{bmatrix} \beta_{11} & \beta_{12} & \beta_{13} \\ \beta_{21} & \beta_{22} & \beta_{23} \\ \beta_{31} & \beta_{32} & \beta_{33} \end{bmatrix}=\begin{bmatrix} 0.01 & 0.02 & 0.01 \\ 0.02 & 0.01 & 0.01 \\ 0.02 & 0.01 & 0.01 \end{bmatrix}$$

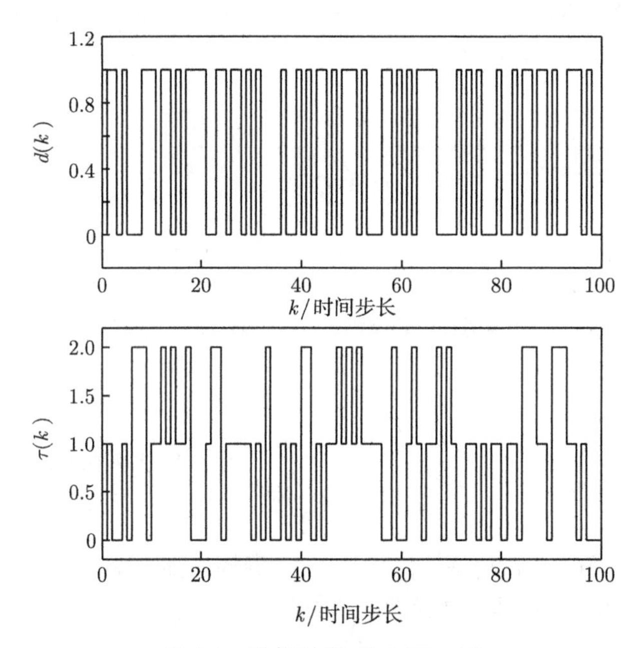

图 7.1　随机时滞 $d(k)$ 和 $\tau(k)$

假定无量纲转录率为

$$B=(1-\mathrm{e}^{-h})\begin{bmatrix} 0 & 0 & -0.2 \\ -0.2 & 0 & 0 \\ 0 & -0.2 & 0 \end{bmatrix}$$

考虑到建模误差、外部扰动和参数波动等因素，式 (7.41) 可改写为式 (7.9) 的形式。选择 $H=2$、$h=1$、$\beta_1=1$、$\beta_2=0.5$、$\beta_3=1$，设置式 (7.9) 和 (7.10) 中如下参数:

$$A=\begin{bmatrix}0.3676&0&0\\0&0.3675&0\\0&0&0.3681\end{bmatrix},\quad B=\begin{bmatrix}0&0&-0.1258\\-0.1261&0&0\\0&-0.1262&0\end{bmatrix}$$

$$C=\begin{bmatrix}0.3678&0&0\\0&0.6063&0\\0&0&0.3677\end{bmatrix},\quad D=\begin{bmatrix}0.6320&0&0\\0&0.3936&0\\0&0&0.6323\end{bmatrix}$$

$$C_1=C_2=\begin{bmatrix}0.3&0&0\\0&0.2&0\\0&0&0.3\end{bmatrix}$$

$$G_1=\begin{bmatrix}0.1\\0\\0.1\end{bmatrix},\quad G_2=\begin{bmatrix}0.05\\0.1\\0\end{bmatrix}$$

$$G_3=\begin{bmatrix}0.15\\0\\0.1\end{bmatrix},\quad G_4=\begin{bmatrix}0.1\\0.05\\0\end{bmatrix}$$

式 (7.11) 和式 (7.13) 所描述的不确定性具有的参数为

$$M_1=\begin{bmatrix}0.1&0.2&0\\0&0.05&0\\0&0.01&0\end{bmatrix},\quad M_2=\begin{bmatrix}0&0.1&0\\0.1&0&0\\0&0&0.2\end{bmatrix}$$

$$M_3=\begin{bmatrix}0&0.1&0.2\\0.1&-0.1&0\\0&0&0.1\end{bmatrix}$$

$$M_4=\begin{bmatrix}0.3&0&0\\0&0.2&0\\0&0.15&0.1\end{bmatrix}$$

$$M_5=\begin{bmatrix}0.22&0&0.03\\0&0.12&0\\0&0.1&0.02\end{bmatrix},\quad M_6=\begin{bmatrix}0.13&0&0\\0&0.03&0\\0.01&0.05&0\end{bmatrix}$$

$$M_7=\begin{bmatrix}0.01&0.2&0\\0&0&0.12\\0.1&0.3&0.14\end{bmatrix},\quad M_8=\begin{bmatrix}0.02&0.3\\0.25&0.1\\0&0.2\end{bmatrix},\quad M_9=\begin{bmatrix}0.22&0.1\\0&0.25\\0.2&0.13\end{bmatrix}$$

$$N_1=\begin{bmatrix}0&0.1&0\\0.2&0&0\\0.1&0&0.1\end{bmatrix},\quad N_2=\begin{bmatrix}0.1&0&0.3\\0&0.01&0\\0&0.05&0.1\end{bmatrix}$$

$$N_3=\begin{bmatrix}0.12\\0.01\\0.2\end{bmatrix},\quad N_4=\begin{bmatrix}0.1&0.3&0.12\\0.2&0.15&0\end{bmatrix}$$

$$F_1(k)=\mathrm{diag}\{\sin k,\cos k,-\sin(2k)\},\quad F_2(k)=\mathrm{diag}\{\cos k,\sin k\}$$

从以上选择的参数可以看出，$d(k)$ 和 $\tau(k)$ 是不相同的，并且服从不同的概率分布。此外，基因网络参数、估计器增益和模态转移概率均具有范数有界不确定性。这些条件比 Liu 等[11,14] 提出的条件更具一般性和合理性，这意味着所建立的结果具有更广的应用范围。

调节函数取为 $g(x)=x^2/(1+x^2)$。易知 $g(x)$ 的导数小于 0.65，这意味着可取 $U=\mathrm{diag}\{u_1,u_2,\cdots,u_n\}=0.65I$。运用 MATLAB 中的 LMI 工具箱求解定理 7.2 中的式 (7.34)，可得最小 H_∞ 性能指标 $\gamma_1^*=5.1332$，以及如下相应的估计器增益矩阵：

$$A_f=\begin{bmatrix}0.0312&-0.1152&0.2169\\-0.1400&0.3830&-0.0601\\0.1364&-0.0683&0.0006\end{bmatrix},\quad B_f=\begin{bmatrix}4.8702&0.1344&-5.7081\\0.2102&2.5891&-0.9248\\-4.5334&-1.2161&13.2694\end{bmatrix}$$

$$C_f=\begin{bmatrix}0.0231&-0.0296&0.0184\\-0.0450&0.1584&0.0130\\-0.0110&-0.0047&-0.0022\end{bmatrix},\quad D_f=\begin{bmatrix}0.3343&-0.2413&-0.3593\\0.2042&1.4765&-0.1823\\0.0508&-0.1269&1.4740\end{bmatrix}$$

值得指出的是，当要设计的估计器增益不发生变化时，通过选取 $M_8=0$，$M_9=0$，$N_4=0$，并求解定理 7.2 中的式 (7.34)，可得最小 H_∞ 性能指标 $\gamma_2^*=2.2760$，以及如下估计器增益矩阵：

$$A_f=\begin{bmatrix}0.0232&-0.0503&0.1310\\-0.0417&0.1106&-0.0600\\0.0578&-0.0402&0.0041\end{bmatrix},\quad B_f=\begin{bmatrix}2.7451&-0.3117&-2.1108\\-0.3691&3.0578&-0.3339\\-1.4034&-0.6359&6.6230\end{bmatrix}$$

$$C_f=\begin{bmatrix}0.0077&-0.0094&0.0027\\-0.0189&0.1029&-0.0012\\-0.0040&0.0019&0.0128\end{bmatrix},\quad D_f=\begin{bmatrix}0.2388&-0.0888&-0.1517\\0.1348&1.2560&-0.0001\\-0.0538&-0.1424&0.5145\end{bmatrix}$$

可以看出，当估计器增益不发生改变时，可获得估计误差系统的更小 H_∞ 性能指标。然而，由于在估计器执行过程中数值计算的舍入误差以及为实践工程师提供安全操作界限的实际需求等因素，所设计的估计器在实施过程中的确存在不准确性或不确定性[16]。因此，在一定程度上以降低系统 H_∞ 性能为代价，有必要设计对增益矩阵中一定量的误差不敏感的非脆弱估计器。

现在利用得到的非脆弱估计器进行时域数值仿真。初始条件设置为

$$x(0)=\hat{x}(0)=[0.3 \quad 2.3 \quad 1.8]^{\mathrm{T}}, \quad y(0)=\hat{y}(0)=[0.4 \quad 0.5 \quad 0.3]^{\mathrm{T}},$$
$$x(k)=y(k)=0, \quad k<0$$

假定噪声信号为

$$v(k)=\begin{cases} 0.1\sin(0.19k), & 0\leqslant k\leqslant 50 \\ 0, & k>50 \end{cases}$$

在 $\{d(k)\}$ 和 $\{\tau(k)\}$ 这两个序列下，mRNA 的浓度 x_i 及其估计 $\hat{x}_i$ $(i=1,2,3)$ 的曲线如图 7.2 所示。图 7.3 给出了蛋白质浓度 y_i 及其估计 $\hat{y}_i$ $(i=1,2,3)$ 的曲线。图 7.4 给出了 mRNA 和蛋白质浓度的估计误差曲线。

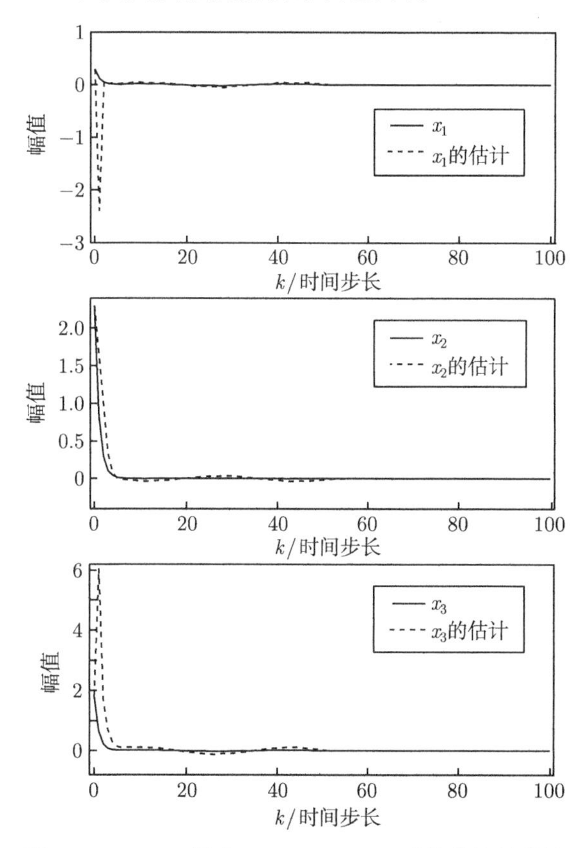

图 7.2　mRNA 浓度 x_i $(i=1,2,3)$ 及其估计的曲线

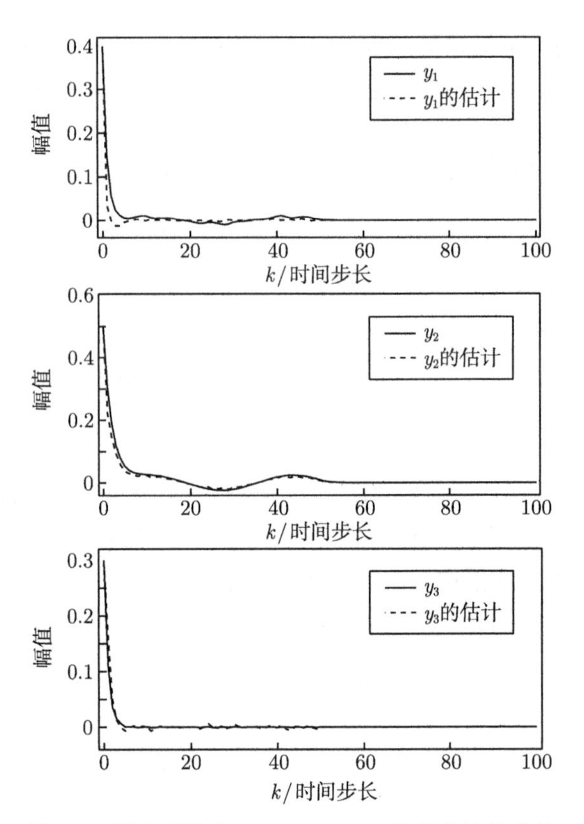

图 7.3　蛋白质浓度 y_i $(i=1,2,3)$ 及其估计的曲线

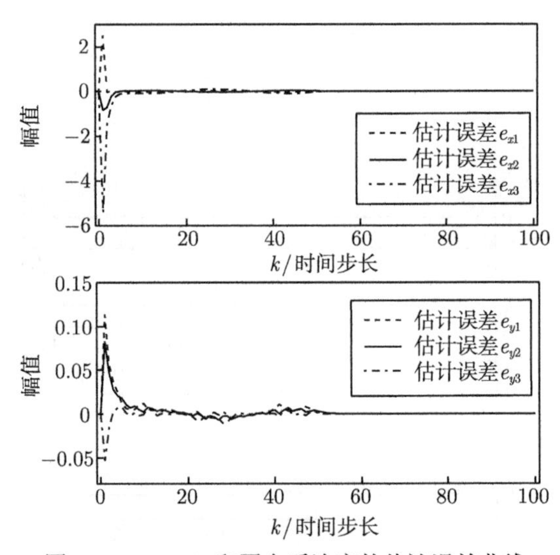

图 7.4　mRNA 和蛋白质浓度的估计误差曲线

上述仿真结果表明，增广系统 (7.15) 在无干扰的情况下是随机稳定的。进一步地，在零初始条件下，经过 300 次仿真并取平均值，可得

$$\sum_{k=0}^{100}\begin{bmatrix}\tilde{x}(k)\\ \tilde{y}(k)\end{bmatrix}^{\mathrm{T}}\begin{bmatrix}\tilde{x}(k)\\ \tilde{y}(k)\end{bmatrix}=0.2808,\quad \sum_{k=0}^{100}v^{\mathrm{T}}(k)v(k)=0.2619$$

$$\sqrt{\frac{\displaystyle\sum_{k=0}^{100}\begin{bmatrix}\tilde{x}(k)\\ \tilde{y}(k)\end{bmatrix}^{\mathrm{T}}\begin{bmatrix}\tilde{x}(k)\\ \tilde{y}(k)\end{bmatrix}}{\displaystyle\sum_{k=0}^{100}v^{\mathrm{T}}(k)v(k)}}=1.0355<\gamma_1^*$$

于是可知 H_∞ 性能指标低于给定上限。

7.5 本章小结

本章讨论了一类具有外部扰动、参数不确定性和马尔可夫跳变时滞的不确定离散时间 GRN 的鲁棒非脆弱 H_∞ 状态估计问题。首先，假设反馈调节时滞和翻译时滞服从不同的马尔可夫链，并取值于两个有限的状态空间。其次，考虑了随机时滞、外部干扰，以及基因网络参数、估计器增益和模态转移概率中存在的不确定性，以获得对 mRNA 和蛋白质真实浓度的更精确估计。然后，利用 Lyapunov-Krasovskii 泛函方法，通过求解一组 LMI，设计了 H_∞ 状态估计器，使得所得到的增广系统是随机稳定的且估计误差满足 H_∞ 性能指标。最后，通过仿真实例验证了结果的有效性。

参考文献

[1] Smolen P, Baxter D A, Byrne J H. Mathematical modeling of gene networks[J]. Neuron, 2000, 26(3): 567-580.

[2] Hirata H, Yoshiura S, Ohtsuka T, et al. Oscillatory expression of the bHLH factor Hes1 regulated by a negative feedback loop[J]. Science, 2002, 298(5594): 840-843.

[3] Li C G, Chen L N, Aihara K. Stability of genetic networks with sum regulatory logic: Lur'e system and LMI approach[J]. IEEE Transactions on Circuits and Systems I: Regular Papers, 2006, 53(11): 2451-2458.

[4] Ren F L, Cao J D. Asymptotic and robust stability of genetic regulatory networks with time-varying delays[J]. Neurocomputing, 2008, 71(4-6): 834-842.

[5] Zhang W B, Fang J A, Cui W X. Exponential stability of switched genetic regulatory networks with both stable and unstable subsystems[J]. Journal of the Franklin Institute, 2013, 350(8): 2322-2333.

[6] Wan X B, Xu L, Fang H J, et al. Exponential synchronization of switched genetic oscillators with time-varying delays[J]. Journal of the Franklin Institute, 2014, 351(8): 4395-4414.

[7] Liang J L, Lam J, Wang Z D. State estimation for Markov-type genetic regulatory networks with delays and uncertain mode transition rates[J]. Physics Letters A, 2009, 373(47): 4328-4337.

[8] Ribeiro A, Zhu R, Kauffman S A. A general modeling strategy for gene regulatory networks with stochastic dynamics[J]. Journal of Computational Biology, 2006, 13(9): 1630-1639.

[9] Balasubramaniam P, Jarina Banu L. Robust state estimation for discrete-time genetic regulatory network with random delays[J]. Neurocomputing, 2013, 122: 349-369.

[10] Wang T, Ding Y S, Zhang L, et al. Robust state estimation for discrete-time stochastic genetic regulatory networks with probabilistic measurement delays[J]. Neurocomputing, 2013, 111: 1-12.

[11] Liu A D, Yu L, Zhang W A, et al. H_∞ filtering for discrete-time genetic regulatory networks with random delays[J]. Mathematical Biosciences, 2012, 239(1): 97-105.

[12] Ye Q, Cui B T. Mean square exponential and robust stability of stochastic discrete-time genetic regulatory networks with uncertainties[J]. Cognitive Neurodynamics, 2010, 4(2): 165-176.

[13] Wan X B, Xu L, Fang H J, et al. Robust stability analysis for discrete-time genetic regulatory networks with probabilistic time delays[J]. Neurocomputing, 2014, 124: 72-80.

[14] Liu A D, Yu L, Zhang D, et al. Finite-time H_∞ control for discrete-time genetic regulatory networks with random delays and partly unknown transition probabilities[J]. Journal of the Franklin Institute, 2013, 350(7): 1944-1961.

[15] Xiong J L, Lam J, Gao H J, et al. On robust stabilization of Markovian jump systems with uncertain switching probabilities[J]. Automatica, 2005, 41(5): 897-903.

[16] Yang G H, Che W W. Non-fragile H_∞ filter design for linear continuous-time systems[J]. Automatica, 2008, 44(11): 2849-2856.

[17] Cao J, Ren F L. Exponential stability of discrete-time genetic regulatory networks with delays[J]. IEEE Transactions on Neural Networks, 2008, 19(3): 520-523.

[18] Elowitz M B, Leibler S. A synthetic oscillatory network of transcriptional regulators[J]. Nature, 2000, 403: 335-338.

第 8 章　Round-Robin 协议下的基因调控网络最终有界状态估计

8.1　引　　言

由于基因辨识以及医学诊断与治疗之需，往往需要获取 GRN 的状态信息[1]。然而，由于噪声等因素的影响，GRN 的测量输出通常与其状态之间存在较大差异。因此，GRN 状态估计或滤波已成为重要的研究课题[1-8]。目前，离散时间 GRN 状态估计研究主要考虑两类情形: 一类是外界扰动属于 $l_2[0,\infty)$[6,7,9,10]；另一类是无内、外噪声[5,8]。此外，对于具有有界扰动的离散时间 GRN，已有了集员滤波问题的研究成果[4]。但对于同时具有随机过程噪声和外部有界扰动的离散时间 GRN，其均方意义下指数最终有界的状态估计研究尚未展开。

为共享数据及确保实验结果的可重复性，通常需要将数据上传到远程服务器[11]。在基因组信息学研究中，基于 Web 的云计算服务已经在生物数据的上传、存储和下载等诸多方面发挥了重要作用[12]。鉴于通信网络在生物学研究中的成功应用，通过通信网络的数据传输实现远程状态估计的方式独具魅力。对于实际的 GRN 而言，由于其维数高、结构复杂，深入研究 GRN 复杂的调控机理和功能时，将产生大量的数据作为其测量输出。采用高通量测序实验获得的数据有的甚至达千兆字节，这使得在带宽有限的通信网络上传输这种“大数据”非常具有挑战性[11]。事实上，大数据问题已成为生物信息学的一个研究热点[13]，其中，当通信网络带宽有限时，如何有效地传输海量数据集 (如 GRN 的表达数据[14]) 是颇为重要的问题。正是由于出现了丢包等现象，不能有效传输海量数据集[15]。

实施 GRN 的远程状态估计时，引入 Round-Robin 协议等通信协议可有效地减轻通信负载。Round-Robin 协议是资源均匀分配的周期性调度协议。在该协议下，每个时刻节点根据循环次序依次获得通信权限。Round-Robin 协议已应用于通信、安全监控、负载平衡、计算与服务器资源的分配和调度等领域。近年来，已分别研究了在 Round-Robin 协议下人工神经网络[16]、复杂动态网络[17] 和传感器网络[18] 的状态估计问题。而 Round-Robin 协议下离散时间 GRN 的状态估计问题尽管具有重要的实践意义，但尚未引起足够的关注。

本章讨论 Round-Robin 协议下具有随机过程噪声和外部有界扰动的离散时滞

GRN 状态估计问题。为便于远程状态估计，两组传感器获得的 GRN 测量输出分别由两个独立的信道进行传输。利用两个 Round-Robin 协议分别协调两组传感器节点的传输顺序。设计状态估计器，使估计误差系统在指定衰减率上限下均方指数最终有界。

8.2 Round-Robin 协议下的基因调控网络状态估计问题

8.2.1 离散时间基因调控网络模型

考虑如下离散时间 GRN[4-10,19]：

$$\begin{cases} M(k+1) = AM(k) + Bf(N(k-\tau(k))) + V \\ N(k+1) = CN(k) + DM(k-\sigma(k)) \end{cases} \tag{8.1}$$

式中

$$M(k) = \big[M_1(k), M_2(k), \cdots, M_n(k)\big]^{\mathrm{T}}, \quad N(k) = \big[N_1(k), N_2(k), \cdots, N_n(k)\big]^{\mathrm{T}}$$
$$f(N(k)) = \big[f_1(N_1(k)), f_2(N_2(k)), \cdots, f_n(N_n(k))\big]^{\mathrm{T}}$$

A、B、C、D 和 V 的定义如式 (7.3) 所示；n 表示 mRNA 和蛋白质的个数；$M_i(k) \in \mathbb{R}$ $(N_i(k) \in \mathbb{R})$ 表示第 i 个节点的 mRNA(蛋白质) 浓度；$\tau(k)$ 和 $\sigma(k)$ 分别表示转录时滞和翻译时滞，并且满足

$$0 \leqslant \tau_m \leqslant \tau(k) \leqslant \tau_M, \quad 0 \leqslant \sigma_m \leqslant \sigma(k) \leqslant \sigma_M \tag{8.2}$$

这里，τ_m、τ_M、σ_m 和 σ_M 是已知的整数；非线性函数 $f_i(\cdot)$ 表示蛋白质对转录过程的反馈调节作用，其满足假设 7.1。

设 $[M^*, N^*] = [(M_1^*, M_2^*, \cdots, M_n^*)^{\mathrm{T}}, (N_1^*, N_2^*, \cdots, N_n^*)^{\mathrm{T}}]$ 是系统 (8.1) 的平衡点。令 $x(k) = M(k) - M^*$, $y(k) = N(k) - N^*$，将 $[M^*, N^*]$ 转移至原点，并将系统 (8.1) 改写为

$$\begin{cases} x(k+1) = Ax(k) + Bg(y(k-\tau(k))) \\ y(k+1) = Cy(k) + Dx(k-\sigma(k)) \end{cases} \tag{8.3}$$

式中，$g(y(k)) = [g_1(y_1(k)), g_2(y_2(k)), \cdots, g_n(y_n(k))]^{\mathrm{T}} = f(y(k) + N^*) - f(N^*)$。由式 (7.6) 和式 (8.3) 易知 $g_i(\cdot)$ 满足式 (7.7)。

考虑过程噪声和外界扰动，将系统 (8.3) 改写为如下更一般的形式：

$$\begin{cases} x(k+1) = Ax(k) + Bg(y(k-\tau(k))) + E_x w(k) + F_x v(k) \\ y(k+1) = Cy(k) + Dx(k-\sigma(k)) + E_y w(k) + F_y v(k) \\ c_x(k) = M_x x(k) \\ c_y(k) = M_y y(k) \end{cases} \tag{8.4}$$

其初始条件为 $x(l) = \phi_x(l)$、$y(l) = \phi_y(l)$、$l \in \{-h_{\tau\sigma}, -h_{\tau\sigma}+1, \cdots, 0\}$、$h_{\tau\sigma} = \max\{\tau_M, \sigma_M\}$，其中，$w(k) \in \mathbb{R}^{r_1}$ 是零均值过程噪声，已知其方差为 $\mathcal{R}\mathcal{R}^{\mathrm{T}} \geqslant 0$；$E_x$、$E_y$、$F_x$、$F_y$、$M_x$ 和 M_y 是已知的常矩阵；$c_x(k) \in \mathbb{R}^q$ 和 $c_y(k) \in \mathbb{R}^q$ 为待估计的输出；$v(k) \in \mathbb{R}^{r_2}$ 为外界扰动输入。

假设 8.1 外界扰动输入 $v(k)$ 是范数有界的，即

$$\|v(k)\| \leqslant \bar{v} \tag{8.5}$$

式中，$\bar{v}$ 是已知非负实数。

注释 8.1 由于分子具有随机诞生、扩散、结合和死亡等多种特性，GRN 中随机噪声普遍存在。此外，由于存在不可避免的建模误差和外界干扰输入，GRN 建模时也应考虑外部干扰和噪声[4]。对于具有有限能量的外部扰动输入和随机内部噪声的 GRN，已取得了 H_∞ 滤波和状态估计问题的许多研究成果[2,6,9]。然而，具有随机过程噪声和范数有界外部扰动输入 (无能量约束) 的 GRN，尤其是离散时间 GRN，尚未得到充分研究。

将通过网络进行传输的 GRN 测量输出如下：

$$z_x(k) = C_1 x(k) + G_1 v(k), \quad z_y(k) = C_2 y(k) + G_2 v(k) \tag{8.6}$$

式中，C_1、C_2、G_1 和 G_2 是已知的常矩阵；$z_x(k) = [z_{x1}(k), \cdots, z_{xm}(k)]^{\mathrm{T}} \in \mathbb{R}^m$ 和 $z_y(k) = [z_{y1}(k), \cdots, z_{ym}(k)]^{\mathrm{T}} \in \mathbb{R}^m$ 分别代表 mRNA 和蛋白质的表达水平；$v(k)$ 为测量噪声且满足假设 8.1。

8.2.2 估计器与估计误差系统

假设 $z_x(k)$ 和 $z_y(k)$ 分别用两组传感器进行测量，即第一组和第二组 (图 8.1)。第一组中的第 i $(i = 1, 2, \cdots, m)$ 个传感器记为传感器 G_1^i，第二组中类似。$z_x(k)$ 和 $z_y(k)$ 分别通过信道 1 和信道 2 传输到远程的子估计器 1 和子估计器 2。同时，采用两个 Round-Robin 协议分别协调第 1 组和第 2 组中传感器节点的传输顺序。此外，在接收端使用两组零阶保持器 (zero-order holder, ZOH) 存储通过信道传输的数据。

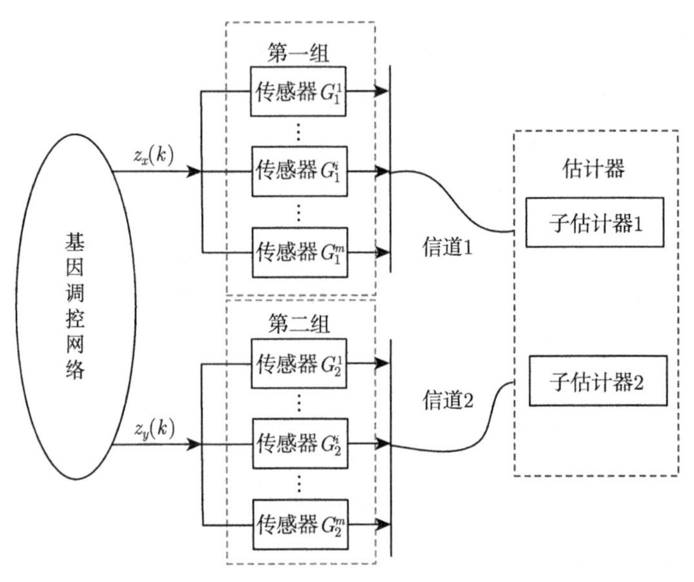

图 8.1　Round-Robin 协议下的状态估计

令 $\bar{z}_x(k)=[\bar{z}_{x1}^{\mathrm{T}}(k),\bar{z}_{x2}^{\mathrm{T}}(k),\cdots,\bar{z}_{xm}^{\mathrm{T}}(k)]^{\mathrm{T}}$ 和 $\bar{z}_y(k)=[\bar{z}_{y1}^{\mathrm{T}}(k),\bar{z}_{y2}^{\mathrm{T}}(k),\cdots,\bar{z}_{ym}^{\mathrm{T}}(k)]^{\mathrm{T}}$ 是 $z_x(k)$ 和 $z_y(k)$ 经网络传输后实际接收到的测量输出。$\bar{z}_{xi}(k)$ 和 $\bar{z}_{yi}(k)$ $(i=1,2,\cdots,m)$ 满足

$$\bar{z}_{xi}(k)=\begin{cases}z_{xi}(k), & \mathrm{mod}(k+1-i,m)=0\\ \bar{z}_{xi}(k-1), & \text{其他}\end{cases}\tag{8.7}$$

$$\bar{z}_{yi}(k)=\begin{cases}z_{yi}(k), & \mathrm{mod}(k+1-i,m)=0\\ \bar{z}_{yi}(k-1), & \text{其他}\end{cases}\tag{8.8}$$

为简单起见，假定 $\bar{z}_x(s)=0$ 和 $\bar{z}_y(s)=0$，$s\in\{-h_{\tau\sigma}-1,-h_{\tau\sigma},-h_{\tau\sigma}+1,\cdots,-1\}$。

定义 $\varPhi_i=\mathrm{diag}\{\delta(i-1),\delta(i-2),\cdots,\delta(i-m)\}$，其中，$\delta(\ell)\in\{0,1\}$ 是 Kronecker-δ 函数，且当 $\ell=0$ 时取值为 1，其他情况下取值为 0。于是，实际接收到的测量输出可描述为

$$\begin{cases}\bar{z}_x(k)=\varPhi_{h(k)}z_x(k)+(I_m-\varPhi_{h(k)})\bar{z}_x(k-1)\\ \bar{z}_y(k)=\varPhi_{h(k)}z_y(k)+(I_m-\varPhi_{h(k)})\bar{z}_y(k-1)\end{cases}\tag{8.9}$$

式中，$h(k)=\mathrm{mod}(k,m)+1$ 为 k 时刻每组传感器中获得通信权限的传感器节点序号。

注释 8.2　在 Round-Robin 协议下，每个时刻每组传感器中只有一个传感器的输出可传输到子估计器 1 或子估计器 2。通过采用两组 ZOH，接收到的且储存在接收端的测量输出用于补偿那些没有获得通信权限的传感器节点的测量输出。由

式 (8.9) 可进一步得知，采用了 ZOH 策略，致使 $(I_m-\Phi_{h(k)})\bar{z}_x(k-1)$ 和 $(I_m-\Phi_{h(k)})\bar{z}_y(k-1)$ 分别包含于 $\bar{z}_x(k)$ 和 $\bar{z}_y(k)$ 中，这将增加估计误差动力学分析和状态估计器设计的困难。

定义

$$
\begin{aligned}
&\bar{x}(k)=[x^{\mathrm{T}}(k),\bar{z}_x^{\mathrm{T}}(k-1)]^{\mathrm{T}},\quad \bar{y}(k)=[y^{\mathrm{T}}(k),\bar{z}_y^{\mathrm{T}}(k-1)]^{\mathrm{T}}\\
&g(\bar{y}(k-\tau(k)))=[g^{\mathrm{T}}(y(k-\tau(k))),g^{\mathrm{T}}(\bar{z}_y(k-\tau(k)-1))]^{\mathrm{T}}\\
&g(\bar{z}_y(k))=[g_1^{\mathrm{T}}(\bar{z}_{y1}(k)),\ g_2^{\mathrm{T}}(\bar{z}_{y2}(k)),\cdots,g_m^{\mathrm{T}}(\bar{z}_{ym}(k))]^{\mathrm{T}}
\end{aligned}
$$

联立式 (8.4)、式 (8.6) 和式 (8.9)，可得如下增广系统：

$$
\begin{cases}
\bar{x}(k+1)=\bar{A}_{h(k)}\bar{x}(k)+\bar{B}Hg(\bar{y}(k-\tau(k)))+\bar{E}_xw(k)+\bar{F}_{h(k)x}v(k)\\
\bar{y}(k+1)=\bar{C}_{h(k)}\bar{y}(k)+\bar{D}H\bar{x}(k-\sigma(k))+\bar{E}_yw(k)+\bar{F}_{h(k)y}v(k)\\
\bar{z}_x(k)=\bar{C}_{h(k)x}\bar{x}(k)+G_{h(k)x}v(k)\\
\bar{z}_y(k)=\bar{C}_{h(k)y}\bar{y}(k)+G_{h(k)y}v(k)\\
c_x(k)=\bar{M}_x\bar{x}(k)\\
c_y(k)=\bar{M}_y\bar{y}(k)
\end{cases}
\tag{8.10}
$$

式中

$$
\begin{aligned}
&\bar{A}_{h(k)}=\begin{bmatrix} A & 0\\ \Phi_{h(k)}C_1 & I_m-\Phi_{h(k)}\end{bmatrix},\quad \bar{B}=\begin{bmatrix} B\\ 0\end{bmatrix},\quad \bar{E}_x=\begin{bmatrix} E_x\\ 0\end{bmatrix}\\
&\bar{F}_{h(k)x}=\begin{bmatrix} F_x\\ \Phi_{h(k)}G_1\end{bmatrix},\quad \bar{C}_{h(k)}=\begin{bmatrix} C & 0\\ \Phi_{h(k)}C_2 & I_m-\Phi_{h(k)}\end{bmatrix}\\
&\bar{D}=\begin{bmatrix} D\\ 0\end{bmatrix},\quad \bar{E}_y=\begin{bmatrix} E_y\\ 0\end{bmatrix},\quad \bar{F}_{h(k)y}=\begin{bmatrix} F_y\\ \Phi_{h(k)}G_2\end{bmatrix}\\
&\bar{C}_{h(k)x}=[\Phi_{h(k)}C_1\ \ I_m-\Phi_{h(k)}],\quad \bar{C}_{h(k)y}=[\Phi_{h(k)}C_2\ \ I_m-\Phi_{h(k)}]\\
&G_{h(k)x}=\Phi_{h(k)}G_1,\quad G_{h(k)y}=\Phi_{h(k)}G_2\\
&\bar{M}_x=[M_x\ \ 0],\quad \bar{M}_y=[M_y\ \ 0],\quad H=[I\ \ 0]
\end{aligned}
$$

采用如下形式的状态估计器：

$$
\begin{cases}
\eta_x(k+1)=\bar{A}_{h(k)}\eta_x(k)+K_{h(k)}(\bar{z}_x(k)-\bar{C}_{h(k)x}\eta_x(k)) & (8.11\mathrm{a})\\
\eta_y(k+1)=\bar{C}_{h(k)}\eta_y(k)+L_{h(k)}(\bar{z}_y(k)-\bar{C}_{h(k)y}\eta_y(k)) & (8.11\mathrm{b})\\
\hat{c}_x(k)=\bar{M}_x\eta_x(k) & (8.11\mathrm{c})\\
\hat{c}_y(k)=\bar{M}_y\eta_y(k) & (8.11\mathrm{d})
\end{cases}
$$

式 (8.11a) 和式 (8.11b) 分别描述了子估计器 1 和子估计器 2；$\eta_x(k)=[\hat{x}^{\mathrm{T}}(k),\hat{z}_x^{\mathrm{T}}(k-1)]^{\mathrm{T}}$，$\eta_y(k)=[\hat{y}^{\mathrm{T}}(k),\hat{z}_y^{\mathrm{T}}(k-1)]^{\mathrm{T}}$，这里，$\hat{x}(k)$、$\hat{z}_x(k-1)$、$\hat{y}(k)$ 和 $\hat{z}_y(k-1)$ 分别是 $x(k)$、$\bar{z}_x(k-1)$、$y(k)$ 和 $\bar{z}_y(k-1)$ 的估计；$K_{h(k)}$ 和 $L_{h(k)}$ 是待设计的传输顺序相关的估计器参数；$\hat{c}_x(k)$ 和 $\hat{c}_y(k)$ 分别为 $c_x(k)$ 和 $c_y(k)$ 的估计。假定估计器具有零初始状态。

令 $\tilde{\eta}_x(k)=\bar{x}(k)-\eta_x(k)$，$\tilde{\eta}_y(k)=\bar{y}(k)-\eta_y(k)$，$\tilde{c}_x(k)=c_x(k)-\hat{c}_x(k)$ 以及 $\tilde{c}_y(k)=c_y(k)-\hat{c}_y(k)$，可得如下估计误差系统：

$$\begin{cases}\tilde{\eta}_x(k+1)=(\bar{A}_{h(k)}-K_{h(k)}\bar{C}_{h(k)x})\tilde{\eta}_x(k)+\bar{B}Hg(\bar{y}(k-\tau(k)))\\ \qquad\qquad +(\bar{F}_{h(k)x}-K_{h(k)}G_{h(k)x})v(k)+\bar{E}_xw(k)\\ \tilde{\eta}_y(k+1)=(\bar{C}_{h(k)}-L_{h(k)}\bar{C}_{h(k)y})\tilde{\eta}_y(k)+\bar{D}H\bar{x}(k-\sigma(k))\\ \qquad\qquad +(\bar{F}_{h(k)y}-L_{h(k)}G_{h(k)y})v(k)+\bar{E}_yw(k)\\ \tilde{c}_x(k)=\bar{M}_x\tilde{\eta}_x(k)\\ \tilde{c}_y(k)=\bar{M}_y\tilde{\eta}_y(k)\end{cases}\tag{8.12}$$

在后续推导过程中，将用到如下定义。

定义 8.1　估计误差 $[\tilde{\eta}_x^{\mathrm{T}}(k),\tilde{\eta}_y^{\mathrm{T}}(k)]^{\mathrm{T}}$ 在均方意义下指数最终有界，如果存在常数 $\epsilon\in(0,1)$、$\gamma>0$ 和 $\vartheta>0$ 满足

$$\mathrm{E}\{||\tilde{\eta}_x(k)||^2+||\tilde{\eta}_y(k)||^2|\tilde{\eta}_x(0),\tilde{\eta}_y(0)\}\leqslant\epsilon^k\gamma+\vartheta\tag{8.13}$$

式中，ϵ 和 ϑ 分别是衰减率的上界和 $\mathrm{E}\{||\tilde{\eta}_x(k)||^2+||\tilde{\eta}_y(k)||^2\}$ 的渐近上界。

本章将在 Round-Robin 协议下，针对 GRN (8.4)，设计形如式 (8.11a)～式 (8.11d) 的状态估计器，使得以下两个约束条件同时成立。

(1) 在随机过程噪声 $w(k)$ 和有界外部扰动 $v(k)$ 下，估计误差 $[\tilde{\eta}_x^{\mathrm{T}}(k),\tilde{\eta}_y^{\mathrm{T}}(k)]^{\mathrm{T}}$ 在均方意义下以 β 作为指定的衰减率上界指数最终有界；

(2) $\mathrm{E}\{\|\tilde{c}_x(k)\|^2\}$ 和 $\mathrm{E}\{\|\tilde{c}_y(k)\|^2\}$ 的渐近上界存在，并且通过设计估计器参数 K_i 和 L_i $(i=1,2,\cdots,m)$ 使之最小化。

8.3　估计性能分析与估计器设计

8.3.1　指数最终有界性分析

下面将建立使得估计误差 $[\tilde{\eta}_x^{\mathrm{T}}(k),\tilde{\eta}_y^{\mathrm{T}}(k)]^{\mathrm{T}}$ 在均方意义下指数最终有界的充分条件。

定理 8.1　给定满足 $0<\beta<1$ 的常数 β，如果存在正定矩阵 P_{1i}、Q_{1i}、P_{2i}、Q_{2i} $(i=1,2,\cdots,m)$、P_j、Q_j $(j=3,4,5)$、R_1、R_2、T_1、T_2、S，正定对角矩阵 Λ_1、Λ_2、Λ_3，

正实数 ϱ，以及矩阵 Y_1 和 Y_2，使得对所有 $i \in \{1,2,\cdots,m\}$，下列不等式成立：

$$\varTheta_1 = \begin{bmatrix} \tilde{R}_1 & Y_1 \\ * & \tilde{R}_1 \end{bmatrix} > 0 \tag{8.14}$$

$$\varTheta_2 = \begin{bmatrix} \tilde{T}_1 & Y_2 \\ * & \tilde{T}_1 \end{bmatrix} > 0 \tag{8.15}$$

$$\sum_{s=1}^{4} \varXi_{si} < 0 \tag{8.16}$$

则在过程噪声 $w(k)$ 和外界扰动 $v(k)$ 下，估计误差 $[\tilde{\eta}_x^{\mathrm{T}}(k), \tilde{\eta}_y^{\mathrm{T}}(k)]^{\mathrm{T}}$ 在均方意义下指数最终有界。这里，

$$\tilde{R}_1 = \mathrm{diag}\{R_1, 3R_1\}, \quad \tilde{T}_1 = \mathrm{diag}\{T_1, 3T_1\}$$

$$\varXi_{1i} = \varUpsilon_i^{\mathrm{T}} P_{1,i+1} \varUpsilon_i + \varGamma_i^{\mathrm{T}} Q_{1,i+1} \varGamma_i + \varPsi_i^{\mathrm{T}} P_{2,i+1} \varPsi_i + \varPi_i^{\mathrm{T}} Q_{2,i+1} \varPi_i$$

$$\varXi_{2i} = [(\bar{A}_i - I)e_2^{\mathrm{T}} + \bar{B}He_{12}^{\mathrm{T}} \ \ \bar{F}_{ix}]^{\mathrm{T}}[(\sigma_M - \sigma_m)R_1 + \sigma_m^2 R_2][(\bar{A}_i - I)e_2^{\mathrm{T}} + \bar{B}He_{12}^{\mathrm{T}} \ \ \bar{F}_{ix}]$$

$$\varXi_{3i} = [(\bar{C}_i - I)e_7^{\mathrm{T}} + \bar{D}He_3^{\mathrm{T}} \ \ \bar{F}_{iy}]^{\mathrm{T}}[(\tau_M - \tau_m)T_1 + \tau_m^2 T_2][(\bar{C}_i - I)e_7^{\mathrm{T}} + \bar{D}He_3^{\mathrm{T}} \ \ \bar{F}_{iy}]$$

$$\varXi_{4i} = \mathrm{diag}\left\{\varPhi_{1i} + \sum_{l=2}^{7} \varPhi_l, -\varrho I\right\}$$

其中

$$\varPhi_{1i} = -\beta e_1 P_{1i} e_1^{\mathrm{T}} - \beta e_6 Q_{1i} e_6^{\mathrm{T}} - \beta e_2 P_{2i} e_2^{\mathrm{T}} - \beta e_7 Q_{2i} e_7^{\mathrm{T}}$$

$$\varPhi_2 = e_2[P_3 + P_4 + (\sigma_M - \sigma_m + 1)P_5]e_2^{\mathrm{T}} - \beta^{\sigma_m} e_4 P_3 e_4^{\mathrm{T}} - \beta^{\sigma_M} e_5 P_4 e_5^{\mathrm{T}} - \beta^{\sigma_M} e_3 P_5 e_3^{\mathrm{T}}$$

$$\varPhi_3 = e_7[Q_3 + Q_4 + (\tau_M - \tau_m + 1)Q_5]e_7^{\mathrm{T}} - \beta^{\tau_m} e_9 Q_3 e_9^{\mathrm{T}} - \beta^{\tau_M} e_{10} Q_4 e_{10}^{\mathrm{T}} - \beta^{\tau_M} e_8 Q_5 e_8^{\mathrm{T}}$$

$$\varPhi_4 = -\beta^{\sigma_m} \rho_1 \tilde{R}_2 \rho_1^{\mathrm{T}} - \frac{\beta^{\sigma_M}}{\sigma_M - \sigma_m} \rho_7 \varTheta_1 \rho_7^{\mathrm{T}}, \quad \varPhi_5 = -\beta^{\tau_m} \rho_4 \tilde{T}_2 \rho_4^{\mathrm{T}} - \frac{\beta^{\tau_M}}{\tau_M - \tau_m} \rho_8 \varTheta_2 \rho_8^{\mathrm{T}}$$

$$\varPhi_6 = (1 + \tau_M - \tau_m) e_{11} S e_{11}^{\mathrm{T}} - \beta^{\tau_M} e_{12} S e_{12}^{\mathrm{T}}$$

$$\begin{aligned} \varPhi_7 = {} & e_7 U \varLambda_1 e_{11}^{\mathrm{T}} + e_{11} \varLambda_1 U e_7^{\mathrm{T}} - 2e_{11} \varLambda_1 e_{11}^{\mathrm{T}} + e_8 U \varLambda_2 e_{12}^{\mathrm{T}} + e_{12} \varLambda_2 U e_8^{\mathrm{T}} - 2e_{12} \varLambda_2 e_{12}^{\mathrm{T}} \\ & + (e_7 - e_8) U \varLambda_3 (e_{11} - e_{12})^{\mathrm{T}} + (e_{11} - e_{12}) \varLambda_3 U (e_7 - e_8)^{\mathrm{T}} - 2(e_{11} - e_{12}) \varLambda_3 (e_{11} - e_{12})^{\mathrm{T}} \end{aligned}$$

$$\tilde{R}_2 = \mathrm{diag}\{R_2, 3R_2\}, \quad \tilde{T}_2 = \mathrm{diag}\{T_2, 3T_2\}$$

$$U = \mathrm{diag}\{u_1, u_2, \cdots, u_n, u_1, u_2, \cdots, u_m\}$$

$$\varUpsilon_i = [(\bar{A}_i - K_i \bar{C}_{ix})e_1^{\mathrm{T}} + \bar{B}He_{12}^{\mathrm{T}} \ \ \bar{F}_{ix} - K_i G_{ix}]$$

$$\varGamma_i = [(\bar{C}_i - L_i \bar{C}_{iy})e_6^{\mathrm{T}} + \bar{D}He_3^{\mathrm{T}} \ \ \bar{F}_{iy} - L_i G_{iy}]$$

$$\varPsi_i = [\bar{A}_i e_2^{\mathrm{T}} + \bar{B}He_{12}^{\mathrm{T}} \ \ \bar{F}_{ix}], \quad \varPi_i = [\bar{C}_i e_7^{\mathrm{T}} + \bar{D}He_3^{\mathrm{T}} \ \ \bar{F}_{iy}]$$

$$\rho_1 = [e_2 - e_4 \ \ e_2 + e_4 - e_{13}], \quad \rho_2 = [e_3 - e_5 \ \ e_3 + e_5 - e_{14}]$$

$$\rho_3 = [e_4 - e_3 \ \ e_4 + e_3 - e_{15}], \quad \rho_4 = [e_7 - e_9 \ \ e_7 + e_9 - e_{16}]$$

$$\rho_5 = [e_8 - e_{10} \ \ e_8 + e_{10} - e_{17}], \quad \rho_6 = [e_9 - e_8 \ \ e_9 + e_8 - e_{18}]$$

$$\rho_7 = [\rho_2 \ \ \rho_3], \quad \rho_8 = [\rho_5 \ \ \rho_6]$$

$$e_j = [0_{(n+m)\times(j-1)(n+m)} \ \ I_{n+m} \ \ 0_{(n+m)\times(18-j)(n+m)}]^{\mathrm{T}}, \ j = 1, 2, \cdots, 18$$

并且 $P_{1,m+1} = P_{11}$、$P_{2,m+1} = P_{21}$、$Q_{1,m+1} = Q_{11}$、$Q_{2,m+1} = Q_{21}$。

证明　构造如下传输顺序相关的 Lyapunov-like 泛函:

$$V(k) = \sum_{i=1}^{6} V_i(k) \tag{8.17}$$

式中

$$V_1(k) = \tilde{\eta}_x^{\mathrm{T}}(k) P_{1h(k)} \tilde{\eta}_x(k) + \tilde{\eta}_y^{\mathrm{T}}(k) Q_{1h(k)} \tilde{\eta}_y(k) + \bar{x}^{\mathrm{T}}(k) P_{2h(k)} \bar{x}(k) + \bar{y}^{\mathrm{T}}(k) Q_{2h(k)} \bar{y}(k)$$

$$\begin{aligned} V_2(k) = &\sum_{l=k-\sigma_m}^{k-1} \beta^{k-l-1} \bar{x}^{\mathrm{T}}(l) P_3 \bar{x}(l) + \sum_{l=k-\sigma_M}^{k-1} \beta^{k-l-1} \bar{x}^{\mathrm{T}}(l) P_4 \bar{x}(l) \\ &+ \sum_{l=k-\sigma(k)}^{k-1} \beta^{k-l-1} \bar{x}^{\mathrm{T}}(l) P_5 \bar{x}(l) + \sum_{j=-\sigma_M+1}^{-\sigma_m} \sum_{l=k+j}^{k-1} \beta^{k-l-1} \bar{x}^{\mathrm{T}}(l) P_5 \bar{x}(l) \end{aligned}$$

$$\begin{aligned} V_3(k) = &\sum_{l=k-\tau_m}^{k-1} \beta^{k-l-1} \bar{y}^{\mathrm{T}}(l) Q_3 \bar{y}(l) + \sum_{l=k-\tau_M}^{k-1} \beta^{k-l-1} \bar{y}^{\mathrm{T}}(l) Q_4 \bar{y}(l) \\ &+ \sum_{l=k-\tau(k)}^{k-1} \beta^{k-l-1} \bar{y}^{\mathrm{T}}(l) Q_5 \bar{y}(l) + \sum_{j=-\tau_M+1}^{-\tau_m} \sum_{l=k+j}^{k-1} \beta^{k-l-1} \bar{y}^{\mathrm{T}}(l) Q_5 \bar{y}(l) \end{aligned}$$

$$V_4(k) = \sum_{j=-\sigma_M}^{-\sigma_m-1} \sum_{l=k+j}^{k-1} \beta^{k-l-1} \psi^{\mathrm{T}}(l) R_1 \psi(l) + \sigma_m \sum_{j=-\sigma_m}^{-1} \sum_{l=k+j}^{k-1} \beta^{k-l-1} \psi^{\mathrm{T}}(l) R_2 \psi(l)$$

$$V_5(k) = \sum_{j=-\tau_M}^{-\tau_m-1} \sum_{l=k+j}^{k-1} \beta^{k-l-1} \mu^{\mathrm{T}}(l) T_1 \mu(l) + \tau_m \sum_{j=-\tau_m}^{-1} \sum_{l=k+j}^{k-1} \beta^{k-l-1} \mu^{\mathrm{T}}(l) T_2 \mu(l)$$

$$V_6(k) = \sum_{l=k-\tau(k)}^{k-1} \beta^{k-l-1} g^{\mathrm{T}}(\bar{y}(l)) S g(\bar{y}(l)) + \sum_{j=-\tau_M+1}^{-\tau_m} \sum_{l=k+j}^{k-1} \beta^{k-l-1} g^{\mathrm{T}}(\bar{y}(l)) S g(\bar{y}(l))$$

且 $\psi(l) = \bar{x}(l+1) - \bar{x}(l)$，$\mu(l) = \bar{y}(l+1) - \bar{y}(l)$。

为方便起见，定义

$$\begin{aligned} \xi(k) = \big[&\tilde{\eta}_x^{\mathrm{T}}(k), \ \bar{x}^{\mathrm{T}}(k), \ \bar{x}^{\mathrm{T}}(k-\sigma(k)), \bar{x}^{\mathrm{T}}(k-\sigma_m), \ \bar{x}^{\mathrm{T}}(k-\sigma_M), \\ &\tilde{\eta}_y^{\mathrm{T}}(k), \ \bar{y}^{\mathrm{T}}(k), \bar{y}^{\mathrm{T}}(k-\tau(k)), \bar{y}^{\mathrm{T}}(k-\tau_m), \bar{y}^{\mathrm{T}}(k-\tau_M), \\ &g^{\mathrm{T}}(\bar{y}(k)), \ g^{\mathrm{T}}(\bar{y}(k-\tau(k))), \ \chi_1^{\mathrm{T}}(k), \ \chi_2^{\mathrm{T}}(k), \cdots, \chi_6^{\mathrm{T}}(k)\big]^{\mathrm{T}} \end{aligned}$$

$$\zeta(k)=[\xi^{\mathrm{T}}(k),v^{\mathrm{T}}(k)]^{\mathrm{T}},\quad \chi_1(k)=\chi_{\bar{x}}(k,0,\sigma_m),\quad \chi_2(k)=\chi_{\bar{x}}(k,\sigma(k),\sigma_M)$$
$$\chi_3(k)=\chi_{\bar{x}}(k,\sigma_m,\sigma(k)),\quad \chi_4(k)=\chi_{\bar{y}}(k,0,\tau_m),\quad \chi_5(k)=\chi_{\bar{y}}(k,\tau(k),\tau_M)$$
$$\chi_6(k)=\chi_{\bar{y}}(k,\tau_m,\tau(k))$$

式中，$\chi_{\bar{x}}(k,a,b)$ 和 $\chi_{\bar{y}}(k,a,b)$ 的定义见引理 3.3。

定义 $\tilde{\Delta}V_i(k)=\mathrm{E}\{V_i(k+1)\}-\beta\mathrm{E}\{V_i(k)\}$，可得

$$\begin{aligned}\mathrm{E}\big\{\tilde{\Delta}V_1(k)\big\}=&\mathrm{E}\{\zeta^{\mathrm{T}}(k)\varXi_{1h(k)}\zeta(k)+\xi^{\mathrm{T}}(k)\varPhi_{1h(k)}\xi(k)\}\\&+\mathrm{tr}\{\mathcal{R}^{\mathrm{T}}\bar{E}_x^{\mathrm{T}}(P_{1h(k+1)}+P_{2h(k+1)})\bar{E}_x\mathcal{R}\\&+\mathcal{R}^{\mathrm{T}}\bar{E}_y^{\mathrm{T}}(Q_{1h(k+1)}+Q_{2h(k+1)})\bar{E}_y\mathcal{R}\}\end{aligned}\tag{8.18}$$

式中

$$\begin{aligned}\varXi_{1h(k)}=&\varUpsilon_{h(k)}^{\mathrm{T}}P_{1h(k+1)}\varUpsilon_{h(k)}+\varGamma_{h(k)}^{\mathrm{T}}Q_{1h(k+1)}\varGamma_{h(k)}\\&+\varPsi_{h(k)}^{\mathrm{T}}P_{2h(k+1)}\varPsi_{h(k)}+\varPi_{h(k)}^{\mathrm{T}}Q_{2h(k+1)}\varPi_{h(k)}\\\varPhi_{1h(k)}=&-\beta e_1P_{1h(k)}e_1^{\mathrm{T}}-\beta e_6Q_{1h(k)}e_6^{\mathrm{T}}-\beta e_2P_{2h(k)}e_2^{\mathrm{T}}-\beta e_7Q_{2h(k)}e_7^{\mathrm{T}}\\\varUpsilon_{h(k)}=&[(\bar{A}_{h(k)}-K_{h(k)}\bar{C}_{h(k)x})e_1^{\mathrm{T}}+\bar{B}He_{12}^{\mathrm{T}}\ \ \bar{F}_{h(k)x}-K_{h(k)}G_{h(k)x}]\\\varGamma_{h(k)}=&[(\bar{C}_{h(k)}-L_{h(k)}\bar{C}_{h(k)y})e_6^{\mathrm{T}}+\bar{D}He_3^{\mathrm{T}}\ \ \bar{F}_{h(k)y}-L_{h(k)}G_{h(k)y}]\\\varPsi_{h(k)}=&[\bar{A}_{h(k)}e_2^{\mathrm{T}}+\bar{B}He_{12}^{\mathrm{T}}\ \ \bar{F}_{h(k)x}],\quad \varPi_{h(k)}=[\bar{C}_{h(k)}e_7^{\mathrm{T}}+\bar{D}He_3^{\mathrm{T}}\ \ \bar{F}_{h(k)y}]\end{aligned}$$

考虑到

$$\begin{aligned}\sum_{l=k+1-\sigma(k+1)}^{k-1}\beta^{k-l}\bar{x}^{\mathrm{T}}(l)P_5\bar{x}(l)-&\sum_{l=k+1-\sigma(k)}^{k-1}\beta^{k-l}\bar{x}^{\mathrm{T}}(l)P_5\bar{x}(l)\\-&\sum_{l=k+1-\sigma_M}^{k-\sigma_m}\beta^{k-l}\bar{x}^{\mathrm{T}}(l)P_5\bar{x}(l)\leqslant 0\end{aligned}\tag{8.19}$$

以及 $0<\beta<1$，可得

$$\begin{aligned}\mathrm{E}\big\{\tilde{\Delta}V_2(k)\big\}\leqslant&\mathrm{E}\{\bar{x}^{\mathrm{T}}(k)[P_3+P_4+(\sigma_M-\sigma_m+1)P_5]\bar{x}(k)-\beta^{\sigma_m}\bar{x}^{\mathrm{T}}(k-\sigma_m)P_3\bar{x}(k-\sigma_m)\\&-\beta^{\sigma_M}\bar{x}^{\mathrm{T}}(k-\sigma_M)P_4\bar{x}(k-\sigma_M)-\beta^{\sigma_M}\bar{x}^{\mathrm{T}}(k-\sigma(k))P_5\bar{x}(k-\sigma(k))\}\\=&\mathrm{E}\{\xi^{\mathrm{T}}(k)\varPhi_2\xi(k)\}\end{aligned}\tag{8.20}$$

类似于式 (8.20)，可得

$$\mathrm{E}\big\{\tilde{\Delta}V_3(k)\big\}\leqslant\mathrm{E}\{\xi^{\mathrm{T}}(k)\varPhi_3\xi(k)\}\tag{8.21}$$

直接计算可得

$$\mathrm{E}\big\{\tilde{\Delta}V_4(k)\big\} \leqslant \mathrm{E}\bigg\{\psi^{\mathrm{T}}(k)[(\sigma_M-\sigma_m)R_1+\sigma_m^2R_2]\psi(k)-\beta^{\sigma_M}\sum_{l=k-\sigma_M}^{k-\sigma_m-1}\psi^{\mathrm{T}}(l)R_1\psi(l)$$
$$-\sigma_m\beta^{\sigma_m}\sum_{l=k-\sigma_m}^{k-1}\psi^{\mathrm{T}}(l)R_2\psi(l)\bigg\} \tag{8.22}$$

由引理 3.3 可知

$$-\sigma_m\sum_{l=k-\sigma_m}^{k-1}\psi^{\mathrm{T}}(l)R_2\psi(l)\leqslant -\xi^{\mathrm{T}}(k)\rho_1\tilde{R}_2\rho_1^{\mathrm{T}}\xi(k) \tag{8.23}$$

进一步地，对式 (8.22) 右边大括号中的第二项应用引理 3.3 和逆凸方法，可得

$$\begin{aligned}
&-\beta^{\sigma_M}\sum_{l=k-\sigma_M}^{k-\sigma_m-1}\psi^{\mathrm{T}}(l)R_1\psi(l)\\
&=-\beta^{\sigma_M}\frac{\sigma_M-\sigma(k)}{\sigma_M-\sigma_m}\sum_{l=k-\sigma_M}^{k-\sigma(k)-1}\psi^{\mathrm{T}}(l)R_1\psi(l)-\beta^{\sigma_M}\frac{\sigma(k)-\sigma_m}{\sigma_M-\sigma_m}\sum_{l=k-\sigma_M}^{k-\sigma(k)-1}\psi^{\mathrm{T}}(l)R_1\psi(l)\\
&\quad-\beta^{\sigma_M}\frac{\sigma(k)-\sigma_m}{\sigma_M-\sigma_m}\sum_{l=k-\sigma(k)}^{k-\sigma_m-1}\psi^{\mathrm{T}}(l)R_1\psi(l)-\beta^{\sigma_M}\frac{\sigma_M-\sigma(k)}{\sigma_M-\sigma_m}\sum_{l=k-\sigma(k)}^{k-\sigma_m-1}\psi^{\mathrm{T}}(l)R_1\psi(l)\\
&\leqslant-\beta^{\sigma_M}\frac{1}{\sigma_M-\sigma_m}\xi^{\mathrm{T}}(k)\rho_2\tilde{R}_1\rho_2^{\mathrm{T}}\xi(k)-\beta^{\sigma_M}\frac{\sigma(k)-\sigma_m}{\sigma_M-\sigma_m}\frac{1}{\sigma_M-\sigma(k)}\xi^{\mathrm{T}}(k)\rho_2\tilde{R}_1\rho_2^{\mathrm{T}}\xi(k)\\
&\quad-\beta^{\sigma_M}\frac{1}{\sigma_M-\sigma_m}\xi^{\mathrm{T}}(k)\rho_3\tilde{R}_1\rho_3^{\mathrm{T}}\xi(k)-\beta^{\sigma_M}\frac{\sigma_M-\sigma(k)}{\sigma_M-\sigma_m}\frac{1}{\sigma(k)-\sigma_m}\xi^{\mathrm{T}}(k)\rho_3\tilde{R}_1\rho_3^{\mathrm{T}}\xi(k)\\
&\leqslant-\frac{\beta^{\sigma_M}}{\sigma_M-\sigma_m}\xi^{\mathrm{T}}(k)\rho_7\Theta_1\rho_7^{\mathrm{T}}\xi(k)
\end{aligned} \tag{8.24}$$

由式 (8.22)~式 (8.24), 可知

$$\begin{aligned}
\mathrm{E}\big\{\tilde{\Delta}V_4(k)\big\} \leqslant{}& \mathrm{tr}\{\mathcal{R}^{\mathrm{T}}\bar{E}_x^{\mathrm{T}}[(\sigma_M-\sigma_m)R_1+\sigma_m^2R_2]\bar{E}_x\mathcal{R}\}\\
&+\mathrm{E}\{\zeta^{\mathrm{T}}(k)\varXi_{2h(k)}\zeta(k)+\xi^{\mathrm{T}}(k)\varPhi_4\xi(k)\}
\end{aligned} \tag{8.25}$$

式中

$$\begin{aligned}
\varXi_{2h(k)}={}&[(\bar{A}_{h(k)}-I)e_2^{\mathrm{T}}+\bar{B}He_{12}^{\mathrm{T}}\ \ \bar{F}_{h(k)x}]^{\mathrm{T}}[(\sigma_M-\sigma_m)R_1+\sigma_m^2R_2]\\
&\times[(\bar{A}_{h(k)}-I)e_2^{\mathrm{T}}+\bar{B}He_{12}^{\mathrm{T}}\ \ \bar{F}_{h(k)x}]
\end{aligned}$$

类似地，应用引理 3.3 和逆凸方法，可得

$$\begin{aligned}
\mathrm{E}\big\{\tilde{\Delta}V_5(k)\big\} \leqslant{}& \mathrm{tr}\{\mathcal{R}^{\mathrm{T}}\bar{E}_y^{\mathrm{T}}[(\tau_M-\tau_m)T_1+\tau_m^2T_2]\bar{E}_y\mathcal{R}\}\\
&+\mathrm{E}\{\zeta^{\mathrm{T}}(k)\varXi_{3h(k)}\zeta(k)+\xi^{\mathrm{T}}(k)\varPhi_5\xi(k)\}
\end{aligned} \tag{8.26}$$

式中

$$\begin{aligned}\Xi_{3h(k)} =& [(\bar{C}_{h(k)} - I)e_7^{\mathrm{T}} + \bar{D}He_3^{\mathrm{T}} \quad \bar{F}_{h(k)y}]^{\mathrm{T}} \\ &\times [(\tau_M - \tau_m)T_1 + \tau_m^2 T_2][(\bar{C}_{h(k)} - I)e_7^{\mathrm{T}} + \bar{D}He_3^{\mathrm{T}} \quad \bar{F}_{h(k)y}]\end{aligned}$$

采用与推导式 (8.20) 类似的方法，可得

$$\begin{aligned}\mathrm{E}\{\tilde{\Delta}V_6(k)\} \leqslant& \mathrm{E}\{(1+\tau_M-\tau_m)g^{\mathrm{T}}(\bar{y}(k))Sg(\bar{y}(k)) \\ &- \beta^{\tau_M}g^{\mathrm{T}}(\bar{y}(k-\tau(k)))Sg(\bar{y}(k-\tau(k)))\} = \mathrm{E}\{\xi^{\mathrm{T}}(k)\Phi_6\xi(k)\} \quad (8.27)\end{aligned}$$

由假设 7.1 和假设 8.1，以及式 (7.6) 和式 (7.7)，可得如下约束条件：

$$2\bar{y}^{\mathrm{T}}(k)U\Lambda_1 g(\bar{y}(k)) - 2g^{\mathrm{T}}(\bar{y}(k))\Lambda_1 g(\bar{y}(k)) \geqslant 0 \tag{8.28}$$

$$2\bar{y}^{\mathrm{T}}(k-\tau(k))U\Lambda_2 g(\bar{y}(k-\tau(k))) - 2g^{\mathrm{T}}(\bar{y}(k-\tau(k)))\Lambda_2 g(\bar{y}(k-\tau(k))) \geqslant 0 \tag{8.29}$$

$$2\Delta\bar{y}_\tau^{\mathrm{T}}(k)U\Lambda_3\Delta\bar{g}_\tau(k) - 2\Delta\bar{g}_\tau^{\mathrm{T}}(k)\Lambda_3\Delta\bar{g}_\tau(k) \geqslant 0 \tag{8.30}$$

$$\bar{v}^2\varrho - \varrho v^{\mathrm{T}}(k)v(k) \geqslant 0 \tag{8.31}$$

式中，$\Delta\bar{y}_\tau(k) \overset{\text{def}}{=\!=} \bar{y}(k) - \bar{y}(k-\tau(k))$；$\Delta\bar{g}_\tau(k) \overset{\text{def}}{=\!=} g(\bar{y}(k)) - g(\bar{y}(k-\tau(k)))$；$\Lambda_1$、$\Lambda_2$ 和 Λ_3 是正定对角矩阵；U 如定理 8.1 中所示；ϱ 是正实数。

将式 (8.28)~式 (8.31) 的两边同时相加，可得

$$\xi^{\mathrm{T}}(k)\Phi_7\xi(k) - \varrho v^{\mathrm{T}}(k)v(k) + \bar{v}^2\varrho \geqslant 0 \tag{8.32}$$

应当指出的是，在式 (8.20)、式 (8.21)、式 (8.25)~式 (8.27) 以及式 (8.32) 中的 $\Phi_l\ (l=2,3,\cdots,7)$ 都已于定理 8.1 中给出。于是，由式 (8.17)~式 (8.32) 可得

$$\mathrm{E}\{\tilde{\Delta}V(k)\} \leqslant \mathrm{E}\left\{\zeta^{\mathrm{T}}(k)\sum_{s=1}^{4}\Xi_{sh(k)}\zeta(k)\right\} + \theta \tag{8.33}$$

式中

$$\Xi_{4h(k)} = \mathrm{diag}\left\{\Phi_{1h(k)} + \sum_{l=2}^{7}\Phi_l,\ -\varrho I\right\}$$

$$\begin{aligned}\theta = \varrho\bar{v}^2 + \max_{j\in\{1,2,\cdots,m\}}\Big\{&\mathrm{tr}\{\mathcal{R}^{\mathrm{T}}\bar{E}_x^{\mathrm{T}}[P_{1j} + P_{2j} + (\sigma_M - \sigma_m)R_1 + \sigma_m^2 R_2]\bar{E}_x\mathcal{R} \\ &+ \mathcal{R}^{\mathrm{T}}\bar{E}_y^{\mathrm{T}}[Q_{1j} + Q_{2j} + (\tau_M - \tau_m)T_1 + \tau_m^2 T_2]\bar{E}_y\mathcal{R}\}\Big\}\end{aligned}$$

$\Xi_{1h(k)}$、$\Xi_{2h(k)}$、$\Xi_{3h(k)}$ 分别在式 (8.18)、式 (8.25)、式 (8.26) 中给出。

当不等式 (8.16) 成立时，由式 (8.33) 可知

$$\mathrm{E}\{V(k+1)\} \leqslant \beta \mathrm{E}\{V(k)\} + \theta \tag{8.34}$$

于是，有

$$\frac{1}{\beta^{k+1}}\mathrm{E}\{V(k+1)\} - \frac{1}{\beta^{k}}\mathrm{E}\{V(k)\} \leqslant \left(\frac{1}{\beta}\right)^{k+1}\theta \tag{8.35}$$

将式 (8.35) 的两边关于 k 从 0 到 $\ell-1$ 求和，可得

$$\left(\frac{1}{\beta}\right)^{\ell}\mathrm{E}\{V(\ell)\} - \mathrm{E}\{V(0)\} \leqslant \frac{\frac{1}{\beta}\left[1-\left(\frac{1}{\beta}\right)^{\ell}\right]}{1-\frac{1}{\beta}}\theta \tag{8.36}$$

可得

$$\mathrm{E}\{V(\ell)\} \leqslant \frac{1}{1-\beta}\theta + \beta^{\ell}\mathrm{E}\{V(0)\} \tag{8.37}$$

进而，由式 (8.17) 和式 (8.37) 可得

$$\mathrm{E}\{||\tilde{\eta}_x(\ell)||^2|\tilde{\eta}_x(0)\} \leqslant \frac{1}{\min\limits_{i\in\{1,2,\cdots,m\}}\lambda_{\min}(P_{1i})}\left(\frac{\theta}{1-\beta}+\beta^{\ell}\mathrm{E}\{V(0)\}\right) \tag{8.38}$$

$$\mathrm{E}\{||\tilde{\eta}_y(\ell)||^2|\tilde{\eta}_y(0)\} \leqslant \frac{1}{\min\limits_{i\in\{1,2,\cdots,m\}}\lambda_{\min}(Q_{1i})}\left(\frac{\theta}{1-\beta}+\beta^{\ell}\mathrm{E}\{V(0)\}\right) \tag{8.39}$$

进一步地，由定义 8.1 可知，在均方意义下估计误差 $[\tilde{\eta}_x^{\mathrm{T}}(k), \tilde{\eta}_y^{\mathrm{T}}(k)]^{\mathrm{T}}$ 指数最终有界，且其渐近上界为

$$\frac{1}{\min\limits_{i\in\{1,2,\cdots,m\}}\lambda_{\min}(P_{1i})}\frac{\theta}{1-\beta} + \frac{1}{\min\limits_{i\in\{1,2,\cdots,m\}}\lambda_{\min}(Q_{1i})}\frac{\theta}{1-\beta}$$

证毕。

8.3.2 状态估计器设计

基于定理 8.1，现给出如下定理以便设计状态估计器参数。

定理 8.2 给定满足 $0<\beta<1$ 的常数 β，如果存在正定矩阵 P_{1i}、Q_{1i}、P_{2i}、Q_{2i} $(i=1,2,\cdots,m)$、P_j、Q_j $(j=3,4,5)$、R_1、R_2、T_1、T_2、S、P_x、Q_y，正定对角矩阵 Λ_1、Λ_2、Λ_3，正实数 ϱ，以及矩阵 Y_1、Y_2、$\mathcal{K}_i$ 和 $\mathcal{L}_i$ $(i=1,2,\cdots,m)$，使得式 (8.14)、

式 (8.15) 以及如下 LMI:

$$\begin{bmatrix} \Sigma_{11,i} & \Sigma_{12,i} & \Sigma_{13,i} \\ * & \Sigma_{22,i+1} & 0 \\ * & * & \Sigma_{33} \end{bmatrix} < 0 \tag{8.40}$$

$$\bar{M}_x^{\mathrm{T}} \bar{M}_x \leqslant P_{1i} \tag{8.41}$$

$$\bar{M}_y^{\mathrm{T}} \bar{M}_y \leqslant Q_{1i} \tag{8.42}$$

$$P_{1,i+1} + P_{2,i+1} \leqslant P_x \tag{8.43}$$

$$Q_{1,i+1} + Q_{2,i+1} \leqslant Q_y \tag{8.44}$$

对于 $\forall i \in \{1,2,\cdots,m\}$ 都成立，则在过程噪声 $w(k)$ 和外界扰动 $v(k)$ 下，估计误差 $[\tilde{\eta}_x^{\mathrm{T}}(k), \tilde{\eta}_y^{\mathrm{T}}(k)]^{\mathrm{T}}$ 在均方意义下指数最终有界。这里，

$$\Sigma_{11,i} = \mathrm{diag}\left\{\Phi_{1i} + \sum_{l=2}^{7}\Phi_l, -\varrho I\right\}, \quad \Sigma_{12,i} = \begin{bmatrix} \Omega_{13,i} & \Omega_{14,i} & \Omega_{15,i} & \Omega_{16,i} \\ \Omega_{23,i} & \Omega_{24,i} & \Omega_{25,i} & \Omega_{26,i} \end{bmatrix}$$

$$\Sigma_{22,i+1} = \mathrm{diag}\{-P_{1,i+1}, -Q_{1,i+1}, -P_{2,i+1}, -Q_{2,i+1}\}, \quad \Sigma_{13,i} = \begin{bmatrix} \Omega_{17,i} & \Omega_{18,i} \\ \Omega_{27,i} & \Omega_{28,i} \end{bmatrix}$$

$$\Sigma_{33} = \mathrm{diag}\{\Omega_{77}, \Omega_{88}\}$$

$$\Omega_{13,i} = e_1(\bar{A}_i^{\mathrm{T}} P_{1,i+1} - \bar{C}_{ix}^{\mathrm{T}} \mathcal{K}_i^{\mathrm{T}}) + e_{12} H^{\mathrm{T}} \bar{B}^{\mathrm{T}} P_{1,i+1}$$

$$\Omega_{14,i} = e_6(\bar{C}_i^{\mathrm{T}} Q_{1,i+1} - \bar{C}_{iy}^{\mathrm{T}} \mathcal{L}_i^{\mathrm{T}}) + e_3 H^{\mathrm{T}} \bar{D}^{\mathrm{T}} Q_{1,i+1}$$

$$\Omega_{15,i} = (e_2 \bar{A}_i^{\mathrm{T}} + e_{12} H^{\mathrm{T}} \bar{B}^{\mathrm{T}}) P_{2,i+1}, \quad \Omega_{16,i} = (e_7 \bar{C}_i^{\mathrm{T}} + e_3 H^{\mathrm{T}} \bar{D}^{\mathrm{T}}) Q_{2,i+1}$$

$$\Omega_{17,i} = [e_2(\bar{A}_i - I)^{\mathrm{T}} + e_{12} H^{\mathrm{T}} \bar{B}^{\mathrm{T}}][(\sigma_M - \sigma_m) R_1 + \sigma_m^2 R_2]$$

$$\Omega_{18,i} = [e_7(\bar{C}_i - I)^{\mathrm{T}} + e_3 H^{\mathrm{T}} \bar{D}^{\mathrm{T}}][(\tau_M - \tau_m) T_1 + \tau_m^2 T_2]$$

$$\Omega_{23,i} = \bar{F}_{ix}^{\mathrm{T}} P_{1,i+1} - G_{ix}^{\mathrm{T}} \mathcal{K}_i^{\mathrm{T}}, \quad \Omega_{24,i} = \bar{F}_{iy}^{\mathrm{T}} Q_{1,i+1} - G_{iy}^{\mathrm{T}} \mathcal{L}_i^{\mathrm{T}}, \quad \Omega_{25,i} = \bar{F}_{ix}^{\mathrm{T}} P_{2,i+1}$$

$$\Omega_{26,i} = \bar{F}_{iy}^{\mathrm{T}} Q_{2,i+1}, \quad \Omega_{27,i} = \bar{F}_{ix}^{\mathrm{T}}((\sigma_M - \sigma_m) R_1 + \sigma_m^2 R_2)$$

$$\Omega_{28,i} = \bar{F}_{iy}^{\mathrm{T}}((\tau_M - \tau_m) T_1 + \tau_m^2 T_2)$$

$$\Omega_{77} = -(\sigma_M - \sigma_m) R_1 - \sigma_m^2 R_2, \quad \Omega_{88} = -(\tau_M - \tau_m) T_1 - \tau_m^2 T_2$$

且 $P_{1,m+1} = P_{11}$、$P_{2,m+1} = P_{21}$、$Q_{1,m+1} = Q_{11}$、$Q_{2,m+1} = Q_{21}$。其他参数见定理 8.1中。此外，在均方意义下输出的估计误差 $\mathrm{E}\{\|\tilde{c}_x(k)\|^2\}$ 和 $\mathrm{E}\{\|\tilde{c}_y(k)\|^2\}$ 有共同的渐近上界，并且可在式 (8.14)、式 (8.15) 以及式 (8.40)～式 (8.44) 的约束下，按式 (8.45) 最小化该上界:

$$\min \frac{\mathcal{J}(\varrho, P_x, R_1, R_2, Q_y, T_1, T_2)}{1-\beta} \tag{8.45}$$

式中

$$\mathcal{J}(\varrho,P_x,R_1,R_2,Q_y,T_1,T_2)\overset{\text{def}}{=\!=}\varrho\bar{v}^2+\text{tr}\{\mathcal{R}^{\text{T}}\bar{E}_x^{\text{T}}[P_x+(\sigma_M-\sigma_m)R_1+\sigma_m^2R_2]\bar{E}_x\mathcal{R}+\mathcal{R}^{\text{T}}\bar{E}_y^{\text{T}}[Q_y+(\tau_M-\tau_m)T_1+\tau_m^2T_2]\bar{E}_y\mathcal{R}\}$$

在这种情况下，估计器参数可如下给出:

$$K_i=P_{1,i+1}^{-1}\mathcal{K}_i,\quad L_i=Q_{1,i+1}^{-1}\mathcal{L}_i,\quad i=1,2,\cdots,m \tag{8.46}$$

证明 由 Schur 补引理，式 (8.16) 成立当且仅当式 (8.47) 成立:

$$\begin{bmatrix}\Xi_{4i} & \tilde{\Sigma}_{12,i+1} & [\Sigma_{ai},\Sigma_{bi}]\\ * & \Sigma_{22,i+1} & 0\\ * & * & \Sigma_{33}\end{bmatrix}<0 \tag{8.47}$$

式中，Σ_{33} 和 $\Sigma_{22,i+1}$ 见定理 8.2，并且

$$\tilde{\Sigma}_{12,i+1}=[\Upsilon_i^{\text{T}}P_{1,i+1}\ \ \Gamma_i^{\text{T}}Q_{1,i+1}\ \ \Psi_i^{\text{T}}P_{2,i+1}\ \ \Pi_i^{\text{T}}Q_{2,i+1}]$$
$$\Sigma_{ai}=[(\bar{A}_i-I)e_2^{\text{T}}+\bar{B}He_{12}^{\text{T}}\ \ \bar{F}_{ix}]^{\text{T}}[(\sigma_M-\sigma_m)R_1+\sigma_m^2R_2]$$
$$\Sigma_{bi}=[(\bar{C}_i-I)e_7^{\text{T}}+\bar{D}He_3^{\text{T}}\ \ \bar{F}_{iy}]^{\text{T}}[(\tau_M-\tau_m)T_1+\tau_m^2T_2]$$

将式 (8.40) 中的 $\mathcal{K}_i$ 和 $\mathcal{L}_i$ 分别用 $P_{1,i+1}K_i$ 和 $Q_{1,i+1}L_i$ 代替。于是，由式 (8.40) 可知式 (8.47) 成立。进一步地，由定理 8.1 可知，如果式 (8.14)、式 (8.15) 和式 (8.40) 成立，则在过程噪声 $w(k)$ 和外界扰动 $v(k)$ 下，估计误差 $[\tilde{\eta}_x^{\text{T}}(k),\tilde{\eta}_y^{\text{T}}(k)]^{\text{T}}$ 在均方意义下指数最终有界。

考虑式 (8.37)，并根据式 (8.41)~式 (8.44)，可得

$$\text{E}\{\|\tilde{c}_x(\ell)\|^2\}\leqslant\frac{1}{1-\beta}\theta+\beta^\ell\text{E}\{V(0)\}\leqslant\frac{\mathcal{J}(\varrho,P_x,R_1,R_2,Q_y,T_1,T_2)}{1-\beta}+\beta^\ell\text{E}\{V(0)\} \tag{8.48}$$

类似地，可得

$$\text{E}\{\|\tilde{c}_y(\ell)\|^2\}\leqslant\frac{\mathcal{J}(\varrho,P_x,R_1,R_2,Q_y,T_1,T_2)}{1-\beta}+\beta^\ell\text{E}\{V(0)\} \tag{8.49}$$

于是可知，均方估计误差 ($\text{E}\{\|\tilde{c}_x(k)\|^2\}$ 和 $\text{E}\{\|\tilde{c}_y(k)\|^2\}$) 有一个共同的渐近上界，且该渐近上界可在式 (8.14)、式 (8.15) 以及式 (8.40)~式 (8.44) 的约束下，通过求解式 (8.45) 进行最小化。在这种情况下，估计器参数可通过式 (8.46) 给出。证毕。

注释 8.3 在式 (8.4)～式 (8.6) 中存在随机过程噪声 $w(k)$ 和有界外部扰动 $v(k)$ 的情况下，讨论了均方意义下估计误差的指数最终有界性问题。为了确保存在满意的估计器，建立了均方意义下以 β 作为指定的衰减率上界的估计误差指数最终有界的充分条件。此外，为了获得更好的估计精度，导出了均方意义下输出的估计误差共同的渐近上界，并使之最小化，在此基础上得到了估计器参数。

注释 8.4 为了得到保守性更小的结果，建立了传输顺序相关的新的 Lyapunov-like 泛函。此外，为了降低在处理时滞过程中可能产生的保守性，采用了 Wirtinger 型离散不等式和逆凸方法。迄今为止，在研究离散时滞 GRN 时，这两种方法尚未引起足够的关注。

8.4 仿真实例

本节采用 Repressilator 模型验证所设计的估计器的有效性。

类似于 7.4 节，考虑如下离散时滞 Repressilator 模型：

$$\begin{cases} M_i(k+1) = \mathrm{e}^{-h}M_i(k) + (1-\mathrm{e}^{-h})\dfrac{\alpha_i}{1+N_j^H(k-\tau(k))} \\ N_i(k+1) = \mathrm{e}^{-\beta_i h}N_i(k) + (1-\mathrm{e}^{-\beta_i h})M_i(k-\sigma(k)) \end{cases}$$

式中，M_i 和 $N_i\,(i=1,2,3)$ 分别表示三种 mRNA 和阻遏蛋白的浓度；h 为离散化一致时间步长；α_i 是反馈调节系数；$\beta_i > 0$ 为蛋白质和 mRNA 的降解率之比；$\tau(k)$ 和 $\sigma(k)$ 分别表示转录时滞和翻译时滞。

选取 $H=2$、$h=1$、$\alpha_1=\alpha_2=\alpha_3=0.2$、$\beta_1=1$、$\beta_2=0.5$、$\beta_3=1$。于是，该离散时间模型可改写为式 (8.1) 的形式，其中

$$A = \mathrm{diag}\{0.3679, 0.3679, 0.3679\}, \quad B = \begin{bmatrix} 0 & 0 & -0.1264 \\ -0.1264 & 0 & 0 \\ 0 & -0.1264 & 0 \end{bmatrix}$$

$$C = \mathrm{diag}\{0.3679, 0.6065, 0.3679\}, \quad D = \mathrm{diag}\{0.6321, 0.3935, 0.6321\}$$

$$V = [0.1264 \quad 0.1264 \quad 0.1264]^{\mathrm{T}}, \quad f_i(N_i(k)) = \frac{N_i^2(k)}{1+N_i^2(k)}$$

形如式 (8.1) 的 Repressilator 模型有唯一平衡点 $[M^*, N^*]$，其中，$M^* = N^* = [0.1928 \quad 0.1928 \quad 0.1928]^{\mathrm{T}}$。通过将该平衡点移动至原点，并选择一些其他矩阵，进一步将 Repressilator 模型改写为式 (8.4) 所示的形式，其中 A、B、C、D 如上所

示，并且

$$M_x = M_y = \text{diag}\{0.5, 0.5, 0.5\}, \quad E_x = [0.05 \quad 0.01 \quad 0.1]^{\mathrm{T}}$$
$$E_y = [0.1 \quad 0.04 \quad -0.1]^{\mathrm{T}}, \quad F_x = [0.25 \quad 0.2 \quad 0.35]^{\mathrm{T}}, \quad F_y = [0.6 \quad 0.4 \quad 0.1]^{\mathrm{T}}$$

测量输出 (8.6) 中的参数如下：

$$C_1 = C_2 = \begin{bmatrix} 0.3 & 0.2 & 0.1 \\ 0.2 & 0.1 & 0.3 \end{bmatrix}, \quad G_1 = [0.15 \quad 0.1]^{\mathrm{T}}, \quad G_2 = [0.1 \quad 0.05]^{\mathrm{T}}$$

$f_i(N_i(k)) = \dfrac{N_i^2(k)}{1+N_i^2(k)}$ 的导数小于 0.65， 于是可取 $U = 0.65I_5$。假定 $\tau(k) = 1+(-1)^k$，$\sigma(k) = 2+(-1)^k$，过程噪声 $w(k)$ 是一维协方差为 1 的高斯白噪声。衰减率上界设置为 $\beta = 0.7$。假定外部扰动输入为 $v(k) = 0.5\sin k$，这表明 $\bar{v} = 0.5$。根据定理 8.2，可得 $\mathrm{E}\{\|\tilde{c}_x(k)\|^2\}$ 和 $\mathrm{E}\{\|\tilde{c}_y(k)\|^2\}$ 的共同渐近上界的最小值为 7.0463。在无 Round-Robin 协议的情况下，如果测量输出可成功地通过带宽足够大的通信网络进行传输，则该最小值变为 6.5160。这表明状态估计性能可能略微有所降低，以保证大型生物数据可通过有限容量的通信网络进行传输。

基于式 (8.46)，可得估计器的参数如下：

$$K_1 = \begin{bmatrix} 1.0388 & 0.0003 \\ 0.5116 & -0.0001 \\ 0.5103 & -0.0008 \\ 1.0000 & 0.0000 \\ 0.0000 & 1.0000 \end{bmatrix}, \quad K_2 = \begin{bmatrix} 0.0002 & 0.9014 \\ 0.0003 & 0.2755 \\ -0.0002 & 0.8443 \\ 1.0000 & 0.0000 \\ 0.0000 & 1.0000 \end{bmatrix}$$
$$L_1 = \begin{bmatrix} 0.9467 & 0.0001 \\ 0.8062 & 0.0014 \\ 0.2384 & -0.0020 \\ 1.0000 & 0.0000 \\ 0.0000 & 1.0000 \end{bmatrix}, \quad L_2 = \begin{bmatrix} -0.0011 & 0.6105 \\ -0.0029 & 0.3921 \\ 0.0013 & 0.7653 \\ 1.0000 & 0.0000 \\ 0.0000 & 1.0000 \end{bmatrix}$$

式 (8.4) 的初始条件设置为 $x(0) = [1.2 \quad -1.5 \quad 2.6]^{\mathrm{T}}$，$y(0) = [4 \quad 4 \quad -3]^{\mathrm{T}}$，$x(l) = y(l) = 0$，$l \in \{-3, -2, -1\}$。采用设计的估计器，图 8.2 给出了 mRNA 的浓度 (x_i, $i = 1, 2, 3$) 及其估计的曲线；图 8.3 给出了蛋白质浓度 (y_i, $i = 1, 2, 3$) 及其估计的曲线；图 8.4 给出了输出的估计误差 $\tilde{c}_x(k)$ 和 $\tilde{c}_y(k)$ 的曲线。这些仿真结果表明，所设计的状态估计器对 Round-Robin 协议下具有随机噪声的离散时滞 GRN 的状态估计是有效的。

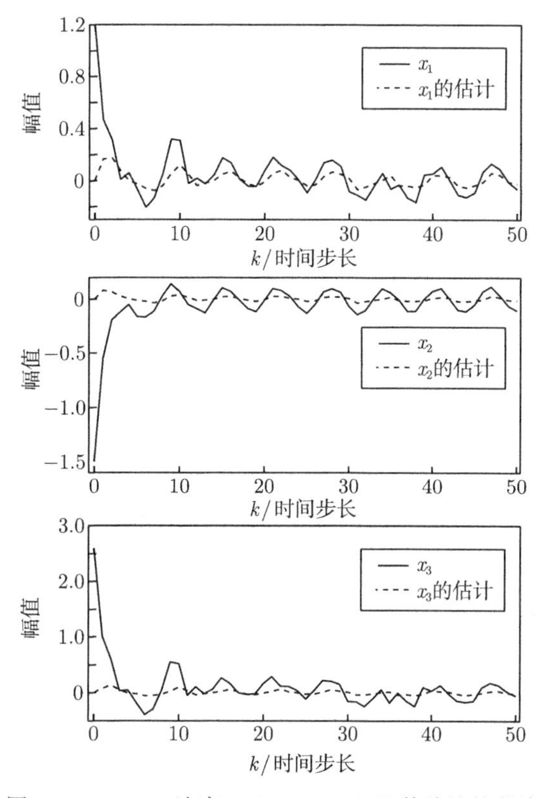

图 8.2　mRNA 浓度 $x_i(i=1,2,3)$ 及其估计的曲线

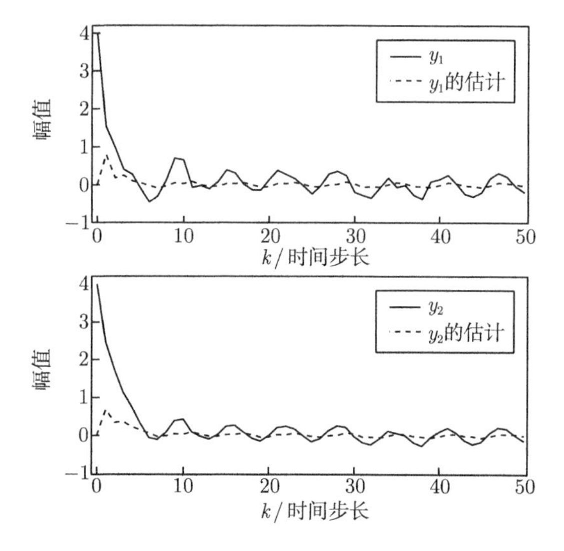

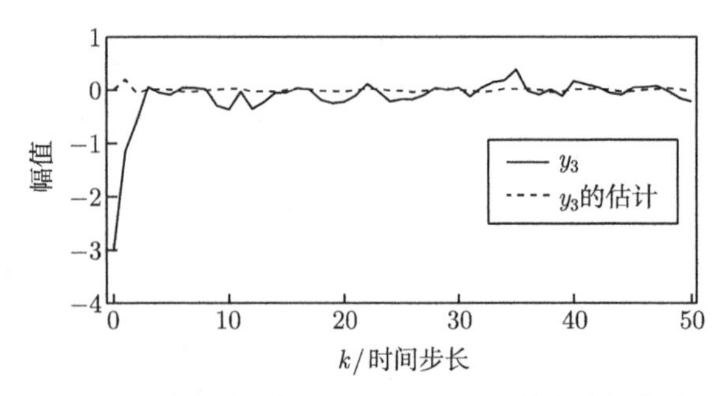

图 8.3　蛋白质浓度 $y_i(i = 1, 2, 3)$ 及其估计的曲线

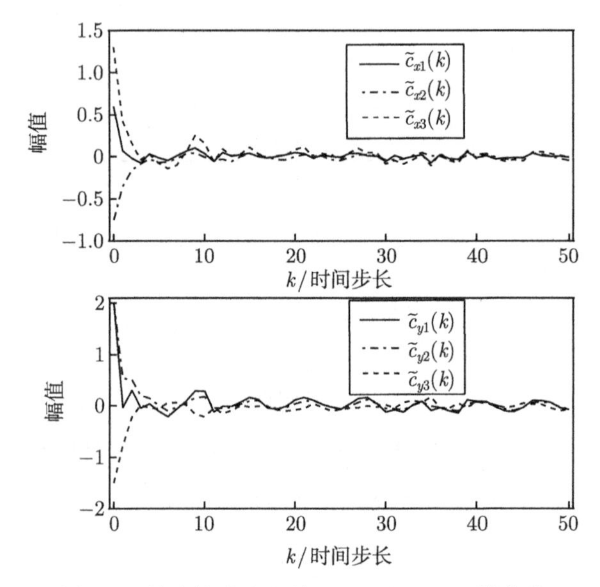

图 8.4　输出的估计误差 $\tilde{c}_x(k)$ 和 $\tilde{c}_y(k)$ 的曲线

8.5 本章小结

本章讨论了 Round-Robin 协议下具有随机过程噪声和外部有界干扰输入的离散时滞 GRN 的状态估计问题。由两组传感器获得的 GRN 测量输出分别通过两个独立的信道传输到两个远程子估计器。由于通信资源有限，为了减轻网络的通信负载和降低数据冲突的发生率，采用两个 Round-Robin 协议来分别协调两组传感器节点的传输顺序。首先，将状态估计误差系统建模成具有周期性切换参数的切换系统。其次，通过构造与传输顺序相关的 Lyapunov-like 泛函，并运用 Wirtinger 型离散不等式和逆凸方法，建立了在指定的衰减率上界下估计误差在均方意义下指数最终有界的充分条件。同时，获得了均方意义下输出的估计误差的共同渐近上界，

并提出了一个 LMI 约束下的凸优化问题以获得该上界的最小值，在该带约束的凸优化问题存在可行解时给出了状态估计器的参数。最后，利用基于 Repressilator 模型的仿真实例验证了所设计的状态估计器的有效性。

参 考 文 献

[1] Wang Z D, Lam J, Wei G L, et al. Filtering for nonlinear genetic regulatory networks with stochastic disturbances[J]. IEEE Transactions on Automatic Control, 2008, 53(10): 2448-2457.

[2] Shen B, Wang Z D, Liang J L, et al. Sampled-data H_∞ filtering for stochastic genetic regulatory networks[J]. International Journal of Robust and Nonlinear Control, 2011, 21(15): 1759-1777.

[3] Zhang X, Han Y Y, Wu L G, et al. State estimation for delayed genetic regulatory networks with reaction-diffusion terms[J]. IEEE Transactions on Neural Networks and Learning Systems, 2018, 29(2): 299-309.

[4] Zhang D, Song H Y, Yu L, et al. Set-values filtering for discrete time-delay genetic regulatory networks with time-varying parameters[J]. Nonlinear Dynamics, 2012, 69(1-2): 693-703.

[5] Balasubramaniam P, Jarina Banu L. Robust state estimation for discrete-time genetic regulatory network with random delays[J]. Neurocomputing, 2013, 122: 349-369.

[6] Wang T, Ding Y S, Zhang L, et al. Robust state estimation for discrete-time stochastic genetic regulatory networks with probabilistic measurement delays[J]. Neurocomputing, 2013, 111: 1-12.

[7] Liu A D, Yu L, Zhang W A, et al. H_∞ filtering for discrete-time genetic regulatory networks with random delays[J]. Mathematical Biosciences, 2012, 239(1): 97-105.

[8] Sakthivel R, Mathiyalagan K, Lakshmanan S, et al. Robust state estimation for discrete-time genetic regulatory networks with randomly occurring uncertainties[J]. Nonlinear Dynamics, 2013, 74(4): 1297-1315.

[9] Li Q, Shen B, Liu Y R, et al. Event-triggered H_∞ state estimation for discrete-time stochastic genetic regulatory networks with Markovian jumping parameters and time-varying delays[J]. Neurocomputing, 2016, 174: 912-920.

[10] Wan X B, Xu L, Fang H J, et al. Robust non-fragile H_∞ state estimation for discrete-time genetic regulatory networks with Markov jump delays and uncertain transition probabilities[J]. Neurocomputing, 2015, 154: 162-173.

[11] Bolouri H. Modeling genomic regulatory networks with big data[J]. Trends in Genetics, 2014, 30(5): 182-191.

[12] Stein L D. The case for cloud computing in genome informatics[J]. Genome Biology, 2010, 11(5): 207-1-207-7.

[13] Marx V. Biology: The big challenges of big data[J]. Nature, 2013, 498: 255-260.

[14] Thomas S A, Jin Y C. Reconstructing biological gene regulatory networks: Where optimization meets big data[J]. Evolutionary Intelligence, 2014, 7(1): 29-47.

[15] Shen B, Wang Z D, Qiao H. Event-triggered state estimation for discrete-time multi-delayed neural networks with stochastic parameters and incomplete measurements[J]. IEEE Transactions on Neural Networks and Learning Systems, 2017, 28(5): 1152-1163.

[16] Luo Y Q, Wang Z D, Wei G L, et al. State estimation for a class of artificial neural networks with stochastically corrupted measurements under Round-Robin protocol[J]. Neural Networks, 2016, 77: 70-79.

[17] Zou L, Wang Z D, Gao H J, et al. State estimation for discrete-time dynamical networks with time-varying delays and stochastic disturbances under the Round-Robin protocol[J]. IEEE Transactions on Neural Networks and Learning Systems, 2017, 28(5): 1139-1151.

[18] Xu Y, Lu R Q, Shi P, et al. Finite-time distributed state estimation over sensor networks with Round-Robin protocol and fading channels[J]. IEEE Transactions on Cybernetics, 2016, 48(1): 336-345.

[19] Cao J D, Ren F L. Exponential stability of discrete-time genetic regulatory networks with delays[J]. IEEE Transactions on Neural Networks, 2008, 19(3): 520-523.

第 9 章　随机通信协议下的基因调控网络状态估计

9.1　引　　言

目前，大多数关于 GRN 状态估计的研究成果均是基于 Lyapunov 渐近稳定性理论的，这是一种经典的适用于无穷时间区间的动力学分析理论。然而，在一些特殊场合，人们往往更加关注有限时间内的动力学行为，此时有限时间稳定性理论将比传统的 Lyapunov 渐近稳定性理论适用。对于 GRN，在某些实际应用中 (如药物剂量计算)，生物学家和生物医学家尤其关心如何获得 GRN 的状态瞬态值。因此，GRN 的有限时间状态估计问题研究具有重要的实践价值，但目前相应的研究成果还非常少[1]。对于具有时变时滞和有界外部扰动的离散时间 GRN，有限时间 H_∞ 状态估计问题的研究成果还尚未见诸报道。

在几乎所有关于 GRN 的状态估计 (或滤波) 的文献[2-9] 中，仅研究了无限时域内时不变 GRN 状态估计问题。事实上，由于细胞中的一些相互作用随着生理状态 (如黑腹果蝇的不同发育阶段[10,11]) 和环境 (如不同的生长基[10]) 的变化而不断变化，真实的 GRN 是典型的时变系统[10-12]。此外，从实践的角度看，由于 GRN 的实际状态的瞬态行为比其稳态值 (如果存在) 更有助于理解生物信息，因而对有限时域状态估计 (或滤波) 问题的研究更有意义。但到目前为止，只有少数文献利用递归线性矩阵不等式研究了 GRN 的有限时域状态估计问题[13,14]，迫切需要提出新的方法处理时变 GRN 的有限时域状态估计问题。

如第 8 章所述，采用带宽有限的通信网络实现 GRN 远程状态估计时，引入通信协议是减轻通信负荷的有效方法之一。随机通信协议 (SCP) 是另一类广泛使用的资源分配与调度协议，其主要思想是根据已知概率分布的随机序列将网络的通信权限随机分配给传感器节点[15]。目前，SCP 下的离散时间 GRN 的有限时间 H_∞ 状态估计以及时变 GRN 的有限时域状态估计问题的研究尚未展开。

鉴于上述分析，本章首先讨论基于 SCP 的具有时变时滞和外部有界扰动的离散时间 GRN 的有限时间 H_∞ 状态估计问题。引入两个 SCP 分别调度两组传感器节点采集的 GRN 的测量数据包传输，设计使得估计误差系统随机有限时间有界 (stochastically finite-time bounded, SFTB) 且满足指定的 H_∞ 扰动抑制性能指标的状态估计器。其次，探讨 SCP 下离散时变 GRN 的递归量化状态估计问题。离散时变 GRN 的测量输出通过信道传输到远程状态估计器。为减轻通信负载，测量输出首先进行量化，然后在两个 SCP 的调度下通过通信网络进行传输，设计时变状态估计器，使估计误差系统满足指定的有限时域 H_∞ 性能约束条件。

9.2 基因调控网络有限时间 H_∞ 状态估计

9.2.1 问题描述

考虑如下离散时滞 GRN[5, 6, 9, 16]：

$$\begin{cases} \mathcal{M}(k+1) = A\mathcal{M}(k) + Bf(\mathcal{N}(k-\tau(k))) + V \\ \mathcal{N}(k+1) = C\mathcal{N}(k) + D\mathcal{M}(k-d(k)) \end{cases} \tag{9.1}$$

式中，$\mathcal{M}(k) = [\mathcal{M}_1(k), \mathcal{M}_2(k), \cdots, \mathcal{M}_n(k)]^{\mathrm{T}}$，$\mathcal{N}(k) = [\mathcal{N}_1(k), \mathcal{N}_2(k), \cdots, \mathcal{N}_n(k)]^{\mathrm{T}}$，这里，$\mathcal{M}_i(k)$ 和 $\mathcal{N}_i(k)$ 分别表示第 i 个节点 mRNA 和蛋白质的浓度；A、B、C、D、V 和 $f(\mathcal{N}(k))$ 如式 (7.3) 和式 (8.1) 所述；$\tau(k)$ 和 $d(k)$ 分别表示转录时滞和翻译时滞，且满足 $0 \leqslant \tau_m \leqslant \tau(k) \leqslant \tau_M$，$0 \leqslant d_m \leqslant d(k) \leqslant d_M$，$\tau_m$、$\tau_M$、$d_m$ 和 d_M 是已知整数；向量函数 $f(\cdot)$ 的元素 $f_i(\cdot)(i = 1, 2, \cdots, n)$ 表示蛋白质对转录过程的反馈调节作用，其满足假设 7.1。

设 $[\mathcal{M}^*, \mathcal{N}^*]$ 为系统 (9.1) 的一个平衡点，其中，$\mathcal{M}^* = [\mathcal{M}_1^*, \mathcal{M}_2^*, \cdots, \mathcal{M}_n^*]^{\mathrm{T}}$，$\mathcal{N}^* = [\mathcal{N}_1^*, \mathcal{N}_2^*, \cdots, \mathcal{N}_n^*]^{\mathrm{T}}$。于是，令 $x(k) = \mathcal{M}(k) - \mathcal{M}^*$，$y(k) = \mathcal{N}(k) - \mathcal{N}^*$，系统 (9.1) 可转化为如下形式：

$$\begin{cases} x(k+1) = Ax(k) + Bg(y(k-\tau(k))) \\ y(k+1) = Cy(k) + Dx(k-d(k)) \end{cases} \tag{9.2}$$

式中，$g(y(k)) = [g_1(y_1(k)), g_2(y_2(k)), \cdots, g_n(y_n(k))]^{\mathrm{T}} = f(y(k) + \mathcal{N}^*) - f(\mathcal{N}^*)$。由式 (7.6) 和系统 (9.2)，可知式 (7.7) 成立。

考虑外界扰动，可将系统 (9.2) 改写为

$$\begin{cases} x(k+1) = Ax(k) + Bg(y(k-\tau(k))) + Ev(k) \\ y(k+1) = Cy(k) + Dx(k-d(k)) + Fv(k) \\ c_x(k) = M_x x(k) \\ c_y(k) = M_y y(k) \end{cases} \tag{9.3}$$

其初始条件为 $x(\ell) = \phi_x(\ell)$，$y(\ell) = \phi_y(\ell)$，$\ell \in \{-h_{\tau d}, -h_{\tau d}+1, \cdots, 0\}$，$h_{\tau d} = \max\{\tau_M, d_M\}$，其中，$E$、$F$、$M_x$ 和 M_y 为已知的适维常矩阵；$c_x(k) \in \mathbb{R}^q$ 和 $c_y(k) \in \mathbb{R}^q$ 为待估计的信号；$v(k) \in \mathbb{R}^r$ 是有界的外部扰动输入。

可利用的测量输出如下：

$$z_x(k) = C_1 x(k) + G_1 v(k), \quad z_y(k) = C_2 y(k) + G_2 v(k) \tag{9.4}$$

式中，C_1、C_2、G_1 和 G_2 是已知的适维常矩阵；$z_x(k)=[z_{x1}(k),z_{x2}(k),\cdots,z_{xm}(k)]^{\mathrm{T}}\in\mathbb{R}^m$ 和 $z_y(k)=[z_{y1}(k),z_{y2}(k),\cdots,z_{ym}(k)]^{\mathrm{T}}\in\mathbb{R}^m$ 分别为 mRNA 和蛋白质的表达水平；$v(k)$ 为测量噪声。

假设分别采用两组传感器 (即第一组和第二组，见图 9.1) 采集 $z_x(k)$ 和 $z_y(k)$。第一组中的第 i 个传感器记为 G_1^i，第二组中的第 i 个传感器记为 G_2^i，这里 $i\in\mathcal{S}=\{1,2,\cdots,m\}$。$z_x(k)$ 和 $z_y(k)$ 分别通过信道 1 和信道 2 传输到远程状态估计器。由于通信网络的有限带宽和巨大的传输负荷，数据冲突是不可避免的。

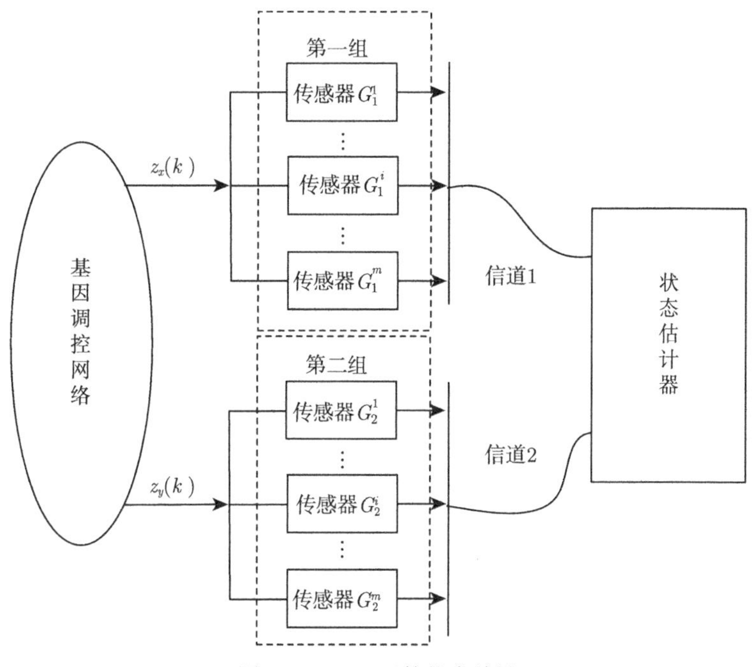

图 9.1　SCP 下的状态估计

为了减少数据冲突，分别采用 SCP1 和 SCP2 调度数据包传输。这两个 SCP 分别决定第一组传感器节点的传输序号 $\sigma(k)$ $(\sigma(k)\in\mathcal{S})$ 和第二组传感器节点的传输序号 $\theta(k)$ $(\theta(k)\in\mathcal{S})$，即在 SCP1 和 SCP2 下，$k$ 时刻第一组第 $\sigma(k)$ 个传感器和第二组第 $\theta(k)$ 个传感器分别获得通信权限。假定 $\sigma(k)$ 和 $\theta(k)$ 分别服从两个相互独立的离散时间齐次马尔可夫链，其转移概率如下：

$$\begin{cases}\operatorname{Prob}\{\sigma(k+1)=j|\sigma(k)=i\}=\pi_{ij}, & i,j\in\mathcal{S}\\ \operatorname{Prob}\{\theta(k+1)=t|\theta(k)=s\}=\lambda_{st}, & s,t\in\mathcal{S}\end{cases}\tag{9.5}$$

同时，采用接收端的两组 ZOH 储存已接收到的数据。

设 $\bar{z}_x(k)=[\bar{z}_{x1}^{\mathrm{T}}(k),\bar{z}_{x2}^{\mathrm{T}}(k),\cdots,\bar{z}_{xm}^{\mathrm{T}}(k)]^{\mathrm{T}}$ 和 $\bar{z}_y(k)=[\bar{z}_{y1}^{\mathrm{T}}(k),\bar{z}_{y2}^{\mathrm{T}}(k),\cdots,\bar{z}_{ym}^{\mathrm{T}}(k)]^{\mathrm{T}}$

分别为 $z_x(k)$ 和 $z_y(k)$ 实际接收到的测量值。$\bar{z}_{xi}(k)$ 和 $\bar{z}_{yi}(k)$ $(i \in \mathcal{S})$ 满足

$$\bar{z}_{xi}(k) = \begin{cases} z_{xi}(k), & \sigma(k) = i \\ \bar{z}_{xi}(k-1), & \text{其他} \end{cases} \tag{9.6}$$

$$\bar{z}_{yi}(k) = \begin{cases} z_{yi}(k), & \theta(k) = i \\ \bar{z}_{yi}(k-1), & \text{其他} \end{cases} \tag{9.7}$$

为简单起见，假定对 $\forall \ell \in \{-h_{\tau d}-1, -h_{\tau d}, -h_{\tau d}+1, \cdots, -1\}$，有 $\bar{z}_x(\ell)=0$，$\bar{z}_y(\ell)=0$。

定义 $\varPhi_i = \mathrm{diag}\{\delta(i-1), \delta(i-2), \cdots, \delta(i-m)\}$，其中，$\delta(\ell)$ 是 Kronecker-δ 函数，且当 $\ell=0$ 时取值为 1，其他情况下取值为 0。于是，实际接收到的测量输出值可表示如下：

$$\begin{cases} \bar{z}_x(k) = \varPhi_{\sigma(k)} z_x(k) + (I_m - \varPhi_{\sigma(k)}) \bar{z}_x(k-1) \\ \bar{z}_y(k) = \varPhi_{\theta(k)} z_y(k) + (I_m - \varPhi_{\theta(k)}) \bar{z}_y(k-1) \end{cases} \tag{9.8}$$

注释 9.1　时滞是 GRN 动力学分析中不可忽视的重要因素[17]。目前，已有大量文献研究了时滞 GRN[6,9,16]。在时滞系统研究中，学者致力于采用新的积分不等式 (如 Wirtinger 型积分不等式 (Wirtinger-based integral inequality, WBII[18,19]) 和辅助函数型积分不等式 (auxiliary function-based integral inequality, AFBII[20])) 以及有限项和不等式 (如 Wirtinger 型离散不等式[21] 和改进的求和不等式[22,23] 等) 以降低结果的保守性。对于连续时滞 GRN，利用 WBII[4] 和 AFBII[1] 已取得了一些关于状态估计问题的研究成果。然而，对于离散时滞 GRN，利用新的有限项和不等式的状态估计问题的研究成果较少。

注释 9.2　文献 [15] 首次定义了连续时间情形下的 SCP。文献 [24] 研究了离散时间情形下基于马尔可夫模型的 SCP。这类 SCP 仅允许一个节点依据已知的概率分布获取通信权限，从而极大地减轻了通信负载。本节在传输海量 GRN 测量数据的情况下，分别引入两个 SCP 调度数据包传输，以降低数据冲突发生率。尽管 SCP 下的离散时间 GRN 的状态估计问题具有重要的实践价值，但尚未得到足够的关注。

结合式 (9.3)、式 (9.4) 和式 (9.8)，可得如下增广系统：

$$\begin{cases} \bar{x}(k+1) = \bar{A}_{\sigma(k)} \bar{x}(k) + \bar{B} H g(\bar{y}(k-\tau(k))) + \bar{E}_{\sigma(k)} v(k) \\ \bar{y}(k+1) = \bar{C}_{\theta(k)} \bar{y}(k) + \bar{D} H \bar{x}(k-d(k)) + \bar{F}_{\theta(k)} v(k) \\ \bar{z}_x(k) = \bar{C}_{\sigma(k)x} \bar{x}(k) + G_{\sigma(k)x} v(k) \\ \bar{z}_y(k) = \bar{C}_{\theta(k)y} \bar{y}(k) + G_{\theta(k)y} v(k) \\ c_x(k) = \bar{M}_x \bar{x}(k) \\ c_y(k) = \bar{M}_y \bar{y}(k) \end{cases} \tag{9.9}$$

式中

$$
\begin{aligned}
&\bar{x}(k)=[x^{\mathrm{T}}(k),\ \bar{z}_x^{\mathrm{T}}(k-1)]^{\mathrm{T}},\quad \bar{y}(k)=[y^{\mathrm{T}}(k),\ \bar{z}_y^{\mathrm{T}}(k-1)]^{\mathrm{T}}\\
&g(\bar{y}(k))=[g^{\mathrm{T}}(y(k)),\ g^{\mathrm{T}}(\bar{z}_y(k-1))]^{\mathrm{T}}\\
&g(\bar{z}_y(k))=[g_1^{\mathrm{T}}(\bar{z}_{y1}(k)),g_2^{\mathrm{T}}(\bar{z}_{y2}(k)),\cdots,g_m^{\mathrm{T}}(\bar{z}_{ym}(k))]^{\mathrm{T}}\\
&G_{\sigma(k)x}=\Phi_{\sigma(k)}G_1,\quad G_{\theta(k)y}=\Phi_{\theta(k)}G_2\\
&\bar{B}=[B^{\mathrm{T}}\ \ 0]^{\mathrm{T}},\quad \bar{D}=[D^{\mathrm{T}}\ \ 0]^{\mathrm{T}},\quad \bar{M}_x=[M_x\ \ 0],\quad \bar{M}_y=[M_y\ \ 0],\quad H=[I\ \ 0]\\
&\bar{A}_{\sigma(k)}=\begin{bmatrix} A & 0\\ \Phi_{\sigma(k)}C_1 & I_m-\Phi_{\sigma(k)}\end{bmatrix},\quad \bar{C}_{\theta(k)}=\begin{bmatrix} C & 0\\ \Phi_{\theta(k)}C_2 & I_m-\Phi_{\theta(k)}\end{bmatrix},\\
&\bar{E}_{\sigma(k)}=\begin{bmatrix} E\\ \Phi_{\sigma(k)}G_1\end{bmatrix},\quad \bar{F}_{\theta(k)}=\begin{bmatrix} F\\ \Phi_{\theta(k)}G_2\end{bmatrix}\\
&\bar{C}_{\sigma(k)x}=[\Phi_{\sigma(k)}C_1\ \ I_m-\Phi_{\sigma(k)}],\quad \bar{C}_{\theta(k)y}=[\Phi_{\theta(k)}C_2\ \ I_m-\Phi_{\theta(k)}]
\end{aligned}
$$

采用如下状态估计器:

$$
\begin{cases}
\eta_x(k+1)=\bar{A}_{\sigma(k)}\eta_x(k)+\bar{B}Hg(\eta_y(k-\tau(k)))\\
\qquad\qquad\quad +K_{\sigma(k),\theta(k)}(\bar{z}_x(k)-\bar{C}_{\sigma(k)x}\eta_x(k))\\
\eta_y(k+1)=\bar{C}_{\theta(k)}\eta_y(k)+\bar{D}H\eta_x(k-d(k))\\
\qquad\qquad\quad +L_{\sigma(k),\theta(k)}(\bar{z}_y(k)-\bar{C}_{\theta(k)y}\eta_y(k))\\
\hat{c}_x(k)=\bar{M}_x\eta_x(k)\\
\hat{c}_y(k)=\bar{M}_y\eta_y(k)
\end{cases}
\tag{9.10}
$$

式中

$$
\eta_x(k)=[\hat{x}^{\mathrm{T}}(k),\ \hat{z}_x^{\mathrm{T}}(k-1)]^{\mathrm{T}},\quad \eta_y(k)=[\hat{y}^{\mathrm{T}}(k),\ \hat{z}_y^{\mathrm{T}}(k-1)]^{\mathrm{T}}
$$

且 $\hat{x}(k)$、$\hat{z}_x(k-1)$、$\hat{y}(k)$ 和 $\hat{z}_y(k-1)$ 分别是 $x(k)$、$\bar{z}_x(k-1)$、$y(k)$ 和 $\bar{z}_y(k-1)$ 的估计值；$K_{\sigma(k),\theta(k)}$ 和 $L_{\sigma(k),\theta(k)}$ 为待设计的与传输顺序相关的状态估计器参数；$\hat{c}_x(k)$ 和 $\hat{c}_y(k)$ 分别为 $c_x(k)$ 和 $c_y(k)$ 的估计。

状态估计器 (9.10) 的初始条件假定为 $\eta_x(\ell)=\eta_y(\ell)=0$，$\ell\in\{-h_{\tau d},-h_{\tau d}+1,\cdots,0\}$。

令

$$
\tilde{e}_x(k)=\bar{x}(k)-\eta_x(k),\quad \tilde{e}_y(k)=\bar{y}(k)-\eta_y(k),\quad \tilde{c}_x(k)=c_x(k)-\hat{c}_x(k)
$$

$$
\tilde{c}_y(k)=c_y(k)-\hat{c}_y(k),\quad \tilde{g}(\tilde{e}_y(k-\tau(k)))=g(\bar{y}(k-\tau(k)))-g(\eta_y(k-\tau(k)))
$$

于是，可得如下估计误差系统：

$$\begin{cases}\tilde{e}_x(k+1)=(\bar{A}_{\sigma(k)}-K_{\sigma(k),\theta(k)}\bar{C}_{\sigma(k)x})\tilde{e}_x(k)+\bar{B}H\tilde{g}(\tilde{e}_y(k-\tau(k)))\\ \qquad\qquad +(\bar{E}_{\sigma(k)}-K_{\sigma(k),\theta(k)}G_{\sigma(k)x})v(k)\\ \tilde{e}_y(k+1)=(\bar{C}_{\theta(k)}-L_{\sigma(k),\theta(k)}\bar{C}_{\theta(k)y})\tilde{e}_y(k)+\bar{D}H\tilde{e}_x(k-d(k))\\ \qquad\qquad +(\bar{F}_{\theta(k)}-L_{\sigma(k),\theta(k)}G_{\theta(k)y})v(k)\\ \tilde{c}_x(k)=\bar{M}_x\tilde{e}_x(k)\\ \tilde{c}_y(k)=\bar{M}_y\tilde{e}_y(k)\end{cases} \tag{9.11}$$

在后续的结论推导中将用到如下假设和定义。

假设 9.1 对于 $\forall k_1\in\{-h_{\tau d},-h_{\tau d}+1,\cdots,0\}$, $\forall l_1\in\{-h_{\tau d},-h_{\tau d}+1,\cdots,-1\}$, 估计误差系统 (9.11) 的初始条件满足

$$\begin{cases}\mathrm{E}\{\tilde{e}_x^{\mathrm{T}}(k_1)R\tilde{e}_x(k_1)+\tilde{e}_y^{\mathrm{T}}(k_1)R\tilde{e}_y(k_1)\}\leqslant c_1\\ \mathrm{E}\{(\tilde{e}_x(l_1+1)-\tilde{e}_x(l_1))^{\mathrm{T}}(\tilde{e}_x(l_1+1)-\tilde{e}_x(l_1))\\ \quad +(\tilde{e}_y(l_1+1)-\tilde{e}_y(l_1))^{\mathrm{T}}(\tilde{e}_y(l_1+1)-\tilde{e}_y(l_1))\}\leqslant\delta\end{cases} \tag{9.12}$$

式中，R 是已知的正定矩阵；c_1 和 δ 是已知的非负实数。

假设 9.2 有界外部扰动 $v(k)$ 满足

$$\sum_{k=0}^{N}v^{\mathrm{T}}(k)v(k)<\bar{v} \tag{9.13}$$

式中，N 是给定的正整数；$\bar{v}$ 是已知的正数。

定义 9.1 如果对于 $\forall k_1\in\{-h_{\tau d},-h_{\tau d}+1,\cdots,0\}$ 和 $\forall k_2\in\{1,2,\cdots,N\}$，有

$$\begin{cases}\mathrm{E}\{\tilde{e}_x^{\mathrm{T}}(k_1)R\tilde{e}_x(k_1)+\tilde{e}_y^{\mathrm{T}}(k_1)R\tilde{e}_y(k_1)\}\leqslant c_1\\ \displaystyle\sum_{k=0}^{N}v^{\mathrm{T}}(k)v(k)<\bar{v}\end{cases}$$
$$\Rightarrow\mathrm{E}\{\tilde{e}_x^{\mathrm{T}}(k_2)R\tilde{e}_x(k_2)+\tilde{e}_y^{\mathrm{T}}(k_2)R\tilde{e}_y(k_2)\}\leqslant c_2 \tag{9.14}$$

式中，$c_2>c_1\geqslant 0$ 且 $R>0$，则估计误差系统 (9.11) 关于 $(c_1,c_2,R,N,\bar{v})$ 是 SFTB 的。

本节旨在设计形如式 (9.10) 的状态估计器，使得以下两个约束条件同时成立。

(1) 估计误差系统 (9.11) 关于 $(c_1,c_2,R,N,\bar{v})$ 是 SFTB 的；

(2) 在零初始条件下，对于指定的 $\gamma>0$，输出的估计误差满足

$$\mathrm{E}\left\{\sum_{k=0}^{N}\begin{bmatrix}\tilde{c}_x(k)\\ \tilde{c}_y(k)\end{bmatrix}^{\mathrm{T}}\begin{bmatrix}\tilde{c}_x(k)\\ \tilde{c}_y(k)\end{bmatrix}\right\}<\gamma^2\sum_{k=0}^{N}v^{\mathrm{T}}(k)v(k) \tag{9.15}$$

此时，就称估计误差系统 (9.11) 关于 $(c_1,c_2,R,N,\gamma,\bar{v})$ 是随机 H_∞ 有限时间有界的。

9.2.2　随机 H_∞ 有限时间有界性分析与估计器设计

首先建立使得估计误差系统 (9.11) 关于 $(c_1, c_2, R, N, \bar{v})$ SFTB 的充分条件。定义

$$
\begin{aligned}
\Xi_{i,s}^{(1)} &= \Upsilon_{i,s}^{\mathrm{T}} \tilde{P}_{i,s} \Upsilon_{i,s} + \Gamma_{i,s}^{\mathrm{T}} \tilde{Q}_{i,s} \Gamma_{i,s} \\
\Xi_{i,s}^{(2)} &= [(\bar{A}_i - K_{i,s}\bar{C}_{ix} - I)e_1^{\mathrm{T}} + \bar{B}He_{10}^{\mathrm{T}} \;\; \bar{E}_i - K_{i,s}G_{ix}]^{\mathrm{T}}[(d_M - d_m)^2 X_1 + d_m^2 X_2] \\
&\quad \times [(\bar{A}_i - K_{i,s}\bar{C}_{ix} - I)e_1^{\mathrm{T}} + \bar{B}He_{10}^{\mathrm{T}} \;\; \bar{E}_i - K_{i,s}G_{ix}] \\
\Xi_{i,s}^{(3)} &= [(\bar{C}_s - L_{i,s}\bar{C}_{sy} - I)e_5^{\mathrm{T}} + \bar{D}He_2^{\mathrm{T}} \;\; \bar{F}_s - L_{i,s}G_{sy}]^{\mathrm{T}}[(\tau_M - \tau_m)^2 T_1 + \tau_m^2 T_2] \\
&\quad \times [(\bar{C}_s - L_{i,s}\bar{C}_{sy} - I)e_5^{\mathrm{T}} + \bar{D}He_2^{\mathrm{T}} \;\; \bar{F}_s - L_{i,s}G_{sy}]
\end{aligned}
$$

$$
\Xi_{i,s}^{(4)} = \mathrm{diag}\left\{\Phi_{i,s}^{(1)} + \sum_{l=2}^{7} \Phi^{(l)}, -\mathcal{Q}_{i,s}\right\}, \quad \Upsilon_{i,s} = [(\bar{A}_i - K_{i,s}\bar{C}_{ix})e_1^{\mathrm{T}} + \bar{B}He_{10}^{\mathrm{T}} \;\; \bar{E}_i - K_{i,s}G_{ix}]
$$

$$
\tilde{X}_1 = \mathrm{diag}\{X_1, 3X_1\}, \quad \tilde{X}_2 = \mathrm{diag}\{X_2, 3X_2\}, \quad \tilde{T}_1 = \mathrm{diag}\{T_1, 3T_1\}, \quad \tilde{T}_2 = \mathrm{diag}\{T_2, 3T_2\}
$$

$$
\Gamma_{i,s} = [(\bar{C}_s - L_{i,s}\bar{C}_{sy})e_5^{\mathrm{T}} + \bar{D}He_2^{\mathrm{T}} \;\; \bar{F}_s - L_{i,s}G_{sy}], \quad \tilde{P}_{i,s} = \sum_{j=1}^{m}\sum_{t=1}^{m} \pi_{i,j}\lambda_{s,t}P_{j,t}
$$

$$
\tilde{Q}_{i,s} = \sum_{j=1}^{m}\sum_{t=1}^{m} \pi_{i,j}\lambda_{s,t}Q_{j,t}
$$

$$
\begin{aligned}
\Phi_{i,s}^{(1)} &= -\beta e_1 P_{i,s} e_1^{\mathrm{T}} - \beta e_5 Q_{i,s} e_5^{\mathrm{T}} \\
\Phi^{(2)} &= e_1[P_2 + P_3 + (d_M - d_m + 1)P_4]e_1^{\mathrm{T}} - \beta^{d_m} e_3 P_2 e_3^{\mathrm{T}} - \beta^{d_M} e_4 P_3 e_4^{\mathrm{T}} - \beta^{d_m} e_2 P_4 e_2^{\mathrm{T}} \\
\Phi^{(3)} &= e_5[Q_2 + Q_3 + (\tau_M - \tau_m + 1)Q_4]e_5^{\mathrm{T}} - \beta^{\tau_m} e_7 Q_2 e_7^{\mathrm{T}} - \beta^{\tau_M} e_8 Q_3 e_8^{\mathrm{T}} - \beta^{\tau_m} e_6 Q_4 e_6^{\mathrm{T}} \\
\Phi^{(4)} &= -\beta \rho_1 \tilde{X}_2 \rho_1^{\mathrm{T}} - \beta^{d_m} \rho_7 \Theta_1 \rho_7^{\mathrm{T}}, \quad \Phi^{(5)} = -\beta \rho_4 \tilde{T}_2 \rho_4^{\mathrm{T}} - \beta^{\tau_m} \rho_8 \Theta_2 \rho_8^{\mathrm{T}} \\
\Phi^{(6)} &= (1 + \tau_M - \tau_m)e_9 S e_9^{\mathrm{T}} - \beta^{\tau_m} e_{10} S e_{10}^{\mathrm{T}} \\
\Phi^{(7)} &= e_5 U \Lambda_1 e_9^{\mathrm{T}} + e_9 \Lambda_1 U e_5^{\mathrm{T}} - 2e_9 \Lambda_1 e_9^{\mathrm{T}} + e_6 U \Lambda_2 e_{10}^{\mathrm{T}} + e_{10} \Lambda_2 U e_6^{\mathrm{T}} - 2e_{10} \Lambda_2 e_{10}^{\mathrm{T}} \\
U &= \mathrm{diag}\{u_1, u_2, \cdots, u_n, u_1, u_2, \cdots, u_m\} \\
e_j &= [0_{(n+m)\times(j-1)(n+m)} \;\; I_{n+m} \;\; 0_{(n+m)\times(16-j)(n+m)}]^{\mathrm{T}}, \quad j \in \{1, 2, \cdots, 16\}
\end{aligned}
$$

$$
\rho_1 = [e_1 - e_3 \;\; e_1 + e_3 - e_{11}], \quad \rho_2 = [e_2 - e_4 \;\; e_2 + e_4 - e_{12}]
$$

$$
\rho_3 = [e_3 - e_2 \;\; e_3 + e_2 - e_{13}], \quad \rho_4 = [e_5 - e_7 \;\; e_5 + e_7 - e_{14}]
$$

$$
\rho_5 = [e_6 - e_8 \;\; e_6 + e_8 - e_{15}], \quad \rho_6 = [e_7 - e_6 \;\; e_7 + e_6 - e_{16}]
$$

$$
\rho_7 = [\rho_2 \;\; \rho_3], \quad \rho_8 = [\rho_5 \;\; \rho_6]
$$

$$
\begin{aligned}
\lambda_{ex} = {} & \epsilon_1 + \beta^{d_m - 1}\lambda_{p2} d_m + \beta^{d_M - 1}\lambda_{p3} d_M + \beta^{d_M - 1}\lambda_{p4} d_M \\
& + 0.5\beta^{d_M - 2}\lambda_{p4}(d_M + d_m - 1)(d_M - d_m)
\end{aligned}
$$

$$\begin{aligned}\lambda_{ey} = &\epsilon_2 + \beta^{\tau_m-1}\lambda_{q2}\tau_m + \beta^{\tau_M-1}\lambda_{q3}\tau_M + \beta^{\tau_M-1}\lambda_{q4}\tau_M \\ &+ 0.5\beta^{\tau_M-2}\lambda_{q4}(\tau_M+\tau_m-1)(\tau_M-\tau_m) + \beta^{\tau_M-1}\lambda_c\lambda_{\max}(R^{-\frac{1}{2}}U^{\mathrm{T}}UR^{-\frac{1}{2}})\tau_M \\ &+ 0.5\beta^{\tau_M-2}\lambda_c\lambda_{\max}(R^{-\frac{1}{2}}U^{\mathrm{T}}UR^{-\frac{1}{2}})(\tau_m+\tau_M-1)(\tau_M-\tau_m) \\ \lambda_\delta = &0.5\lambda_{x1}\beta^{d_M-1}(d_M+d_m+1)(d_M-d_m)^2\delta + 0.5\beta^{d_m-1}\lambda_{x2}(1+d_m)d_m^2\delta \\ &+ 0.5\lambda_{t1}\beta^{\tau_M-1}(\tau_M+\tau_m+1)(\tau_M-\tau_m)^2\delta + 0.5\beta^{\tau_m-1}\lambda_{t2}(1+\tau_m)\tau_m^2\delta\end{aligned}$$

定理 9.1 对于给定的实数 $\beta > 1$，如果存在正定矩阵 $P_{i,s}$、$Q_{i,s}$、$\mathcal{Q}_{i,s}$ $(i, s \in \mathcal{S})$、P_l、Q_l $(l \in \{2,3,4\})$、X_ℓ、T_ℓ $(\ell \in \{1,2\})$、S，正定对角矩阵 Λ_1 和 Λ_2，正实数 λ_c、$\epsilon_\jmath$ $(\jmath \in \{0,1,2\})$、λ_{pl}、λ_{ql} $(l \in \{2,3,4\})$、$\lambda_{x\ell}$、$\lambda_{t\ell}$ $(\ell \in \{1,2\})$ 以及矩阵 Y_1 和 Y_2，使得对于 $\forall i, s \in \mathcal{S}$，下列不等式成立：

$$\Theta_1 = \begin{bmatrix} \tilde{X}_1 & Y_1 \\ * & \tilde{X}_1 \end{bmatrix} > 0, \quad \Theta_2 = \begin{bmatrix} \tilde{T}_1 & Y_2 \\ * & \tilde{T}_1 \end{bmatrix} > 0 \tag{9.16}$$

$$\sum_{l=1}^{4} \Xi_{i,s}^{(l)} < 0 \tag{9.17}$$

$$\epsilon_0 R < P_{i,s} < \epsilon_1 R, \quad \epsilon_0 R < Q_{i,s} < \epsilon_2 R, \quad 0 < S < \lambda_c I \tag{9.18}$$

$$0 < P_l < \lambda_{pl} R, \quad 0 < Q_l < \lambda_{ql} R, \quad l \in \{2,3,4\} \tag{9.19}$$

$$0 < X_\ell < \lambda_{x\ell} I, \quad 0 < T_\ell < \lambda_{t\ell} I, \quad \ell \in \{1,2\} \tag{9.20}$$

$$(\lambda_{ex} + \lambda_{ey})c_1 + \lambda_\delta + \sup_{i,s\in\mathcal{S}}\{\lambda_{\max}(\mathcal{Q}_{i,s})\}\bar{v} \leqslant \beta^{-N} c_2 \epsilon_0 \tag{9.21}$$

则估计误差系统 (9.11) 关于 $(c_1, c_2, R, N, \bar{v})$ 是 SFTB 的。

证明　构造如下 Lyapunov-Krasovskii 泛函：

$$V(k) = \sum_{i=1}^{6} V_i(k) \tag{9.22}$$

式中

$$\begin{aligned} V_1(k) = &\tilde{e}_x^{\mathrm{T}}(k) P_{\sigma(k),\theta(k)} \tilde{e}_x(k) + \tilde{e}_y^{\mathrm{T}}(k) Q_{\sigma(k),\theta(k)} \tilde{e}_y(k) \\ V_2(k) = &\sum_{l=k-d_m}^{k-1} \beta^{k-l-1} \tilde{e}_x^{\mathrm{T}}(l) P_2 \tilde{e}_x(l) + \sum_{l=k-d_M}^{k-1} \beta^{k-l-1} \tilde{e}_x^{\mathrm{T}}(l) P_3 \tilde{e}_x(l) \\ &+ \sum_{l=k-d(k)}^{k-1} \beta^{k-l-1} \tilde{e}_x^{\mathrm{T}}(l) P_4 \tilde{e}_x(l) + \sum_{j=-d_M+1}^{-d_m} \sum_{l=k+j}^{k-1} \beta^{k-l-1} \tilde{e}_x^{\mathrm{T}}(l) P_4 \tilde{e}_x(l) \\ V_3(k) = &\sum_{l=k-\tau_m}^{k-1} \beta^{k-l-1} \tilde{e}_y^{\mathrm{T}}(l) Q_2 \tilde{e}_y(l) + \sum_{l=k-\tau_M}^{k-1} \beta^{k-l-1} \tilde{e}_y^{\mathrm{T}}(l) Q_3 \tilde{e}_y(l) \end{aligned}$$

$$+\sum_{l=k-\tau(k)}^{k-1}\beta^{k-l-1}\tilde{e}_y^{\mathrm{T}}(l)Q_4\tilde{e}_y(l)+\sum_{j=-\tau_M+1}^{-\tau_m}\sum_{l=k+j}^{k-1}\beta^{k-l-1}\tilde{e}_y^{\mathrm{T}}(l)Q_4\tilde{e}_y(l)$$

$$V_4(k)=(d_M-d_m)\sum_{j=-d_M}^{-d_m-1}\sum_{l=k+j}^{k-1}\beta^{k-l-1}\psi^{\mathrm{T}}(l)X_1\psi(l)$$

$$+d_m\sum_{j=-d_m}^{-1}\sum_{l=k+j}^{k-1}\beta^{k-l-1}\psi^{\mathrm{T}}(l)X_2\psi(l)$$

$$V_5(k)=(\tau_M-\tau_m)\sum_{j=-\tau_M}^{-\tau_m-1}\sum_{l=k+j}^{k-1}\beta^{k-l-1}\mu^{\mathrm{T}}(l)T_1\mu(l)+\tau_m\sum_{j=-\tau_m}^{-1}\sum_{l=k+j}^{k-1}\beta^{k-l-1}\mu^{\mathrm{T}}(l)T_2\mu(l)$$

$$V_6(k)=\sum_{l=k-\tau(k)}^{k-1}\beta^{k-l-1}\tilde{g}^{\mathrm{T}}(\tilde{e}_y(l))S\tilde{g}(\tilde{e}_y(l))+\sum_{j=-\tau_M+1}^{-\tau_m}\sum_{l=k+j}^{k-1}\beta^{k-l-1}\tilde{g}^{\mathrm{T}}(\tilde{e}_y(l))S\tilde{g}(\tilde{e}_y(l))$$

且 $\psi(k)=\tilde{e}_x(k+1)-\tilde{e}_x(k)$ ，$\mu(k)=\tilde{e}_y(k+1)-\tilde{e}_y(k)$。

为方便起见，定义

$$\xi(k)=\big[\tilde{e}_x^{\mathrm{T}}(k),\ \tilde{e}_x^{\mathrm{T}}(k-d(k)),\ \tilde{e}_x^{\mathrm{T}}(k-d_m),\ \tilde{e}_x^{\mathrm{T}}(k-d_M),\ \tilde{e}_y^{\mathrm{T}}(k),\ \tilde{e}_y^{\mathrm{T}}(k-\tau(k)),$$
$$\tilde{e}_y^{\mathrm{T}}(k-\tau_m),\ \tilde{e}_y^{\mathrm{T}}(k-\tau_M),\ \tilde{g}^{\mathrm{T}}(\tilde{e}_y(k)),\ \tilde{g}^{\mathrm{T}}(\tilde{e}_y(k-\tau(k))),\ \chi_1^{\mathrm{T}}(k),\chi_2^{\mathrm{T}}(k),\cdots,\chi_6^{\mathrm{T}}(k)\big]^{\mathrm{T}}$$

$$\zeta(k)=[\xi^{\mathrm{T}}(k),v^{\mathrm{T}}(k)]^{\mathrm{T}}$$

$$\chi_1(k)=\chi_{\tilde{e}_x}(k,0,d_m),\quad \chi_2(k)=\chi_{\tilde{e}_x}(k,d(k),d_M),\quad \chi_3(k)=\chi_{\tilde{e}_x}(k,d_m,d(k))$$

$$\chi_4(k)=\chi_{\tilde{e}_y}(k,0,\tau_m),\quad \chi_5(k)=\chi_{\tilde{e}_y}(k,\tau(k),\tau_M),\quad \chi_6(k)=\chi_{\tilde{e}_y}(k,\tau_m,\tau(k))$$

式中，$\chi_{\tilde{e}_x}(k,a,b)$ 和 $\chi_{\tilde{e}_y}(k,a,b)$ 的定义见引理 3.3。

令 $\tilde{\Delta}V_l(k)=\mathrm{E}\{V_l(k+1)\}-\beta\mathrm{E}\{V_l(k)\}$ $(l=1,2,\cdots,6)$，$\sigma(k)=i$，$\theta(k)=s$。于是，由式 (9.11) 可得

$$\mathrm{E}\big\{\tilde{\Delta}V_1(k)\big\}=\mathrm{E}\big\{\zeta^{\mathrm{T}}(k)\varXi_{i,s}^{(1)}\zeta(k)+\xi^{\mathrm{T}}(k)\varPhi_{i,s}^{(1)}\xi(k)\big\}\tag{9.23}$$

注意到

$$\sum_{l=k+1-d(k+1)}^{k-1}\beta^{k-l}\tilde{e}_x^{\mathrm{T}}(l)P_4\tilde{e}_x(l)-\sum_{l=k+1-d(k)}^{k-1}\beta^{k-l}\tilde{e}_x^{\mathrm{T}}(l)P_4\tilde{e}_x(l)$$
$$-\sum_{l=k+1-d_M}^{k-d_m}\beta^{k-l}\tilde{e}_x^{\mathrm{T}}(l)P_4\tilde{e}_x(l)\leqslant 0\tag{9.24}$$

由式 (9.24) 和 $\beta>1$，可得

$$\mathrm{E}\big\{\tilde{\Delta}V_2(k)\big\}\leqslant\mathrm{E}\{\tilde{e}_x^{\mathrm{T}}(k)[P_2+P_3+(d_M-d_m+1)P_4]\tilde{e}_x(k)$$

$$
\begin{aligned}
&- \beta^{d_m}\tilde{e}_x^{\mathrm{T}}(k-d_m)P_2\tilde{e}_x(k-d_m) - \beta^{d_M}\tilde{e}_x^{\mathrm{T}}(k-d_M)P_3\tilde{e}_x(k-d_M) \\
&- \beta^{d_m}\tilde{e}_x^{\mathrm{T}}(k-d(k))P_4\tilde{e}_x(k-d(k))\} \\
=& \mathrm{E}\{\xi^{\mathrm{T}}(k)\varPhi^{(2)}\xi(k)\}
\end{aligned}
\tag{9.25}
$$

类似地，有

$$
\mathrm{E}\{\tilde{\Delta}V_3(k)\} \leqslant \mathrm{E}\{\xi^{\mathrm{T}}(k)\varPhi^{(3)}\xi(k)\} \tag{9.26}
$$

通过直接计算可得

$$
\begin{aligned}
\mathrm{E}\{\tilde{\Delta}V_4(k)\} \leqslant \mathrm{E}\Big\{&\psi^{\mathrm{T}}(k)[(d_M-d_m)^2X_1 + d_m^2X_2]\psi(k) \\
&- (d_M-d_m)\beta^{d_m}\sum_{l=k-d_M}^{k-d_m-1}\psi^{\mathrm{T}}(l)X_1\psi(l) \\
&- d_m\beta\sum_{l=k-d_m}^{k-1}\psi^{\mathrm{T}}(l)X_2\psi(l)\Big\}
\end{aligned}
\tag{9.27}
$$

由引理 3.3，有

$$
-d_m\beta\sum_{l=k-d_m}^{k-1}\psi^{\mathrm{T}}(l)X_2\psi(l) \leqslant -\beta\xi^{\mathrm{T}}(k)\rho_1\tilde{X}_2\rho_1^{\mathrm{T}}\xi(k) \tag{9.28}
$$

对于式 (9.27) 右边大括号中的第二项，运用引理 3.3 和逆凸方法，可得

$$
\begin{aligned}
&-(d_M-d_m)\beta^{d_m}\sum_{l=k-d_M}^{k-d_m-1}\psi^{\mathrm{T}}(l)X_1\psi(l) \\
=& -\beta^{d_m}(d_M-d(k))\sum_{l=k-d_M}^{k-d(k)-1}\psi^{\mathrm{T}}(l)X_1\psi(l) - \beta^{d_m}(d(k)-d_m)\sum_{l=k-d_M}^{k-d(k)-1}\psi^{\mathrm{T}}(l)X_1\psi(l) \\
&-\beta^{d_m}(d(k)-d_m)\sum_{l=k-d(k)}^{k-d_m-1}\psi^{\mathrm{T}}(l)X_1\psi(l) - \beta^{d_m}(d_M-d(k))\sum_{l=k-d(k)}^{k-d_m-1}\psi^{\mathrm{T}}(l)X_1\psi(l) \\
\leqslant& -\beta^{d_m}\xi^{\mathrm{T}}(k)\rho_2\tilde{X}_1\rho_2^{\mathrm{T}}\xi(k) - \beta^{d_m}\frac{d(k)-d_m}{d_M-d(k)}\xi^{\mathrm{T}}(k)\rho_2\tilde{X}_1\rho_2^{\mathrm{T}}\xi(k) \\
&-\beta^{d_m}\xi^{\mathrm{T}}(k)\rho_3\tilde{X}_1\rho_3^{\mathrm{T}}\xi(k) - \beta^{d_m}\frac{d_M-d(k)}{d(k)-d_m}\xi^{\mathrm{T}}(k)\rho_3\tilde{X}_1\rho_3^{\mathrm{T}}\xi(k) \\
\leqslant& -\beta^{d_m}\xi^{\mathrm{T}}(k)\rho_7\varTheta_1\rho_7^{\mathrm{T}}\xi(k)
\end{aligned}
\tag{9.29}
$$

由式 (9.27)~式 (9.29) 可得

$$
\mathrm{E}\{\tilde{\Delta}V_4(k)\} \leqslant \mathrm{E}\{\zeta^{\mathrm{T}}(k)\varXi_{i,s}^{(2)}\zeta(k) + \xi^{\mathrm{T}}(k)\varPhi^{(4)}\xi(k)\} \tag{9.30}
$$

采用与推导式 (9.30) 类似的方法，可得

$$\mathrm{E}\big\{\tilde{\Delta}V_5(k)\big\} \leqslant \mathrm{E}\{\zeta^{\mathrm{T}}(k)\varXi_{i,s}^{(3)}\zeta(k)+\xi^{\mathrm{T}}(k)\varPhi^{(5)}\xi(k)\} \tag{9.31}$$

接下来，运用与推导式 (9.25) 类似的方法，可得

$$\begin{aligned}\mathrm{E}\big\{\tilde{\Delta}V_6(k)\big\} &\leqslant \mathrm{E}\{(1+\tau_M-\tau_m)\tilde{g}^{\mathrm{T}}(\tilde{e}_y(k))S\tilde{g}(\tilde{e}_y(k))\\ &\quad -\beta^{\tau_m}\tilde{g}^{\mathrm{T}}(\tilde{e}_y(k-\tau(k)))S\tilde{g}(\tilde{e}_y(k-\tau(k)))\}\\ &=\mathrm{E}\{\xi^{\mathrm{T}}(k)\varPhi^{(6)}\xi(k)\}\end{aligned} \tag{9.32}$$

根据式 (7.6)、式 (7.7) 以及式 (9.11) 中 $\tilde{g}(\tilde{e}_y(\cdot))$ 的定义，可得以下两个约束条件：

$$2\tilde{e}_y^{\mathrm{T}}(k)U\varLambda_1\tilde{g}(\tilde{e}_y(k))-2\tilde{g}^{\mathrm{T}}(\tilde{e}_y(k))\varLambda_1\tilde{g}(\tilde{e}_y(k))\geqslant 0 \tag{9.33}$$

$$2\tilde{e}_y^{\mathrm{T}}(k-\tau(k))U\varLambda_2\tilde{g}(\tilde{e}_y(k-\tau(k)))-2\tilde{g}^{\mathrm{T}}(\tilde{e}_y(k-\tau(k)))\varLambda_2\tilde{g}(\tilde{e}_y(k-\tau(k)))\geqslant 0 \tag{9.34}$$

式中，$\varLambda_1$ 和 $\varLambda_2$ 是正定对角矩阵。

将式 (9.33) 和式 (9.34) 两边分别求和，可得

$$\xi^{\mathrm{T}}(k)\varPhi^{(7)}\xi(k)\geqslant 0 \tag{9.35}$$

由式 (9.23)、式 (9.25)、式 (9.26)、式 (9.30)~式 (9.32) 和式 (9.35)，可得

$$\mathrm{E}\big\{\tilde{\Delta}V(k)-v^{\mathrm{T}}(k)\mathcal{Q}_{i,s}v(k)\big\}\leqslant \mathrm{E}\left\{\zeta^{\mathrm{T}}(k)\sum_{l=1}^{4}\varXi_{i,s}^{(l)}\zeta(k)\right\} \tag{9.36}$$

当式 (9.17) 成立时，由式 (9.36) 可得

$$\begin{aligned}\mathrm{E}\{V(k+1)\}&<\beta\mathrm{E}\{V(k)\}+\mathrm{E}\{v^{\mathrm{T}}(k)\mathcal{Q}_{i,s}v(k)\}\\ &\leqslant \beta\mathrm{E}\{V(k)\}+\sup_{i,s\in\mathcal{S}}\{\lambda_{\max}(\mathcal{Q}_{i,s})\}\mathrm{E}\{v^{\mathrm{T}}(k)v(k)\}\end{aligned} \tag{9.37}$$

进而，由 $\beta>1$ 并递归利用式 (9.37)，可得

$$\begin{aligned}\mathrm{E}\{V(k)\}&<\sup_{i,s\in\mathcal{S}}\{\lambda_{\max}(\mathcal{Q}_{i,s})\}\mathrm{E}\left\{\sum_{l=0}^{k-1}\beta^{k-l-1}v^{\mathrm{T}}(l)v(l)\right\}+\beta^k\mathrm{E}\{V(0)\}\\ &<\beta^N\mathrm{E}\{V(0)\}+\sup_{i,s\in\mathcal{S}}\{\lambda_{\max}(\mathcal{Q}_{i,s})\}\beta^N\bar{v}\end{aligned} \tag{9.38}$$

由式 (9.18)~式 (9.20) 和式 (9.22)，有

$$\mathrm{E}\{V(0)\}\leqslant(\lambda_{ex}+\lambda_{ey})c_1+\lambda_\delta \tag{9.39}$$

此外，由式 (9.18) 和式 (9.22) 可得

$$\mathrm{E}\{V(k)\} \geqslant \epsilon_0 \mathrm{E}\{\tilde{e}_x^{\mathrm{T}}(k)R\tilde{e}_x(k) + \tilde{e}_y^{\mathrm{T}}(k)R\tilde{e}_y(k)\} \tag{9.40}$$

于是，由式 (9.21)、式 (9.38)～式 (9.40) 可得

$$\begin{aligned}&\mathrm{E}\{\tilde{e}_x^{\mathrm{T}}(k)R\tilde{e}_x(k) + \tilde{e}_y^{\mathrm{T}}(k)R\tilde{e}_y(k)\}\\ <&\frac{\beta^N}{\epsilon_0}[(\lambda_{ex}+\lambda_{ey})c_1 + \lambda_\delta + \sup_{i,s\in\mathcal{S}}\{\lambda_{\max}(\mathcal{Q}_{i,s})\}\bar{v}] \leqslant c_2\end{aligned} \tag{9.41}$$

根据定义 9.1，可知估计误差系统 (9.11) 关于 $(c_1, c_2, R, N, \bar{v})$ 是 SFTB 的。证毕。

注释 9.3　由于采用了以下方法，定理 9.1 陈述结果的保守性将大大降低：①构造了与传输顺序相关的新 Lyapunov-Krasovskii 泛函；②通过在 Lyapunov-Krasovskii 泛函中引入 β^{k-l-1}，在推导 $\mathrm{E}\{\tilde{\Delta}V(k) - v^{\mathrm{T}}(k)\mathcal{Q}_{i,s}v(k)\} < 0$ 时，不需要与传统方法一样产生额外的不等式放大 (如文献 [25] 中的式 (18)、文献 [26] 中的式 (25)、文献 [27] 中的式 (36))；③在离散时滞 GRN 状态估计研究中，运用了新的 Wirtinger 型离散不等式和逆凸方法。

基于定理 9.1，现给出使估计误差系统 (9.11) 关于 $(c_1, c_2, R, N, \gamma, \bar{v})$ 随机 H_∞ 有限时间有界的充分条件。

定理 9.2　对于给定的实数 $\beta > 1$，如果存在正定矩阵 $P_{i,s}$、$Q_{i,s}$ $(i, s \in \mathcal{S})$、P_l、Q_l $(l \in \{2, 3, 4\})$、X_ℓ、T_ℓ $(\ell \in \{1, 2\})$、S，正定对角矩阵 Λ_1 和 Λ_2，正实数 λ_c、$\epsilon_\jmath$ $(\jmath \in \{0, 1, 2\})$、λ_{pl}、λ_{ql} $(l \in \{2, 3, 4\})$、$\lambda_{x\ell}$、$\lambda_{t\ell}$ $(\ell \in \{1, 2\})$ 以及矩阵 Y_1 和 Y_2，使得对于 $\forall i, s \in \mathcal{S}$，式 (9.16)、式 (9.18)～式 (9.20) 以及

$$\sum_{l=1}^{3} \Xi_{i,s}^{(l)} + \tilde{\Xi}_{i,s}^{(4)} < 0 \tag{9.42}$$

$$(\lambda_{ex} + \lambda_{ey})c_1 + \lambda_\delta + \beta^{-N}\gamma^2\bar{v} \leqslant \beta^{-N}c_2\epsilon_0 \tag{9.43}$$

成立，其中

$$\tilde{\Xi}_{i,s}^{(4)} = \mathrm{diag}\left\{\Phi_{i,s}^{(1)} + \sum_{l=2}^{8}\Phi^{(l)}, -\beta^{-N}\gamma^2 I\right\}$$

$$\Phi^{(8)} = e_1\bar{M}_x^{\mathrm{T}}\bar{M}_x e_1^{\mathrm{T}} + e_5\bar{M}_y^{\mathrm{T}}\bar{M}_y e_5^{\mathrm{T}}$$

其他参数如定理 9.1 中所述，则估计误差系统 (9.11) 关于 $(c_1, c_2, R, N, \gamma, \bar{v})$ 随机 H_∞ 有限时间有界。

证明　将定理 9.1 中式 (9.17) 和式 (9.21) 中的 $\mathcal{Q}_{i,s}$ 替换为 $\beta^{-N}\gamma^2 I$。考虑到 $\Phi^{(8)} \geqslant 0$，可从式 (9.42) 推导出式 (9.17) 成立。此外，式 (9.43) 意味着式 (9.21)

成立。于是，由定理 9.1 可知，如果式 (9.16)、式 (9.18)~式 (9.20)、式 (9.42) 和式 (9.43) 成立，则估计误差系统 (9.11) 是 SFTB 的。选择与式 (9.22) 相同的 Lyapunov-Krasovskii 泛函，采用与推导定理 9.1 相似的方法，可得

$$\begin{aligned}&\mathrm{E}\{V(k+1)-\beta V(k)+\tilde{c}_x^{\mathrm{T}}(k)\tilde{c}_x(k)+\tilde{c}_y^{\mathrm{T}}(k)\tilde{c}_y(k)-\beta^{-N}\gamma^2 v^{\mathrm{T}}(k)v(k)\}\\ \leqslant&\mathrm{E}\left\{\zeta^{\mathrm{T}}(k)\left(\sum_{l=1}^{3}\Xi_{i,s}^{(l)}+\tilde{\Xi}_{i,s}^{(4)}\right)\zeta(k)\right\}<0\end{aligned}\tag{9.44}$$

式中，$\zeta(k)$ 的定义见定理 9.1；$\tilde{\Xi}_{i,s}^{(4)}$ 于式 (9.42) 中给出。

在零初始条件下，由式 (9.44) 可得

$$\begin{aligned}\mathrm{E}\{V(k+1)\}<{}&\beta^{k+1}\mathrm{E}\{V(0)\}-\sum_{l=0}^{k}\mathrm{E}\left\{\tilde{c}_x^{\mathrm{T}}(l)\tilde{c}_x(l)+\tilde{c}_y^{\mathrm{T}}(l)\tilde{c}_y(l)\right\}\beta^{k-l}\\ &+\beta^{-N}\gamma^2\mathrm{E}\left\{\sum_{l=0}^{k}\beta^{k-l}v^{\mathrm{T}}(l)v(l)\right\}\\ ={}&-\sum_{l=0}^{k}\mathrm{E}\left\{\tilde{c}_x^{\mathrm{T}}(l)\tilde{c}_x(l)+\tilde{c}_y^{\mathrm{T}}(l)\tilde{c}_y(l)\right\}\beta^{k-l}+\beta^{-N}\gamma^2\mathrm{E}\left\{\sum_{l=0}^{k}\beta^{k-l}v^{\mathrm{T}}(l)v(l)\right\}\end{aligned}\tag{9.45}$$

考虑到 $\mathrm{E}\{V(N+1)\}\geqslant 0$ 和 $\beta>1$，由式 (9.45) 易得

$$\mathrm{E}\left\{\sum_{l=0}^{N}\left(\tilde{c}_x^{\mathrm{T}}(l)\tilde{c}_x(l)+\tilde{c}_y^{\mathrm{T}}(l)\tilde{c}_y(l)\right)\right\}<\gamma^2\mathrm{E}\left\{\sum_{l=0}^{N}v^{\mathrm{T}}(l)v(l)\right\}$$

证毕。

定理 9.3 对于给定的实数 $\beta>1$，如果存在正定矩阵 $P_{i,s}$、$Q_{i,s}$ $(i,s\in\mathcal{S})$、P_l、Q_l $(l\in\{2,3,4\})$、X_ℓ、T_ℓ $(\ell\in\{1,2\})$、S，正定对角矩阵 Λ_1 和 Λ_2，正实数 λ_c、$\epsilon_\jmath$ $(\jmath\in\{0,1,2\})$、λ_{pl}、λ_{ql} $(l\in\{2,3,4\})$、$\lambda_{x\ell}$、$\lambda_{t\ell}$ $(\ell\in\{1,2\})$，以及矩阵 Y_1、Y_2、$\mathcal{X}_{i,s}$、$\mathcal{G}_{i,s}$、$\mathcal{K}_{i,s}$ 和 $\mathcal{L}_{i,s}$ $(i,s\in\mathcal{S})$，使得对于 $\forall i,s\in\mathcal{S}$，LMI (9.16)、(9.18)~(9.20)、(9.43) 以及

$$\begin{bmatrix}\tilde{\Xi}_{i,s}^{(4)} & \Omega_{i,s}^{12} & \Omega_{i,s}^{13} & \Omega_{i,s}^{14} & \Omega_{i,s}^{15}\\ * & \Omega_{i,s}^{22} & 0 & 0 & 0\\ * & * & \Omega_{i,s}^{33} & 0 & 0\\ * & * & * & \Omega_{i,s}^{44} & 0\\ * & * & * & * & \Omega_{i,s}^{55}\end{bmatrix}<0\tag{9.46}$$

成立，则估计误差系统 (9.11) 关于 $(c_1,c_2,R,N,\gamma,\bar{v})$ 随机 H_∞ 有限时间有界。

这里，

$$\Omega_{i,s}^{12}=\begin{bmatrix} e_1(\bar{A}_i^{\mathrm{T}}\mathcal{X}_{i,s}-\bar{C}_{ix}^{\mathrm{T}}\mathcal{K}_{i,s}^{\mathrm{T}})+e_{10}H^{\mathrm{T}}\bar{B}^{\mathrm{T}}\mathcal{X}_{i,s} \\ \bar{E}_i^{\mathrm{T}}\mathcal{X}_{i,s}-G_{ix}^{\mathrm{T}}\mathcal{K}_{i,s}^{\mathrm{T}} \end{bmatrix}$$

$$\Omega_{i,s}^{13}=\begin{bmatrix} e_5(\bar{C}_s^{\mathrm{T}}\mathcal{G}_{i,s}-\bar{C}_{sy}^{\mathrm{T}}\mathcal{L}_{i,s}^{\mathrm{T}})+e_2H^{\mathrm{T}}\bar{D}^{\mathrm{T}}\mathcal{G}_{i,s} \\ \bar{F}_s^{\mathrm{T}}\mathcal{G}_{i,s}-G_{sy}^{\mathrm{T}}\mathcal{L}_{i,s}^{\mathrm{T}} \end{bmatrix}$$

$$\Omega_{i,s}^{14}=\begin{bmatrix} e_1(\bar{A}_i^{\mathrm{T}}\mathcal{X}_{i,s}-\bar{C}_{ix}^{\mathrm{T}}\mathcal{K}_{i,s}^{\mathrm{T}}-\mathcal{X}_{i,s})+e_{10}H^{\mathrm{T}}\bar{B}^{\mathrm{T}}\mathcal{X}_{i,s} \\ \bar{E}_i^{\mathrm{T}}\mathcal{X}_{i,s}-G_{ix}^{\mathrm{T}}\mathcal{K}_{i,s}^{\mathrm{T}} \end{bmatrix}$$

$$\Omega_{i,s}^{15}=\begin{bmatrix} e_5(\bar{C}_s^{\mathrm{T}}\mathcal{G}_{i,s}-\bar{C}_{sy}^{\mathrm{T}}\mathcal{L}_{i,s}^{\mathrm{T}}-\mathcal{G}_{i,s})+e_2H^{\mathrm{T}}\bar{D}^{\mathrm{T}}\mathcal{G}_{i,s} \\ \bar{F}_s^{\mathrm{T}}\mathcal{G}_{i,s}-G_{sy}^{\mathrm{T}}\mathcal{L}_{i,s}^{\mathrm{T}} \end{bmatrix}$$

$$\Omega_{i,s}^{22}=\tilde{P}_{i,s}-\mathcal{X}_{i,s}-\mathcal{X}_{i,s}^{\mathrm{T}},\quad \Omega_{i,s}^{33}=\tilde{Q}_{i,s}-\mathcal{G}_{i,s}-\mathcal{G}_{i,s}^{\mathrm{T}}$$

$$\Omega_{i,s}^{44}=(d_M-d_m)^2X_1+d_m^2X_2-\mathcal{X}_{i,s}-\mathcal{X}_{i,s}^{\mathrm{T}}$$

$$\Omega_{i,s}^{55}=(\tau_M-\tau_m)^2T_1+\tau_m^2T_2-\mathcal{G}_{i,s}-\mathcal{G}_{i,s}^{\mathrm{T}}$$

其他参数的定义见定理 9.1 和定理 9.2。特别地，当以上 LMI 有可行解时，状态估计器参数可给出如下:

$$K_{i,s}=\mathcal{X}_{i,s}^{-\mathrm{T}}\mathcal{K}_{i,s},\quad L_{i,s}=\mathcal{G}_{i,s}^{-\mathrm{T}}\mathcal{L}_{i,s},\quad i,s\in\mathcal{S} \tag{9.47}$$

证明 由 Schur 补引理，式 (9.42) 成立当且仅当

$$\begin{bmatrix} \tilde{\Xi}_{i,s}^{(4)} & \Upsilon_{i,s}^{\mathrm{T}} & \Gamma_{i,s}^{\mathrm{T}} & \Upsilon_{i,s}^{(a)\mathrm{T}} & \Gamma_{i,s}^{(a)\mathrm{T}} \\ * & -\tilde{P}_{i,s}^{-1} & 0 & 0 & 0 \\ * & * & -\tilde{Q}_{i,s}^{-1} & 0 & 0 \\ * & * & * & \tilde{X}_{1,2} & 0 \\ * & * & * & * & \tilde{T}_{1,2} \end{bmatrix}<0 \tag{9.48}$$

式中

$$\Upsilon_{i,s}^{(a)}=[(\bar{A}_i-K_{i,s}\bar{C}_{ix}-I)e_1^{\mathrm{T}}+\bar{B}He_{10}^{\mathrm{T}}\ \ \bar{E}_i-K_{i,s}G_{ix}]$$

$$\Gamma_{i,s}^{(a)}=[(\bar{C}_s-L_{i,s}\bar{C}_{sy}-I)e_5^{\mathrm{T}}+\bar{D}He_2^{\mathrm{T}}\ \ \bar{F}_s-L_{i,s}G_{sy}]$$

$$\tilde{X}_{1,2}=-[(d_M-d_m)^2X_1+d_m^2X_2]^{-1},\quad \tilde{T}_{1,2}=-[(\tau_M-\tau_m)^2T_1+\tau_m^2T_2]^{-1}$$

由式 (9.46) 可知 $\tilde{P}_{i,s}-\mathcal{X}_{i,s}-\mathcal{X}_{i,s}^{\mathrm{T}}<0$，$\tilde{Q}_{i,s}-\mathcal{G}_{i,s}-\mathcal{G}_{i,s}^{\mathrm{T}}<0$。于是，可知 $\mathcal{X}_{i,s}$ 和 $\mathcal{G}_{i,s}$ $(i,s\in\mathcal{S})$ 是非奇异矩阵。定义 $J=\mathrm{diag}\{I,\mathcal{X}_{i,s},\mathcal{G}_{i,s},\mathcal{X}_{i,s},\mathcal{G}_{i,s}\}$，并对式 (9.48) 左边矩阵左右两边分别乘以 J^{T} 和 J。同时，考虑到下述不等式:

$$-\mathcal{X}_{i,s}^{\mathrm{T}}\tilde{P}_{i,s}^{-1}\mathcal{X}_{i,s} \leqslant \varOmega_{i,s}^{22}, \quad -\mathcal{G}_{i,s}^{\mathrm{T}}\tilde{Q}_{i,s}^{-1}\mathcal{G}_{i,s} \leqslant \varOmega_{i,s}^{33} \tag{9.49}$$

$$-\mathcal{X}_{i,s}^{\mathrm{T}}[(d_M - d_m)^2 X_1 + d_m^2 X_2]^{-1}\mathcal{X}_{i,s} \leqslant \varOmega_{i,s}^{44} \tag{9.50}$$

$$-\mathcal{G}_{i,s}^{\mathrm{T}}[(\tau_M - \tau_m)^2 T_1 + \tau_m^2 T_2]^{-1}\mathcal{G}_{i,s} \leqslant \varOmega_{i,s}^{55} \tag{9.51}$$

式中，$\varOmega_{i,s}^{22}$、$\varOmega_{i,s}^{33}$、$\varOmega_{i,s}^{44}$、$\varOmega_{i,s}^{55}$ 的定义见定理 9.3，于是可知式 (9.48) 可由下式推出：

$$\begin{bmatrix} \tilde{\varXi}_{i,s}^{(4)} & \varUpsilon_{i,s}^{\mathrm{T}}\mathcal{X}_{i,s} & \varGamma_{i,s}^{\mathrm{T}}\mathcal{G}_{i,s} & \varUpsilon_{i,s}^{(a)\mathrm{T}}\mathcal{X}_{i,s} & \varGamma_{i,s}^{(a)\mathrm{T}}\mathcal{G}_{i,s} \\ * & \varOmega_{i,s}^{22} & 0 & 0 & 0 \\ * & * & \varOmega_{i,s}^{33} & 0 & 0 \\ * & * & * & \varOmega_{i,s}^{44} & 0 \\ * & * & * & * & \varOmega_{i,s}^{55} \end{bmatrix} < 0 \tag{9.52}$$

在式 (9.46) 中，分别用 $\mathcal{X}_{i,s}^{\mathrm{T}}K_{i,s}$ 和 $\mathcal{G}_{i,s}^{\mathrm{T}}L_{i,s}$ 取代 $\mathcal{K}_{i,s}$ 和 $\mathcal{L}_{i,s}$，即可知式 (9.52) 成立。于是，由定理 9.2 可知，如果式 (9.16)、式 (9.18)~式 (9.20)、式 (9.43) 和式 (9.46) 成立，则估计误差系统 (9.11) 关于 $(c_1, c_2, R, N, \gamma, \bar{v})$ 随机 H_∞ 有限时间有界。特别地，当这些 LMI 有可行解时，估计器参数可由式 (9.47) 给出。证毕。

注释 9.4　由式 (9.43) 以及在式 (9.46) 中的 $\tilde{\varXi}_{i,s}^{(4)}$ 可知，γ^2 可视为若干基于 LMI 的约束条件下的优化变量，以便获得最小 H_∞ 性能指标。具体地，在式 (9.16)、式 (9.18)~式 (9.20)、式 (9.43) 和式 (9.46) 约束下，如果如下凸优化问题有可行解 ρ^*：

$$\min \rho \tag{9.53}$$

式中，$\rho = \gamma^2$，则最小 H_∞ 性能指标为 $\sqrt{\rho^*}$。

注释 9.5　定理 9.1~定理 9.3 给出了 SCP 下的离散时滞 GRN 的有限时间 H_∞ 状态估计问题的解决方案。值得指出的是，所有系统信息 (系统参数、SCP 的概率分布、干扰抑制衰减水平、时滞界等) 都体现在主要结论中。本节的特点归纳如下：① 针对离散时滞 GRN，所讨论的有限时间 H_∞ 状态估计是一个新问题；② 提出了具有 SCP 的 GRN 新模型，这里考虑 SCP 是为了减轻网络负载和避免数据冲突；③ 采用了新的处理方法，即综合使用传输顺序相关的 Lyapunov-Krasovskii 泛函、Wirtinger 型离散不等式和逆凸方法。

9.2.3　仿真实例

本节采用 Repressilator 模型验证状态估计器设计方法的有效性。

类似于 8.4 节，考虑如下离散时间 Repressilator 模型：

$$\begin{cases} \mathcal{M}_i(k+1) = \mathrm{e}^{-h}\mathcal{M}_i(k) + \dfrac{\alpha_i(1-\mathrm{e}^{-h})}{1+\mathcal{N}_j^H(k-\tau(k))} \\ \mathcal{N}_i(k+1) = \mathrm{e}^{-\beta_i h}\mathcal{N}_i(k) + (1-\mathrm{e}^{-\beta_i h})\mathcal{M}_i(k-d(k)) \end{cases}$$

设 $H=2$、$h=1$、$\alpha_1=\alpha_2=\alpha_3=0.2$、$\beta_1=1$、$\beta_2=0.5$、$\beta_3=1$。于是，该离散时间模型可写成如式 (9.1) 所示的形式，其中，A、B、C、D、V 和 $f_i(N_i(k))$ 如 8.4 节所示。

该 Repressilator 模型有唯一平衡点 $[\mathcal{M}^*,\mathcal{N}^*]$，其中，$\mathcal{M}^*=\mathcal{N}^*=[0.1928 \quad 0.1928 \quad 0.1928]^{\mathrm{T}}$。通过将平衡点移动至原点，并选取其他矩阵，可将式 (9.1) 描述的 Repressilator 模型进一步改写为形如式 (9.3)，其中，A、B、C、D 如上所述，

$$M_x=M_y=\mathrm{diag}\{0.2,0.3,0.4\},\quad E=[0.02 \quad 0.04 \quad 0.2]^{\mathrm{T}},\quad F=[0.2 \quad 0.25 \quad 0.3]^{\mathrm{T}}$$

设式 (9.4) 中的参数如下：

$$\begin{aligned}&G_1=[0.1 \quad 0.2]^{\mathrm{T}},\quad G_2=[0.15 \quad 0.1]^{\mathrm{T}}\\&C_1=\begin{bmatrix}0.2 & 0.05 & 0.2\\0.1 & 0.1 & 0.4\end{bmatrix},\quad C_2=\begin{bmatrix}0.1 & 0.25 & 0.1\\0.15 & 0.1 & 0.2\end{bmatrix}\end{aligned}$$

进而可知 $\mathcal{S}=\{1,2\}$。式 (9.5) 中，转移概率为 $\pi_{11}=0.3$，$\pi_{12}=0.7$，$\pi_{21}=0.45$，$\pi_{22}=0.55$，$\lambda_{11}=0.4$，$\lambda_{12}=0.6$，$\lambda_{21}=0.7$ 和 $\lambda_{22}=0.3$。调节函数 $f_i(N_i)=\dfrac{N_i^2}{1+N_i^2}$ 的导数小于 0.65，这意味着可取 $U=0.65I_5$。假定 $\tau(k)=3+(-1)^k$，$d(k)=2+(-1)^k$。定理 9.3 中的部分参数选取如下：$\beta=1.1$、$c_1=0.03$、$c_2=1.47$、$R=I$、$N=15$、$\bar{v}=0.1$。在式 (9.12) 中，假定 $\delta=0.03$。求解式 (9.53)，可得有限时间最小 H_∞ 性能指标 $\gamma^*=2.7257$。若测量输出在无 SCP 下成功传输，此时最小 H_∞ 性能指标为 0.8449。这表明，在 SCP 下通过带宽有限的通信网络进行状态估计，会降低估计性能。

基于式 (9.47)，可得状态估计器的参数 (限于篇幅，估计器参数省略)。在仿真中，假定 $v(k)=0.05\cos(4k)$。易知 $v(k)$ 满足式 (9.13)。系统 (9.3) 的初始条件置为

$$\begin{aligned}&x(0)=[0.04 \quad 0.04 \quad 0.046]^{\mathrm{T}},\quad y(0)=[0.1 \quad 0.058 \quad 0.106]^{\mathrm{T}},\\&x(\ell)=y(\ell)=0,\quad \ell\in\{-4,-3,-2,-1\}\end{aligned}$$

于是可知式 (9.12) 成立。

基于所设计的状态估计器，图 9.2 展示了 mRNA 浓度 (x_i, $i=1,2,3$) 及其估计的曲线。图 9.3 给出了蛋白质浓度 (y_i, $i=1,2,3$) 及其估计的曲线。图 9.4 给出了 $\mathrm{E}\{\tilde{e}_x^{\mathrm{T}}(k)R\tilde{e}_x(k)+\tilde{e}_y^{\mathrm{T}}(k)R\tilde{e}_y(k)\}$ 曲线以及界 c_2。由图 9.4 可知条件 (9.14) 成立，这表明估计误差系统 (9.11) 关于 $(c_1,c_2,R,N,\bar{v})$ 是 SFTB 的。此外，在零初始条件下，可得

$$\sqrt{\frac{\mathrm{E}\left\{\sum\limits_{k=0}^{15}\begin{bmatrix}\tilde{c}_x(k)\\ \tilde{c}_y(k)\end{bmatrix}^{\mathrm{T}}\begin{bmatrix}\tilde{c}_x(k)\\ \tilde{c}_y(k)\end{bmatrix}\right\}}{\sum\limits_{k=0}^{15}v^{\mathrm{T}}(k)v(k)}}=0.0954<\gamma^*$$

于是可知，有限时间 H_∞ 性能约束条件 (9.15) 成立。

以上仿真结果表明，所设计的状态估计器是有效的。

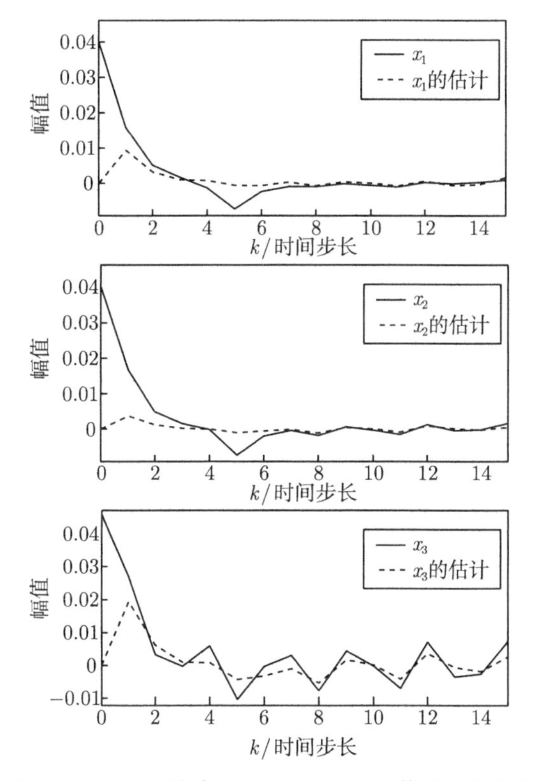

图 9.2　mRNA 浓度 $x_i(i=1,2,3)$ 及其估计的曲线

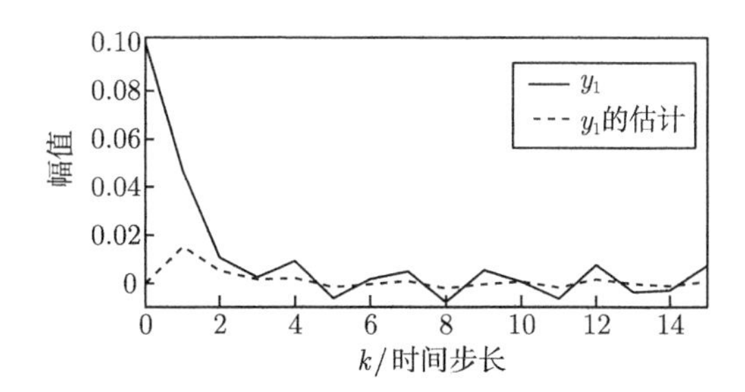

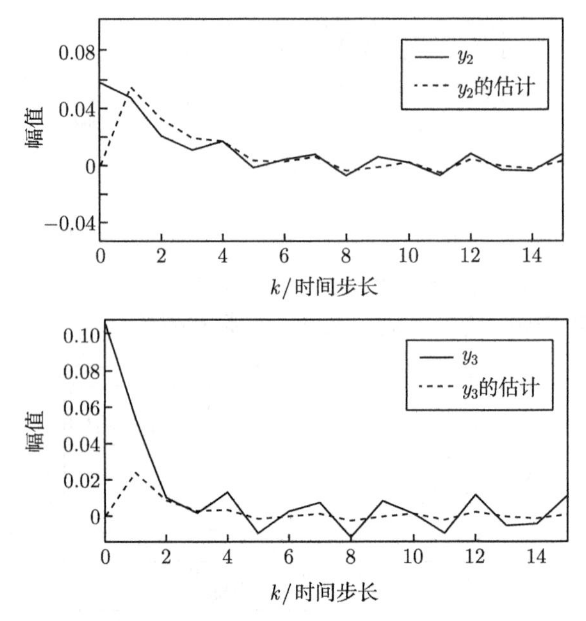

图 9.3　蛋白质浓度 $y_i(i=1,2,3)$ 及其估计的曲线

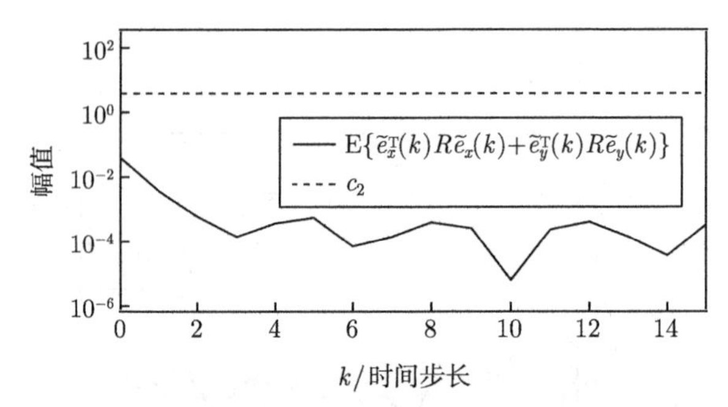

图 9.4　$\mathrm{E}\{\tilde{e}_x^{\mathrm{T}}(k)R\tilde{e}_x(k)+\tilde{e}_y^{\mathrm{T}}(k)R\tilde{e}_y(k)\}$ 曲线和界 c_2

9.3　基于递归方法的量化 H_∞ 状态估计

9.3.1　时变基因调控网络建模与状态估计问题

基于文献 [28] 中的 GRN 模型，并考虑调节以及信号交互的时变特性[12]，本节提出有限时域 ($k\in[0,N]$) 具有 n 个 mRNA 和 n 个蛋白质的离散时变 GRN 模型：

$$\begin{cases} x(k+1)=A(k)x(k)+B(k)g(k,y(k))+E(k)w(k) \\ y(k+1)=C(k)y(k)+D(k)x(k)+F(k)w(k) \\ c_x(k)=C_1(k)x(k)+G_1(k)v(k) \\ c_y(k)=C_2(k)y(k)+G_2(k)v(k) \\ z_x(k)=M_1(k)x(k) \\ z_y(k)=M_2(k)y(k) \end{cases} \tag{9.54}$$

式中，$x(k)=[x_1(k),x_2(k),\cdots,x_n(k)]^{\mathrm{T}}\in\mathbb{R}^n$、$y(k)=[y_1(k),y_2(k),\cdots,y_n(k)]^{\mathrm{T}}\in\mathbb{R}^n$，这里，$x_i(k)$ 和 $y_i(k)$ $(i=1,2,\cdots,n)$ 分别表示第 i 个节点 mRNA 和蛋白质的浓度；$c_x(k)=[c_{x1}(k),c_{x2}(k),\cdots,c_{xm}(k)]^{\mathrm{T}}\in\mathbb{R}^m$、$c_y(k)=[c_{y1}(k),c_{y2}(k),\cdots,c_{ym}(k)]^{\mathrm{T}}\in\mathbb{R}^m$ 是可获取的测量输出，分别表示 mRNA 和蛋白质的表达水平；$z_x(k)=[z_{x1}(k),z_{x2}(k),\cdots,z_{xr}(k)]^{\mathrm{T}}\in\mathbb{R}^r$ 和 $z_y(k)=[z_{y1}(k),z_{y2}(k),\cdots,z_{yr}(k)]\in\mathbb{R}^r$ 是待估计信号；$w(k)\in l_2([0,N];\mathbb{R}^{r_1})$、$v(k)\in l_2([0,N];\mathbb{R}^{r_2})$ 分别为过程噪声和测量噪声；$A(k)$ 和 $C(k)$ 分别表示 mRNA 和蛋白质的时变降解率矩阵；$B(k)$ 和 $D(k)$ 分别表示耦合矩阵和翻译率矩阵；$E(k)$、$F(k)$、$G_1(k)$ 和 $G_2(k)$ 为噪声强度矩阵；$C_1(k)$、$C_2(k)$、$M_1(k)$ 和 $M_2(k)$ 为已知适维常矩阵；非线性函数 $g(k,y(k))=\big[g_1(k,y_1(k)),g_2(k,y_2(k)),\cdots,g_n(k,y_n(k))\big]^{\mathrm{T}}$，其中，对于 $\forall i\in\{1,2,\cdots,n\}$，$g_i(k,y_i(k))$ 表示蛋白质对转录过程的反馈调节作用。

假设 9.3 对于 $\forall i\in\{1,2,\cdots,n\}$，$\forall \hbar_1(k)$、$\hbar_2(k)\in\mathbb{R}$ 且 $\hbar_1(k)\neq\hbar_2(k)$，非线性函数 $g_i(\cdot,\cdot)$ 满足

$$0\leqslant\frac{g_i(k,\hbar_1(k))-g_i(k,\hbar_2(k))}{\hbar_1(k)-\hbar_2(k)}\leqslant\lambda_i(k),\quad g_i(k,0)=0 \tag{9.55}$$

式中，$\lambda_i(k)$ $(i=1,2,\cdots,n)$ 是已知的非负实数。

假定由两组传感器 (第一组和第二组) 分别获取 $c_x(k)$ 和 $c_y(k)$(图 9.5)。令 $\mathcal{S}=\{1,2,\cdots,m\}$。在第一组中，第 i $(i\in\mathcal{S})$ 个传感器用 G_1^i 表示；第二组中，第 i 个传感器用 G_2^i 表示。假定 $c_x(k)$ 和 $c_y(k)$ 经过量化后，再分别通过信道 1 和信道 2 传输到状态估计器。这里引入 m 个对数量化器，并将第 j 个对数量化器标记为对数量化器 j，其量化函数为 $q_j(\cdot)$。于是，经过这些对数量化器量化后的测量输出如下：

$$q(c_x(k))=[q_1(c_{x1}(k)),q_2(c_{x2}(k)),\cdots,q_m(c_{xm}(k))]^{\mathrm{T}} \tag{9.56}$$

$$q(c_y(k))=[q_1(c_{y1}(k)),q_2(c_{y2}(k)),\cdots,q_m(c_{ym}(k))]^{\mathrm{T}} \tag{9.57}$$

对于每个量化密度为 ρ_j 的量化函数 $q_j(\cdot)$ $(j\in\mathcal{S})$，其量化水平集如下：

$$\mathcal{U}_j=\{\pm u_i^{(j)},\ u_i^{(j)}=\rho_j^i u_0^{(j)},\ i=0,\pm1,\pm2,\cdots\}\cup\{0\},\quad 0<\rho_j<1,\ u_0^{(j)}>0$$

此外，定义如下对数量化器：

$$q_j(\vartheta_j)=\begin{cases}u_i^{(j)}, & \dfrac{1}{1+\kappa_j}u_i^{(j)}<\vartheta_j\leqslant\dfrac{1}{1-\kappa_j}u_i^{(j)}\\ 0, & \vartheta_j=0\\ -q_j(-\vartheta_j), & \vartheta_j<0\end{cases}\tag{9.58}$$

式中，$\kappa_j=\dfrac{1-\rho_j}{1+\rho_j}$。

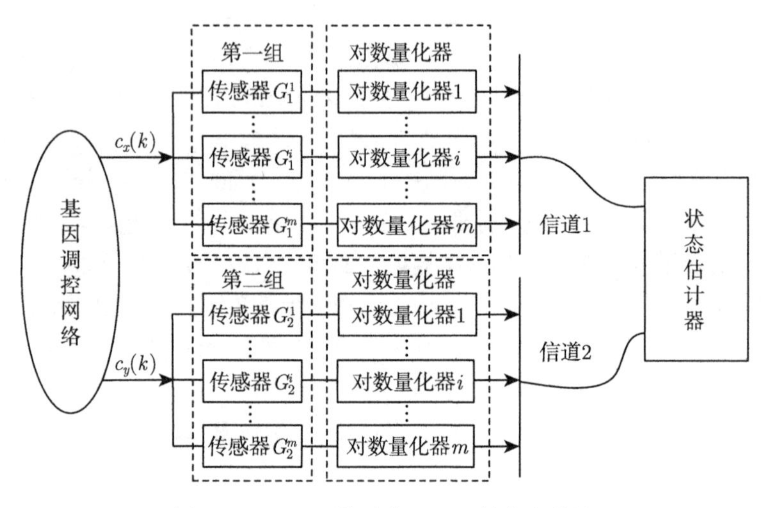

图 9.5　SCP 下的时变 GRN 的状态估计

由于 GRN 维度高且结构复杂，其测量输出通常包含大量的生物数据。在这种情况下，通过 GRN 与状态估计器之间的带宽有限的通信网络传输 $q(c_x(k))$ 和 $q(c_y(k))$ 时，将不可避免地发生数据冲突。为降低数据冲突发生率，采用两个 SCP 分别调度通过信道 1 和信道 2 的数据包的传输。在这两个 SCP 下，第一组和第二组传感器节点的传输序列 $\{\sigma(k)\}$ ($\sigma(k)\in\mathcal{S}$) 和 $\{\theta(k)\}$ ($\theta(k)\in\mathcal{S}$) 分别根据已知的概率分布决定。

假定 $\sigma(k)$ 和 $\theta(k)$ 服从两个相互独立的离散时间马尔可夫链，其转移概率矩阵分别为 $\varPi(k)=[\pi_{ij}(k)]_{m\times m}$ 和 $\varGamma(k)=[\mu_{st}(k)]_{m\times m}$。转移概率 $\pi_{ij}(k)$ 和 $\mu_{st}(k)$ 定义如下：

$$\begin{cases}\text{Prob}\,\{\sigma(k+1)=j|\sigma(k)=i\}=\pi_{ij}(k)\\ \text{Prob}\,\{\theta(k+1)=t|\theta(k)=s\}=\mu_{st}(k)\end{cases},\quad i,j,s,t\in\mathcal{S}\tag{9.59}$$

与此同时，采用接收端的两组 ZOH 储存接收到的数据。

令 $\bar{c}_x(k)=[\bar{c}_{x1}^{\mathrm{T}}(k),\bar{c}_{x2}^{\mathrm{T}}(k),\cdots,\bar{c}_{xm}^{\mathrm{T}}(k)]^{\mathrm{T}}$ 和 $\bar{c}_y(k)=[\bar{c}_{y1}^{\mathrm{T}}(k),\bar{c}_{y2}^{\mathrm{T}}(k),\cdots,\bar{c}_{ym}^{\mathrm{T}}(k)]^{\mathrm{T}}$ 分别为测量输出 $c_x(k)$ 和 $c_y(k)$ 经量化和信道传输后实际接收到的信号，其中，$\bar{c}_{xi}(k)$ 和 $\bar{c}_{ys}(k)$ $(i,s\in\mathcal{S})$ 分别满足

$$\bar{c}_{xi}(k)=\begin{cases} q_i(c_{xi}(k)), & \sigma(k)=i \\ \bar{c}_{xi}(k-1), & \text{其他} \end{cases} \tag{9.60}$$

$$\bar{c}_{ys}(k)=\begin{cases} q_s(c_{ys}(k)), & \theta(k)=s \\ \bar{c}_{ys}(k-1), & \text{其他} \end{cases} \tag{9.61}$$

为简单起见，假定 $\bar{c}_x(-1)=0$、$\bar{c}_y(-1)=0$。定义 $\varPhi_i=\mathrm{diag}\{\delta(i-1),\delta(i-2),\cdots,\delta(i-m)\}$，其中，$\delta(\cdot)\in\{0,1\}$ 为 Kronecker-δ 函数。继而实际接收到的测量输出可表示为

$$\begin{cases} \bar{c}_x(k)=\varPhi_{\sigma(k)}q(c_x(k))+(I_m-\varPhi_{\sigma(k)})\bar{c}_x(k-1) \\ \bar{c}_y(k)=\varPhi_{\theta(k)}q(c_y(k))+(I_m-\varPhi_{\theta(k)})\bar{c}_y(k-1) \end{cases} \tag{9.62}$$

令 $\bar{\varDelta}\overset{\mathrm{def}}{=\!=}\mathrm{diag}\{\kappa_1,\kappa_2,\cdots,\kappa_m\}$。于是，由扇形界方法[29] 可知，存在满足 $\tilde{\varDelta}_1^{\mathrm{T}}(k)\tilde{\varDelta}_1(k)\leqslant I_m$ 和 $\tilde{\varDelta}_2^{\mathrm{T}}(k)\tilde{\varDelta}_2(k)\leqslant I_m$ 的矩阵 $\tilde{\varDelta}_1(k)$ 和 $\tilde{\varDelta}_2(k)$，使下式成立：

$$\begin{cases} q(c_x(k))=(I+\bar{\varDelta}\tilde{\varDelta}_1(k))c_x(k) \\ q(c_y(k))=(I+\bar{\varDelta}\tilde{\varDelta}_2(k))c_y(k) \end{cases} \tag{9.63}$$

结合式 (9.54)、式 (9.62) 和式 (9.63)，可得如下增广系统：

$$\begin{cases} \bar{x}(k+1)=(\bar{A}_{\sigma(k)}(k)+\varDelta_{\varphi\sigma(k)}\tilde{\varDelta}_1(k)\bar{C}_1(k))\bar{x}(k)+\bar{B}(k)Hg_b(k,\bar{y}(k)) \\ \qquad\qquad +(\bar{E}_{\sigma(k)}(k)+\varDelta_{\varphi\sigma(k)}\tilde{\varDelta}_1(k)\bar{G}_1(k))\bar{w}(k) \\ \bar{y}(k+1)=(\bar{C}_{p\theta(k)}(k)+\varDelta_{\varphi\theta(k)}\tilde{\varDelta}_2(k)\bar{C}_2(k))\bar{y}(k)+\bar{D}(k)H\bar{x}(k) \\ \qquad\qquad +(\bar{F}_{\theta(k)}(k)+\varDelta_{\varphi\theta(k)}\tilde{\varDelta}_2(k)\bar{G}_2(k))\bar{w}(k) \\ \bar{c}_x(k)=(\bar{C}_{x\sigma(k)}(k)+\varDelta_{x\sigma(k)}\tilde{\varDelta}_1(k)\bar{C}_1(k))\bar{x}(k)+(\bar{G}_{x\sigma(k)}(k) \\ \qquad\quad +\varDelta_{x\sigma(k)}\tilde{\varDelta}_1(k)\bar{G}_1(k))\bar{w}(k) \\ \bar{c}_y(k)=(\bar{C}_{y\theta(k)}(k)+\varDelta_{y\theta(k)}\tilde{\varDelta}_2(k)\bar{C}_2(k))\bar{y}(k)+(\bar{G}_{y\theta(k)}(k) \\ \qquad\quad +\varDelta_{y\theta(k)}\tilde{\varDelta}_2(k)\bar{G}_2(k))\bar{w}(k) \\ z_x(k)=\bar{M}_x(k)\bar{x}(k) \\ z_y(k)=\bar{M}_y(k)\bar{y}(k) \end{cases} \tag{9.64}$$

式中

$$\bar{x}(k)=[x^{\mathrm{T}}(k),\bar{c}_x^{\mathrm{T}}(k-1)]^{\mathrm{T}},\quad \bar{y}(k)=[y^{\mathrm{T}}(k),\bar{c}_y^{\mathrm{T}}(k-1)]^{\mathrm{T}}$$

$$g_b(k,\bar{y}(k))=[g^{\mathrm{T}}(k,y(k)),g_c^{\mathrm{T}}(k,\bar{c}_y(k-1))]^{\mathrm{T}},\quad \bar{w}(k)=[w^{\mathrm{T}}(k),v^{\mathrm{T}}(k)]^{\mathrm{T}}$$

$$g_c(k,\bar{c}_y(k-1))=[g_1^{\mathrm{T}}(k,\bar{c}_{y1}(k-1)),g_2^{\mathrm{T}}(k,\bar{c}_{y2}(k-1)),\cdots,g_m^{\mathrm{T}}(k,\bar{c}_{ym}(k-1))]^{\mathrm{T}}$$

$$\bar{A}_{\sigma(k)}(k)=\begin{bmatrix} A(k) & 0 \\ \varPhi_{\sigma(k)}C_1(k) & I_m-\varPhi_{\sigma(k)} \end{bmatrix},\quad \varDelta_{\varphi\sigma(k)}=\begin{bmatrix} 0 \\ \varPhi_{\sigma(k)}\bar{\varDelta} \end{bmatrix}$$

$$\bar{B}(k)=\begin{bmatrix} B(k) \\ 0 \end{bmatrix},\quad \bar{C}_1(k)=[C_1(k)\ \ 0]$$

$$\bar{E}_{\sigma(k)}(k)=\begin{bmatrix} E(k) & 0 \\ 0 & \varPhi_{\sigma(k)}G_1(k) \end{bmatrix},\quad \bar{G}_1(k)=[0\ \ G_1(k)]$$

$$\bar{C}_{p\theta(k)}(k)=\begin{bmatrix} C(k) & 0 \\ \varPhi_{\theta(k)}C_2(k) & I_m-\varPhi_{\theta(k)} \end{bmatrix},\quad \varDelta_{\varphi\theta(k)}=\begin{bmatrix} 0 \\ \varPhi_{\theta(k)}\bar{\varDelta} \end{bmatrix},\quad \bar{C}_2(k)=[C_2(k)\ \ 0]$$

$$\bar{D}(k)=\begin{bmatrix} D(k) \\ 0 \end{bmatrix},\quad \bar{G}_2(k)=[0\ \ G_2(k)],\quad \bar{F}_{\theta(k)}(k)=\begin{bmatrix} F(k) & 0 \\ 0 & \varPhi_{\theta(k)}G_2(k) \end{bmatrix}$$

$$\bar{C}_{x\sigma(k)}(k)=[\varPhi_{\sigma(k)}C_1(k)\ \ I_m-\varPhi_{\sigma(k)}],\quad \bar{G}_{x\sigma(k)}(k)=[0\ \ \varPhi_{\sigma(k)}G_1(k)]$$

$$\bar{C}_{y\theta(k)}(k)=[\varPhi_{\theta(k)}C_2(k)\ \ I_m-\varPhi_{\theta(k)}],\quad \bar{G}_{y\theta(k)}(k)=[0\ \ \varPhi_{\theta(k)}G_2(k)]$$

$$\varDelta_{x\sigma(k)}=\varPhi_{\sigma(k)}\bar{\varDelta},\quad \varDelta_{y\theta(k)}=\varPhi_{\theta(k)}\bar{\varDelta}$$

$$\bar{M}_x(k)=[M_1(k)\ \ 0],\quad \bar{M}_y(k)=[M_2(k)\ \ 0],\quad H=[I\ \ 0]$$

注释 9.6 通信网络为大量生物学数据的上传、存储、下载和处理[30]提供了便利，因而在生物学数据分析等领域的应用日渐广泛。利用通信网络，可更好地满足生物学研究的可重复性和数据共享等实际的要求或需求[31]。有鉴于此，本节讨论一类离散时变 GRN 的有限时域 H_∞ 状态估计问题，其中测量输出通过带宽有限的两个通信网络传输后用于状态估计。

为进行 SCP 下的状态估计，构造如下形式的状态估计器：

$$\begin{cases} \eta_x(k+1)=\bar{A}_{\sigma(k)}(k)\eta_x(k)+\bar{B}(k)Hg_b(k,\eta_y(k)) \\ \qquad\qquad +K_{\sigma(k),\theta(k)}(k)(\bar{c}_x(k)-\bar{C}_{x\sigma(k)}(k)\eta_x(k)) \\ \eta_y(k+1)=\bar{C}_{p\theta(k)}(k)\eta_y(k)+\bar{D}(k)H\eta_x(k) \\ \qquad\qquad +L_{\sigma(k),\theta(k)}(k)(\bar{c}_y(k)-\bar{C}_{y\theta(k)}(k)\eta_y(k)) \\ \hat{z}_x(k)=\bar{M}_x(k)\eta_x(k) \\ \hat{z}_y(k)=\bar{M}_y(k)\eta_y(k) \end{cases} \tag{9.65}$$

式中

$$\eta_x(k)=[\hat{x}^{\mathrm{T}}(k),\hat{c}_x^{\mathrm{T}}(k-1)]^{\mathrm{T}},\quad \eta_y(k)=[\hat{y}^{\mathrm{T}}(k),\hat{c}_y^{\mathrm{T}}(k-1)]^{\mathrm{T}}$$

这里，$\hat{x}(k)$、$\hat{c}_x(k-1)$、$\hat{y}(k)$ 和 $\hat{c}_y(k-1)$ 分别为 $x(k)$、$\bar{c}_x(k-1)$、$y(k)$ 和 $\bar{c}_y(k-1)$ 的估计；$K_{\sigma(k),\theta(k)}(k)$ 和 $L_{\sigma(k),\theta(k)}(k)$ 为待设计的模态相关的时变状态估计器增益矩阵；$\hat{z}_x(k)$ 和 $\hat{z}_y(k)$ 分别为 $z_x(k)$ 和 $z_y(k)$ 的估计。

令

$$\begin{aligned}
&\tilde{e}_x(k)=\bar{x}(k)-\eta_x(k),\quad \tilde{e}_y(k)=\bar{y}(k)-\eta_y(k)\\
&\tilde{z}_x(k)=[\tilde{z}_{x1}(k),\tilde{z}_{x2}(k),\cdots,\tilde{z}_{xr}(k)]^{\mathrm{T}}=z_x(k)-\hat{z}_x(k)\\
&\tilde{z}_y(k)=[\tilde{z}_{y1}(k),\tilde{z}_{y2}(k),\cdots,\tilde{z}_{yr}(k)]^{\mathrm{T}}=z_y(k)-\hat{z}_y(k)\\
&\tilde{g}_b(k,\tilde{e}_y(k))=g_b(k,\bar{y}(k))-g_b(k,\eta_y(k))
\end{aligned}$$

于是，可得如下状态估计误差系统：

$$\left\{\begin{aligned}
\tilde{e}_x(k+1)=&(\bar{A}_{\sigma(k)}(k)-K_{\sigma(k),\theta(k)}(k)\bar{C}_{x\sigma(k)}(k))\tilde{e}_x(k)+\bar{B}(k)H\tilde{g}_b(k,\tilde{e}_y(k))\\
&+(\varDelta_{\varphi\sigma(k)}-K_{\sigma(k),\theta(k)}(k)\varDelta_{x\sigma(k)})\tilde{\varDelta}_1(k)\bar{C}_1(k)\bar{x}(k)\\
&+[\bar{E}_{\sigma(k)}(k)-K_{\sigma(k),\theta(k)}(k)\bar{G}_{x\sigma(k)}(k)\\
&+(\varDelta_{\varphi\sigma(k)}-K_{\sigma(k),\theta(k)}(k)\varDelta_{x\sigma(k)})\tilde{\varDelta}_1(k)\bar{G}_1(k)]\bar{w}(k)\\
\tilde{e}_y(k+1)=&(\bar{C}_{p\theta(k)}(k)-L_{\sigma(k),\theta(k)}(k)\bar{C}_{y\theta(k)}(k))\tilde{e}_y(k)+\bar{D}(k)H\tilde{e}_x(k)\\
&+(\varDelta_{\varphi\theta(k)}-L_{\sigma(k),\theta(k)}(k)\varDelta_{y\theta(k)})\tilde{\varDelta}_2(k)\bar{C}_2(k)\bar{y}(k)\\
&+[\bar{F}_{\theta(k)}(k)-L_{\sigma(k),\theta(k)}(k)\bar{G}_{y\theta(k)}(k)\\
&+(\varDelta_{\varphi\theta(k)}-L_{\sigma(k),\theta(k)}(k)\varDelta_{y\theta(k)})\tilde{\varDelta}_2(k)\bar{G}_2(k)]\bar{w}(k)\\
\tilde{z}_x(k)=&\bar{M}_x(k)\tilde{e}_x(k)\\
\tilde{z}_y(k)=&\bar{M}_y(k)\tilde{e}_y(k)
\end{aligned}\right. \tag{9.66}$$

为便于后续讨论，结合系统 (9.64) 和系统 (9.66)，给出决定估计误差动态的如下增广系统：

$$\left\{\begin{aligned}
\xi(k+1)=&\bar{\mathcal{A}}_{\sigma(k),\theta(k)}(k)\xi(k)+\varDelta_{a\sigma(k),\theta(k)}(k)\tilde{\varDelta}_a(k)\bar{\mathcal{C}}(k)\xi(k)+\bar{\mathcal{B}}(k)g_a(k)\\
&+\bar{\mathcal{D}}_{\sigma(k),\theta(k)}(k)\bar{w}(k)+\varDelta_{a\sigma(k),\theta(k)}(k)\tilde{\varDelta}_a(k)\bar{\mathcal{G}}(k)\bar{w}(k)\\
\tilde{z}_a(k)=&\bar{\mathcal{M}}_a(k)\xi(k)
\end{aligned}\right. \tag{9.67}$$

式中

$$\xi(k)=[\bar{x}^{\mathrm{T}}(k),\tilde{e}_x^{\mathrm{T}}(k),\bar{y}^{\mathrm{T}}(k),\tilde{e}_y^{\mathrm{T}}(k)]^{\mathrm{T}},\quad g_a(k)=[g_b^{\mathrm{T}}(k,\bar{y}(k)),\tilde{g}_b^{\mathrm{T}}(k,\tilde{e}_y(k))]^{\mathrm{T}}$$

$$\tilde{z}_a(k)=[\tilde{z}_x^{\mathrm{T}}(k),\tilde{z}_y^{\mathrm{T}}(k)]^{\mathrm{T}}$$

$$\bar{\mathcal{A}}_{\sigma(k),\theta(k)}(k)=\begin{bmatrix}\bar{A}_{\sigma(k)}(k) & 0 & 0 & 0\\ 0 & \bar{\mathcal{A}}^{22}_{\sigma(k),\theta(k)}(k) & 0 & 0\\ \bar{D}(k)H & 0 & \bar{C}_{p\theta(k)}(k) & 0\\ 0 & \bar{D}(k)H & 0 & \bar{\mathcal{A}}^{44}_{\sigma(k),\theta(k)}(k)\end{bmatrix}$$

$$\bar{\mathcal{A}}^{22}_{\sigma(k),\theta(k)}(k)=\bar{A}_{\sigma(k)}(k)-K_{\sigma(k),\theta(k)}(k)\bar{C}_{x\sigma(k)}(k)$$

$$\bar{\mathcal{A}}^{44}_{\sigma(k),\theta(k)}(k)=\bar{C}_{p\theta(k)}(k)-L_{\sigma(k),\theta(k)}(k)\bar{C}_{y\theta(k)}(k)$$

$$\varDelta_{a\sigma(k),\theta(k)}(k)=\begin{bmatrix}\varDelta_{\varphi\sigma(k)} & 0\\ \varDelta^{21}_{a\sigma(k),\theta(k)}(k) & 0\\ 0 & \varDelta_{\varphi\theta(k)}\\ 0 & \varDelta_{\varphi\theta(k)}-L_{\sigma(k),\theta(k)}(k)\varDelta_{y\theta(k)}\end{bmatrix}$$

$$\varDelta^{21}_{a\sigma(k),\theta(k)}(k)=\varDelta_{\varphi\sigma(k)}-K_{\sigma(k),\theta(k)}(k)\varDelta_{x\sigma(k)}$$

$$\bar{\mathcal{B}}(k)=\begin{bmatrix}\bar{B}(k)H & 0\\ 0 & \bar{B}(k)H\\ 0 & 0\\ 0 & 0\end{bmatrix},\quad \bar{\mathcal{C}}(k)=\begin{bmatrix}\bar{C}_1(k) & 0 & 0 & 0\\ 0 & 0 & \bar{C}_2(k) & 0\end{bmatrix}$$

$$\bar{\mathcal{D}}_{\sigma(k),\theta(k)}(k)=\begin{bmatrix}\bar{E}_{\sigma(k)}(k)\\ \bar{E}_{\sigma(k)}(k)-K_{\sigma(k),\theta(k)}(k)\bar{G}_{x\sigma(k)}(k)\\ \bar{F}_{\theta(k)}(k)\\ \bar{F}_{\theta(k)}(k)-L_{\sigma(k),\theta(k)}(k)\bar{G}_{y\theta(k)}(k)\end{bmatrix}$$

$$\tilde{\varDelta}_a(k)=\begin{bmatrix}\tilde{\varDelta}_1(k) & 0\\ 0 & \tilde{\varDelta}_2(k)\end{bmatrix},\quad \bar{\mathcal{G}}(k)=\begin{bmatrix}\bar{G}_1(k)\\ \bar{G}_2(k)\end{bmatrix}$$

$$\bar{\mathcal{M}}_a(k)=\begin{bmatrix}0 & \bar{M}_x(k) & 0 & 0\\ 0 & 0 & 0 & \bar{M}_y(k)\end{bmatrix}$$

本节旨在设计形如式 (9.65) 的状态估计器，使得对 $\forall(\bar{w}(k),\xi(0))\neq 0$，满足如下有限时域 H_∞ 性能约束条件：

$$J=\mathrm{E}\left\{\sum_{k=0}^{N}(\|\tilde{z}_a(k)\|^2-\gamma^2\|\bar{w}(k)\|^2)\right\}-\gamma^2\xi^{\mathrm{T}}(0)R\xi(0)<0 \tag{9.68}$$

式中，$R>0$ 为已知的权重矩阵；$\gamma>0$ 为指定的 H_∞ 性能指标。

在后续主要结论推导中，将用到下述引理。

引理 9.1[32]　令 $\mathcal{R}$、$\mathcal{S}$ 和 $\mathcal{T}$ 是已知的适维非零矩阵，则最优化问题 $\min\limits_{\mathcal{X}}\|\mathcal{S}X\mathcal{R}-\mathcal{T}\|_{\mathrm{F}}$ 的解 $\mathcal{X}=\mathcal{S}^{\dagger}\mathcal{T}\mathcal{R}^{\dagger}$。

9.3.2　有限时域 H_∞ 性能分析与时变状态估计器设计

下面先给出一个辅助的有限时域 H_∞ 性能约束 $\bar{J}$，随后讨论 J 和 $\bar{J}$ 之间的关系。

定义

$$\hat{w}(k)=[\bar{w}^{\mathrm{T}}(k),\varepsilon_1(k)(\tilde{\varDelta}_a(k)\bar{\mathcal{C}}(k)\xi(k))^{\mathrm{T}},\varepsilon_2(k)g_a^{\mathrm{T}}(k),\varepsilon_3(k)(\tilde{\varDelta}_a(k)\bar{\mathcal{G}}(k)\bar{w}(k))^{\mathrm{T}}]^{\mathrm{T}}$$

$$\bar{\mathcal{F}}_{\sigma(k),\theta(k)}(k)=[\bar{\mathcal{D}}_{\sigma(k),\theta(k)}(k)\ \ \varepsilon_1^{-1}(k)\varDelta_{a\sigma(k),\theta(k)}(k)\ \ \varepsilon_2^{-1}(k)\bar{\mathcal{B}}(k)\ \ \varepsilon_3^{-1}(k)\varDelta_{a\sigma(k),\theta(k)}(k)]$$

式中，$\varepsilon_1(k)$、$\varepsilon_2(k)$ 和 $\varepsilon_3(k)$ 为引入的正实数，以提高状态估计器设计的灵活性。

增广系统 (9.67) 可改写为

$$\begin{cases}\xi(k+1)=\bar{\mathcal{A}}_{\sigma(k),\theta(k)}(k)\xi(k)+\bar{\mathcal{F}}_{\sigma(k),\theta(k)}(k)\hat{w}(k)\\ \tilde{z}_a(k)=\bar{\mathcal{M}}_a(k)\xi(k)\end{cases}\tag{9.69}$$

针对增广系统 (9.69)，现提出如下辅助的有限时域 H_∞ 性能约束条件：

$$\begin{aligned}\bar{J}=\mathrm{E}\Bigg\{\sum_{k=0}^{N}&\big(\|\tilde{z}_a(k)\|^2-\gamma^2\|\hat{w}(k)\|^2+\gamma^2\big(\|\varepsilon_1(k)\bar{\mathcal{C}}(k)\xi(k)\|^2+\|\varepsilon_2(k)\bar{\varLambda}(k)\xi(k)\|^2\\&+\|\varepsilon_3(k)\bar{\mathcal{G}}(k)\bar{w}(k)\|^2\big)\big)\Bigg\}-\gamma^2\xi^{\mathrm{T}}(0)R\xi(0)<0,\quad\forall(\bar{w}(k),\xi(0))\neq 0\end{aligned}\tag{9.70}$$

式中

$$\begin{aligned}&\bar{\varLambda}(k)=\mathrm{diag}\{0,0,\varLambda(k),\varLambda(k)\}\\&\varLambda(k)=\mathrm{diag}\{\lambda_1(k),\lambda_2(k),\cdots,\lambda_n(k),\lambda_1(k),\lambda_2(k),\ \cdots,\lambda_m(k)\}\end{aligned}$$

关于 H_∞ 性能约束条件 (9.68) 和 (9.70) 之间的关系，有如下结论。

定理 9.4　*J 和 $\bar{J}$ 之间的关系是*

$$J\leqslant\bar{J}\tag{9.71}$$

证明　由式 (9.68) 和式 (9.70) 可得

$$
\begin{aligned}
J-\bar{J}=&\mathrm{E}\Big\{\gamma^2\sum_{k=0}^{N}\big(\|\hat{w}(k)\|^2-\|\bar{w}(k)\|^2-\|\varepsilon_1(k)\bar{\mathcal{C}}(k)\xi(k)\|^2-\|\varepsilon_2(k)\bar{\Lambda}(k)\xi(k)\|^2\\
&-\|\varepsilon_3(k)\bar{\mathcal{G}}(k)\bar{w}(k)\|^2\big)\Big\}\\
=&\mathrm{E}\Big\{\gamma^2\sum_{k=0}^{N}\big(\|\varepsilon_1(k)\tilde{\Delta}_a(k)\bar{\mathcal{C}}(k)\xi(k)\|^2+\|\varepsilon_2(k)g_a(k)\|^2+\|\varepsilon_3(k)\tilde{\Delta}_a(k)\bar{\mathcal{G}}(k)\bar{w}(k)\|^2\\
&-\|\varepsilon_1(k)\bar{\mathcal{C}}(k)\xi(k)\|^2-\|\varepsilon_2(k)\bar{\Lambda}(k)\xi(k)\|^2-\|\varepsilon_3(k)\bar{\mathcal{G}}(k)\bar{w}(k)\|^2\big)\Big\}\\
=&-\gamma^2\mathrm{E}\Big\{\sum_{k=0}^{N}\big(\|\varepsilon_1(k)(I-\tilde{\Delta}_a^{\mathrm{T}}(k)\tilde{\Delta}_a(k))^{1/2}\bar{\mathcal{C}}(k)\xi(k)\|^2+\varepsilon_2^2(k)(\xi^{\mathrm{T}}(k)\bar{\Lambda}^2(k)\xi(k)\\
&-g_a^{\mathrm{T}}(k)g_a(k))+\|\varepsilon_3(k)(I-\tilde{\Delta}_a^{\mathrm{T}}(k)\tilde{\Delta}_a(k))^{1/2}\bar{\mathcal{G}}(k)\bar{w}(k)\|^2\big)\Big\}
\end{aligned}\tag{9.72}
$$

由式 (9.55) 以及 $\tilde{g}_b(k,\tilde{e}_y(k))$ 的定义，可知

$$
g_b^{\mathrm{T}}(k,\bar{y}(k))g_b(k,\bar{y}(k))\leqslant\bar{y}^{\mathrm{T}}(k)\Lambda^2(k)\bar{y}(k)\tag{9.73}
$$

$$
\tilde{g}_b^{\mathrm{T}}(k,\tilde{e}_y(k))\tilde{g}_b(k,\tilde{e}_y(k))\leqslant\tilde{e}_y^{\mathrm{T}}(k)\Lambda^2(k)\tilde{e}_y(k)\tag{9.74}
$$

进而可得

$$
\xi^{\mathrm{T}}(k)\bar{\Lambda}^2(k)\xi(k)-g_a^{\mathrm{T}}(k)g_a(k)\geqslant 0\tag{9.75}
$$

于是，根据式 (9.72) 和式 (9.75)，有 $J\leqslant\bar{J}$。证毕。

由定理 9.4 可知，若辅助的有限时域 H_∞ 性能约束条件 (9.70) 成立，则式 (9.68) 也成立。下述定理给出了保证约束条件 (9.70) 成立的充分条件。

定理 9.5 考虑具有量化效应 (9.56)~(9.57) 和 SCP (9.59)~(9.62) 的时变 GRN 模型 (9.54)。给定正实数 $\varepsilon_1(k)$、$\varepsilon_2(k)$、$\varepsilon_3(k)$ 和正定矩阵 R 以及指定的 H_∞ 性能指标 γ，如果对 $\forall k\in\{0,1,\cdots,N\}$，$\forall i,s\in\mathcal{S}$，存在矩阵 $P_{i,s}(k)$、$K_{i,s}(k)$ 和 $L_{i,s}(k)$ 满足如下倒向 Riccati 差分方程：

$$
\begin{cases}
P_{i,s}(k)=\bar{\mathcal{A}}_{i,s}^{\mathrm{T}}(k)\tilde{P}_{i,s}(k+1)\bar{\mathcal{A}}_{i,s}(k)+\bar{\mathcal{M}}_a^{\mathrm{T}}(k)\bar{\mathcal{M}}_a(k)+\gamma^2\varepsilon_1^2(k)\bar{\mathcal{C}}^{\mathrm{T}}(k)\bar{\mathcal{C}}(k)\\
\qquad+\gamma^2\varepsilon_2^2(k)\bar{\Lambda}^2(k)+\bar{\mathcal{A}}_{i,s}^{\mathrm{T}}(k)\tilde{P}_{i,s}(k+1)\bar{\mathcal{F}}_{i,s}(k)\Omega_{i,s}^{-1}(k)\bar{\mathcal{F}}_{i,s}^{\mathrm{T}}(k)\\
\qquad\times\tilde{P}_{i,s}(k+1)\bar{\mathcal{A}}_{i,s}(k)\\
P_{i,s}(N+1)=0
\end{cases}\tag{9.76}
$$

式中

$$
\begin{cases}
\Omega_{i,s}(k)=\gamma^2 I-\bar{\mathcal{F}}_{i,s}^{\mathrm{T}}(k)\tilde{P}_{i,s}(k+1)\bar{\mathcal{F}}_{i,s}(k)-\gamma^2\varepsilon_3^2(k)Z^{\mathrm{T}}\bar{\mathcal{G}}^{\mathrm{T}}(k)\bar{\mathcal{G}}(k)Z>0\\
P_{i,s}(0)<\gamma^2 R\\
\tilde{P}_{i,s}(k+1)=\sum\limits_{j=1}^{m}\sum\limits_{t=1}^{m}\pi_{ij}(k)\mu_{st}(k)P_{j,t}(k+1)\\
Z=[I\ \ 0\ \ 0\ \ 0]
\end{cases}
\tag{9.77}
$$

则 H_∞ 性能约束条件 (9.70) (或 (9.68)) 成立。

证明 令

$$
\begin{aligned}
\chi_{\sigma(k),\theta(k)}(k)\overset{\mathrm{def}}{=\!=}&\mathrm{E}\{\xi^{\mathrm{T}}(k+1)P_{\sigma(k+1),\theta(k+1)}(k+1)\xi(k+1)\\
&-\xi^{\mathrm{T}}(k)P_{\sigma(k),\theta(k)}(k)\xi(k)|\sigma(k)=i,\theta(k)=s\}
\end{aligned}
\tag{9.78}
$$

由系统 (9.69) 可得

$$
\begin{aligned}
\chi_{\sigma(k),\theta(k)}(k)=&\mathrm{E}\{(\bar{\mathcal{A}}_{i,s}(k)\xi(k)+\bar{\mathcal{F}}_{i,s}(k)\hat{w}(k))^{\mathrm{T}}\tilde{P}_{i,s}(k+1)(\bar{\mathcal{A}}_{i,s}(k)\xi(k)\\
&+\bar{\mathcal{F}}_{i,s}(k)\hat{w}(k))-\xi^{\mathrm{T}}(k)P_{i,s}(k)\xi(k)|\sigma(k)=i,\theta(k)=s\}\\
=&\mathrm{E}\{\xi^{\mathrm{T}}(k)(\bar{\mathcal{A}}_{i,s}^{\mathrm{T}}(k)\tilde{P}_{i,s}(k+1)\bar{\mathcal{A}}_{i,s}(k)-P_{i,s}(k))\xi(k)\\
&+2\xi^{\mathrm{T}}(k)\bar{\mathcal{A}}_{i,s}^{\mathrm{T}}(k)\tilde{P}_{i,s}(k+1)\bar{\mathcal{F}}_{i,s}(k)\hat{w}(k)\\
&+\hat{w}^{\mathrm{T}}(k)\bar{\mathcal{F}}_{i,s}^{\mathrm{T}}(k)\tilde{P}_{i,s}(k+1)\bar{\mathcal{F}}_{i,s}(k)\hat{w}(k)|\sigma(k)=i,\theta(k)=s\}
\end{aligned}
\tag{9.79}
$$

将零值项

$$
\begin{aligned}
&\mathrm{E}\big\{\|\tilde{z}_a(k)\|^2-\gamma^2\|\hat{w}(k)\|^2+\gamma^2\big(\|\varepsilon_1(k)\bar{\mathcal{C}}(k)\xi(k)\|^2+\|\varepsilon_2(k)\bar{\Lambda}(k)\xi(k)\|^2\\
&\quad+\|\varepsilon_3(k)\bar{\mathcal{G}}(k)\bar{w}(k)\|^2\big)-\big(\|\tilde{z}_a(k)\|^2-\gamma^2\|\hat{w}(k)\|^2+\gamma^2\big(\|\varepsilon_1(k)\bar{\mathcal{C}}(k)\xi(k)\|^2\\
&\quad+\|\varepsilon_2(k)\bar{\Lambda}(k)\xi(k)\|^2+\|\varepsilon_3(k)\bar{\mathcal{G}}(k)\bar{w}(k)\|^2\big)\big)\big\}
\end{aligned}
$$

加到式 (9.79) 的右边，可得

$$
\begin{aligned}
\chi_{\sigma(k),\theta(k)}(k)=&\mathrm{E}\{\xi^{\mathrm{T}}(k)\big(\bar{\mathcal{A}}_{i,s}^{\mathrm{T}}(k)\tilde{P}_{i,s}(k+1)\bar{\mathcal{A}}_{i,s}(k)-P_{i,s}(k)+\bar{\mathcal{M}}_a^{\mathrm{T}}(k)\bar{\mathcal{M}}_a(k)\\
&+\gamma^2\varepsilon_1^2(k)\bar{\mathcal{C}}^{\mathrm{T}}(k)\bar{\mathcal{C}}(k)+\gamma^2\varepsilon_2^2(k)\bar{\Lambda}^2(k)\big)\xi(k)+2\xi^{\mathrm{T}}(k)\bar{\mathcal{A}}_{i,s}^{\mathrm{T}}(k)\tilde{P}_{i,s}(k+1)\\
&\times\bar{\mathcal{F}}_{i,s}(k)\hat{w}(k)+\hat{w}^{\mathrm{T}}(k)\big(\bar{\mathcal{F}}_{i,s}^{\mathrm{T}}(k)\tilde{P}_{i,s}(k+1)\bar{\mathcal{F}}_{i,s}(k)-\gamma^2 I+\gamma^2\varepsilon_3^2(k)Z^{\mathrm{T}}\\
&\times\bar{\mathcal{G}}^{\mathrm{T}}(k)\bar{\mathcal{G}}(k)Z\big)\hat{w}(k)|\sigma(k)=i,\theta(k)=s\}-\mathrm{E}\big\{\|\tilde{z}_a(k)\|^2-\gamma^2\|\hat{w}(k)\|^2\\
&+\gamma^2\big(\|\varepsilon_1(k)\bar{\mathcal{C}}(k)\xi(k)\|^2+\|\varepsilon_2(k)\bar{\Lambda}(k)\xi(k)\|^2+\|\varepsilon_3(k)\bar{\mathcal{G}}(k)\bar{w}(k)\|^2\big)\big\}
\end{aligned}
\tag{9.80}
$$

对 $\hat{w}(k)$ 运用完全平方法，可得

$$
\begin{aligned}
\chi_{\sigma(k),\theta(k)}(k) = {} & \mathrm{E}\{\xi^{\mathrm{T}}(k)\big(\bar{\mathcal{A}}_{i,s}^{\mathrm{T}}(k)\tilde{P}_{i,s}(k+1)\bar{\mathcal{A}}_{i,s}(k)-P_{i,s}(k)+\bar{\mathcal{M}}_{a}^{\mathrm{T}}(k)\bar{\mathcal{M}}_{a}(k) \\
& + \gamma^2\varepsilon_1^2(k)\bar{\mathcal{C}}^{\mathrm{T}}(k)\bar{\mathcal{C}}(k) + \gamma^2\varepsilon_2^2(k)\bar{\Lambda}^2(k) \\
& + \bar{\mathcal{A}}_{i,s}^{\mathrm{T}}(k)\tilde{P}_{i,s}(k+1)\bar{\mathcal{F}}_{i,s}(k)\Omega_{i,s}^{-1}(k)\bar{\mathcal{F}}_{i,s}^{\mathrm{T}}(k)\tilde{P}_{i,s}(k+1)\bar{\mathcal{A}}_{i,s}(k)\big)\xi(k) \\
& - (\hat{w}(k)-\hat{w}^*(k))^{\mathrm{T}}\Omega_{i,s}(k)(\hat{w}(k)-\hat{w}^*(k))|\sigma(k)=i,\theta(k)=s\} \\
& - \mathrm{E}\big\{\|\tilde{z}_a(k)\|^2-\gamma^2\|\hat{w}(k)\|^2+\gamma^2\big(\|\varepsilon_1(k)\bar{\mathcal{C}}(k)\xi(k)\|^2+\|\varepsilon_2(k)\bar{\Lambda}(k)\xi(k)\|^2 \\
& + \|\varepsilon_3(k)\bar{\mathcal{G}}(k)\bar{w}(k)\|^2\big)\big\}
\end{aligned} \tag{9.81}
$$

式中

$$
\hat{w}^*(k) = \Omega_{\sigma(k),\theta(k)}^{-1}(k)\bar{\mathcal{F}}_{\sigma(k),\theta(k)}^{\mathrm{T}}(k)\tilde{P}_{\sigma(k),\theta(k)}(k+1)\bar{\mathcal{A}}_{\sigma(k),\theta(k)}(k)\xi(k)
$$

进而，根据式 (9.76) 和式 (9.81) 可得

$$
\begin{aligned}
\chi_{\sigma(k),\theta(k)}(k) = {} & \mathrm{E}\{-(\hat{w}(k)-\hat{w}^*(k))^{\mathrm{T}}\Omega_{i,s}(k)(\hat{w}(k)-\hat{w}^*(k))|\sigma(k)=i,\theta(k)=s\} \\
& - \mathrm{E}\big\{\|\tilde{z}_a(k)\|^2-\gamma^2\|\hat{w}(k)\|^2+\gamma^2\big(\|\varepsilon_1(k)\bar{\mathcal{C}}(k)\xi(k)\|^2 \\
& + \|\varepsilon_2(k)\bar{\Lambda}(k)\xi(k)\|^2+\|\varepsilon_3(k)\bar{\mathcal{G}}(k)\bar{w}(k)\|^2\big)\big\}
\end{aligned} \tag{9.82}
$$

对式 (9.82) 两边取数学期望并关于 k 从 0 到 N 求和，可得

$$
\begin{aligned}
& \mathrm{E}\big\{\xi^{\mathrm{T}}(N+1)P_{\sigma(N+1),\theta(N+1)}(N+1)\xi(N+1)-\xi^{\mathrm{T}}(0)P_{\sigma(0),\theta(0)}(0)\xi(0)\big\} \\
& = \mathrm{E}\bigg\{-\sum_{k=0}^{N}(\hat{w}(k)-\hat{w}^*(k))^{\mathrm{T}}\Omega_{\sigma(k),\theta(k)}(k)(\hat{w}(k)-\hat{w}^*(k))-\sum_{k=0}^{N}\big(\|\tilde{z}_a(k)\|^2 \\
& \quad -\gamma^2\|\hat{w}(k)\|^2+\gamma^2\big(\|\varepsilon_1(k)\bar{\mathcal{C}}(k)\xi(k)\|^2+\|\varepsilon_2(k)\bar{\Lambda}(k)\xi(k)\|^2+\|\varepsilon_3(k)\bar{\mathcal{G}}(k)\bar{w}(k)\|^2\big)\big)\bigg\}
\end{aligned} \tag{9.83}
$$

继而，由 $P_{i,s}(N+1)=0$、$\Omega_{i,s}(k)>0$ 和 $P_{i,s}(0)<\gamma^2 R$，有

$$
\begin{aligned}
\bar{J} = {} & \mathrm{E}\bigg\{\sum_{k=0}^{N}\big(\|\tilde{z}_a(k)\|^2-\gamma^2\|\hat{w}(k)\|^2+\gamma^2\big(\|\varepsilon_1(k)\bar{\mathcal{C}}(k)\xi(k)\|^2+\|\varepsilon_2(k)\bar{\Lambda}(k)\xi(k)\|^2 \\
& + \|\varepsilon_3(k)\bar{\mathcal{G}}(k)\bar{w}(k)\|^2\big)\big)\bigg\}-\gamma^2\xi^{\mathrm{T}}(0)R\xi(0) \\
= {} & \mathrm{E}\bigg\{-\sum_{k=0}^{N}\big(\hat{w}(k)-\hat{w}^*(k)\big)^{\mathrm{T}}\Omega_{\sigma(k),\theta(k)}(k)\big(\hat{w}(k)-\hat{w}^*(k)\big) \\
& + \xi^{\mathrm{T}}(0)\big(P_{\sigma(0),\theta(0)}(0)-\gamma^2 R\big)\xi(0)\bigg\} \leqslant 0
\end{aligned} \tag{9.84}
$$

现在采用反证法证明式 (9.84) 是严格不等式，即 $\bar{J} < 0$。假设 $\bar{J} = 0$，由式 (9.84) 可知 $\xi(0) = 0$，且对 $\forall k \in [0, N]$ 有 $\hat{w}(k) \equiv \hat{w}^*(k)$。在系统 (9.69) 中，将 $\hat{w}^*(k)$ 代替 $\hat{w}(k)$，并注意到 $\xi(0) = 0$，可知对 $\forall k \in [0, N]$，$\xi(k) \equiv 0$。于是，对 $\forall k \in [0, N]$，由 $\hat{w}(k) \equiv \hat{w}^*(k)$ 可推出 $\hat{w}(k) \equiv 0$。进一步地，由 $\hat{w}(k) \equiv 0$ 可得 $\bar{w}(k) \equiv 0$，又有 $\xi(0) = 0$，这与式 (9.70) 中 $(\bar{w}(k), \xi(0)) \neq 0$ 矛盾。因此，假设不成立，即 $\bar{J} < 0$，这表明辅助的有限时域 H_∞ 性能约束条件 (9.70) 成立。此外，由定理 9.4 可知，H_∞ 性能约束条件 (9.68) 也成立。证毕。

下面讨论最坏情形下的状态估计器设计，即

$$\hat{w}(k) = \hat{w}^*(k) = \Omega^{-1}_{\sigma(k),\theta(k)}(k)\bar{\mathcal{F}}^{\mathrm{T}}_{\sigma(k),\theta(k)}(k)\tilde{P}_{\sigma(k),\theta(k)}(k+1)\bar{\mathcal{A}}_{\sigma(k),\theta(k)}(k)\xi(k) \tag{9.85}$$

在该情形下，系统 (9.69) 可改写为

$$\begin{cases} \xi(k+1) = (\hat{\mathcal{A}}_{\sigma(k),\theta(k)}(k) + \bar{\mathcal{F}}_{\sigma(k),\theta(k)}(k)\bar{\mathcal{T}}_{\sigma(k),\theta(k)}(k))\xi(k) \\ \qquad\qquad + \bar{\ell}_1\zeta_{x\sigma(k),\theta(k)}(k) + \bar{\ell}_2\zeta_{y\sigma(k),\theta(k)}(k) \\ \tilde{z}_a(k) = \bar{\mathcal{M}}_a(k)\xi(k) \end{cases} \tag{9.86}$$

式中

$$\hat{\mathcal{A}}_{\sigma(k),\theta(k)}(k) = \begin{bmatrix} \bar{A}_{\sigma(k)}(k) & 0 & 0 & 0 \\ 0 & \bar{A}_{\sigma(k)}(k) & 0 & 0 \\ \bar{D}(k)H & 0 & \bar{C}_{p\theta(k)}(k) & 0 \\ 0 & \bar{D}(k)H & 0 & \bar{C}_{p\theta(k)}(k) \end{bmatrix}$$

$$\bar{\mathcal{T}}_{\sigma(k),\theta(k)}(k) = \Omega^{-1}_{\sigma(k),\theta(k)}(k)\bar{\mathcal{F}}^{\mathrm{T}}_{\sigma(k),\theta(k)}(k)\tilde{P}_{\sigma(k),\theta(k)}(k+1)\bar{\mathcal{A}}_{\sigma(k),\theta(k)}(k)$$

$$\zeta_{x\sigma(k),\theta(k)}(k) = K_{\sigma(k),\theta(k)}(k)\bar{C}_{x\sigma(k)}(k)\tilde{e}_x(k)$$

$$\zeta_{y\sigma(k),\theta(k)}(k) = L_{\sigma(k),\theta(k)}(k)\bar{C}_{y\theta(k)}(k)\tilde{e}_y(k)$$

$$\bar{\ell}_1 = [0 \;\; -I \;\; 0 \;\; 0]^{\mathrm{T}}, \quad \bar{\ell}_2 = [0 \;\; 0 \;\; 0 \;\; -I]^{\mathrm{T}}$$

同时，定义如下代价函数：

$$\hat{J}_{\hat{w}^*(k)} = \mathrm{E}\left\{\sum_{k=0}^{N}\left(\|\tilde{z}_a(k)\|^2 + \|\zeta_{x\sigma(k),\theta(k)}(k)\|^2 + \|\zeta_{y\sigma(k),\theta(k)}(k)\|^2\right)\right\} \tag{9.87}$$

下述定理提出了使得有限时域 H_∞ 性能约束条件 (9.70) (或 (9.68)) 成立的状态估计器设计方法。

定理 9.6　考虑具有量化效应 (9.56)~(9.57) 和 SCP (9.59)~(9.62) 的时变 GRN 模型 (9.54)。给定正实数 $\varepsilon_1(k)$、$\varepsilon_2(k)$、$\varepsilon_3(k)$ 和正定矩阵 R 以及指定的 H_∞ 性能

指标 γ，如果对 $\forall k\in\{0,1,\cdots,N\}$，$\forall i,s\in\mathcal{S}$，存在矩阵 $P_{i,s}(k)$、$Q_{i,s}(k)$、$K_{i,s}(k)$ 和 $L_{i,s}(k)$ 使得耦合倒向 Riccati 差分方程 (9.76) 与下式成立：

$$\begin{cases} Q_{i,s}(k)=(\hat{\mathcal{A}}_{i,s}(k)+\bar{\mathcal{F}}_{i,s}(k)\bar{\mathcal{T}}_{i,s}(k))^{\mathrm{T}}\tilde{Q}_{i,s}(k+1)(\hat{\mathcal{A}}_{i,s}(k)+\bar{\mathcal{F}}_{i,s}(k)\bar{\mathcal{T}}_{i,s}(k)) \\ \qquad +\bar{\mathcal{M}}_a^{\mathrm{T}}(k)\bar{\mathcal{M}}_a(k)-\bar{\mathcal{T}}_{i,s}^{\mathrm{T}}(k)\bar{\mathcal{F}}_{i,s}^{\mathrm{T}}(k)\tilde{Q}_{i,s}(k+1)\bar{\ell}_1K_{i,s}(k)\bar{C}_{xi}(k)\bar{\ell}_1^{\mathrm{T}} \\ \qquad -\bar{\ell}_1\bar{C}_{xi}^{\mathrm{T}}(k)K_{i,s}^{\mathrm{T}}(k)\bar{\ell}_1^{\mathrm{T}}\tilde{Q}_{i,s}(k+1)\bar{\mathcal{F}}_{i,s}(k)\bar{\mathcal{T}}_{i,s}(k)-\bar{\mathcal{T}}_{i,s}^{\mathrm{T}}(k)\bar{\mathcal{F}}_{i,s}^{\mathrm{T}}(k) \\ \qquad \times\tilde{Q}_{i,s}(k+1)\bar{\ell}_2L_{i,s}(k)\bar{C}_{ys}(k)\bar{\ell}_2^{\mathrm{T}}-\bar{\ell}_2\bar{C}_{ys}^{\mathrm{T}}(k)L_{i,s}^{\mathrm{T}}(k)\bar{\ell}_2^{\mathrm{T}}\tilde{Q}_{i,s}(k+1) \\ \qquad \times\bar{\mathcal{F}}_{i,s}(k)\bar{\mathcal{T}}_{i,s}(k)+\bar{\ell}_1\bar{C}_{xi}^{\mathrm{T}}(k)K_{i,s}^{\mathrm{T}}(k)\bar{\ell}_1^{\mathrm{T}}\tilde{Q}_{i,s}(k+1)\bar{\ell}_2L_{i,s}(k)\bar{C}_{ys}(k)\bar{\ell}_2^{\mathrm{T}} \\ \qquad +\bar{\ell}_2\bar{C}_{ys}^{\mathrm{T}}(k)L_{i,s}^{\mathrm{T}}(k)\bar{\ell}_2^{\mathrm{T}}\tilde{Q}_{i,s}(k+1)\bar{\ell}_1K_{i,s}(k)\bar{C}_{xi}(k)\bar{\ell}_1^{\mathrm{T}}-\hat{\mathcal{A}}_{i,s}^{\mathrm{T}}(k)\tilde{Q}_{i,s}(k+1) \\ \qquad \times\bar{\ell}_1\Phi_{i,s}^{-1}(k)\bar{\ell}_1^{\mathrm{T}}\tilde{Q}_{i,s}(k+1)\hat{\mathcal{A}}_{i,s}(k)-\hat{\mathcal{A}}_{i,s}^{\mathrm{T}}(k)\tilde{Q}_{i,s}(k+1)\bar{\ell}_2\Psi_{i,s}^{-1}(k)\bar{\ell}_2^{\mathrm{T}} \\ \qquad \times\tilde{Q}_{i,s}(k+1)\hat{\mathcal{A}}_{i,s}(k) \\ Q_{i,s}(N+1)=0 \end{cases} \tag{9.88}$$

式中

$$\begin{cases} \Omega_{i,s}(k)=\gamma^2I-\bar{\mathcal{F}}_{i,s}^{\mathrm{T}}(k)\tilde{P}_{i,s}(k+1)\bar{\mathcal{F}}_{i,s}(k)-\gamma^2\varepsilon_3^2(k)Z^{\mathrm{T}}\bar{\mathcal{G}}^{\mathrm{T}}(k)\bar{\mathcal{G}}(k)Z>0 \\ P_{i,s}(0)<\gamma^2R \\ \Phi_{i,s}(k)=\bar{\ell}_1^{\mathrm{T}}\tilde{Q}_{i,s}(k+1)\bar{\ell}_1+I>0 \\ \Psi_{i,s}(k)=\bar{\ell}_2^{\mathrm{T}}\tilde{Q}_{i,s}(k+1)\bar{\ell}_2+I>0 \end{cases} \tag{9.89}$$

且状态估计器的参数给出如下：

$$\begin{cases} K_{i,s}(k)=\Phi_{i,s}^{-1}(k)\bar{\ell}_1^{\mathrm{T}}\tilde{Q}_{i,s}(k+1)\hat{\mathcal{A}}_{i,s}(k)(\bar{C}_{xi}(k)\bar{\ell}_1^{\mathrm{T}})^{\dagger} \\ L_{i,s}(k)=\Psi_{i,s}^{-1}(k)\bar{\ell}_2^{\mathrm{T}}\tilde{Q}_{i,s}(k+1)\hat{\mathcal{A}}_{i,s}(k)(\bar{C}_{ys}(k)\bar{\ell}_2^{\mathrm{T}})^{\dagger} \end{cases} \tag{9.90}$$

式中

$$\tilde{Q}_{i,s}(k+1)=\sum_{j=1}^{m}\sum_{t=1}^{m}\pi_{ij}(k)\mu_{st}(k)Q_{j,t}(k+1)$$

则有限时域 H_∞ 性能约束条件 (9.70)(或 (9.68)) 成立。

证明 根据定理 9.5，对 $\forall k\in\{0,1,\cdots,N\}$ 以及 $\forall i,s\in\mathcal{S}$，如果存在矩阵 $P_{i,s}(k)$、$K_{i,s}(k)$ 和 $L_{i,s}(k)$ 使得在约束条件 $\Omega_{i,s}(k)>0$、$P_{i,s}(0)<\gamma^2R$ 下，式 (9.76) 成立，则 H_∞ 性能约束条件 (9.70) (或 (9.68)) 成立。现考虑在最坏情形 $(\hat{w}(k)=\hat{w}^*(k))$ 下的状态估计器设计问题。为此，令

$$\begin{aligned} \bar{\chi}_{\sigma(k),\theta(k)}(k)\overset{\mathrm{def}}{=\!=}&\,\mathrm{E}\{\xi^{\mathrm{T}}(k+1)Q_{\sigma(k+1),\theta(k+1)}(k+1)\xi(k+1) \\ &-\xi^{\mathrm{T}}(k)Q_{\sigma(k),\theta(k)}(k)\xi(k)|\sigma(k)=i,\theta(k)=s\} \end{aligned} \tag{9.91}$$

于是，由式 (9.86) 可得

$$
\begin{aligned}
\bar{\chi}_{\sigma(k),\theta(k)}(k)= & \mathrm{E}\{\xi^{\mathrm{T}}(k)[(\hat{\mathcal{A}}_{i,s}(k)+\bar{\mathcal{F}}_{i,s}(k)\bar{\mathcal{T}}_{i,s}(k))^{\mathrm{T}}\tilde{Q}_{i,s}(k+1)(\hat{\mathcal{A}}_{i,s}(k)+\bar{\mathcal{F}}_{i,s}(k)\bar{\mathcal{T}}_{i,s}(k)) \\
& -Q_{i,s}(k)]\xi(k)+2\xi^{\mathrm{T}}(k)(\hat{\mathcal{A}}_{i,s}(k)+\bar{\mathcal{F}}_{i,s}(k)\bar{\mathcal{T}}_{i,s}(k))^{\mathrm{T}}\tilde{Q}_{i,s}(k+1)\bar{\ell}_1\zeta_{xi,s}(k) \\
& +2\xi^{\mathrm{T}}(k)(\hat{\mathcal{A}}_{i,s}(k)+\bar{\mathcal{F}}_{i,s}(k)\bar{\mathcal{T}}_{i,s}(k))^{\mathrm{T}}\tilde{Q}_{i,s}(k+1)\bar{\ell}_2\zeta_{yi,s}(k) \\
& +\zeta_{xi,s}^{\mathrm{T}}(k)\bar{\ell}_1^{\mathrm{T}}\tilde{Q}_{i,s}(k+1)\bar{\ell}_1\zeta_{xi,s}(k)+2\zeta_{xi,s}^{\mathrm{T}}(k)\bar{\ell}_1^{\mathrm{T}}\tilde{Q}_{i,s}(k+1)\bar{\ell}_2\zeta_{yi,s}(k) \\
& +\zeta_{yi,s}^{\mathrm{T}}(k)\bar{\ell}_2^{\mathrm{T}}\tilde{Q}_{i,s}(k+1)\bar{\ell}_2\zeta_{yi,s}(k)|\sigma(k)=i,\theta(k)=s\}
\end{aligned} \tag{9.92}
$$

将零值项

$$
\begin{aligned}
& \mathrm{E}\{\|\tilde{z}_a(k)\|^2+\|\zeta_{x\sigma(k),\theta(k)}(k)\|^2+\|\zeta_{y\sigma(k),\theta(k)}(k)\|^2- \\
& \quad(\|\tilde{z}_a(k)\|^2+\|\zeta_{x\sigma(k),\theta(k)}(k)\|^2+\|\zeta_{y\sigma(k),\theta(k)}(k)\|^2)\}
\end{aligned}
$$

加到式 (9.92) 的右边并考虑到

$$
\zeta_{x\sigma(k),\theta(k)}(k)=-K_{\sigma(k),\theta(k)}(k)\bar{C}_{x\sigma(k)}(k)\bar{\ell}_1^{\mathrm{T}}\xi(k) \tag{9.93}
$$

$$
\zeta_{y\sigma(k),\theta(k)}(k)=-L_{\sigma(k),\theta(k)}(k)\bar{C}_{y\theta(k)}(k)\bar{\ell}_2^{\mathrm{T}}\xi(k) \tag{9.94}
$$

可得

$$
\begin{aligned}
& \bar{\chi}_{\sigma(k),\theta(k)}(k) \\
= & \mathrm{E}\{\xi^{\mathrm{T}}(k)[(\hat{\mathcal{A}}_{i,s}(k)+\bar{\mathcal{F}}_{i,s}(k)\bar{\mathcal{T}}_{i,s}(k))^{\mathrm{T}}\tilde{Q}_{i,s}(k+1)(\hat{\mathcal{A}}_{i,s}(k)+\bar{\mathcal{F}}_{i,s}(k)\bar{\mathcal{T}}_{i,s}(k)) \\
& +\bar{\mathcal{M}}_a^{\mathrm{T}}(k)\bar{\mathcal{M}}_a(k)-Q_{i,s}(k)]\xi(k)+2\xi^{\mathrm{T}}(k)(\hat{\mathcal{A}}_{i,s}(k)+\bar{\mathcal{F}}_{i,s}(k)\bar{\mathcal{T}}_{i,s}(k))^{\mathrm{T}}\tilde{Q}_{i,s}(k+1) \\
& \times\bar{\ell}_1\zeta_{xi,s}(k)+2\xi^{\mathrm{T}}(k)(\hat{\mathcal{A}}_{i,s}(k)+\bar{\mathcal{F}}_{i,s}(k)\bar{\mathcal{T}}_{i,s}(k))^{\mathrm{T}}\tilde{Q}_{i,s}(k+1)\bar{\ell}_2\zeta_{yi,s}(k)+\zeta_{xi,s}^{\mathrm{T}}(k) \\
& \times(\bar{\ell}_1^{\mathrm{T}}\tilde{Q}_{i,s}(k+1)\bar{\ell}_1+I)\zeta_{xi,s}(k)+2\zeta_{xi,s}^{\mathrm{T}}(k)\bar{\ell}_1^{\mathrm{T}}\tilde{Q}_{i,s}(k+1)\bar{\ell}_2\zeta_{yi,s}(k)+\zeta_{yi,s}^{\mathrm{T}}(k) \\
& \times(\bar{\ell}_2^{\mathrm{T}}\tilde{Q}_{i,s}(k+1)\bar{\ell}_2+I)\zeta_{yi,s}(k)-\|\tilde{z}_a(k)\|^2-\|\zeta_{xi,s}(k)\|^2 \\
& -\|\zeta_{yi,s}(k)\|^2|\sigma(k)=i,\theta(k)=s\} \\
= & \mathrm{E}\{\xi^{\mathrm{T}}(k)[(\hat{\mathcal{A}}_{i,s}(k)+\bar{\mathcal{F}}_{i,s}(k)\bar{\mathcal{T}}_{i,s}(k))^{\mathrm{T}}\tilde{Q}_{i,s}(k+1)(\hat{\mathcal{A}}_{i,s}(k)+\bar{\mathcal{F}}_{i,s}(k)\bar{\mathcal{T}}_{i,s}(k)) \\
& +\bar{\mathcal{M}}_a^{\mathrm{T}}(k)\bar{\mathcal{M}}_a(k)-Q_{i,s}(k)-\bar{\mathcal{T}}_{i,s}^{\mathrm{T}}(k)\bar{\mathcal{F}}_{i,s}^{\mathrm{T}}(k)\tilde{Q}_{i,s}(k+1)\bar{\ell}_1K_{i,s}(k)\bar{C}_{xi}(k)\bar{\ell}_1^{\mathrm{T}}-\bar{\ell}_1\bar{C}_{xi}^{\mathrm{T}}(k) \\
& \times K_{i,s}^{\mathrm{T}}(k)\bar{\ell}_1^{\mathrm{T}}\tilde{Q}_{i,s}(k+1)\bar{\mathcal{F}}_{i,s}(k)\bar{\mathcal{T}}_{i,s}(k)-\bar{\mathcal{T}}_{i,s}^{\mathrm{T}}(k)\bar{\mathcal{F}}_{i,s}^{\mathrm{T}}(k)\tilde{Q}_{i,s}(k+1)\bar{\ell}_2L_{i,s}(k)\bar{C}_{ys}(k)\bar{\ell}_2^{\mathrm{T}} \\
& -\bar{\ell}_2\bar{C}_{ys}^{\mathrm{T}}(k)L_{i,s}^{\mathrm{T}}(k)\bar{\ell}_2^{\mathrm{T}}\tilde{Q}_{i,s}(k+1)\bar{\mathcal{F}}_{i,s}(k)\bar{\mathcal{T}}_{i,s}(k)+\bar{\ell}_1\bar{C}_{xi}^{\mathrm{T}}(k)K_{i,s}^{\mathrm{T}}(k)\bar{\ell}_1^{\mathrm{T}} \\
& \times\tilde{Q}_{i,s}(k+1)\bar{\ell}_2L_{i,s}(k)\bar{C}_{ys}(k)\bar{\ell}_2^{\mathrm{T}}+\bar{\ell}_2\bar{C}_{ys}^{\mathrm{T}}(k)L_{i,s}^{\mathrm{T}}(k)\bar{\ell}_2^{\mathrm{T}}\tilde{Q}_{i,s}(k+1)\bar{\ell}_1K_{i,s}(k)\bar{C}_{xi}(k) \\
& \times\bar{\ell}_1^{\mathrm{T}}]\xi(k)+2\xi^{\mathrm{T}}(k)\hat{\mathcal{A}}_{i,s}^{\mathrm{T}}(k)\tilde{Q}_{i,s}(k+1)\bar{\ell}_1\zeta_{xi,s}(k)+2\xi^{\mathrm{T}}(k)\hat{\mathcal{A}}_{i,s}^{\mathrm{T}}(k)\tilde{Q}_{i,s}(k+1)\bar{\ell}_2 \\
& \times\zeta_{yi,s}(k)+\zeta_{xi,s}^{\mathrm{T}}(k)(\bar{\ell}_1^{\mathrm{T}}\tilde{Q}_{i,s}(k+1)\bar{\ell}_1+I)\zeta_{xi,s}(k)+\zeta_{yi,s}^{\mathrm{T}}(k)(\bar{\ell}_2^{\mathrm{T}}\tilde{Q}_{i,s}(k+1)\bar{\ell}_2+I)\zeta_{yi,s}(k) \\
& -\|\tilde{z}_a(k)\|^2-\|\zeta_{xi,s}(k)\|^2-\|\zeta_{yi,s}(k)\|^2|\sigma(k)=i,\theta(k)=s\}
\end{aligned} \tag{9.95}
$$

在式 (9.95) 中，分别针对 $\zeta_{xi,s}(k)$ 和 $\zeta_{yi,s}(k)$ 采用完全平方法，并考虑到式 (9.88)，有

$$
\begin{aligned}
&\bar{\chi}_{\sigma(k),\theta(k)}(k)\\
&=\mathrm{E}\{\xi^{\mathrm{T}}(k)[(\hat{\mathcal{A}}_{i,s}(k)+\bar{\mathcal{F}}_{i,s}(k)\bar{\mathcal{T}}_{i,s}(k))^{\mathrm{T}}\tilde{Q}_{i,s}(k+1)(\hat{\mathcal{A}}_{i,s}(k)+\bar{\mathcal{F}}_{i,s}(k)\bar{\mathcal{T}}_{i,s}(k))\\
&\quad+\bar{\mathcal{M}}_a^{\mathrm{T}}(k)\bar{\mathcal{M}}_a(k)-Q_{i,s}(k)-\bar{\mathcal{T}}_{i,s}^{\mathrm{T}}(k)\bar{\mathcal{F}}_{i,s}^{\mathrm{T}}(k)\tilde{Q}_{i,s}(k+1)\bar{\ell}_1K_{i,s}(k)\bar{C}_{xi}(k)\bar{\ell}_1^{\mathrm{T}}\\
&\quad-\bar{\ell}_1\bar{C}_{xi}^{\mathrm{T}}(k)K_{i,s}^{\mathrm{T}}(k)\bar{\ell}_1^{\mathrm{T}}\tilde{Q}_{i,s}(k+1)\bar{\mathcal{F}}_{i,s}(k)\bar{\mathcal{T}}_{i,s}(k)\\
&\quad-\bar{\mathcal{T}}_{i,s}^{\mathrm{T}}(k)\bar{\mathcal{F}}_{i,s}^{\mathrm{T}}(k)\tilde{Q}_{i,s}(k+1)\bar{\ell}_2L_{i,s}(k)\bar{C}_{ys}(k)\bar{\ell}_2^{\mathrm{T}}\\
&\quad-\bar{\ell}_2\bar{C}_{ys}^{\mathrm{T}}(k)L_{i,s}^{\mathrm{T}}(k)\bar{\ell}_2^{\mathrm{T}}\tilde{Q}_{i,s}(k+1)\bar{\mathcal{F}}_{i,s}(k)\bar{\mathcal{T}}_{i,s}(k)\\
&\quad+\bar{\ell}_1\bar{C}_{xi}^{\mathrm{T}}(k)K_{i,s}^{\mathrm{T}}(k)\bar{\ell}_1^{\mathrm{T}}\tilde{Q}_{i,s}(k+1)\bar{\ell}_2L_{i,s}(k)\bar{C}_{ys}(k)\bar{\ell}_2^{\mathrm{T}}\\
&\quad+\bar{\ell}_2\bar{C}_{ys}^{\mathrm{T}}(k)L_{i,s}^{\mathrm{T}}(k)\bar{\ell}_2^{\mathrm{T}}\tilde{Q}_{i,s}(k+1)\bar{\ell}_1K_{i,s}(k)\bar{C}_{xi}(k)\bar{\ell}_1^{\mathrm{T}}\\
&\quad-\hat{\mathcal{A}}_{i,s}^{\mathrm{T}}(k)\tilde{Q}_{i,s}(k+1)\bar{\ell}_1\varPhi_{i,s}^{-1}(k)\bar{\ell}_1^{\mathrm{T}}\tilde{Q}_{i,s}(k+1)\hat{\mathcal{A}}_{i,s}(k)\\
&\quad-\hat{\mathcal{A}}_{i,s}^{\mathrm{T}}(k)\tilde{Q}_{i,s}(k+1)\bar{\ell}_2\varPsi_{i,s}^{-1}(k)\bar{\ell}_2^{\mathrm{T}}\tilde{Q}_{i,s}(k+1)\hat{\mathcal{A}}_{i,s}(k)]\xi(k)\\
&\quad+(\zeta_{xi,s}(k)-\zeta_{xi,s}^{*}(k))^{\mathrm{T}}\varPhi_{i,s}(k)(\zeta_{xi,s}(k)-\zeta_{xi,s}^{*}(k))\\
&\quad+(\zeta_{yi,s}(k)-\zeta_{yi,s}^{*}(k))^{\mathrm{T}}\varPsi_{i,s}(k)(\zeta_{yi,s}(k)-\zeta_{yi,s}^{*}(k))-\|\tilde{z}_a(k)\|^2\\
&\quad-\|\zeta_{xi,s}(k)\|^2-\|\zeta_{yi,s}(k)\|^2|\sigma(k)=i,\theta(k)=s\}\\
&=\mathrm{E}\{(\zeta_{xi,s}(k)-\zeta_{xi,s}^{*}(k))^{\mathrm{T}}\varPhi_{i,s}(k)(\zeta_{xi,s}(k)-\zeta_{xi,s}^{*}(k))\\
&\quad+(\zeta_{yi,s}(k)-\zeta_{yi,s}^{*}(k))^{\mathrm{T}}\varPsi_{i,s}(k)(\zeta_{yi,s}(k)-\zeta_{yi,s}^{*}(k))\\
&\quad-\|\tilde{z}_a(k)\|^2-\|\zeta_{xi,s}(k)\|^2-\|\zeta_{yi,s}(k)\|^2|\sigma(k)=i,\theta(k)=s\}
\end{aligned}\tag{9.96}
$$

式中

$$
\zeta_{xi,s}^{*}(k)=-\varPhi_{i,s}^{-1}(k)\bar{\ell}_1^{\mathrm{T}}\tilde{Q}_{i,s}(k+1)\hat{\mathcal{A}}_{i,s}(k)\xi(k)\tag{9.97}
$$

$$
\zeta_{yi,s}^{*}(k)=-\varPsi_{i,s}^{-1}(k)\bar{\ell}_2^{\mathrm{T}}\tilde{Q}_{i,s}(k+1)\hat{\mathcal{A}}_{i,s}(k)\xi(k)\tag{9.98}
$$

对式 (9.96) 两边取数学期望，并关于 k 从 0 到 N 求和，可得

$$
\begin{aligned}
&\mathrm{E}\Big\{\xi^{\mathrm{T}}(N+1)Q_{\sigma(N+1),\theta(N+1)}(N+1)\xi(N+1)-\xi^{\mathrm{T}}(0)Q_{\sigma(0),\theta(0)}(0)\xi(0)\Big\}\\
&=\mathrm{E}\Big\{\sum_{k=0}^{N}\big((\zeta_{x\sigma(k),\theta(k)}(k)-\zeta_{x\sigma(k),\theta(k)}^{*}(k))^{\mathrm{T}}\varPhi_{\sigma(k),\theta(k)}(k)(\zeta_{x\sigma(k),\theta(k)}(k)-\zeta_{x\sigma(k),\theta(k)}^{*}(k))\\
&\quad+(\zeta_{y\sigma(k),\theta(k)}(k)-\zeta_{y\sigma(k),\theta(k)}^{*}(k))^{\mathrm{T}}\varPsi_{\sigma(k),\theta(k)}(k)(\zeta_{y\sigma(k),\theta(k)}(k)-\zeta_{y\sigma(k),\theta(k)}^{*}(k))\big)\Big\}\\
&\quad-\mathrm{E}\Big\{\sum_{k=0}^{N}\big(\|\tilde{z}_a(k)\|^2+\|\zeta_{x\sigma(k),\theta(k)}(k)\|^2+\|\zeta_{y\sigma(k),\theta(k)}(k)\|^2\big)\Big\}
\end{aligned}\tag{9.99}
$$

注意到 $Q_{i,s}(N+1)=0$，由式 (9.93)、式 (9.94) 以及式 (9.97)~式 (9.99)，可得

$$\begin{aligned}
&\hat{J}_{\hat{w}^*(k)}\\
&=\mathrm{E}\Bigg\{\sum_{k=0}^{N}\Big(\big(\zeta_{x\sigma(k),\theta(k)}(k)-\zeta^*_{x\sigma(k),\theta(k)}(k)\big)^{\mathrm{T}}\varPhi_{\sigma(k),\theta(k)}(k)\big(\zeta_{x\sigma(k),\theta(k)}(k)-\zeta^*_{x\sigma(k),\theta(k)}(k)\big)\\
&\quad+\big(\zeta_{y\sigma(k),\theta(k)}(k)-\zeta^*_{y\sigma(k),\theta(k)}(k)\big)^{\mathrm{T}}\varPsi_{\sigma(k),\theta(k)}(k)\big(\zeta_{y\sigma(k),\theta(k)}(k)-\zeta^*_{y\sigma(k),\theta(k)}(k)\big)\Big)\Bigg\}\\
&\quad+\mathrm{E}\big\{\xi^{\mathrm{T}}(0)Q_{\sigma(0),\theta(0)}(0)\xi(0)\big\}\\
&\leqslant\sum_{k=0}^{N}\mathrm{E}\Bigg\{\|K_{\sigma(k),\theta(k)}(k)\bar{C}_{x\sigma(k)}(k)\bar{\ell}_1^{\mathrm{T}}-\varPhi^{-1}_{\sigma(k),\theta(k)}(k)\bar{\ell}_1^{\mathrm{T}}\tilde{Q}_{\sigma(k),\theta(k)}(k+1)\hat{\mathcal{A}}_{\sigma(k),\theta(k)}(k)\|_{\mathrm{F}}^2\\
&\quad\times\|\varPhi_{\sigma(k),\theta(k)}(k)\|_F\|\xi(k)\|^2+\|L_{\sigma(k),\theta(k)}(k)\bar{C}_{y\theta(k)}(k)\bar{\ell}_2^{\mathrm{T}}-\varPsi^{-1}_{\sigma(k),\theta(k)}(k)\bar{\ell}_2^{\mathrm{T}}\\
&\quad\times\tilde{Q}_{\sigma(k),\theta(k)}(k+1)\hat{\mathcal{A}}_{\sigma(k),\theta(k)}(k)\|_F^2\|\varPsi_{\sigma(k),\theta(k)}(k)\|_F\|\xi(k)\|^2\Bigg\}\\
&\quad+\mathrm{E}\big\{\xi^{\mathrm{T}}(0)Q_{\sigma(0),\theta(0)}(0)\xi(0)\big\}
\end{aligned}\tag{9.100}$$

为抑制代价函数 $\hat{J}_{\hat{w}^*(k)}$，状态估计器参数 $K_{i,s}(k)$ 和 $L_{i,s}(k)$ $(\forall i,s\in\mathcal{S})$ 选择如下：

$$\left\{\begin{aligned}
K_{i,s}(k)&=\arg\min_{K^*_{i,s}(k)}\|K^*_{i,s}(k)\bar{C}_{xi}(k)\bar{\ell}_1^{\mathrm{T}}-\varPhi^{-1}_{i,s}(k)\bar{\ell}_1^{\mathrm{T}}\tilde{Q}_{i,s}(k+1)\hat{\mathcal{A}}_{i,s}(k)\|_{\mathrm{F}}^2\\
L_{i,s}(k)&=\arg\min_{L^*_{i,s}(k)}\|L^*_{i,s}(k)\bar{C}_{ys}(k)\bar{\ell}_2^{\mathrm{T}}-\varPsi^{-1}_{i,s}(k)\bar{\ell}_2^{\mathrm{T}}\tilde{Q}_{i,s}(k+1)\hat{\mathcal{A}}_{i,s}(k)\|_{\mathrm{F}}^2
\end{aligned}\right.\tag{9.101}$$

由引理 9.1 可知，式 (9.101) 中优化问题的解可由式 (9.90) 给出。证毕。

算法 9.1　有限时域量化 H_∞ 状态估计器设计算法

步骤 1：设置 $k=N$ 且对 $\forall i,s\in\mathcal{S}$，令 $P_{i,s}(N+1)=Q_{i,s}(N+1)=0$。

步骤 2：选定正实数 $\varepsilon_1(k)$、$\varepsilon_2(k)$ 和 $\varepsilon_3(k)$。对 $\forall i,s\in\mathcal{S}$，由式 (9.77) 计算 $\tilde{P}_{i,s}(k+1)$，由式 (9.90) 计算 $\tilde{Q}_{i,s}(k+1)$，由式 (9.89) 计算 $\varPhi_{i,s}(k)$ 和 $\varPsi_{i,s}(k)$。

步骤 3：对 $\forall i,s\in\mathcal{S}$，如果 $\varPhi_{i,s}(k)>0$ 且 $\varPsi_{i,s}(k)>0$，则通过式 (9.90) 和已获得的 $\tilde{Q}_{i,s}(k+1)$ 计算 $K_{i,s}(k)$ 和 $L_{i,s}(k)$，并转入下一步；否则，跳到步骤 7。

步骤 4：对 $\forall i,s\in\mathcal{S}$，通过式 (9.89) 和已获得的 $\tilde{P}_{i,s}(k+1)$、$K_{i,s}(k)$ 和 $L_{i,s}(k)$ 计算 $\varOmega_{i,s}(k)$。如果 $\varOmega_{i,s}(k)>0$，则转入下一步；否则，跳到步骤 7。

步骤 5：对 $\forall i,s\in\mathcal{S}$，分别求解式 (9.76) 和式 (9.88) 的第一个方程，得到 $P_{i,s}(k)$ 和 $Q_{i,s}(k)$。

步骤 6：如果 $k\neq 0$，则设置 $k=k-1$，并返回步骤 2；否则，转入下一步。

步骤 7：如果条件 $\{\varPhi_{i,s}(k)>0,\ \varPsi_{i,s}(k)>0,\ \varOmega_{i,s}(k)>0,\ P_{i,s}(0)<\gamma^2R,\ \forall i,s\in\mathcal{S}\}$ 不满足，则算法无解，停止。

注释 9.7 由于生理和环境的变化，如细胞的不同发育阶段等，GRN的参数(如降解率等) 一般不是恒定而是可变的[10-12]。因此，本节介绍了由系统模型 (9.54) 描述的一类参数时变的离散时间 GRN。尽管定常 GRN 的状态估计和滤波问题的研究已取得丰硕的成果，但时变 GRN 的成果却很少 (文献 [13] 和文献 [14] 除外)。与文献 [13] 和文献 [14] 所采用的递推 LMI 方法不同，本节采用了一种新的耦合倒向递推 Riccati 差分方程方法解决离散时变 GRN 的有限时域 H_∞ 状态估计问题。此外，在生物大数据背景下，考虑了 SCP 和量化效应等更多因素，以便更符合实际。

9.3.3 仿真实例

本节给出一个仿真实例来验证状态估计器设计方法的有效性。

考虑式 (9.54) 描述的具有如下参数的离散时变 GRN：

$$A(k) = \mathrm{diag}\{0.95 + 0.6\ \mathrm{sin}k, 1.01 + 0.6\ \mathrm{sin}k, 0.94 + 0.2\ \mathrm{sin}k\}$$

$$B(k) = \begin{bmatrix} 0 & 0 & B_{13}(k) \\ -0.1264 + 0.05\ |\mathrm{sin}k| & 0 & 0 \\ 0 & -0.1264 & 0 \end{bmatrix}$$

$$B_{13}(k) = -0.1264 + 0.1\ \sin k$$

$$C(k) = \mathrm{diag}\{0.3679 + 0.4\ \mathrm{cos}k, 0.6065 + 0.1\ |\mathrm{sin}k|, 0.3679 + 0.02\ \mathrm{sin}k\}$$

$$C_1(k) = \begin{bmatrix} 0.2 + 0.1\ \mathrm{sin}k & 0.05 & 0.2 \\ 0.1 & 0.1 + 0.1\ \mathrm{sin}k & 0.4 \end{bmatrix}$$

$$C_2(k) = \begin{bmatrix} 0.1 & 0.25 + 0.1\ \mathrm{sin}k & 0.1 \\ 0.15 & 0.1 & 0.2 + 0.2\ \mathrm{sin}k \end{bmatrix}$$

$$D(k) = \mathrm{diag}\{0.6321 + 0.1\ \mathrm{sin}k, 0.3935 + 0.1\ |\mathrm{cos}k|, 0.6321 + 0.01\ \mathrm{sin}k\}$$

$$G_1(k) = [0.1 \quad 0.2]^{\mathrm{T}},\ G_2(k) = [0.1 \quad 0.1]^{\mathrm{T}}$$

$$F(k) = [0.2 \quad 0.2 \quad 0.3]^{\mathrm{T}}, \quad E(k) = [0.02 \quad 0.06 \quad 0.2]^{\mathrm{T}}, \quad g_i(k, y_i(k)) = \frac{y_i^2(k)}{1 + y_i^2(k)}$$

$$M_1(k) = \mathrm{diag}\{0.2 + 0.1\ \mathrm{cos}k, 0.1 + 0.1\ \mathrm{sin}(k+1), 0.1 + 0.1\ \mathrm{sin}k\}$$

$$M_2(k) = \mathrm{diag}\{0.1 + 0.1\ \mathrm{sin}k, 0.1 + 0.1\ \mathrm{sin}(k+1), 0.27 + 0.1\ \mathrm{sin}k\}$$

上述离散时变 GRN 可看作调整部分参数并考虑参数波动后得到的扩展离散时间 Repressilator 模型[5, 33]。显然 $\mathcal{S} = \{1, 2\}$。假定转移概率矩阵分别为

$$\Pi(k) = \begin{bmatrix} 0.3 + 0.1(-1)^k & 0.7 - 0.1(-1)^k \\ 0.45 & 0.55 \end{bmatrix}$$

$$\Gamma(k)=\begin{bmatrix} 0.4+0.1(-1)^k & 0.6-0.1(-1)^k \\ 0.7 & 0.3 \end{bmatrix}$$

图 9.6 给出了 SCP 下的传输模态 $\sigma(k)$ 和 $\theta(k)$ 的曲线。

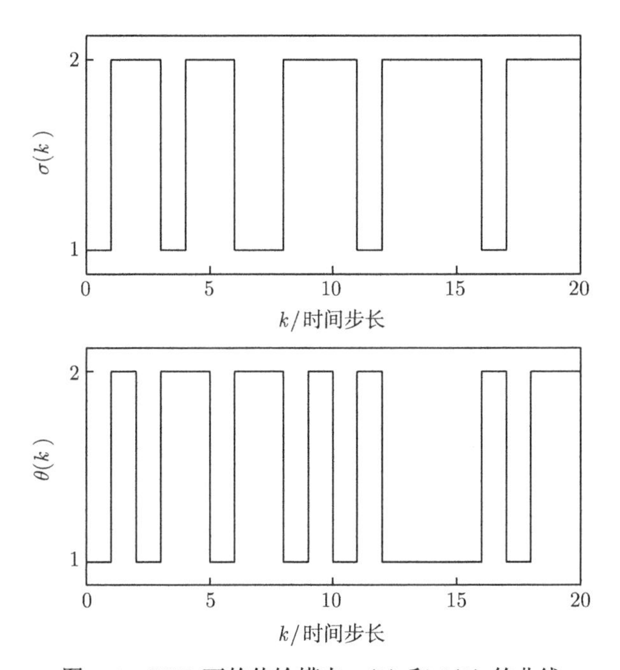

图 9.6　SCP 下的传输模态 $\sigma(k)$ 和 $\theta(k)$ 的曲线

调节函数 $g_i(y_i)=\dfrac{y_i^2}{1+y_i^2}$ 的导数小于 0.65，这表明可取 $\Lambda(k)=0.65I_5$。量化密度设为 $\rho_1=\rho_2=0.6$，于是可得 $\bar{\Delta}$=diag$\{0.25,0.25\}$。假定 $u_0^{(1)}=u_0^{(2)}=100$。定理 9.6 中的参数 $\varepsilon_i(k)$ $(i=1,2,3)$ 取为 $\varepsilon_1(k)=0.13$、$\varepsilon_2(k)=0.14$ 和 $\varepsilon_3(k)=0.9$。H_∞ 性能指标 γ、权重矩阵 R 和时域长度 N 分别取为 4.3532、$65I_{20}$ 和 20。基于算法 9.1，可逐步递推得到时变状态估计器的参数。限于篇幅，在此仅列出部分状态估计器参数：

$$K_{1,1}(0)=\begin{bmatrix} 0.8712 & 0.0000 \\ 0.3660 & 0.0000 \\ 0.6690 & 0.0000 \\ 0.0000 & 0.0000 \\ 0.0000 & 0.0000 \end{bmatrix},\quad K_{1,2}(0)=\begin{bmatrix} 0.8711 & 0.0000 \\ 0.3660 & 0.0000 \\ 0.6690 & 0.0000 \\ 0.0000 & 0.0000 \\ 0.0000 & 0.0000 \end{bmatrix}$$

$$K_{2,1}(0)=\begin{bmatrix}0.0000 & 0.1823\\ 0.0000 & 0.2705\\ 0.0000 & 0.6502\\ 0.0000 & 0.0000\\ 0.0000 & 0.0000\end{bmatrix},\quad K_{2,2}(0)=\begin{bmatrix}0.0000 & 0.1822\\ 0.0000 & 0.2705\\ 0.0000 & 0.6502\\ 0.0000 & 0.0000\\ 0.0000 & 0.0000\end{bmatrix}$$

$$L_{1,1}(0)=L_{2,1}(0)=\begin{bmatrix}0.0410 & 0.0000\\ 0.0774 & 0.0000\\ 0.0562 & 0.0000\\ 0.0000 & 0.0000\\ 0.0000 & 0.0000\end{bmatrix}$$

$$L_{1,2}(0)=L_{2,2}(0)=\begin{bmatrix}0.0000 & 0.0700\\ 0.0000 & 0.0353\\ 0.0000 & 0.1277\\ 0.0000 & 0.0000\\ 0.0000 & 0.0000\end{bmatrix}$$

可见 $K_{\sigma(k),\theta(k)}$ 和 $L_{\sigma(k),\theta(k)}$ 几乎分别独立于 $\theta(k)$ 和 $\sigma(k)$。假定 $\sigma(0)=1$ 和 $\theta(0)=1$；过程噪声和测量噪声分别为 $w(k)=0.06\sin[(k+1)/3]$ 和 $v(k)=\exp[-(k+1)/3]\alpha(k)$，其中，$\alpha(k)$ 为区间 $[-0.05,0.05]$ 上均匀分布的随机变量；系统模型 (9.54) 的初始状态为 $x(0)=[0.35\quad 0.12\quad 0.3]^{\mathrm{T}}$，$y(0)=[0.15\quad 0.4\quad 0.25]^{\mathrm{T}}$，状态估计器的初始条件为 $\eta_x(0)=[0.5\quad 0.1\quad 0.4\quad 0\quad 0]^{\mathrm{T}}$，$\eta_y(0)=[0.1\quad 0.36\quad 0\quad 0\quad 0]^{\mathrm{T}}$。基于所设计的状态估计器，图 9.7 给出了估计误差 $\tilde{z}_{xi}(k)$ 和 $\tilde{z}_{yi}(k)$ $(i=1,2,3)$ 的曲线。

上述仿真结果表明，本节所提出的针对 SCP 下的离散时变 GRN 的有限时域量化 H_∞ 状态估计的估计器设计方法是有效的。

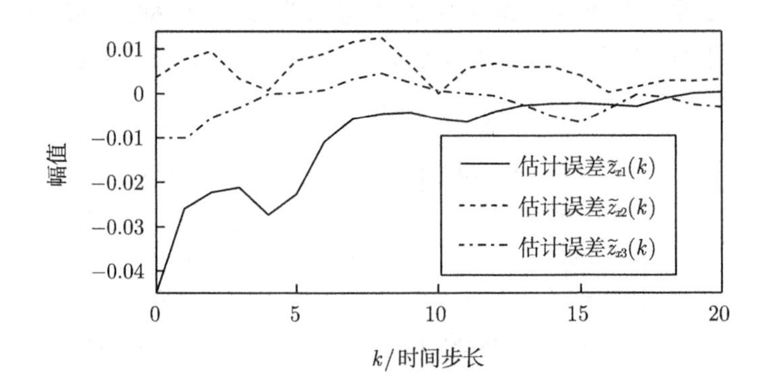

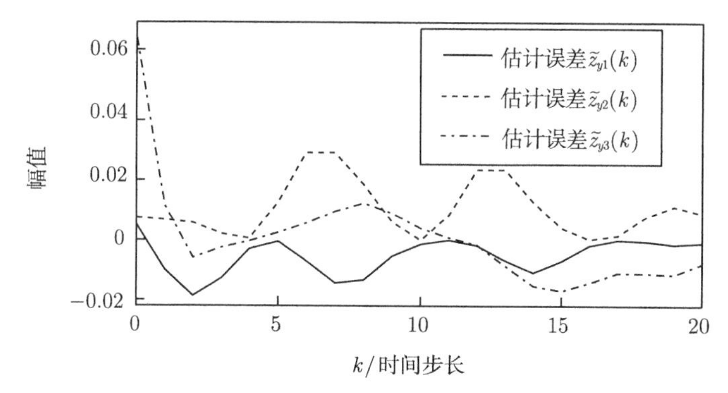

图 9.7　估计误差 $\tilde{z}_{xi}(k)$ 和 $\tilde{z}_{yi}(k)$ $(i=1,2,3)$ 的曲线

9.4　本章小结

本章讨论了 SCP 下的离散时间 GRN 的状态估计问题。一方面，介绍了 SCP 下的离散时滞 GRN 的有限时间 H_∞ 状态估计问题处理方法。为了缓解数据冲突，首先，分别采用两个 SCP 调度两个信道与远程估计器之间的数据包传输。其次，将估计误差系统建模成具有两个切换信号的马尔可夫跳变系统。然后，通过构造与传输顺序相关的 Lyapunov 泛函，并运用新的 Wirtinger 型离散不等式和逆凸方法，建立了使得估计误差系统随机 H_∞ 有限时间有界的充分条件。最后，通过求解凸优化问题得到状态估计器的参数。另一方面，探讨了在过程噪声、测量噪声、非线性反馈调节、量化和 SCP 下的离散时变 GRN 的有限时域 H_∞ 状态估计问题。为了满足实际需求 (如可重复性和数据共享等)，首先，假设网络测量输出通过两个独立的信道传输到远程状态估计器，并且为了减轻通信负载并避免数据冲突，测量输出先进行量化，随后在两个 SCP 的调度下通过两个信道进行传输。其次，提出了两个有限时域 H_∞ 性能指标，并讨论了它们之间的关系。然后，运用完全平方法，建立了使得有限时域 H_∞ 性能约束条件成立的倒向递推 Riccati 差分方程形式的充分条件，给出了状态估计器增益矩阵的设计方法。最后，通过仿真实例验证了结论的有效性。

参 考 文 献

[1] Fan X F, Xue Y, Zhang X, et al. Finite-time state observer for delayed reaction-diffusion genetic regulatory networks[J]. Neurocomputing, 2017, 227: 18-28.

[2] Shen B, Wang Z D, Liang J L, et al. Sampled-data H_∞ filtering for stochastic genetic regulatory networks[J]. International Journal of Robust and Nonlinear Control, 2011, 21(15): 1759-1777.

[3] Wang Z D, Lam J, Wei G L, et al. Filtering for nonlinear genetic regulatory networks with stochastic disturbances[J]. IEEE Transactions on Automatic Control, 2008, 53(10): 2448-2457.

[4] Zhang X, Han Y Y, Wu L G, et al. State estimation for delayed genetic regulatory networks with reaction-diffusion terms[J]. IEEE Transactions on Neural Networks and Learning Systems, 2018, 29(2): 299-309.

[5] Liu A D, Yu L, Zhang W A, et al. H_∞ filtering for discrete-time genetic regulatory networks with random delays[J]. Mathematical Biosciences, 2012, 239(1): 97-105.

[6] Li Q, Shen B, Liu Y R, et al. Event-triggered H_∞ state estimation for discrete-time stochastic genetic regulatory networks with Markovian jumping parameters and time-varying delays[J]. Neurocomputing, 2016, 174: 912-920.

[7] Lakshmanan S, Park J H, Jung H Y, et al. Design of state estimator for genetic regulatory networks with time-varying delays and randomly occurring uncertainties[J]. Biosystems, 2013, 111(1): 51-70.

[8] Liang J L, Lam J, Wang Z D. State estimation for Markov-type genetic regulatory networks with delays and uncertain mode transition rates[J]. Physics Letters A, 2009, 373(47): 4328-4337.

[9] Wan X B, Xu L, Fang H J, et al. Robust non-fragile H_∞ state estimation for discrete-time genetic regulatory networks with Markov jump delays and uncertain transition probabilities[J]. Neurocomputing, 2015, 154: 162-173.

[10] Dondelinger F, Lèbre S, Husmeier D. Non-homogeneous dynamic Bayesian networks with Bayesian regularization for inferring gene regulatory networks with gradually time-varying structure[J]. Machine Learning, 2013, 90(2): 191-230.

[11] Xiong J, Zhou T. A Kalman-filter based approach to identification of time-varying gene regulatory networks[J]. PloS One, 2013, 8(10): e74571.

[12] Lèbre S, Becq J, Devaux F, et al. Statistical inference of the time-varying structure of gene-regulation networks[J]. BMC Systems Biology, 2010, 4(1): 130.

[13] Zhang D, Song H Y, Yu L, et al. Set-values filtering for discrete time-delay genetic regulatory networks with time-varying parameters[J]. Nonlinear Dynamics, 2012, 69 (1-2): 693-703.

[14] Liang J L, Sun F B, Wang F. Finite-horizon robust H_∞ filtering for genetic regulatory networks with missing measurements[C]. Proceedings of the 33rd Chinese Control Conference, Nanjing, 2014: 6879-6884.

[15] Tabbara M, Nešić D. Input-output stability of networked control systems with stochastic protocols and channels[J]. IEEE Transactions on Automatic Control, 2008, 53(5): 1160-1175.

[16] Sakthivel R, Mathiyalagan K, Lakshmanan S, et al. Robust state estimation for

discrete-time genetic regulatory networks with randomly occurring uncertainties[J]. Nonlinear Dynamics, 2013, 74(4): 1297-1315.

[17] Smolen P, Baxter D A, Byrne J H. Mathematical modeling of gene networks[J]. Neuron, 2000, 26(3): 567-580.

[18] Seuret A, Gouaisbaut F. Wirtinger-based integral inequality: Application to time-delay systems[J]. Automatica, 2013, 49(9): 2860-2866.

[19] Zhang X M, Han Q L, Seuret A, et al. An improved reciprocally convex inequality and an augmented Lyapunov-Krasovskii functional for stability of linear systems with time-varying delay[J]. Automatica, 2017, 84: 221-226.

[20] Park P, Lee W I, Lee S Y. Auxiliary function-based integral inequalities for quadratic functions and their applications to time-delay systems[J]. Journal of the Franklin Institute, 2015, 352(4): 1378-1396.

[21] Nam P T, Pathirana P N, Trinh H. Discrete Wirtinger-based inequality and its application[J]. Journal of the Franklin Institute, 2015, 352(5): 1893-1905.

[22] Wan X B, Wu M, He Y, et al. Stability analysis for discrete time-delay systems based on new finite-sum inequalities[J]. Information Sciences, 2016, 369: 119-127.

[23] Zhang C K, He Y, Jiang L, et al. An improved summation inequality to discrete-time systems with time-varying delay[J]. Automatica, 2016, 74: 10-15.

[24] Donkers M C F, Heemels W P M H, Bernardini D, et al. Stability analysis of stochastic networked control systems[J]. Automatica, 2012, 48(5): 917-925.

[25] Cheng J, Zhu H, Zhong S M, et al. Finite-time H_∞ filtering for a class of discrete-time Markovian jump systems with partly unknown transition probabilities[J]. International Journal of Adaptive Control and Signal Processing, 2014, 28(10): 1024-1042.

[26] Shi P, Zhang Y Q, Agarwal R K. Stochastic finite-time state estimation for discrete time-delay neural networks with Markovian jumps[J]. Neurocomputing, 2015, 151(1): 168-174.

[27] Zhang Y, Wang Z D, Zou L. Event-based finite-time filtering for multi-rate systems with fading measurements[J]. IEEE Transactions on Aerospace and Electronic Systems, 2017, 53(3): 1431-1441.

[28] Cao J, Ren F L. Exponential stability of discrete-time genetic regulatory networks with delays[J]. IEEE Transactions on Neural Networks, 2008, 19(3): 520-523.

[29] Fu M Y, Xie L H. The sector bound approach to quantized feedback control[J]. IEEE Transactions on Automatic Control, 2005, 50(11): 1698-1711.

[30] Stein L D. The case for cloud computing in genome informatics[J]. Genome Biology, 2010, 11(5): 207.

[31] Bolouri H. Modeling genomic regulatory networks with big data[J]. Trends in Genetics, 2014, 30(5): 182-191.

[32] Penrose R, Todd J A. On best approximate solutions of linear matrix equations[J].

Mathmatical Proceedings of the Cambridge Philosophical Society, 1956, 52(1): 17-19.
[33] Wan X B, Xu L, Fang H J, et al. Robust stability analysis for discrete-time genetic regulatory networks with probabilistic time delays[J]. Neurocomputing, 2014, 124: 72-80.